神农架自然遗产系列专著

神农架动物模式标本名录

周友兵 吴 楠 编著

科学出版社

北京

内 容 简 介

本书收录了以采自神农架的标本为模式标本确立的动物物种915种，隶属于3门8纲31目187科。通过对历史文献的收集整理，结合最新分类系统和研究结果，经甄别遴选，确定了物种的有效性和分类厘定。绪论部分系统整理、汇总与分析了物种的原始发表文献、标本数量、命名人、发表时间及标本存放机构。正文部分包含了各物种的分类地位、学名、命名人、原始发表和分类厘定文献、模式标本信息，并列出了分类修订物种的分类讨论和厘定理由。此外，本书还对14种甄别为无效模式标本的物种进行了分类讨论与种名发表无效性的判别注释。

本书可供从事动物学及保护生物学科研、教学的学者、自然保护科技工作者及自然资源管理人员参考。

图书在版编目（CIP）数据

神农架动物模式标本名录/周友兵，吴楠编著. —北京：科学出版社，2019.3

（神农架自然遗产系列专著）

ISBN 978-7-03-060712-6

Ⅰ．①神… Ⅱ．①周… ②吴… Ⅲ．①神农架–动物–标本–名录 Ⅳ．①Q95-34

中国版本图书馆 CIP 数据核字(2019)第 039933 号

责任编辑：李 迪 闫小敏 / 责任校对：严 娜
责任印制：吴兆东 / 封面设计：北京图阅盛世文化传媒有限公司

科 学 出 版 社 出版

北京东黄城根北街 16 号
邮政编码：100717
http://www.sciencep.com

北京虎彩文化传播有限公司 印刷

科学出版社发行 各地新华书店经销

*

2019 年 3 月第 一 版 开本：720×1000 1/16
2019 年 3 月第一次印刷 印张：19 1/4
字数：393 000

定价：198.00 元

（如有印装质量问题，我社负责调换）

总序

　　生物资源是指对人类具有直接、间接或潜在经济、科研价值的生命有机体，包括基因、物种及生态系统等。人类的发展，其基本的生存需要，如衣、食、住、行等绝大部分依赖于各种生物资源的供给。同时，生物资源在维系自然界能量流动、物质循环、改良土壤、涵养水源及调节小气候等诸多方面也发挥着重要的作用，是维持自然生态系统平衡的必要条件。某些物种的消亡可能引起整个系统的失衡，甚至崩溃。生物及其与环境形成的生态复合体，以及与此相关的各种生态过程，共同构成了人类赖以生存的支撑系统。

　　神农架是由大巴山东延余脉组成的相对独立的自然地理单元，位于鄂渝陕交界处。"神农架自然遗产系列专著"以地质历史和地形地貌为主要依据，经过专家咨询和研讨，打破行政界线，首次划定了神农架的自然地理范围（谢宗强和申国珍，2018）。神农架地跨东经 109°29′34.8″～111°56′24″、北纬 30°57′28.8″～32°14′6″，面积约 12 837km^2。神农架区域范围涉及湖北省神农架林区、巴东、秭归、兴山、保康、房县、竹山、竹溪，陕西省镇坪，重庆巫山、巫溪等地。该区域拥有丰富的生物多样性，是中国种子植物特有属的三大分布中心之一和中国生物多样性保护优先区域之一，2016 年被列入《世界遗产名录》。

　　神农架拥有丰富的生物种类和特殊的动植物类群，吸引了世界各地学者前来考察研究。19 世纪中叶到 20 世纪初，对神农架生物资源的考察主要以西方生物学家为主。先后有法、俄、美、英、德、瑞典、日本等国家或以政府名义或个人出面组织"考察队"，到神农架进行植物采集和考察活动。其中，1888～1910 年英国博物学家恩斯特·亨利·威尔逊 20 余年 4 次考察鄂西，发现超过 500 个新种、25 个新属和 1 个新科（Trapellaceae），详细地记载了神农架珍稀植物的特征。依此为素材，发表专著《自然科学家在中国西部》和《中国——园林之母》。其采集的种子培育出的植物遍布整个欧洲，采集的标本由哈佛大学阿诺德树木园编著成了《威尔逊植物志》，成为神农架生物资源里程碑式的研究。1868 年，法国生物学家阿曼德·戴维考察神农架，发表《谭微道植物志》。1884～1886 年，俄国地理学家格里高利·尼古拉耶维奇·波塔宁考察神农架，发表《波塔宁中国植物考察集》。这些研究已成为世界了解中国植物资源的重要窗口，激发了近代中外学者对神农架自然资源研究的兴趣。

20 世纪初以来，中国科学家先后开展了神农架地质、地貌、植物、动物、气候等方面的研究。1922～1925 年、1941～1943 年、1946～1947 年、1976～1978 年、2002～2006 年，中国科学院及湖北省的相关单位，分别对神农架动植物及植被进行了综合性考察和研究，先后完成了《神农架探察报告》《神农架森林勘察报告》《鄂西神农架地区的植被和植物区系》《神农架植物》《神农架自然保护区科学考察集》《神农架国家级自然保护区珍稀濒危野生动植物图谱》等论著。到目前为止，国内外学者公开发表的关于神农架地质地貌、自然地理、生物生态等方面的重要研究论著已达 620 多篇（部）。

以往对神农架生物资源和生态的科学考察及研究，基本上以神农架林区或神农架保护区为边界范围，这割裂了神农架这一相对独立自然地理单元的完整性。神农架作为一个独特的完整地理单元，自第四纪冰川时期就已成为野生动植物重要的避难所，保存有大量古老残遗种类，很多生物是古近纪，甚至是白垩纪的残遗。到目前为止，尚未见到基于神农架完整地理单元开展的生物学和生态学方面的研究。"神农架自然遗产系列专著"是基于神农架独立自然地理单元开展的生物学和生态学研究的集成，包括《神农架自然遗产的价值及其保护管理》《神农架世界自然遗产价值导览》《神农架植物名录》《神农架模式标本植物：图谱·题录》《神农架陆生脊椎动物名录》《神农架动物模式标本名录》《神农架常见鸟类识别手册》。各专著编写组成员精力充沛，掌握了新理论、新技术，保证了在继承基础上的创新。

"神农架自然遗产系列专著"通过对该区域进行野外调查和广泛收集科研文献及植物名录，整理出了神农架区域高等植物的科属组成与种类清单；对以神农架为产地的植物模式标本，通过图谱和题录两种形式反映它们的特征和信息；对神农架陆生脊椎动物进行了较为翔实的汇总、分析与研究，确定了神农架分布的陆生脊椎动物的名录；对动物模式标本的原始发表文献、标本数量及标本存放机构进行了系统整理，确定了物种有效性和分类归属；从鸟类的识别特征和生态特征两方面精选主要鸟类的高清影像、鸟类的生境和野外识别特征等汇编了常见鸟类野外识别手册；分析了神农架自然遗产地的价值要素构成，证明神农架在动植物多样性及其栖息地、生物群落及其生物生态学过程等方面具有全球突出价值；从自然地理、遗产价值、保护管理及价值观赏等方面以图集为主的方式，直观地展示了神农架的世界遗产价值。

湖北神农架森林生态系统国家野外科学观测研究站、湖北神农架国家级自然保护区管理局和科学出版社对该系列专著的编写与出版给予了大力支持。我们希望"神农架自然遗产系列专著"的出版，有助于广大读者全面了解神农架的生物资源和生态价值，并祈望得到读者和学术界的批评指正。

2018 年 8 月

　　神农架雄踞秦巴山脉东段，与武陵山脉咫尺共扼长江三峡，拥有北半球中纬度保存完好的北亚热带森林生态系统和完整的自然垂直带谱。其特殊的地理位置、复杂的地形地貌、优越的自然环境和气候条件孕育了异常丰富的生物多样性与独特的生物生态学过程，在东方落叶林生物地理省具有唯一性和代表性，被中外生物学家誉为"华中物种基因库""濒危动植物避难所""世界生物模式标本产地"，是开展生物研究的理想之处。神农架是世界温带植物区系的集中发源地和全球温带分布属最集中的区域，也是全球落叶木本植物最丰富的地区，是一片具有全球保护意义的关键栖息地。神农架是中国重要的生物多样性保护优先区，亦是中国种子植物特有属三大分布中心之一，处于中国三大鸟类迁移路线的中线上，在国内生物多样性保护方面具重要意义。

　　神农架在生物地理上位于东洋界与古北界的交汇地带，历来受到分类学家的青睐。近代最早到神农架开展综合考察的学者有英国的奥古斯丁•亨利（Augustine Henry），其于 1888 年在此采集了大量的植物标本。随后，英国的恩斯特•亨利•威尔逊（Ernest Henry Wilson）于 1888~1910 年先后对神农架开展了自然考察，并采集了大量植物标本，其采集的标本由哈佛大学阿诺德树木园主任查理斯•斯普拉格•沙坚德（Charles Sprague Sargent）整理，编著成《威尔逊植物志》，成为神农架最早里程碑式的研究著作。民国时期，时任神农架行政长官的贾文治县长于 1942 年邀集各类专家，组成神农架探察团队，对神农架进行了以森林资源为主兼顾其他学科的综合考察，并撰写《神农架探察报告》和《神农架森林勘察报告》。新中国成立后，中国科学家先后在神农架开展了一系列针对动物的科学考察，如 1979~1985 年华中师范大学、武汉大学组织的针对鸟兽的考察，1980 年中国科学院等组织的奇异动物（"野人"）考察，1981~1982 年华中农学院针对鱼类的考察等。这些考察采集了大批动物标本，发表了多个新种、多篇论文与多部学术专著。

我们通过对历史文献资料的收集整理，编著了本书。模式标本数据来源：①以"Shennongjia"和"New species"在 Scholar Google（http://www.scholar.google.com/）和 Web of Science（http://www.isiknowledge.com）网站上搜索英文文献；②以"神农架"和"新种"在 Scholar Google、中国知网（http://www.cnki.net/）和维普网（http://www.cqvip.com/）上搜索中文文献；③查阅相关的志书（杨星科等，1991；杨星科，1997；崔俊芝等，2007，2009；白明等，2014）和专题网站（中国昆虫模式标本数据库 http://www.zoology.csdb.cn/page/showEntity.vpage?uri=specimen.specimen 及中国昆虫新种数据库 http://www.zoology.csdb.cn/page/showEntity.vpage?uri=newinsect.species1）。

本书共收录产地为神农架的模式动物标本物种 3 门 8 纲 31 目 187 科 915 种。本书除汇总每个物种的分类地位、学名、命名人、原始发表文献和分类厘定文献、模式标本信息外，还对存在分类修订的物种列出了详细分类讨论和厘定理由。此外，本书还介绍了 14 种（隶属于 3 门 4 纲 7 目 10 科）甄别为无效模式标本的物种及其详细的分类讨论，以及种名发表无效性的判别解释。

在本书编著过程中，中国科学院水生生物研究所张浩淼、华中农业大学刘晓艳提供了部分文献，中国科学院植物研究所研究生佘小林、陈文文、崔继法、王冰鑫、雷博宇帮助查找了部分文献，湖北神农架国家级自然保护区管理局李立炎、王大兴、李纯清、王志先等提供了必要的资料，中国科学院植物研究所谢宗强、申国珍、熊高明、徐文婷、樊大勇、赵常明提供了宝贵建议，科学出版社编辑出色地完成了书稿的组织和协调工作，在此表示衷心的感谢。

本书的出版得到了湖北神农架森林生态系统国家野外科学观测研究站暨中国科学院神农架生物多样性定位研究站和中国科学院战略性先导科技专项"地球大数据科学工程"的资助。

本书收集的资料发表时间跨度达 80 余年，许多文献发表在世界各地，发表语种除汉语外，还有德语、日语、英语等，收集难度大。限于时间和精力，国内部分杂志、综合考察报告、地方志、硕博论文及专著未能收全。同时，由于编者水平有限，书中不妥之处在所难免，敬请读者不吝赐教，以便于我们在后续工作中不断改进和完善。

著 者
2018 年 4 月

目录 Contents

绪　　论

一、神农架自然概况

神农架位于中国地势第二阶梯的东部边缘，地处鄂渝陕交界，为大巴山脉东段中山地貌。地质起源属扬子准地台上扬子台坪区，地跨大巴山-大洪山台缘褶带与鄂中褶断区两个三级构造单元。神农架属神农架断穹（四级构造单元），又称神农架穹窿状背斜，以九道-阳日断裂为界，与青峰台褶束相接，东南以新华断裂与黄陵（背斜）断穹分隔，南部以一组斜列褶皱与秭归台褶束相过渡（李铨和冷坚，1987；赵志中和何培元，1997）。该断穹呈穹窿状，地貌特征十分明显，成为长江干流与汉水的分水岭（李铨和冷坚，1987）。

神农架东起湖北保康县，西至陕西镇坪县，南达湖北巴东县，北至湖北竹溪县。主体是湖北神农架林区，范围还囊括湖北兴山县、秭归县、巴东县、房县、竹山县、竹溪县、保康县和重庆巫山县、巫溪县及陕西镇坪县10个县。

神农架是中国东部平原丘陵向西部高原山地过渡的地区及亚热带气候向暖温带气候过渡的地区，具北亚热带季风气候特点（谢宗强等，2017）。区内最高点神农顶，海拔3106.2m，为大巴山脉主峰和湖北省的最高点，也是华中地区最高点，号称"华中屋脊"。独特的地理区位和立体气候，使神农架成为动植物种类的交汇地和第四纪冰川时期野生动植物的避难所，孕育了多样的栖息地类型和丰富的生物多样性，保存有全球北纬30°带最为完好的北亚热带森林植被，被誉为北半球同纬度上的"绿色奇迹"。

二、标本采集历史

模式标本作为新种发表与物种命名的依附实体，历来是系统分类研究必不可少的科学依据，也是分类学家及相关学者开展专科专属研究，编写全国和地方生物志，进行生物区系调查研究、开发、利用和保护生物资源的重要基本资料（徐阳，1992；杨集昆，1997；崔俊芝等，2007，2009；白明等，2014）。模式标本的数量是一个国家或地区分类学研究积累的重要反映，数量越多说明该地区的研究越深入，受关注度越高，对分类与区系研究越有利（徐阳，1992；罗彤，1998）。因此，模式标本具有极高的学术价值和保藏价值。

神农架在生物地理上位于东洋界与古北界的交汇地带（张荣祖，2011），是全球具有国际意义的生物多样性研究与保护关键地区之一，亦是中国种子植物特有属三大分布中心之一，历来受到分类学家的青睐。古代就有"神农尝百草"的传说，反映出古人对神农架生物资源的利用。18 世纪后，国内外科学家对神农架开展过多次科学考察，采集并命名了多种动植物物种（朱兆泉和宋朝枢，1999；廖明尧，2012，2015；周青春，2015）。

近代最早到神农架开展综合考察的有英国的奥古斯丁·亨利，其于 1888 年在此采集了大量的植物标本。随后，英国的恩斯特·亨利·威尔逊于 1888~1910 年先后对神农架开展了自然考察，并采集了大量植物标本。其采集的种子培育出的植物遍布整个欧洲，采集的标本由哈佛大学阿诺德树木园主任查理斯·斯普拉格·沙坚德整理，编著成《威尔逊植物志》，成为神农架最早里程碑式的研究著作（朱兆泉和宋朝枢，1999；廖明尧，2012）。1942 年，时任神农架行政长官的贾文治县长邀集各类专家，组成神农架探察团队，对神农架进行了以森林资源为主兼顾其他学科的综合考察，并撰写《神农架探察报告》和《神农架森林勘察报告》，初步揭开了神农架的神秘面纱，为 1947 年神农架的首次开发提供了论证基础，并开创了单纯的学术考察与实用考察相结合的先河（廖明尧，2015）。

新中国成立后，中国科学家对湖北神农架先后开展了地质、地貌、植物、动物、气候等方面的综合调查与研究，发表了一系列论文与专著，如《神农架鱼类》（杨干荣等，1983a）、《神农架自然保护区科学考察集》（朱兆泉和宋朝枢，1999）、《神农架地区陆生脊椎动物资源》（周青春，2015）、《神农架地区自然资源综合调查报告》（廖明尧，2015）等。其中，规模较大的动物调查有多起。

1977~1980 年，中国科学院动物研究所、南开大学、天津自然博物馆、武汉医学院开展昆虫多个类群的专项考察，采集标本万份以上，发表了多个新种。

1979~1985 年，华中师范大学黎道武教授、武汉大学唐瑞昌教授等对鸟类和哺乳动物开展多次调查，共记录神农架鸟类 238 种，哺乳动物 71 种。

1980 年，中国科学院、湖北省科学技术委员会组织 30 余人，开展奇异动物（"野人"）考察。之后，上海师范大学刘民壮以"奇异动物"考察为主要内容，发表专著《中国神农架》。

1981~1982 年，华中农学院杨干荣教授等多次到神农架地区开展鱼类区系与生态调查，采集标本 2500 余份，发现 3 个鱼类新种，12 个湖北省新记录种，共确定神农架鱼类有 4 目 9 科 28 属 35 种。

1993~1995 年，中国科学院动物研究所杨星科教授联合国内其他科研机构对三峡库区开展针对陆生昆虫及部分其他无脊椎动物的综合考察。采集标本 7 万余份，共记录昆虫及部分其他无脊椎动物 21 目 265 科 1984 属 3485 种，其中包括新属 16 个、新种 289 个。神农架所涉及的神农架林区、兴山县、巴东县、巫山县是此次昆虫及部分其他无脊椎动物考察的重点地区。发表专著《长江三峡库区昆虫》上、下两册（杨星科，1997）。

2010~2013 年，来自于中国科学院、武汉大学、华中师范大学等单位的 10 个研究团队，对神农架开展新一轮系统科学考察。共发现无脊椎动物新种 10 个，中国新记录种 2 个，湖北省新记录目 3 个、新记录科 51 个、新记录种 1309 个，神农架新记录种 89 个。发表专著《神农架地区陆生脊椎动物资源》（周青春，2015）、《神农架地区自然资源综合调查报告》（廖明尧，2015）。

三、分类阶元调整

经文献检索、整理，截至 2016 年我们初步筛选了以在神农架采集的标本发现的模式动物物种 929 种。通过对分类进展的梳理，确定有效种 915 种，隶属于 3 门 8 纲 31 目 187 科；无效物种 14 种，隶属于 3 门 4 纲 7 目 10 科（附录Ⅰ）。

（一）有效模式标本名录

基于已有研究，对一些物种分类地位进行了整理，修订了 46 个物种属级分类（表 1），明确了 2 种同名异物的昆虫名称。拉丁学名 *Austrophthiracarus longisetosus* 分别以神农架和玻利维亚的标本命名为两个不同的物种（*Austrophthiracarus longisetosus* Liu et Chen，2014 和 *Austrophthiracarus longisetosus* Niedbała et Starý，2015）（Niedbała and Starý，2015a），两者实际上是同名异物。根据发表的时间优先原则，两物种的发表作者均建议神农架的物种保留原名，而玻利维亚的物种改为其他种名（Niedbała and Starý，2015b；Liu and Zhang，2016）。刘宪伟和金杏宝（1997）依据神农架的标本命名了无刺神农螽（*Shennongia inermis* Liu，1997），朱洪源等（1992）也利用 *Shennongia* 作为属名命名了 *Shennongia solida*，但两者实际为不同物种。为避免混淆，Hüseyin Özdikmen 于 2009 年提出以新的属名 *Chinensis* 代替 *Shennongia*，并将无刺神农螽重新命名为 *Chinensis inermis*（Özdikmen，2009）。

表 1　分类阶元调整

物种编号	发表名称		有效学名	
	中文名	拉丁学名	中文名	拉丁学名
23	拟普通钝真绥螨	*Amblyseius (Amblyseius) subplebeius*	拟普通钝真绥螨	*Euseius subplebeius*
37	距形隙蛛	*Coelotes calcariformis*	距形隙蛛	*Draconarius calcariformis*
40	新平拟隙蛛	*Paracoelotes xinping*	新平拟隙蛛	*Pireneitega xinping*
55	穿孔瘤胸蛛	*Oedothorax foratus*	穿孔瘤胸蛛	*Gongylidioides foratus*

续表

物种编号	发表名称		有效学名	
	中文名	拉丁学名	中文名	拉丁学名
56	裂缝瘤胸蛛	*Oedothorax rimatus*	裂缝瘤胸蛛	*Gongylidioides rimatus*
58	月晕斑皿蛛	*Lepthyphantes halonatus*	月晕斑皿蛛	*Indophantes halonatus*
65	山地珍蛛	*Macrargus alpina*	山地珍蛛	*Nippononeta alpina*
68	垂耳斑皿蛛	*Lepthyphantes ancatus*	垂耳斑皿蛛	*Tenuiphantes ancatus*
122	无刺神农螽	*Shennongia inermis*	无刺神农螽	*Chinensis inermis*
133	短尾优剑螽	*Paraxizicus brevicerca*	短尾优剑螽	*Euxiphidiopsis brevicerca*
156	黄翅单啮	*Caecilius chrysopterus*	黄翅单啮	*Valenzuela chrysopterus*
157	端黑单啮	*Caecilius cuspidatus*	端黑单啮	*Valenzuela cuspidatus*
158	无斑单啮	*Caecilius estriatus*	无斑单啮	*Valenzuela estriatus*
159	褐脉单啮	*Caecilius fuligineneurus*	褐脉单啮	*Valenzuela fuligineneurus*
160	细条单啮	*Caecilius gracilentus*	细条单啮	*Valenzuela gracilentus*
161	中斑单啮	*Caecilius medimacularis*	中斑单啮	*Valenzuela medimacularis*
162	大叉单啮	*Caecilius megalodichotomus*	大叉单啮	*Valenzuela megalodichotomus*
163	水杉单啮	*Caecilius metasequoiae*	水杉单啮	*Valenzuela metasequoiae*
164	褐翅单啮	*Caecilius phaeopterus*	褐翅单啮	*Valenzuela phaeopterus*
165	密刺单啮	*Caecilius pycnacanthus*	密刺单啮	*Valenzuela pycnacanthus*
166	细带单啮	*Caecilius striolatus*	细带单啮	*Valenzuela striolatus*
167	三角单啮	*Caecilius trigonus*	三角单啮	*Valenzuela trigonus*
168	吴氏单啮	*Caecilius wui*	吴氏单啮	*Valenzuela wui*
169	巫峡单啮	*Caecilius wuxiaensis*	巫峡单啮	*Valenzuela wuxiaensis*
201	宽室仲啮	*Mecampsis latus*	宽室仲啮	*Symbiopsocus latus*
244	鄂无脉扁蝽	*Aneurus hubeiensis*	鄂无脉扁蝽	*Aneurus hubeiensis*
268	刺茎拟带叶蝉	*Scaphotettix splinterus*	刺茎拟带叶蝉	*Scaphomonus splinterus*
282	斑丽盲蝽	*Lygus (Apolygus) ornatus*	斑丽盲蝽	*Lygocoris ornatus*
458	中华准长毛长足虻	*Hypophullus sinensis*	中华准长毛长足虻	*Ahypophyllus sinensis*
460	湖北准白长足虻	*Phalacrosoma hubeiense*	湖北准白长足虻	*Aphalacrosoma hubeiense*
603	前痣土苔蛾	*Eilema stigma*	前痣土苔蛾	*Asiapistosia stigma*
605	全轴美苔蛾	*Miltochrista longstriga*	全轴美苔蛾	*Barsine longstriga*
637	波带绿刺蛾	*Latoia undulata*	波带绿刺蛾	*Parasa undulata*
669	周氏闭腔茧蜂	*Bassus choui*	周氏下腔茧蜂	*Therophilus choui*
670	长鞘闭腔茧蜂	*Bassus tanycoleosus*	长鞘下腔茧蜂	*Therophilus tanycoleosus*
687	扁股拱脊茧蜂	*Choeras compressifemur*	扁股拱脊茧蜂	*Apanteles (Choeras) compressifemur*
722	夹色小甲腹茧蜂	*Microchelonus alternator*	夹色小甲腹茧蜂	*Chelonus (Microchelonus) alternator*

续表

物种编号	发表名称		有效学名	
	中文名	拉丁学名	中文名	拉丁学名
723	赤足小甲腹茧蜂	*Microchelonus chryspedes*	赤足小甲腹茧蜂	*Chelonus (Microchelonus) chryspedes*
724	湖北小甲腹茧蜂	*Microchelonus hubeiensis*	湖北小甲腹茧蜂	*Chelonus (Microchelonus) hubeiensis*
725	黑须小甲腹茧蜂	*Microchelonus nigripalpis*	黑须小甲腹茧蜂	*Chelonus (Microchelonus) nigripalpis*
748	宽唇潜蝇茧蜂	*Opius (Odontopoea) latilabris*	宽唇潜蝇茧蜂	*Psyttoma latilabris*
811	廖氏连褶金小蜂	*Lyubana liaoi*	廖氏连褶金小蜂	*Halticopterella liaoi*
827	角突窗胸叶蜂	*Hemitaxonus goniatus*	角突窗胸叶蜂	*Thrinax goniata*
909	神农栉鰕虎	*Ctenogobius shennongensis*	神农吻鰕虎鱼	*Rhinogobius shennongensis*
914	隆肛蛙	*Rana quadranus*	隆肛蛙	*Feirana quadranus*
915	巫山北鲵	*Hynobius shihi*	巫山巴鲵	*Liua shihi*
		Ranodon wushanensis		

注：物种编号为正文部分对应的物种号码；分类厘定依据的参考文献参见正文对应物种下方的"文献信息"和"分类讨论"部分

对 4 个分类有调整的物种种名有效性进行了整理，以明确其分类地位。黄春梅（1988）依据神农架的标本命名了尖翅小蹦蝗（*Pedopodisma epacroptera* Huang, 1988），1993 年 Sergey Storozhenko 将该物种归于 *Sinopodisma*（Storozhenko, 1993），但进一步研究后表明，该物种仍应归到 *Pedopodisma*，故该物种重新命名为 *Pedopodisma epacroptera*（印象初等，2014）。

巫山角蟾（*Megophrys wushanensis* Ye et Fei, 1995）的属级归类问题存在一定争议。该物种发表时，被归为角蟾属（*Megophrys*）（叶昌媛和费梁，1995），但部分研究认为应归为异角蟾属（*Xenophrys*）（Li and Wang, 2008；Pyron and Wiens, 2011；Chen et al., 2017）。关于异角蟾属的有效性及其与角蟾属的关系饱受质疑与争论，很多研究均支持异角蟾属与角蟾属的关系并未构成属级间断性性状用于相互区别、前者是后者亚属的观点（Dubois and Ohler, 1998；费梁等，2009a；Mahony et al., 2017）。世界两栖动物数据库（AmphibiaWeb, https://amphibia-web.org/, 2017-12-15）和中国两栖类网站（Amphibiachina, http://www.amphi-biachina.org/, 2017-12-15）将该物种归为异角蟾属，拉丁学名为 *Xenophrys wushanensis*。而《世界两栖动物物种名录》（Frost, 2017）、《中国两栖动物及其分布彩色图鉴》（费梁等，2012）和《中国脊椎动物红色名录》（蒋志刚等，2016）均将该物种命名为巫山角蟾（*Megophrys wushanensis* Ye et Fei, 1995）。由于上述研究均未涉及这两个属所有物种的形态学和分子生物学研究，该种进行分类厘定的形态学和系统发育学证据尚不充分。因此，我们暂采取保守做法，保留原分类地位不变，待将来深入研究寻求充分证据后再做定论。与巫山角蟾类似，抱龙角蟾（*Megophrys baolongensis* Ye，Fei et Xie，2007）的属级归类问题也存在一定争议。同上，我们暂采取保守做法，保留原分类地位不变，待将来深入研究寻求充分证据后再做定论。

　　隆肛蛙的属级归类问题也长期存在争议。在原始发表文献中，该物种被归为蛙属（*Rana*）（刘承钊等，1960）。费梁等（2005）将其归为新提升的隆肛蛙属（*Feirana*）。进一步进行分子系统学研究后认为隆肛蛙与倭蛙属（*Nanorana*）关系较近，应归为该属（Che et al.，2010），但并未被广泛采纳（费梁，2012b；Huang et al.，2014）。世界两栖动物数据库、中国两栖类网站和《世界两栖动物物种名录》（Frost，2017）将该物种归为倭蛙属，拉丁学名为 *Nanorana quadranus*。而《中国两栖动物及其分布彩色图鉴》（费梁等，2012）和《中国脊椎动物红色名录》（蒋志刚等，2016）均将该物种归为隆肛蛙属，拉丁学名为 *Feirana quadranus*。考虑到上述研究均未涉及这几个属所有物种的形态学和分子生物学研究，该种进行分类厘定的形态学和系统发育学证据尚不充分。因此，我们暂采取保守做法，保留《中国动物志》上其原分类地位不变（费梁等，2009b），待将来深入研究寻求充分证据后再做定论。

（二）无效模式标本名录

　　通过初步对名录的系统整理甄别，发现 12 个物种的拉丁学名为之前已记录物种的同物异名（表2）。根据发表的时间优先原则，确定这些以神农架标本命名的新物种为无效标本。此外，杨干荣（1983b）以神农架标本命名的阳日条鳅（*Nemachilus yangriensis* Yang，Xie，Xiong，Gong et Yan，1983）和红须鳅鲍（*Gobiobotia erythrobarbus* Yang，Xie，Xiong，Gong et Yan，1983），除原始发表文献外，我们再未检索到其他相关信息，世界鱼类数据库（FishBase，http://www.fishbase.org/search.php，2017-12-15）和《中国脊椎动物红色名录》（蒋志刚等，2016）也均未列出这些物种。因此，我们认为此 2 个物种的有效性值得商榷，故本书暂未将其列入模式物种名录（附录Ⅰ）。

表 2　甄别为同物异名的动物模式标本物种

发表名称		有效学名	
中文名	拉丁学名	中文名	拉丁学名
神农大生熊虫	*Macrobiotus shennongensis*	锦葵大生熊虫	*Macrobiotus hibiscus*
森林植绥螨	*Phytoseius (Dubininellus) silvaticus*	花溪植绥螨	*Phytoseius huaxiensis*
流浪转刺蛛	*Eriophora migra*	流浪转刺蛛	*Aranea sagana*

发表名称		有效学名	
中文名	拉丁学名	中文名	拉丁学名
黄转刺蛛	*Eriophora flava*	黄转刺蛛	*Eriophora sachalinensis*
中隔额角蛛	*Gnathonarium phragmigerum*	中隔额角蛛	*Gnathonarium cambridgei*
钳五蓓啮	*Pentablaste obconica*	钳五蓓啮	*Neopsocopsis hirticornis*
碎斑鱼蛉	*Neochauliodes discretus*	污翅碎斑鱼蛉	*Neochauliodes fraternus*
斑胸异花萤	*Athemus* (s. str.) *maculithorax*	斑胸异花萤	*Lycocerus asperipennis*
光额小甲腹茧蜂	*Microchelonus glabrifrons*	华丽小甲腹茧蜂	*Chelonus (Microchelonus) elegantulus*
黑足屏腹茧蜂	*Sigalphus nigripes*	湖南节甲茧蜂	*Sigalphus hunanus*
紫腹平额叶蜂	*Formosempria metallica*	紫腹平额叶蜂	*Formosempria varipes*
兴山条鳅	*Nemachilus xingshanensis*	贝（勃）氏高原鳅	*Trilophysa bleekeri*

四、动物模式标本物种分析

（一）种类组成

以神农架采集的模式标本命名的正式发表动物物种有 915 种，隶属于 3 门 8 纲 31 目 187 科。其中，节肢动物门（Arthropoda）的昆虫纲（Insecta）和蛛形纲（Arachnida）物种种类较多，而缓步动物门（Tardigrada）和脊索动物门（Chordata）较少，分别仅有 2 种和 7 种。在目水平上，膜翅目（Hymenoptera）、双翅目（Diptera）和鞘翅目（Coleoptera）种类较多，分别有 260 种、148 种和 109 种，各占总物种数的 28.42%、16.17% 和 11.91%（表 3）。

表 3　神农架动物模式标本的种类组成

分类	物种数	百分比/%
缓步动物门 Tardigrada		
真缓步纲 Eutardigrada		
并爪目 Parachela	2	0.22
节肢动物门 Arthropoda		
少足纲 Pauropoda		
四少足目 Tetramerocerata	1	0.11
蛛形纲 Arachnida		
真螨目 Acaritiformes	10	1.09
蜱螨目 Acarina	1	0.11
寄螨目 Parasitiformes	13	1.42
蜘蛛目 Araneae	57	6.23

续表

分类	物种数	百分比/%
盲蛛目 Opiliones	1	0.11
原尾纲 Protura		
蚖目 Acerentomata	3	0.33
弹尾纲 Collembola		
弹尾目 Collembola	2	0.22
昆虫纲 Insecta		
蜻蜓目 Odonata	6	0.66
襀翅目 Plecoptera	8	0.87
蜚蠊目 Blattoptera (Blattaria)	1	0.11
等翅目 Isoptera	4	0.44
直翅目 Orthoptera	24	2.62
螭目 Phasmatodea	4	0.44
啮虫目 Psocoptera	90	9.84
缨翅目 Thysanoptera	10	1.09
半翅目 Hemiptera	59	6.45
广翅目 Megaloptera	1	0.11
脉翅目 Neuroptera	23	2.51
鞘翅目 Coleoptera	109	11.91
长翅目 Mecoptera	6	0.66
双翅目 Diptera	148	16.17
蚤目 Siphonaptera	14	1.53
毛翅目 Trichoptera	4	0.44
鳞翅目 Lepidoptera	47	5.14
膜翅目 Hymenoptera	260	28.42
索脊动物门 Chordata		
硬骨鱼纲 Osteichthyes		
鲈形目 Perciformes	1	0.11
鲤形目 Cypriniformes	2	0.22
两栖纲 Amphibia		
无尾目 Anura	3	0.33
有尾目 Urodela	1	0.11

（二）地理分布

在总共 915 个以在神农架采集的标本命名的模式物种中，正模采集于神农架的有 721 种，占总物种数的 78.80%；配模采集于神农架的有 111 种，占总物种数的 12.13%；副模采集于神农架的有 653 种，占总物种数的 71.37%（附录 II）。

在神农架所涉及的 11 个行政单元中，以在各个县采集的标本命名的物种数量变化很大（表 4）。其中，以在神农架林区和兴山县采集的标本命名的物种较多，正、配、副模标本分别占 51.26% 和 13.33%、8.63% 和 0.77%、47.43% 和 10.60%，可能是因为神农架林区知名度高、原始森林覆盖面积大，前往该区域采集标本的学者多。兴山县是通往神农架的重要通道，并有中国科学院神农架生物多样性定位研究站，生境保存较好，因而在该县采集到的模式标本较多。

表 4　神农架动物模式标本采集地

行政单元	正模标本		配模标本		副模标本	
	物种数	百分比/%	物种数	百分比/%	物种数	百分比/%
神农架林区	469	51.26	79	8.63	434	47.43
兴山县	122	13.33	7	0.77	97	10.60
巴东县	28	3.06	9	0.98	22	2.40
巫山县	61	6.67	7	0.77	62	6.78
巫溪县	1	0.11	0	0.00	0	0.00
竹溪县	2	0.22	1	0.11	2	0.22
竹山县	3	0.33	0	0.00	2	0.22
房县	16	1.75	5	0.55	13	1.42
保康县	0	0.00	0	0.00	0	0.00
秭归县	15	1.64	3	0.33	13	1.42
镇坪县	4	0.44	0	0.00	8	0.87

因保康县被划入神农架地理范围单元内的部分面积较小，故并未记录到动物模式标本物种。竹溪县、竹山县和巫溪县记录到的动物模式标本物种也较少，原因可能是此三县的交通不便，前往采集标本难度大。

（三）标本采集与物种发表时间

在已确定标本采集时间的 902 个物种中，最早可追溯到的为 1957 年 5 月 30 日朱承琯先生在四川巫山官阳火石沟采集的隆肛蛙（*Feirana quadranus*）模式标本，该标本保存在中国科学院成都生物研究所。此后，在 1994 年出现采集高峰期（图 1），主要是由于三峡生物多样性调查启动，多个团队前往该区域采集昆虫标本。

915 个模式标本物种（图 1），发表时间从 1950 年开始，在 1997 年出现高峰

（图 1），主要是由于杨星科于 1997 年发表的《长江三峡库区昆虫》上、下两册，共发表 200 余种神农架模式物种。

在已确定标本采集时间的 902 个物种中，每个物种从采集到发表的时间间隔变化较大，从当年发表到最长间隔 50 年发表，但各个物种的发表主要集中于模式标本采集后的 20 年内（842 种，93.35%）（图 2）。

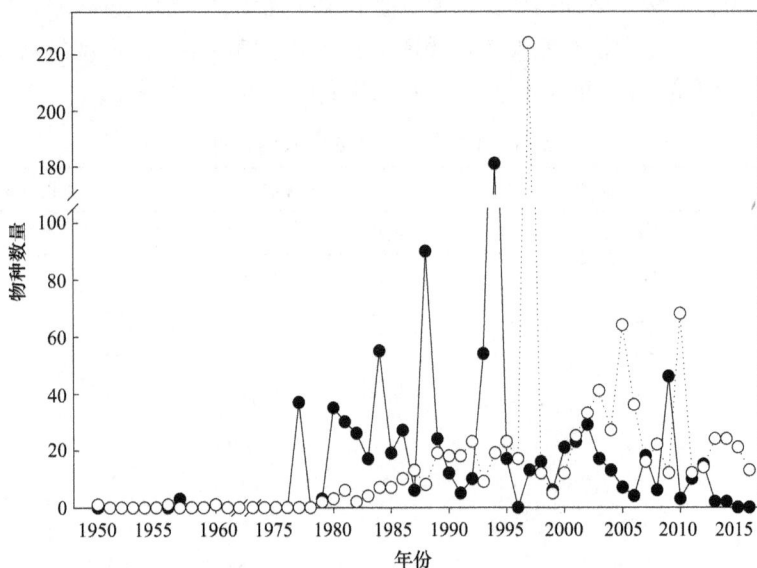

图 1　神农架每年动物模式标本采集（实心圆）与动物模式标本物种发表（空心圆）的数量

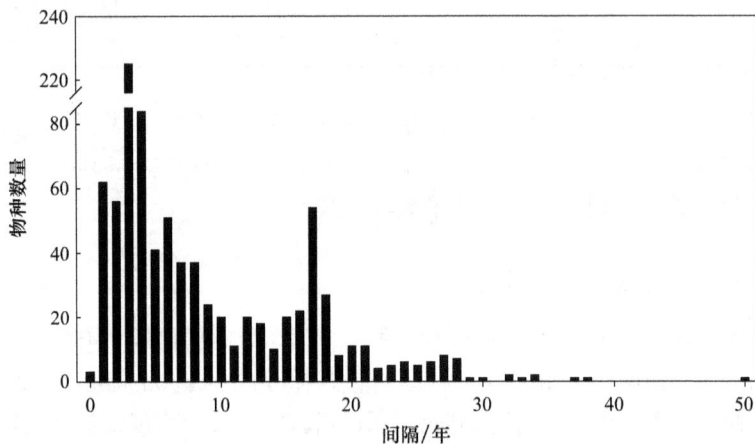

图 2　神农架动物模式标本采集与发表间隔年数和物种数量的关系

（四）物种发表文献与定名人

采集于神农架的模式标本物种发表在 478 条文献上。其中，中文期刊文献 189 篇，外文期刊文献 103 篇，专著类文献 136 部，硕博学位论文 50 篇。以中文和外文发表的物种数分别是 772 种和 143 种，且自 2003 年起，发表在外文期刊上的物种数逐步增加，而以中文发表的物种数则不断减少（图 3）。

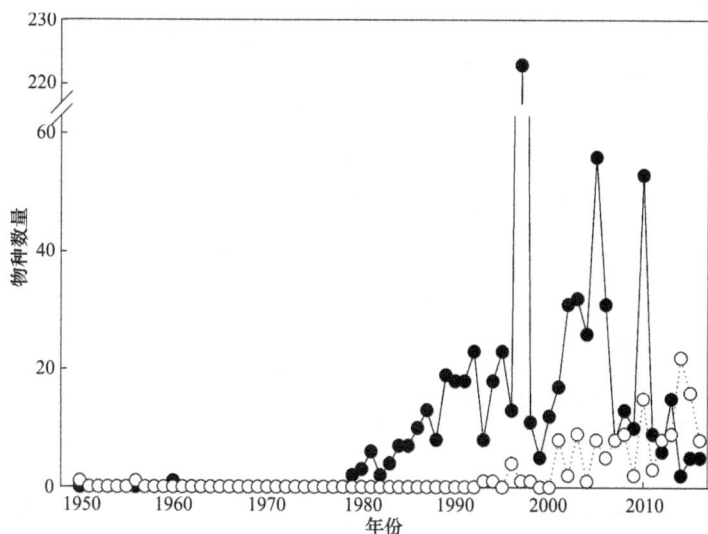

图 3　采集于神农架的每年发表在中文（实心圆）和外文（空心圆）
文献上的动物模式标本物种数量

对发表的作者分析表明，模式标本物种数以国内学者独立发表为主（853 种，占 93.22%），国外学者和国内外学者联合发表的物种数分别是 19 种和 43 种，各占 2.08% 和 4.70%，且 2000 年后联合发表的物种数有上升趋势。

（五）标本存放地

在模式标本物种的原始发表文献中，849 种明确列出正、配、副模标本的存放地，共存放在 186 家机构或个人收藏。由于近年来国内单位合并与名称的变更，这些标本当前实际存放在 79 家机构 20 个个人收藏（表 5）。其中，79 家机构主要是高校（41）、博物馆（17）、科研院所（16）、医院（2）与政府部门（3）。收藏标本较多的机构中，中国农业大学、福建农林大学和中国科学院动物研究所收藏的正模标本最多，分别有 196 种、113 种和 183 种。在 20 个个人收藏中，仅有一个是国内藏家，其余均为国外藏家，主要以意大利和德国籍为主（表 5）。

表5 神农架动物模式标本存放地

原始发表文献中列出的标本存放地名称	当前实际的标本存放地名称	存放物种数量		
		正模	配模	副模
安康学院农业与生命科学学院	安康学院	1		1
奥地利维也纳自然历史博物馆	奥地利维也纳自然历史博物馆			3
法国巴黎国家自然历史博物馆	法国国家自然历史博物馆			2
瑞士巴塞尔自然历史博物馆	瑞士巴塞尔自然历史博物馆			2
白求恩医科大学生物学教研室	吉林大学白求恩医学院	17	12	17
北京大学生命科学学院	北京大学	1		1
北京林业大学昆虫标本室	北京林业大学	1		
北京农业大学	中国农业大学	196	25	115
北京农业大学昆虫标本馆				
北京农业大学昆虫标本室				
中国农业大学				
中国农业大学昆虫标本馆				
中国农业大学昆虫标本室				
中国农业大学昆虫博物馆				
中国农业大学昆虫收藏室				
北京市农林科学院植保环保研究所	北京市农林科学院植物保护环境保护研究所	2	1	1
北京自然博物馆	北京自然博物馆	1	1	1
波恩动物研究所暨亚历山大·柯尼希博物馆	德国亚历山大·柯尼希动物研究博物馆			6
德国亚历山大动物博物馆				
德国柏林自然历史博物馆	德国柏林自然历史博物馆			1
德国德累斯顿动物博物馆	德国德累斯顿动物博物馆			2
德国沙根堡昆虫研究所	德国沙根堡德意志昆虫研究所			1
德国巴登-符腾堡国家自然历史博物馆	德国斯图加特国家自然历史博物馆	1		3
德国斯图加特国家自然博物馆				
德国斯图加特国家自然历史博物馆				
俄罗斯科学院动物研究所	俄罗斯科学院动物研究所	1		2
俄罗斯科学院西伯利亚分院动物系统学与生态学研究所西伯利亚动物博物馆	俄罗斯科学院西伯利亚分院动物系统学与生态学研究所			4
福建农林大学益虫室	福建农林大学	113	11	89
福建农林大学益虫研究室				
福建农林大学植物保护系益虫研究室				
福建农学院生物防治研究室				
福建农业大学植物保护系益虫研究室				

原始发表文献中列出的标本存放地名称	当前实际的标本存放地名称	存放物种数量		
		正模	配模	副模
福建医学院医学昆虫研究室	福建医科大学	4	3	4
福建医学院医学昆虫研究所				
广东省昆虫研究所	广东省生物资源应用研究所	6	1	7
贵阳医学院生物学教研室	贵州医科大学	3		2
贵州大学昆虫研究所	贵州大学	3		3
国家林业局森林病虫害防治总站	国家林业局森林病虫害防治总站	1		1
韩国高丽大学	韩国高丽大学			1
河北大学博物馆	河北大学	15		14
河北大学生命科学学院				
河北教育学院生物系	河北师范大学	1	1	1
荷兰自然历史博物馆	荷兰莱顿自然生物多样性中心 (自然历史博物馆)			1
湖北省农科院植保所	湖北省农业科学院			4
湖北省农业科学院植物保护研究所				
湖北省生物研究所				
湖北省医学科学院寄生虫病研究所	湖北省疾病预防控制中心 (湖北省预防医学科学院)	11	3	14
湖北省医学科学院寄生虫病研究所媒介昆虫研究室				
湖北省预防医学科学院传染病防治研究所				
湖北省武昌湖北林校	湖北省生态工程职业技术学院			1
湖南省生物研究所	湖南省农业科学院	3	2	2
湖南师范大学	湖南师范大学	1		
华南农业大学	华南农业大学	15		10
华南农业大学昆虫标本室				
华南农业大学昆虫学系				
华中农学院水产系	华中农业大学	2		1
华中农学院水产系鱼类标本馆				
吉林大学	吉林大学	1		
捷克布拉格国家博物馆	捷克布拉格国家博物馆	1		1
莱阳农学院植保系昆虫标本室	青岛农业大学	1	1	1
辽宁沈阳疾病控制和预防中心	沈阳市疾病预防控制中心	1		1
辽宁省卫生防疫站				
英国自然历史博物馆	英国自然历史博物馆			3
美国费城自然科学院	美国费城德雷塞尔大学自然科学研究所			1

续表

原始发表文献中列出的标本存放地名称	当前实际的标本存放地名称	存放物种数量		
		正模	配模	副模
美国芝加哥菲尔德博物馆两栖爬行动物分馆	美国芝加哥菲尔德博物馆两栖爬行动物分馆	1		
南京大学	南京大学	2		2
南京农业大学植保系	南京农业大学	5	3	5
南开大学	南开大学	29	8	27
南开大学昆虫博物馆				
南开大学昆虫学研究所				
南开大学生命科学学院				
南开大学生命科学学院昆虫标本馆				
南开大学生命科学学院昆虫标本室				
南开大学生物系				
南开大学生物系昆虫标本室				
日本爱媛大学博物馆	日本爱媛大学			1
日本北海道大学博物馆	日本北海道大学			4
日本北海道大学昆虫研究所				
日本东京国立博物馆	日本东京国立博物馆			3
瑞典隆德大学动物博物馆	瑞典隆德大学动物博物馆	1		
瑞士巴塞尔自然历史博物馆	瑞士巴塞尔自然历史博物馆	3		
瑞士自然历史博物馆				
山东大学生物系	山东大学	5	4	3
山东大学生物系无脊椎动物标本室				
山东农业大学	山东农业大学	1		1
山东农业大学昆虫标本室				
山西师范大学生命科学学院标本室	山西师范大学			1
陕西省动物研究所	陕西省动物研究所 (西北濒危动物研究所)	1		
陕西省卫生防疫站	陕西省疾病预防控制中心	1	1	1
陕西师范大学动物研究所	陕西师范大学	8	1	6
陕西师范大学动物研究所标本室				
陕西师范大学生命科学学院熊虫标本馆				
上海昆虫博物馆	中国科学院上海生命科学研究院	10	4	5
中国科学院上海昆虫研究所				
上海农学院昆虫标本室	上海交通大学农业与生物学院	1		
上海师范大学	上海师范大学	17		10

原始发表文献中列出的标本存放地名称	当前实际的标本存放地名称	存放物种数量		
		正模	配模	副模
上海师范大学生物系				
上海师范大学生物系昆虫标本馆				
上海师范大学生物系昆虫标本室				
上海师范大学生物系昆虫研究室				
沈阳师范大学	沈阳师范大学	5		3
沈阳师范大学蛛形学研究室				
沈阳师范学院				
天津自然博物馆				
天津自然历史博物馆	天津自然博物馆	10	6	5
武汉医学院	华中科技大学同济医学院			1
西北大学生物系	西北大学			1
西北农林科技大学昆虫博物馆	西北农林科技大学	16	1	16
西北农业大学				
西北农业大学昆虫博物馆				
陕西昆虫博物馆				
西南农业大学昆虫分类研究室	西南农业大学	1		
匈牙利自然历史博物馆	匈牙利自然历史博物馆	1		
扬州大学应用昆虫研究所	扬州大学	4	1	3
意大利卡塔尼亚大学动物学系博物馆	意大利卡塔尼亚大学			1
长江大学昆虫标本馆	长江大学			1
浙江大学	浙江大学	25	2	13
浙江大学寄生蜂标本馆				
浙江大学寄生膜翅目昆虫收藏室				
浙江大学昆虫标本馆				
浙江大学昆虫科学研究所寄生蜂标本馆				
浙江大学农业与生物技术学院应用昆虫研究所				
浙江大学应用昆虫研究所				
浙江大学植物保护系				
浙江大学植物保护系寄生蜂标本室				
浙江农业大学				
浙江农业大学生物防治研究室				
浙江农业大学植保系生物防治研究室				
浙江农林大学	浙江农林大学	8		6

原始发表文献中列出的标本存放地名称	当前实际的标本存放地名称	存放物种数量		
		正模	配模	副模
浙江农林大学昆虫标本馆				
浙江农林大学森林保护系				
军事医学科学院微生物流行病研究所医学昆虫标本馆	军事医学科学院	9	1	5
中国军事医学科学院				
中国军事医学科学院微生物科学院流行病研究所昆虫标本馆				
中国科学院成都生物研究所	中国科学院成都生物研究所	3	1	2
中国科学院动物研究所	中国科学院动物研究所	183	36	130
中国科学院动物研究所标本馆				
中国科学院动物研究所国家动物博物馆				
中国科学院动物研究所昆虫标本馆				
中国科学院动物研究所昆虫标本室				
中国科学院昆明动物研究所	中国科学院昆明动物研究所			1
中国科学院水生生物研究所	中国科学院水生生物研究所	7		5
中国科学院水生生物研究所鱼类标本室				
中国热带农业科学研究院植物保护研究所	中国热带农业科学院环境与植物保护研究所	1		1
中国医学科学院流行病微生物学研究所	中国医学科学院流行病微生物学研究所	1		
中南林学院	中南林业科技大学	75		56
中南林学院环境与资源系昆虫标本室				
中南林学院昆虫标本室				
中南林学院昆虫模式标本室				
中南林学院昆虫资源研究所昆虫模式标本室				
中南林学院昆虫资源研究所模式标本室				
中南林业科技大学昆虫标本馆				
中南林业科技大学昆虫博物馆				
中南林业科技大学昆虫模式标本室				
中南林业科技大学昆虫系统与进化生物学昆虫标本室				
中南林业科技大学昆虫系统与进化生物学实验室				
中南林业科技大学昆虫资源研究所昆虫模式标本室				
中南林业科技大学叶蜂标本馆				
中山大学	中山大学			3
中山大学博物馆				
中山大学生物博物馆				

续表

原始发表文献中列出的标本存放地名称	当前实际的标本存放地名称	存放物种数量		
		正模	配模	副模
Assing V 个人收藏	德国汉诺威 Assing 收藏	2		3
德国汉诺威 Volker Assing 个人收藏				
捷克 Kučera 个人收藏	捷克 Kučera 个人收藏			1
捷克 Jaroslav Turna 个人收藏	捷克 Jaroslav 收藏			1
捷克 P. Kresl 个人收藏	捷克 Kresl 收藏			1
奥地利维也纳 Schuh 个人收藏	奥地利维也纳 Schuh 收藏			1
Smetana 个人收藏	加拿大渥太华 Smetana 收藏			4
加拿大渥太华 Smetana A 个人收藏				
渥太华 Aleš Smetana 个人收藏				
柏林 Michael Schülke 个人收藏	德国柏林 Schülke 收藏	1		4
柏林 Schülke 收藏				
德国柏林 Schülke M 个人收藏				
波兰弗罗茨瓦夫 Warchalowshi 个人收藏	波兰弗罗茨瓦夫 Warchalowshi 收藏			1
德国荷索金劳勒 Kippenberg 个人收藏	德国荷索金劳勒 Kippenberg 收藏			1
德国柏林 Wrase 个人收藏	德国柏林 Wrase 收藏			4
德国菲宁根 Schimmel 个人收藏	德国菲宁根 Schimmel 收藏	3		3
法国凡尔赛 Bergeal 个人收藏	法国凡尔赛 Bergeal 收藏			1
湖南株洲魏美才个人收藏	湖南株洲魏美才收藏	1		1
德国明斯特 Feldmann 个人收藏	德国明斯特 Feldmann 收藏			1
英国牛津 Rougemont 个人收藏	英国牛津 Rougemont 收藏			1
日本福冈 Maruyama 个人收藏	日本福冈 Maruyama 收藏			1
意大利 Daccordi 个人收藏	意大利维洛纳 Daccordi 收藏			3
意大利维洛纳 Daccordi 个人收藏				
意大利米兰 Sciaky 个人收藏	意大利米兰 Sciaky 收藏			5
意大利皮亚琴察 Facchini S 个人收藏	意大利皮亚琴察 Facchini 收藏	5		4
意大利维罗纳 Toledano L 个人收藏	意大利维罗纳 Toledano 收藏			1

　　此外，有 42 个物种，原始发表文献中提供了其标本的多个存放地，但并未明确正、配、副模标本各自的存放地（表 6）。另有 24 个物种的原始发表文献中未提供具体的标本保存地（表 7）。*Quedius (Raphirus) herbicola* 是由 Smetana（2002）发表在 *Elytra* 刊物上的新种，由于没有获得原始发表文献，本书未能提供其标本

存放地。

表6 正、配、副模标本的存放机构标本不明确的物种

物种编号	物种名	学名	发表文献中标本存放地	当前存放地
50	湖北曲腹蛛	*Cyrtarachne hubeiensis*	湖北大学生态研究所	湖北大学
			湖南师范大学生物系	湖南师范大学
85	北拟高雄盲蛛	*Paritakaoia borealisa*	英国自然历史博物馆	英国自然历史博物馆
			日本广岛大学博物馆	日本广岛大学
			德国法兰克福森肯堡自然博物馆蛛形动物研究室	德国法兰克福森肯堡自然博物馆
			德国不莱梅海外博物馆	德国不莱梅海外博物馆
			德国柏林洪堡大学自然博物馆系统动物学研究室	德国柏林自然历史博物馆
			河北大学博物馆	河北大学
103	大斑新襀	*Neoperla latamaculata*	扬州大学昆虫标本室	扬州大学
			扬州大学应用昆虫研究所	扬州大学
			中国科学院动物研究所昆虫标本馆	中国科学院动物研究所
			中国科学院上海昆虫研究所	中国科学院上海生命科学研究院
104	太白新襀	*Neoperla taibaina*	扬州大学昆虫标本室	扬州大学
			扬州大学应用昆虫研究所	扬州大学
			中国科学院动物研究所昆虫标本馆	中国科学院动物研究所
			中国科学院上海昆虫研究所	中国科学院上海生命科学研究院
105	弧毡蠊	*Jacobsonina arca*	中国科学院动物研究所	中国科学院动物研究所
			西南大学昆虫标本馆	西南大学
114	兴山小蹦蝗	*Pedopodisma xingshanensis*	陕西师范大学动物研究所	陕西师范大学
			湖北黄冈师范学院生物系	湖北黄冈师范学院
115	橙股小蹦蝗	*Pedopodisma rutifemoralis*	陕西师范大学动物研究所	陕西师范大学
			湖北黄冈师范学院生物系	湖北黄冈师范学院
123	尖叶素木螽	*Shirakisotima acuminata*	中国科学院上海昆虫所	中国科学院上海生命科学研究院
			山东大学生物系	山东大学
127	长叶疾灶螽	*Diestrammena (Tachycines) longivalvula*	上海昆虫博物馆	中国科学院上海生命科学研究院
			上海师范大学生物系昆虫室	上海师范大学
253	天宝山长突叶蝉	*Batracomorphus tianbaonesis*	西北农林科技大学昆虫博物馆	西北农林科技大学

续表

物种编号	物种名	学名	发表文献中标本存放地	当前存放地
253	天宝山长突叶蝉	*Batracomorphus tianbaonesis*	中国科学院动物研究所	中国科学院动物研究所
			中国科学院昆虫动物研究所	中国科学院动物研究所
			中国农业大学	中国农业大学
			中山大学	中山大学
			天津自然博物馆	天津自然博物馆
			南开大学	南开大学
			贵州大学	贵州大学
306	黑体褐蛉	*Hemerobius atrocorpus*	中国农业大学昆虫标本室	中国农业大学
			中国科学院动物研究所昆虫标本馆	中国科学院动物研究所
308	勺突广褐蛉	*Megalomus arytaenoideus*	中国农业大学昆虫标本室	中国农业大学
			中国科学院动物研究所昆虫标本馆	中国科学院动物研究所
309	细纹脉褐蛉	*Micromus striolatus*	中国农业大学昆虫标本室	中国农业大学
			中国科学院动物研究所昆虫标本馆	中国科学院动物研究所
310	三峡绿褐蛉	*Notiobiella sanxiana*	中国农业大学昆虫标本室	中国农业大学
			中国科学院动物研究所昆虫标本馆	中国科学院动物研究所
311	细颈华脉线蛉	*Sineuronema angusticolla*	中国农业大学昆虫标本室	中国农业大学
			中国科学院动物研究所昆虫标本馆	中国科学院动物研究所
313	强亚蚁蛉	*Asialeon validum*	中国农业大学昆虫标本室	中国农业大学
			中国科学院动物研究所昆虫标本馆	中国科学院动物研究所
314	小华树蚁蛉	*Dendroleon decorillus*	中国农业大学昆虫标本室	中国农业大学
			中国科学院动物研究所昆虫标本馆	中国科学院动物研究所
315	黑角树蚁蛉	*Dendroleon melanocoris*	中国农业大学昆虫标本室	中国农业大学
			中国科学院动物研究所昆虫标本馆	中国科学院动物研究所
316	三峡东蚁蛉	*Euroleon sanxianus*	中国农业大学昆虫标本室	中国农业大学
			中国科学院动物研究所昆虫标本馆	中国科学院动物研究所
317	小白云蚁蛉	*Glenuroides pumilu*	中国农业大学昆虫标本室	中国农业大学
			中国科学院动物研究所昆虫标本馆	中国科学院动物研究所
352	红坪日萤叶甲	*Japonitata hongpingana*	中国科学院动物研究所	中国科学院动物研究所
			上海昆虫研究所	中国科学院上海生命科学研究院
401		*Dianous calvicollis*	德国柏林 Schülke 个人收藏	德国柏林 Schülke 收藏

物种编号	物种名	学名	发表文献中标本存放地	当前存放地
401		*Dianous calvicollis*	德国 Puthz 个人收藏	德国 Puthz 收藏
			加拿大渥太华 Smetana 个人收藏	加拿大渥太华 Smetana 收藏
			英国自然历史博物馆	英国自然历史博物馆
			上海农业大学	上海师范大学
432	指形蝎蛉	*Panorpa digitiformis*	西北农林科技大学昆虫博物馆	西北农林科技大学
			中国科学院动物研究所	中国科学院动物研究所
			中国农业大学	中国农业大学
			南开大学	南开大学
			福建农林大学	福建农林大学
			天津自然博物馆	天津自然博物馆
			河南农业大学	河南农业大学
			河南农科院	河南省农业科学院
			中山大学	中山大学
			沈阳农业大学	沈阳农业大学
			甘肃白水江自然保护区	甘肃白水江国家级自然保护区
			堪萨斯大学昆虫学系	堪萨斯大学
433	无刺蝎蛉	*Panorpa nonspinata*	西北农林科技大学昆虫博物馆	西北农林科技大学
			中国科学院动物研究所	中国科学院动物研究所
			中国农业大学	中国农业大学
			南开大学	南开大学
			福建农林大学	福建农林大学
			天津自然博物馆	天津自然博物馆
			河南农业大学	河南农业大学
			河南农科院	河南农业科学院
			中山大学	中山大学
			沈阳农业大学	沈阳农业大学
			堪萨斯大学昆虫学系	堪萨斯大学
			甘肃白水江自然保护区	甘肃白水江国家级自然保护区
434	枝状刺褐蛉	*Panorpa ramispina*	西北农林科技大学昆虫博物馆	西北农林科技大学
			中国科学院动物研究所	中国科学院动物研究所

物种编号	物种名	学名	发表文献中标本存放地	当前存放地
434	枝状刺褐蛉	*Panorpa ramispina*	中国农业大学	中国农业大学
			南开大学	南开大学
			福建农林大学	福建农林大学
			天津自然博物馆	天津自然博物馆
			河南农业大学	河南农业大学
			河南农科院	河南省农业科学院
			中山大学	中山大学
			沈阳农业大学	沈阳农业大学
			甘肃白水江自然保护区	甘肃白水江国家级自然保护区
			堪萨斯大学昆虫学系	堪萨斯大学
439	长跗毛蚊	*Bibio dolichotarsus*	中国科学院动物研究所昆虫标本馆	中国科学院动物研究所
			中国农业大学昆虫标本馆	中国农业大学
440	膨跗毛蚊	*Bibio emphysetarsus*	中国科学院动物研究所昆虫标本馆	中国科学院动物研究所
			中国农业大学昆虫标本馆	中国农业大学
441	棘腿毛蚊	*Bibio femoraspinatus*	中国科学院动物研究所昆虫标本馆	中国科学院动物研究所
			中国农业大学昆虫标本馆	中国农业大学
442	巫峡毛蚊	*Bibio wuxianus*	中国科学院动物研究所昆虫标本馆	中国科学院动物研究所
			中国农业大学昆虫标本馆	中国农业大学
443	兴山毛蚊	*Bibio xingshanus*	中国科学院动物研究所昆虫标本馆	中国科学院动物研究所
			中国农业大学昆虫标本馆	中国农业大学
444	鸟叉毛蚊	*Penthetria picea*	中国农业大学昆虫标本馆	中国农业大学
			中国科学院动物研究所昆虫标本馆	中国科学院动物研究所
484	湖北舞虻	*Empis (Empis) hubeiensis*	中国农业大学	中国农业大学
			中国科学院动物研究所昆虫标本馆	中国科学院动物研究所
495	齿突喜舞虻	*Hilara dentata*	中国农业大学	中国农业大学
			中国科学院动物研究所昆虫标本馆	中国科学院动物研究所
498	湖北喜舞虻	*Hilara hubeiensis*	中国农业大学	中国农业大学
			中国科学院动物研究所昆虫标本馆	中国科学院动物研究所
504	角突喜舞虻	*Hilara triangulata*	中国农业大学	中国农业大学
			中国科学院动物研究所昆虫标本馆	中国科学院动物研究所

续表

物种编号	物种名	学名	发表文献中标本存放地	当前存放地
509	细腿驼舞虻	*Hybos minutus*	中国农业大学	中国农业大学
			中国科学院动物研究所昆虫标本馆	中国科学院动物研究所
511	湖北平须舞虻	*Platypalpus hubeiensis*	中国农业大学	中国农业大学
			中国科学院动物研究所昆虫标本馆	中国科学院动物研究所
517	黑腿显肩舞虻	*Tachypeza nigra*	中国农业大学	中国农业大学
			中国科学院动物研究所昆虫标本馆	中国科学院动物研究所
534	双圆蝇	*Mydaea bideserta*	中国科学院华东昆虫研究所	中国科学院上海生命科学研究院
			中国科学院动物研究所	中国科学院动物研究所
540	川地禾蝇	*Geomyza chuana*	中国科学院动物研究所昆虫标本馆	中国科学院动物研究所
			中国农业大学昆虫标本馆	中国农业大学
580	兴山斐大蚊	*Tipula (Vestiplex) xingshana*	中国科学院动物研究所昆虫标本馆	中国科学院动物研究所
			中国农业大学昆虫标本馆	中国农业大学
589	双凹纤蚤	*Rhadinopsylla (Actenophthalmus) biconcava*	中国医学科学院流行病微生物学研究所	中国医学科学院流行病微生物学研究所
			军事医学科学院微生物流行病研究所	军事医学科学院
			四川省阿坝藏族自治州卫生防疫站	四川省阿坝藏族羌族自治州卫生防疫站

表 7　模式标本保存地不详的物种

物种编号	物种名	拉丁学名
5	竹蜡皮瘿螨	*Apodiptacus bambus*
25	神农架植绥螨	*Phytoseius (Dubininellus) shennongjiaensis*
74	湖北缨毛蛛	*Chilobrachys hubei*
76	长腹丘腹蛛	*Episinus longabdomenus*
77	白眼球蛛	*Theridion albioculum*
78	杂色球蛛	*Theridion poecilum*
79	王氏球蛛	*Theridion wangi*
81	徐氏球蛛	*Theridion xui*
146	锐尖华双啮	*Siniamphipsocus acutus*
148	黄额华双啮	*Siniamphipsocus flavifrontus*
154	神农架单啮	*Caecilius shennongjiaicus*
180	钩茎苔鼠啮	*Lichenomima harpeodes*

续表

物种编号	物种名	拉丁学名
181	圆痣苔鼠啮	*Lichenomima orbiculata*
200	神农瓣啮	*Longivalus shennongicus*
201	宽室仲啮	*Symbiopsocus latus*
204	神农架触啮	*Psococerastis shennongjiana*
212	双锥狭啮	*Stenopsocus biconicus*
224	神农架狭啮	*Stenopsocus shennongjiaensis*
418		*Quedius (Raphirus) herbicola*
429	红翅树甲	*Strongylium erythroelytrae*
535	肖韧妙蝇	*Myospila subtenax*
542	环腹长角茎蝇	*Loxocera (Loxocera) anulata*
707	东洋长体茧蜂	*Macrocentrus oriantalis*
810	中华细蜂	*Proctotrupes sinensis*

五、书写体例

本书在编排上采用泛六足类 4 纲系统，门、纲、目和科均注明了中文名和对应的拉丁学名，纲目、科和种提供了相应的连续编号。名录中科下不设亚科和亚种。由于属的中文名称变化较大，本书没有单独列出属名。为便于查阅，属内各种均按照拉丁学名的字母顺序排列。对个别以英文发表的物种，若查不到对应中文名，仅提供原始发表文献中的拉丁学名。

每个物种提供了种名、发表文献和标本信息。对于分类修订物种，一并给出对应的参考文献和分类讨论。物种名包括拉丁学名、命名人、命名时间和中文名。文献包括原始发表文献及后期分类修订文献。标本信息包括正模、配模和副模信息。各部分的书写体例如下：

门：中文名 + 空格 + 拉丁学名
纲：序号 + 空格 + 中文名 + 空格 + 拉丁学名
目：序号 + 空格 + 中文名 + 空格 + 拉丁学名
科：序号 + 空格 + 中文名 + 空格 + 拉丁学名
种：序号 + 空格 + 拉丁学名 + 命名人 + 逗号 + 年份 + 空格 + 中文名
标本信息：正模 + 冒号 + 数量和性别 + 逗号 + 采集地点（经纬度和海拔，如原文提供）+ 逗号 + 采集人 + 逗号 + 采集时间 + （标本存放单位）+ 句号 + 配模信息（同正模写法）+ 句号 + 副模信息（同正模写法）+ 句号

另，正模和配模多为 1 个标本，故当出现此情况时，均只列出性别。

　　本书通过收集整理近年来的研究资料发现，以在神农架采集的动物模式标本命名的物种共 3 门 8 纲 31 目 187 科 915 种，形成了神农架区域的动物模式标本名录，可为对其进一步开展生物多样性保护和自然遗产价值监测研究提供依据与支撑。影响一个地区模式标本种类数量的因素有多种（王绍能等，2011；曹成全等，2013）：①该地区物种（尤其本地特有物种）的多少，当一个地区的物种越多时，在研究程度相当的情况下，记录到的模式标本种类往往也会较多；②在该地区开展区系研究的时间和次数，与具有相同或类似区系组成的邻近地区相比，如果一个地区开展系统区系研究的时间越早且次数越多，则记录到的模式标本种类也会越多；③与该地区区系研究的深度与研究者关注对象有关，往往研究越深，关注对象越广，记录到的模式标本物种越多，发现稀有物种的可能性越大。尽管研究人员已对神农架开展过多次大规模调查研究（朱兆泉和宋朝枢，1999；廖明尧，2012，2015），但近年来神农架新物种的发现仍层出不穷（图 1），且图 1 也显示出至 2016 年发表的物种均为 2013 年之前采集到的标本。这一方面反映出神农架动物资源丰富多样、特有种类多，另一方面意味着该区域动物的物种多样性可能被低估。因此，神农架动物的调查分类工作尚需继续扩大和深入，进一步明确其生物多样性的现状。

缓步动物门 Tardigrada

一 真缓步纲 Eutardigrada

(一) 并爪目 Parachela

1. 高生熊虫科 Hypsibiidae

(1) *Doryphoribius barbarae* Beasley et Miller, 2012

文献信息　Beasley CW, Miller WR. 2012. Additional Tardigrada from Hubei Province, China, with the description of *Doryphoribius barbarae* sp. nov. (Eutardigrada: Parachela: Hypsibiidae). Zootaxa, 3170: 55-63.

标本信息　正模: 1, 性别不详, 神农架天生桥, 采集人 Clark W. Beasley, 2005. VI. 15 (陕西师范大学生命科学学院熊虫标本馆)。副模: 3, 性别不详, 地点、采集人和采集时间同正模 (陕西师范大学生命科学学院熊虫标本馆、意大利卡塔尼亚大学动物学系博物馆和美国费城自然科学院)。

(2) *Isohypsibius jinhouensis* Yang, 2007　金猴等高熊虫

文献信息　杨潼. 2007. 中国神农架国家森林公园苔藓中的缓步动物. 动物分类学报, 32: 186-189.

标本信息　正模: 数量和性别不详, 神农架金猴岭, 采集人杨潼, 2005. VI (中国科学院水生生物研究所)。

节肢动物门 Arthropoda

二 少足纲 Pauropoda

(二) 四少足目 Tetramerocerata

2. 少足科 Sphaeropauropodidae

(3) *Sphaeropauropus rotatilis* Scheller, 2014

文献信息　Scheller U. 2014. New records of Pauropoda (Myriapoda) with descriptions of new taxa. Zootaxa, 3866: 301-332.

标本信息　正模: 9♀♀, 湖北神农架自然保护区(海拔 2000~2200m), 采集人 Kurbatov S., 1995. Ⅵ. 4 (瑞典隆德大学动物博物馆)。

三 蛛形纲 Arachnida

(三) 真螨目 Acaritiformes

3. 阿土水螨科 Aturidae

(4) *Woolastookia megaseta* Yi et Jin, 2012

文献信息　Yi TC, Jin DC. 2012. Description of two new species of *Woolastookia* Habeeb (Acari: Hydrachnidia, Aturidae) from China. International Journal of Acarology, 38: 236-243.

标本信息　正模: ♂, 湖北神农架自然保护区(海拔 1231m, 31°26.783′N, 110°23.359′E), 采集人乙天慈, 2009. Ⅷ. 29 (贵州大学昆虫研究所)。副模: 1♀, 同正模。

4. 羽爪瘿螨科 Diptilomiopidae

(5) *Apodiptacus bambus* Xie, 2011 竹蜡皮瘿螨

文献信息　谢满超. 2011. 陕西秦巴山区瘿螨总科区系研究 (蜱螨亚纲: 前气门目). 保定: 河北大学博士学位论文, 116-117.

标本信息　正模: ♀, 陕西镇坪县三道门森林公园 (海拔 1200m, 31°53′N, 109°31′E), 采集人谢满超, 2009. Ⅶ. 20 (标本存放地不详)。副模: 3♀♀, 同正模。

5. 瘿螨科 Eriophyidae

(6) *Abacarus diospyris* Kuang et Hong, 1989 柿畸瘿螨

文献信息　匡海源, 洪晓月. 1989. 中国叶刺瘿螨亚科三新种记述 (真螨目: 瘿螨科). 南京农业大学学报, 12: 46-49.

标本信息　正模: ♀, 湖北神农架自然保护区, 采集人洪晓月, 1986. Ⅶ. 23 (南京农业大学植保系)。副模: 3♀♀, 同正模。

(7) *Aceria hupehensis* Kuang et Hong, 1995 湖北瘤瘿螨

文献信息　匡海源. 1995. 中国经济昆虫志, 第四十四册, 蜱螨亚科, 瘿螨总科 (一), 瘤瘿螨属. 北京: 科学出版社: 54-55.

标本信息　正模: ♀, 湖北房县和武当山, 采集人洪晓月, 1986. Ⅶ; 云南昆明市, 采集人洪晓月, 1987. Ⅵ; 江苏宜兴市, 采集人匡海源、洪晓月, 1985. Ⅶ. 19 (南京农业大学植保系)。配模: ♂, 同正模。副模: 5♀♀, 同正模。

(8) *Aculops longispinosus* Kuang et Hong, 1989 长毛刺皮瘿螨

文献信息　匡海源, 洪晓月. 1989. 中国叶刺瘿螨亚科三新种记述 (真螨目: 瘿螨科). 南京农业大学学报, 12: 46-49.

标本信息 正模: ♀, 湖北神农架自然保护区, 采集人洪晓月, 1986. Ⅶ. 21 (南京农业大学植保系)。配模: ♂, 同正模。副模: 3♀♀, 同正模。

(9) *Calepitrimerus akebis* Xie, 2016 木通上三脊瘿螨

文献信息 Xie MC. 2016. Three new species of eriophyoid mites of the tribe Phyllocoptini Nalepa (Eriophyoidea: Eriophyidae) from Shaanxi, China. Zoological Systematics, 41: 158-164.

标本信息 正模: ♀, 陕西镇坪县上竹乡 (海拔 960m, 31°54′N, 109°25′E), 采集人谢满超, 2009. Ⅶ. 21 (安康学院农业与生命科学学院)。副模: 6♀♀1♂, 同正模。

(10) *Heterotergum artemisiae* Hong et Kuang, 2009 蒿异背瘿螨

文献信息 Hong XY, Kuang HY. 2009. Three new genera and seven new species of the subfamily Phyllocoptinae (Acari: Eriophyidae) from China. International Journal of Acarology, 15: 145-152.

标本信息 正模: ♀, 湖北神农架自然保护区, 采集人洪晓月, 1987. Ⅶ. 15 (南京农业大学植保系)。副模: 8♀♀, 同正模。

(11) *Phyllocoptes sorbariae* Kuang et Hong, 1989 珍珠梅叶刺瘿螨

文献信息 匡海源, 洪晓月. 1989. 中国叶刺瘿螨亚科三新种记述 (真螨目: 瘿螨科). 南京农业大学学报, 12: 46-49.

标本信息 正模: ♀, 湖北神农架自然保护区, 采集人洪晓月, 1986. Ⅶ. 25 (南京农业大学植保系)。配模: ♂, 同正模。副模: 3♀♀, 同正模。

6. 卷甲螨科 Phthiracaridae

(12) *Austrophthiracarus longisetosus* Liu et Chen, 2014

文献信息 Liu D, Chen J. 2014. Descriptions of two new species of *Austrophthiracarus* Balogh et Mahunka, a newly recorded genus of ptyctimous mites from China (Acari: Oribatida: Phthiracaridae). Annales Zoologici, 64: 267-272.

Liu D, Zhang ZQ. 2016. Review of the genus *Austrophthiracarus* (Acari, Oribatida, Phthiracaridae) with a description of a new species from Australia, a key to known species of the Australian Region and a world checklist. International Journal of Acarology, 42: 41-55.

Niedbała W, Starý J. 2015a. Three new species of the family Phthiracaridae (Acari, Oribatida) from Bolivia. Zootaxa, 3918: 128-140.

Niedbała W, Starý J. 2015b. Two new species of the superfamily Phthiracaroidea (Acari, Oribatida) from the Seychelles and the USA with notes on other ptyctimous mites from diverse countries. Acta Zoologica Academiae Scientiarum Hungaricae, 61: 87-118.

标本信息 正模: 1, 性别不详, 湖北神农架神农顶 (海拔 2700m, 31°26′16.08″N, 110°18′3.51″E), 采集人周红章, 1998. Ⅶ. 26 (中国科学院动物研究所国家动物博物馆)。副模: 1, 同正模。

分类讨论 刘冬与陈军2014年依据周红章在神农架神农顶采集的标本命名该物种为 *Austrophthiracarus longisetosus* Liu et Chen, 2014, 但 2015 年 Niedbała Wojciech 与 Starý Josef 根据 2009 年在玻利维亚采集的标本也利用该拉丁学名发表了新种 (*Austrophthiracarus longisetosus* Niedbała et Starý, 2015) (Niedbała and Starý, 2015a), 两者实际上是同名异物。根据发表的时间优先原则, 两物种的发表作者都建议神农架的物种保留原名, 而玻利维亚的改为其他种名 (Niedbała and Starý, 2015b; Liu and Zhang, 2016)。

7. 恙螨科 Trombiculidae

(13) *Leptotrombidium* (*Leptotrombidium*) *dabashanense* Liu et Ma, 2001 大巴山纤恙螨

文献信息 刘井元, 胡翠华, 马立名. 2001. 蜱螨亚纲二新种及一新亚种 (蜱螨亚纲: 恙螨科, 血革螨科). 动物分类学报, 26: 306-312.

标本信息　正模: 1, 性别不详, 湖北神农架林区 (海拔 2300m), 采集人不详, 1995. Ⅳ. 24 (湖北省医学科学院寄生虫病研究所媒介昆虫研究室)。副模: 2, 同正模。

(四) 蜱螨目 Acarina

8. 赫刺螨科 Hirstionyssidae

(14) *Hirstionyssus montanus* Huang, 1990 山区赫刺螨

文献信息　黄重安. 1990. 陕西赫刺螨属初记 (蜱螨亚纲: 赫刺螨科). 动物分类学报, 15: 305-312.

标本信息　正模: ♀, 陕西太白山自然保护区大殿 (海拔 2240m), 采集人黄重安, 1982. Ⅷ. 17 (陕西省卫生防疫站)。配模: ♂, 同正模。副模: 10♀♀1♂, 同正模; 37♀♀9♂♂, 陕西陇县、宁陕县、柞水县山区, 采集人黄重安, 1982. Ⅴ~Ⅶ; 3♀♀, 陕西镇坪县石砦河 (海拔 1100m), 采集人黄重安, 1983. Ⅳ. 15 (陕西省卫生防疫站)。

(五) 寄螨目 Parasitiformes

9. 血革螨科 Haemogamasidae

(15) *Eulaelaps petauristae* Liu et Ma, 1998 鼯鼠真厉螨

文献信息　刘井元, 马立名. 1998. 颚西北神农架真厉螨属一新种 (蜱螨亚纲: 血革螨科). 动物分类学报, 23: 21-24.

标本信息　正模: ♀, 湖北神农架林区 (海拔 1400m), 采集人不详, 1994. Ⅴ. 6 (军事医学科学院微生物流行病研究所医学昆虫标本馆)。副模: 1♀, 同正模 (湖北省医学科学院寄生虫病研究所媒介昆虫研究室)。

(16) *Haemogamasus postsinuatus* Liu et Ma, 2002 后凹血革螨

文献信息　刘井元, 马立名. 2002. 血革螨属

一新种记述及对鼯鼠真厉螨雌性形态原始描述的更正 (蜱螨亚纲: 血革螨科). 昆虫学报, 45 (增刊): 118-120.

标本信息　正模: ♀, 湖北神农架自然保护区 (海拔 1800m), 采集人不详, 1994. Ⅳ (湖北省医学科学院寄生虫病研究所媒介昆虫研究室)。

(17) *Haemogamasus sanxiaensis* Liu et Ma, 2001 三峡血革螨

文献信息　刘井元, 胡翠华, 马立名. 2001. 蜱螨亚纲二新种及一新亚种 (蜱螨亚纲: 恙螨科, 血革螨科). 动物分类学报, 26: 306-312.

标本信息　正模: ♀, 湖北神农架林区古水乡 (海拔 1500m, 31°15′N, 109°58′E), 采集人不详, 1995. Ⅴ. 6 (湖北省医学科学院寄生虫病研究所媒介昆虫研究室)。副模: 3♀♀, 同正模。

10. 厉螨科 Laelapidae

(18) *Androlaelaps subpavlovskii* Liu, Ma et Ding, 2000 拟巴阳厉螨

文献信息　刘井元, 马立名, 丁百宝. 2000. 中国厉螨科二新种记述 (蜱螨亚纲: 革螨股). 动物分类学报, 25: 380-383.

标本信息　正模: ♀, 湖北神农架林区 (海拔 2000m, 31°15′~31°57′N, 109°56′~110°58′E), 采集人不详, 1994. Ⅹ. 4 (湖北省医学科学院寄生虫病研究所媒介昆虫研究室)。副模: 3♀♀, 同正模; 1♀, 湖北神农架林区 (海拔 1000m), 采集人不详, 1997. Ⅺ. 13 (湖北省医学科学院寄生虫病研究所媒介昆虫研究室)。

(19) *Cosmolaelaps xiajiangensis* Liu et Ma, 2000 峡江广厉螨

文献信息　刘井元, 马立名, 丁百宝. 2000. 中国厉螨科二新种记述 (蜱螨亚纲: 革螨股). 动物分类学报, 25: 380-383.

标本信息　正模: ♀, 湖北神农架林区 (海拔 1600~1800m, 31°15′~31°57′N, 109°56′~110°58′E),

采集人不详, 1994. IV、V (湖北省医学科学院寄生虫病研究所媒介昆虫研究室). 副模: 1♀, 同正模。

(20) *Sinolaelaps liui* Liu et Wang, 1997 柳氏华厉螨

文献信息 刘井元, 王敦清. 1997. 湖北神农架华厉螨属一新种 (蜱螨亚纲: 厉螨科). 动物分类学报, 22: 143-146.

标本信息 正模: ♀, 湖北神农架林区 (海拔 1100~2300m, 31°15′~31°57′N, 109°56′~110°58′E), 采集人不详, 1993. III、IV (军事医学科学院微生物流行病研究所医学昆虫标本馆). 副模: 61♀♀, 同正模 (10♀♀保存在军事医学科学院微生物流行病研究所医学昆虫标本馆, 其余 51♀♀保存在湖北省医学科学院寄生虫病研究所媒介昆虫研究室)。

11. 巨螯螨科 Macrochelidae

(21) *Macrocheles shennongjiaensis* Ma et Liu, 2003 神农架巨螯螨

文献信息 马立名, 刘井元. 2003. 巨螯螨属二新种记述 (蜱螨亚纲, 革螨股, 巨螯螨科). 动物分类学报, 28: 657-661.

标本信息 正模: ♀, 湖北神农架 (海拔 2900m, 31°15′N, 109°56′E), 采集人刘井元, 1990. VI. 25 (军事医学科学院微生物流行病研究所医学昆虫标本馆). 副模: 2♀♀, 同正模。

12. 寄螨科 Parasitidae

(22) *Amblygamasus shennongjiaensis* Ma et Liu, 1998 神农架钝革螨

文献信息 马立名, 刘井元. 1998. 鄂西北钝革螨属一新种 (蜱螨亚纲: 寄螨科). 动物分类学报, 23: 267-269.

标本信息 正模: ♀, 湖北神农架 (海拔 1800 m, 31°15′N, 109°56′E), 采集人不详, 1992. IV. 18 (湖北省医学科学院寄生虫病研究所媒介昆虫研究室)。

13. 植绥螨科 Phytoseiidae

(23) *Euseius subplebeius* Wu et Li, 1984 拟普通真绥螨

文献信息 吴伟南, 李兆权. 1984. 湖北神农架植绥螨科三新种 (蜱螨目: 植绥螨科). 动物分类学报, 9: 44-48.
吴伟南, 欧剑峰, 黄静玲. 2009. 中国动物志, 无脊椎动物, 第四十七卷, 蛛形纲, 蜱螨亚纲, 植绥螨科, 真绥螨属. 北京: 科学出版社: 221-222.

标本信息 正模: ♀, 湖北神农架松柏镇, 采集人不详, 1981. VIII. 12 (广东省昆虫研究所)。配模: ♂, 同正模. 副模: 6♀♀1♂, 同正模; 9♀♀, 湖北神农架林区酒壶坪, 采集人不详, 1981. VIII. 15 (广东省昆虫研究所)。

分类讨论 由于分类调整, 该类群从钝绥螨属 (*Amblyseius*) 的 *Euseius* 群提升为独立的真绥螨属 (*Euseius*) (吴伟南等, 2009)。

(24) *Phytoseius (Dubininellus) nudus* Wu et Li, 1984 光滑植绥螨

文献信息 吴伟南, 李兆权. 1984. 湖北神农架植绥螨科三新种 (蜱螨目: 植绥螨科). 动物分类学报, 9: 44-48.

标本信息 正模: ♀, 湖北神农架松柏镇 (海拔 920m), 采集人不详, 1981. VIII. 18 (广东省昆虫研究所). 副模: 7♀♀, 同正模; 2♀♀, 湖北神农架林区酒壶坪 (海拔 1850m), 采集人不详, 1981. VIII. 22 (广东省昆虫研究所)。

(25) *Phytoseius (Dubininellus) shennongjiaensis* Wu et Ou, 2009 神农架植绥螨

文献信息 吴伟南, 欧剑峰, 黄静玲. 2009. 中国动物志, 无脊椎动物, 第四十七卷, 蛛形纲, 蜱螨亚纲, 植绥螨科, 植绥螨属. 北京: 科学出版社: 289-290.

标本信息 正模: ♀, 湖北神农架松柏镇 (海拔 950m), 采集人吴伟南、李兆权, 1981. VIII. 14 (标本存放地不详). 副模: 7♀♀2♂♂, 同正模。

(26) *Typhlodromus* (*Anthoseius*) *cervix* Wu et Li, 1984 颈盲走螨

文献信息 吴伟南, 李兆权. 1984. 湖北神农架植绥螨科三新种 (蜱螨目: 植绥螨科). 动物分类学报, 9: 44-48.

标本信息 正模: ♀, 湖北神农架松柏镇 (海拔 950m), 采集人不详, 1981. Ⅷ. 15 (广东省昆虫研究所). 副模: 1♀, 同正模。

14. 胭螨科 Rhodacaridae

(27) *Dendrolaelaps shennongjiaensis* Ma et Liu, 2003 神农架枝厉螨

文献信息 马立名, 刘井元, 叶瑞玉. 2003. 枝厉螨属 (胭螨科) 和黑面螨属 (黑面螨科) 各一新种 (蜱螨亚纲: 中气门亚目). 动物分类学报, 28: 252-255.

标本信息 正模: ♀, 湖北神农架 (海拔 400m, 31°15′N, 109°56′E), 采集人不详, 1999. Ⅷ. 16 (湖北省医学科学院寄生虫病研究所)。

(六) 蜘蛛目 Araneae

15. 漏斗蛛科 Agelenidae

(28) *Cicurina eburnata* Wang, 1994 象牙蟋蛛

文献信息 王家福. 1994. 中国南方漏斗蛛三新种 (蜘蛛目: 漏斗蛛科). 动物分类学报, 19: 286-292.

标本信息 正模: ♀, 湖北大巴山、木鱼坪, 采集人王家福, 1990. Ⅺ. 10 (湖南省生物研究所). 配模: ♂, 同正模. 副模: 1♀, 同正模。

(29) *Coelotes chordoformis* Zhang, 2006 索状隙蛛

文献信息 张志升. 2006. 中国漏斗蛛科和暗蛛科的系统学研究 (蛛形纲: 蜘蛛目). 保定: 河北大学博士学位论文, 127.

标本信息 正模: ♀, 湖北神农架风景垭至金

猴岭, 采集人张志升、陈会明, 2004. Ⅸ. 4 (河北大学博物馆). 副模: 3♀♀, 同正模。

(30) *Coelotes indentatus* Zhang, 2006 内齿隙蛛

文献信息 张志升. 2006. 中国漏斗蛛科和暗蛛科的系统学研究 (蛛形纲: 蜘蛛目). 保定: 河北大学博士学位论文, 134-135.

标本信息 正模: ♀, 湖北神农架, 采集人刘凤想, 2001. Ⅸ. 23 (河北大学博物馆)。

(31) *Draconarius tabulatus* Zhang, 2006 板龙隙蛛

文献信息 张志升. 2006. 中国漏斗蛛科和暗蛛科的系统学研究 (蛛形纲: 蜘蛛目). 保定: 河北大学博士学位论文, 233-234.

标本信息 正模: ♀, 湖北房县观音洞, 采集人朱明生等, 2001. Ⅸ. 26 (河北大学博物馆). 副模: 3♀♀, 同正模。

(32) *Paracoelotes shennong* Zhang, 2006 神农拟隙蛛

文献信息 张志升. 2006. 中国漏斗蛛科和暗蛛科的系统学研究 (蛛形纲: 蜘蛛目). 保定: 河北大学博士学位论文, 263-264.

标本信息 正模: ♂, 湖北神农架木鱼镇, 采集人刘凤想、朱明生等, 2001. Ⅸ. 23、Ⅸ. 24 (河北大学博物馆). 副模: 1♀, 同正模。

(33) *Tonsilla eburniformis* Wang et Yin, 1992 象牙形扁桃蛛

文献信息 王家福, 尹长民. 1992. 我国南方漏斗蛛科一新属和三新种 (蜘蛛目: 漏斗蛛科). 湖南师范大学自然科学学报, 15: 263-272.

标本信息 正模: ♀, 湖北神农架木鱼镇 (110°20′E, 31°41′N), 采集人王家福, 1990. Ⅺ. 12 (湖南省生物研究所)。

16. 暗蛛科 Amaurbobiidae

(34) *Coelotes multannulatus* Zhang, Zhu, Sun et Song, 2006 多环隙蛛

文献信息 张志升, 朱明生, 孙丽娜, 等.

2006. 神农架隙蛛属 *Coelotes* 两新种 (蜘蛛目: 暗蛛科: 隙蛛亚科). 大理学院学报, 5: 1-3.

标本信息 正模: ♀, 湖北神农架木鱼镇, 采集人朱明生等, 2001. IX. 23 (河北大学博物馆). 副模: 1♀, 同正模; 2♀♀, 湖北神农架木鱼镇至神农坛, 采集人陈会明、张志升, 2004. IX. 3 (河北大学博物馆).

(35) *Coelotes pedodentalis* Zhang, Zhu, Sun et Song, 2006 足齿隙蛛

文献信息 张志升, 朱明生, 孙丽娜, 等. 2006. 神农架隙蛛属 *Coelotes* 两新种 (蜘蛛目: 暗蛛科, 隙蛛亚科). 大理学院学报, 5: 1-3.

标本信息 正模: ♀, 湖北神农架木鱼镇至神农坛, 采集人陈会明、张志升, 2004. IX. 3 (河北大学博物馆).

(36) *Coelotes vestigialis* Xu et Li, 2007 痕迹隙蛛

文献信息 徐湘, 李枢强. 2007. 中国隙蛛亚科蜘蛛一新种 (蜘蛛目, 暗蛛科). 动物分类学报, 32: 756-757.

标本信息 正模: ♂, 湖北神农架林区酒壶坪 (31.7°N, 110.6°E), 采集人周红章、于晓东, 1998. VII. 24~VIII. 8 (中国科学院动物研究所). 副模: 10♂♂, 同正模.

(37) *Draconarius calcariformis* Wang, 1994 距形隙蛛

文献信息 王家福. 1994. 中国南方漏斗蛛三新种 (蜘蛛目: 漏斗蛛科). 动物分类学报, 19: 286-292.

Ovtchinnikov SV. 1999. On the supraspecific systematics of the subfamily Coelotinae (Araneae, Amaurobiidae) in the former USSR fauna. TETHYS Entomological Research, 1: 63-80.

Wang XP. 2002. A generic-level revision of the spider subfamily Coelotinae (Araneae, Amaurobiidae). Bulletin of the American Museum of Natural History, 269: 1-150.

标本信息 正模: ♀, 湖北大巴山 (31°30′N, 110°25′E), 采集人王家福, 1990. XI. 10 (湖南省生物研究所). 配模: ♂, 同正模. 副模: 1♀, 同正模.

分类讨论 由于分类调整, 该类群从隙蛛属 (*Coelotes*)提升为独立的龙隙蛛属 (*Draconarius*) (Ovtchinnikov, 1999; Wang, 2002).

(38) *Draconarius colubrinus* Zhang, Zhu et Song, 2002 蛇突龙隙蛛

文献信息 张志升, 朱明生, 宋大祥. 2002. 湖北神农架隙蛛亚科 (蜘蛛目: 暗蛛科) 三新种. 保定师范专科学校学报, 15: 52-55.

标本信息 正模: ♂, 湖北神农架木鱼镇, 采集人朱明生、张志升, 2001. IX. 22 (河北大学博物馆). 副模: 3♀♀, 同正模.

(39) *Draconarius parawudangensis* Zhang, Zhu et Song, 2002 拟武当龙隙蛛

文献信息 张志升, 朱明生, 宋大祥. 2002. 湖北神农架隙蛛亚科 (蜘蛛目: 暗蛛科) 三新种. 保定师范专科学校学报, 15: 52-55.

标本信息 正模: ♀, 湖北神农架, 采集人朱明生、张志升, 2001. IX. 22~IX. 24 (河北大学博物馆). 副模: 5♀♀, 同正模.

(40) *Pireneitega xinping* Zhang, Zhu et Song, 2002 新平拟隙蛛

文献信息 张志升, 朱明生, 宋大祥. 2002. 湖北神农架隙蛛亚科 (蜘蛛目: 暗蛛科) 三新种. 保定师范专科学校学报, 15: 52-55.

Wang XP, Jäger P. 2007. A revision of some spiders of the subfamily Coelotinae F. O. PICKARD-CAMBRIDGE 1898 from China: transfers. Synonymies. And new species (Arachnida, Araneae, Amaurobiidae). Senckenbergiana biologica, 87: 23-49.

Zhang XQ, Zhao Z, Zheng G, et al. 2016. Nine new species of the spider genus *Pireneitega* Kishida, 1955 (Agelenidae, Coelotinae) from

Xinjiang, China. ZooKeys, 601: 49-74.

标本信息 正模：♂，湖北神农架木鱼镇，采集人朱明生，2001. IX. 22 (河北大学博物馆)。副模：1♂3♀♀，同正模。

分类讨论 由于分类调整，该物种被归并到拟隙蛛属 (*Pireneitega*) 并得到认可(Wang and Jäger, 2007)(Zhang et al., 2016)。

(41) *Taira subdecorata* Zhang, 2006 近丽胎拉蛛

文献信息 张志升. 2006. 中国漏斗蛛科和暗蛛科的系统学研究 (蛛形纲：蜘蛛目). 保定：河北大学博士学位论文, 318-319.

标本信息 正模：♀，湖北神农架自然保护区鸭子口，采集人张志升、陈会明，2004. IX. 4 (河北大学博物馆)。副模：11♀♀，同正模；2♀♀，贵州梵净山自然保护区回香坪至鱼坳，采集人张俊霞、张志升，2001. VIII. 2 (河北大学博物馆)。

17. 卵形蛛科 Araneae

(42) *Trilacuna wenfeng* Lv, 2016 文峰三窝蛛

文献信息 吕松宇. 2016. 我国重庆及邻近地区三窝蛛属蜘蛛分类研究 (蜘蛛目：卵形蛛科). 沈阳：沈阳师范大学硕士学位论文, 25.

标本信息 正模：♂，重庆市巫山县文峰观 (海拔 761.200m, 31°4′10.134″N, 109°55′6.654″E)，采集人佟艳丰、吕松宇，2014. X. 25 (沈阳师范大学蛛形学研究室)。副模：3♀♀2♂♂，同正模。

18. 园蛛科 Araneidae

(43) *Araneus acusisetus* Zhu et Song, 1994 针毛园蛛

文献信息 朱明生，宋大祥，张永强，等. 1994. 我国园蛛科蜘蛛的新种和新记录. 河北师范大学学报, (增刊): 25-55.

标本信息 正模：♂，湖北巴东县 (31°00′N, 110°18′E)，采集人朱明生，1989. V. 22 (河北大学博物馆)。

(44) *Araneus auriculatus* Song et Zhu, 1992 耳状园蛛

文献信息 宋大祥，朱明生. 1992. 我国西南武陵山区园蛛科 (蜘蛛目) 新种记述. 湖北大学学报 (自然科学版), 14: 167-173.

标本信息 正模：♀，湖北巴东县(31.0°N, 110.3°E)，采集人宋大祥、朱明生，1989. VI. 1 (中国科学院动物研究所)。配模：♂，湖北巴东县(31.0°N, 110.3°E)，采集人宋大祥、朱明生，1989. V. 22 (中国科学院动物研究所)。副模：1♀，同正模。

(45) *Araneus badongensis* Song et Zhu, 1992 巴东园蛛

文献信息 宋大祥，朱明生. 1992. 我国西南武陵山区园蛛科 (蜘蛛目) 新种记述. 湖北大学学报 (自然科学版), 14: 167-173.

标本信息 正模：♂，湖北巴东县，采集人宋大祥、朱明生，1989. V. 22 (中国科学院动物研究所)。副模：2♂♂，同正模。

(46) *Araneus circellus* Song et Zhu, 1992 小环园蛛

文献信息 宋大祥，朱明生. 1992. 我国西南武陵山区园蛛科 (蜘蛛目) 新种记述. 湖北大学学报 (自然科学版), 14: 167-173.

标本信息 正模：♀，湖北巴东县，采集人宋大祥、朱明生，1989. V. 22 (中国科学院动物研究所)。

(47) *Araneus colubrinus* Song et Zhu, 1992 蛇园蛛

文献信息 宋大祥，朱明生. 1992. 我国西南武陵山区园蛛科 (蜘蛛目) 新种记述. 湖北大学学报 (自然科学版), 14: 167-173.

标本信息 正模：♀，湖北巴东县，采集人宋大祥、朱明生，1989. V. 22 (中国科学院动物研究所)。

(48) *Araneus octodentalis* Song et Zhu,1992 八齿园蛛

文献信息 宋大祥, 朱明生. 1992. 我国西南武陵山区园蛛科 (蜘蛛目) 新种记述. 湖北大学学报 (自然科学版), 14: 167-173.

标本信息 正模: ♂, 湖北巴东县, 采集人宋大祥、朱明生, 1989. Ⅴ. 22 (中国科学院动物研究所)。

(49) *Araneus xianfengensis* Song et Zhu, 1992 咸丰园蛛

文献信息 宋大祥, 朱明生. 1992. 我国西南武陵山区园蛛科 (蜘蛛目) 新种记述. 湖北大学学报 (自然科学版), 14: 167-173.

标本信息 正模: ♀, 湖北咸丰县马河坝 (29.6°N, 109.1°E), 采集人宋大祥、朱明生, 1989. Ⅵ. 4 (中国科学院动物研究所)。副模: 1♀, 湖北巴东县, 采集人宋大祥、朱明生, 1989. Ⅴ. 21 (中国科学院动物研究所)。

(50) *Cyrtarachne hubeiensis* Zhao, 1994 湖北曲腹蛛

文献信息 尹长民, 赵敬钊. 1994. 中国园蛛科五新种 (蛛形纲: 蜘蛛目). 蛛形学报, 3: 1-7.

标本信息 正模: ♀, 湖北巴东县泉口 (31°N, 110.4°E), 采集人赵敬钊, 1977. Ⅸ. 2 (湖北大学生态研究所或湖南师范大学生物系)。

19. 管巢蛛科 Clubionidae

(51) *Clubiona flexa* Zhang et Chen, 1993 曲管巢蛛

文献信息 张古忍, 陈建. 1993. 中国管巢蛛属一新种 (蜘蛛目: 管巢蛛科). 动物分类学报, 18: 306-308.

标本信息 正模: ♀, 湖北神农架, 采集人陈建, 1986. Ⅵ. 18~Ⅷ. 8 (白求恩医科大学生物学教研室)。配模: ♂, 同正模。副模: 3♀♀8♂♂, 同正模。

(52) *Clubiona lirata* Yang, Song et Zhu, 2003 脊管巢蛛

文献信息 杨晋宇, 宋大祥, 朱明生. 2003. 中国管巢蛛属三新种及一雄性新发现 (蜘蛛目: 管巢蛛科). 蛛形学报, 12: 6-13.

标本信息 正模: ♀, 湖北神农架神农顶 (31.7°N, 110.7°E), 采集人朱明生, 2001. Ⅸ. 23 (河北大学生命科学学院)。副模: 1♀1♂, 同正模; 1♀, 采集地点和时间同正模, 采集人唐贵明; 1♀, 采集地点和时间同正模, 采集人杨自忠; 1♀, 湖北房县观音洞 (32.0°N, 101.7°E), 采集人杨晋宇, 2001. Ⅸ. 25 (河北大学生命科学学院)。

20. 皿蛛科 Linyphiidae

(53) *Aprifrontalia afflata* Ma et Zhu, 1991 膨大吻额蛛

文献信息 马晓丽, 朱传典. 1991. 中国吻额蛛属一新种 (蜘蛛目: 皿蛛科: 微蛛亚科). 动物分类学报, 16: 169-171.

标本信息 正模: ♂, 湖北神农架林区刘家屋场 (海拔 1620m), 采集人马晓丽, 1986. Ⅵ. 22 (白求恩医科大学生物学教研室)。配模: ♀, 同正模。副模: 2♀♀4♂♂, 同正模; 1♀, 湖北神农架林区大岩屋 (海拔 1600m), 采集人马晓丽, 1986. Ⅵ. 24; 1♀, 湖北神农架木鱼镇 (海拔 1180m), 采集人马晓丽, 1986. Ⅶ. 28 (白求恩医科大学生物学教研室)。

(54) *Asperthorax granularis* Gao et Zhu, 1989 粒突皱胸蛛

文献信息 高久春, 朱传典. 1989. 我国皿蛛科一新记录属及一新种 (蜘蛛目: 皿蛛科). 白求恩医科大学学报, 15: 246-247.

标本信息 正模: ♀, 湖北神农架林区酒壶林场 (海拔 1620m, 31°15′~31°57′N, 109°56′~110°58′E), 采集人高久春, 1986. Ⅵ. 22 (白求恩医科大学生物学教研室)。副模: 2♀♀, 同正模; 1♀, 采集地点和时间同正模, 采集人马晓

丽 (白求恩医科大学生物学教研室)。

(55) *Gongylidioides foratus* Ma et Zhu, 1990 穿孔瘤胸蛛

文献信息 马晓丽, 朱传典. 1990. 中国瘤胸蛛属二新种 (蜘蛛目: 皿蛛科: 微蛛亚科). 动物分类学报, 15: 431-435.

Tu LH, Li SQ. 2006. A review of *Gongylidioides* spiders (Araneae: Linyphiidae: Erigoninae) from China. Revue Suisse de Zoologie, 113: 51-65.

标本信息 正模: ♂, 湖北神农架木鱼镇 (海拔 1180m), 采集人不详, 1986. VI~VIII (白求恩医科大学生物学教研室)。配模: ♀, 同正模。副模: 14♀♀10♂♂, 同正模。

分类讨论 马晓丽与朱传典 1990 年依据神农架的标本命名该物种为穿孔瘤胸蛛(*Oedothorax foratus* Ma et Zhu, 1990)。进一步研究表明, 该物种应归到 *Gongylidioides*, 故将该物种修订为 *Gongylidioides foratus* Li et Zhu, 1995 (Tu and Li, 2006)。

(56) *Gongylidioides rimatus* Ma et Zhu, 1990 裂缝瘤胸蛛

文献信息 马晓丽, 朱传典. 1990. 中国瘤胸蛛属二新种 (蜘蛛目: 皿蛛科: 微蛛亚科). 动物分类学报, 15: 431-435.

Tu LH, Li SQ. 2006. A review of *Gongylidioides* spiders (Araneae: Linyphiidae: Erigoninae) from China. Revue Suisse de Zoologie, 113: 51-65.

标本信息 正模: ♂, 湖北神农架林区刘家屋场 (海拔 1620m) 和大岩屋 (海拔 1610m), 采集人不详, 1986. VI~VIII (白求恩医科大学生物学教研室)。配模: ♀, 同正模。副模: 10♀♀13♂♂, 同正模。

分类讨论 马晓丽与朱传典 1990 年依据神农架的标本命名该物种为裂缝瘤胸蛛 (*Oedothorax rimatus* Ma et Zhu, 1990)。进一步研究表明, 该物种应归到 *Gongylidioides*, 故将该物种修订为 *Gongylidioides rimatus* Ma et Zhu,

1990 (Tu and Li, 2006)。

(57) *Hypselistes acutidens* Gao, Sha et Zhu, 1989 舟齿闪腹蛛

文献信息 高久春, 沙玉华, 朱传典. 1989. 神农架林区闪腹蛛属一新种 (蜘蛛目: 皿蛛科). 动物分类学报, 14: 424-426.

标本信息 正模: ♀, 湖北神农架林区大岩屋 (海拔 1610m), 采集人不详, 1986. VI. 23 (白求恩医科大学生物学教研室)。配模: ♂, 同正模。副模: 3♀♀, 同正模; 2♀♀, 湖北神农架林区大岩屋, 采集人不详, 1986. VI. 24; 3♀♀, 湖北神农架大九湖 (海拔 1710m), 1986. VIII. 9 (白求恩医科大学生物学教研室)。

(58) *Indophantes halonatus* Li et Zhu, 1995 月晕斑皿蛛

文献信息 李枢强, 朱传典. 1995. 神农架林区皿蛛科五新种记述 (蛛形纲: 蜘蛛目). 动物分类学报, 20: 39-48.

Tu LH, Saaristo MI, Li SQ. 2006. A review of Chinese micronetine species (Araneae: Linyphiidae). Part II: Seven species of ex-*Lepthyphantes*. Animal Biology, 56: 403-421.

标本信息 正模: ♀, 湖北神农架木鱼坪, 采集人不详, 1986. VI. 19 (白求恩医科大学生物学教研室)。配模: ♂, 同正模。副模: 1♂14♀♀, 同正模; 24♂♂83♀♀, 湖北神农架刘家屋场, 采集人不详, 1986. VI. 22; 5♂♂27♀♀, 湖北神农架林区大岩屋, 采集人不详, 1986. VI. 24; 3♂♂8♀♀, 湖北神农架徐家庄, 采集人不详, 1986. VIII. 15; 3♂♂12♀♀, 湖北神农架大九湖, 采集人不详, 1986. VIII. 8 (白求恩医科大学生物学教研室)。

分类讨论 李枢强与朱传典 1995 年依据神农架的标本命名该物种为月晕斑皿蛛 (*Lepthyphantes halonatus* Li et Zhu, 1995)。进一步研究表明, 该物种应归到 *Indophantes*, 故将该物种修订为 *Indophantes halonatus* Li et Zhu, 1995 (Tu et al., 2006)。

(59) *Mecopisthes rhomboidalis* Gao, Zhu et Gao, 1993 梭形额突蛛

文献信息　高久春, 朱传典, 高元奇. 1993. 中国微蛛亚科二新记录属和二新种 (蜘蛛目: Ⅲ蛛科: 微蛛亚科). 白求恩医科大学学报, 19: 40-42.

标本信息　正模: ♀, 湖北神农架木鱼镇 (海拔 1180m), 采集人不详, 1986. Ⅵ. 19 (白求恩医科大学生物学教研室). 副模: 12♀♀, 湖北神农架木鱼镇、宋洛镇、红花坪、酒壶坪、红坪、徐家庄 (海拔 800~1700m, 31.15°~31.57°N, 109.56°~110.58°E), 采集人不详, 1986. Ⅵ. 19~Ⅶ. 17 (白求恩医科大学生物学教研室).

(60) *Meioneta falcata* Li et Zhu, 1995 镰蛛儒蛛

文献信息　李枢强, 朱传典. 1995. 神农架林区Ⅲ蛛科五新种记述 (蛛形纲: 蜘蛛目). 动物分类学报, 20: 39-48.

标本信息　正模: ♀, 湖北神农架林区刘家屋场, 采集人不详, 1986. Ⅵ. 20~Ⅶ. 30 (白求恩医科大学生物学教研室). 配模: ♂, 同正模. 副模: 6♂♂1♀, 同正模; 1♂1♀, 湖北神农架红花坪, 采集人不详, 1986. Ⅵ. 17; 1♀, 湖北神农架徐家庄, 采集人不详, 1986. Ⅷ. 7; 2♂♂2♀♀, 湖北神农架大九湖, 采集人不详, 1986. Ⅷ. 9; 4♂♂4♀♀, 湖北神农架板仓, 采集人不详, 1986. Ⅷ. 10 (白求恩医科大学生物学教研室).

(61) *Meioneta palustris* Li et Zhu, 1995 沼泽侏儒蛛

文献信息　李枢强, 朱传典. 1995. 神农架林区Ⅲ蛛科五新种记述 (蛛形纲: 蜘蛛目). 动物分类学报, 20: 39-48.

标本信息　正模: ♀, 湖北神农架大九湖, 采集人不详, 1986. Ⅷ. 9 (白求恩医科大学生物学教研室). 副模: 3♀♀, 同正模.

(62) *Neriene aquilirostralis* Chen et Zhu, 1989 鹰喙盖蛛

文献信息　陈建, 朱传典. 1989. 湖北省盖蛛属二新种 (蜘蛛目: Ⅲ蛛科). 动物分类学报, 14: 160-165.

标本信息　正模: ♂, 湖北神农架林区刘家屋场, 采集人李枢强, 1986. Ⅵ. 22 (白求恩医科大学生物学教研室). 配模: ♀, 同正模. 副模: 23♀♀5♂♂, 采集地点同正模, 采集人不详, 1986. Ⅵ. 20~Ⅵ. 22; 4♀♀1♂, 湖北神农架林区大岩屋, 采集人不详, 1986. Ⅵ. 23; 1♀, 湖北神农架林区刘家屋场, 采集人不详, 1986. Ⅶ. 30; 8♀♀, 湖北神农架红坪, 采集人不详, 1986. Ⅶ. 30~Ⅷ. 1; 2♀♀1♂, 湖北神农架徐家庄, 采集人不详, 1986. Ⅷ. 16; 1♀, 湖北神农架阳日湾, 采集人不详, 1986. Ⅷ. 18 (白求恩医科大学生物学教研室).

(63) *Neriene calozonata* Chen et Zhu, 1989 丽带盖蛛

文献信息　陈建, 朱传典. 1989. 湖北省盖蛛属二新种 (蜘蛛目: Ⅲ蛛科). 动物分类学报, 14: 160-165.

标本信息　正模: ♀, 湖北神农架燕洞 (海拔 2000m), 采集人李枢强, 1986. Ⅷ. 7 (白求恩医科大学生物学教研室). 副模: 2♀♀, 同正模.

(64) *Neriene decormaculata* Chen et Zhu, 1988 华斑盖蛛

文献信息　陈建, 朱传典. 1988. 神农架林区盖蛛属一新种 (蜘蛛目: Ⅲ蛛科). 动物分类学报, 13: 346-349.

标本信息　正模: ♂, 湖北神农架三岔村, 采集人不详, 1986. Ⅷ. 18 (白求恩医科大学生物学教研室). 配模: ♀, 同正模. 副模: 2♀♀4♂♂, 同正模; 2♀♀2♂♂, 湖北神农架林区刘家屋场, 采集人不详, 1986. Ⅷ. 30; 2♂♂, 湖北神农架林区大岩屋, 采集人不详, 1986. Ⅷ. 5; 1♀, 湖北神农架大九湖, 采集人不详, 1986. Ⅷ. 9 (白求恩医科大学生物学教研室).

(65) *Nippononeta alpina* Li et Zhu, 1995 山地珍蛛

文献信息 李枢强, 朱传典. 1995. 神农架林区皿蛛科五新种记述 (蛛形纲: 蜘蛛目). 动物分类学报, 20: 39-48.
Bao MD, Bai ZS, Tu LH. 2017. On a desmitracheate "micronetine" *Nippononeta alpina* (Li & Zhu, 1993), comb. n. (Araneae, Linyphiidae). ZooKeys, 645: 133-146.
标本信息 正模: ♂, 湖北神农架盘龙村, 采集人不详, 1986. VI. 26 (白求恩医科大学生物学教研室). 配模: ♀, 同正模. 副模: 8♂♂15♀♀, 同正模; 7♀♀, 贵州黑湾河, 采集人不详, 1985. VI. 23 (白求恩医科大学生物学教研室).
分类讨论 李枢强与朱传典1995年依据神农架的标本命名该物种为山地珍蛛 (*Macrargus alpina* Li et Zhu, 1995). 进一步进行分子系统学研究表明, 该物种应归到 *Nippononeta*, 故将该物种修订为 *Nippononeta alpina* (Bao et al., 2017).

(66) *Oedothorax collinus* Ma et Zhu, 1991 毛丘瘤胸蛛

文献信息 马晓丽, 朱传典. 1991. 中国瘤胸蛛属一新种 (蜘蛛目: 皿蛛科: 微蛛亚科). 动物分类学报, 16: 27-29.
标本信息 正模: ♂, 湖北神农架林区大岩屋 (海拔 1600m), 采集人高久春, 1986. VI. 23 (白求恩医科大学生物学教研室). 配模: ♀, 同正模. 副模: 4♀♀1♂, 同正模; 1♀, 湖北神农架红坪 (海拔 1610m), 采集人高久春, 1986. VIII. 1 (白求恩医科大学生物学教研室).

(67) *Parameioneta bilobata* Li et Zhu, 1995 二叶玲蛛

文献信息 李枢强, 朱传典. 1995. 神农架林区皿蛛科五新种记述 (蛛形纲: 蜘蛛目). 动物分类学报, 20: 39-48.
标本信息 正模: ♂, 湖北神农架林区刘家屋场, 采集人和采集时间不详 (白求恩医科大

学生物学教研室). 配模: ♀, 同正模. 副模: 2♂♂5♀♀, 同正模; 1♀, 湖南长沙市橘子洲头, 采集人高久春, 1985. VI. 3; 2♀♀, 贵州黔灵公园, 采集人朱传典, 1985. VI. 21; 20♀♀, 湖南岳麓山, 采集人高久春, 1985. VI. 3~VI. 11 (白求恩医科大学生物学教研室).

(68) *Tenuiphantes ancatus* Li et Zhu, 1989 垂耳斑皿蛛

文献信息 李枢强, 朱传典. 1989. 神农架林区斑皿蛛属一新种 (蜘蛛目: 皿蛛科). 白求恩医科大学学报, 15: 38-39.
Tu LH, Saaristo MI, Li SQ. 2006. A review of Chinese micronetine species (Araneae: Linyphiidae). Part II: Seven species of ex-*Lepthyphantes*. Animal Biology, 56: 403-421.
标本信息 正模: ♀, 湖北神农架林区, 采集人不详, 1986. VI. 22 (白求恩医科大学生物学教研室). 副模: 4♀♀, 同正模.
分类讨论 李枢强与朱传典1989年依据神农架的标本命名该物种为垂耳斑皿蛛(*Lepthyphantes ancatus* Li et Zhu, 1989). 进一步研究表明, 该物种应归到 *Tenuiphantes*, 故将该物种修订为 *Tenuiphantes ancatus* Li et Zhu, 1989 (Tu et al., 2006).

21. 线蛛科 Nemesiidae

(69) *Raveniola spirula* Li et Zonstein, 2015

文献信息 Li SQ, Zonstein S. 2015. Eight new species of the spider genera *Raveniola* and *Sinopesa* from China and Vietnam (Araneae, Nemesiidae). ZooKeys, 519: 1-32.
标本信息 正模: ♂, 湖北神农架官门山 (海拔 1601m, 31°25.483′N, 110°21.565′E), 采集人周虎, 1998. VII. 23~VII. 30 (中国科学院动物研究所). 副模: 22♂♂, 同正模.

22. 巨蟹蛛科 Sparassidae

(70) *Sinopoda angulata* Jäger, Gao et Fei, 2002

文献信息 Jäger P, Gao JC, Fei R. 2002.

Sparassidae in China 2. Species from the collection in Changchun (Arachnida: Araneae). Acta Arachnologica, 51: 23-31.

标本信息 正模: ♀, 湖北神农架林区刘家屋场, 采集人不详, 1986. Ⅶ. 29 (吉林大学)。

(71) *Sinopoda shennonga* Peng, Yin et Kim, 1996 神农架中遁蛛

文献信息 Peng XJ, Yin CM, Kim JP. 1996. One species of the genus *Heteropoda* and a description of the female *Heteropoda minschana* Schenkel, 1936 (Araneae: Heteropodidae). Korean Arachnol, 12: 57-61.

Jäger P, Yin CM. 2001. Sparassidae in China 1. Revised list of known species with new transfers, new sunonymies and type designations (Arachnida: Araneae). Acta Arachnologica, 50: 123-134.

标本信息 正模: ♀, 湖北神农架林区, 采集人王家福, 1990. X (湖南师范大学)。

补充说明 未找到原始文献, 本种的信息来自于: Jäger P, Yin CM. 2001. Sparassidae in China 1. Revised list of known species with new transfers, new sunonymies and type designations (Arachnida: Araneae). Acta Arachnologica, 50: 123-134.

23. 肖蛛科 Tetragnathidae

(72) *Okileucauge yinae* Zhu, Song et Zhang, 2003 尹氏冲绳蛛

文献信息 朱明生, 宋大祥, 张俊霞. 2003. 中国动物志, 无脊椎动物, 第三十五卷, 蛛形纲, 蜘蛛目, 肖蛛科, 冲绳蛛属. 北京: 科学出版社: 283-284.

标本信息 正模: ♀, 湖北神农架木鱼坪附近 (31°42′N, 110°36′E), 采集人朱明生、张俊霞、吴琛、张志升和杨晋宇, 2001. Ⅸ. 24 (河北大学生命科学学院)。副模: 2♀♀, 同正模。

(73) *Pachygnatha fengzhen* Zhu, Song et Zhang, 2003 凤振粗螯蛛

文献信息 朱明生, 宋大祥, 张俊霞. 2003. 中国动物志, 无脊椎动物, 第三十五卷, 蛛形纲, 蜘蛛目, 肖蛛科, 粗螯蛛属. 北京: 科学出版社: 96-99.

标本信息 正模: ♀, 湖北房县 (32°00′N, 101°42′E), 采集人朱明生、张俊霞、吴琛、张志升、杨晋宇, 2001. Ⅸ. 26 (河北大学生命科学学院)。副模: 2♀♀1♂, 同正模; 1♂, 贵州梵净山 (27°54′N, 108°48′E), 采集人朱传典, 1985. Ⅵ. 24; 3♀♀3♂♂, 湖北神农架 (31°42′N, 110°36′E), 采集人高久春, 1986. Ⅶ. 30 (河北大学生命科学学院)。

24. 狒蛛科 Theraphosidae

(74) *Chilobrachys hubei* Song et Zhao, 1988 湖北缨毛蛛

文献信息 宋大祥, 赵敬钊. 1988. 我国捕鸟蛛科一新种记述. 湖北大学学报 (自然科学版), 1: 4-5.

张蕊. 2007. 中国异纺蛛科和狒蛛科的分类研究 (蜘蛛目: 原蛛下目). 保定: 河北大学硕士学位论文, 46.

标本信息 正模: ♂, 湖北巴东县泉口石岩 (31°00′N, 110°3′E), 采集人赵敬钊, 1977. Ⅸ. 3 (模式标本可能已丢失)。副模: 1♂, 同正模。

25. 球蛛科 Theridiidae

(75) *Dipoena sinica* Zhu, 1992 中华圆腹蛛

文献信息 朱明生. 1992. 我国圆腹蛛属四种记述 (蜘蛛目: 球蛛科). 河北教育学院学报 (自然科学版), 3: 108-111.

标本信息 正模: ♂, 湖北巴东县, 采集人王新平, 1989. Ⅴ. 22 (河北教育学院生物系)。配模: ♀, 同正模。副模: 1♂4♀♀, 陕西周至县, 采集人王新平, 1990. Ⅴ. 30; 1♂1♀, 福建将乐县, 采集人李枢强, 1991. Ⅷ. 21; 2♂♂3♀♀,

河北石家庄, 采集人不详, 1986. Ⅷ. 3 (河北教育学院生物系).

(76) *Episinus longabdomenus* Zhu, 1998 长腹丘腹蛛

文献信息 朱明生. 1998. 中国动物志, 无脊椎动物, 第十三卷, 蛛形纲, 蜘蛛目, 球蛛科, 丘腹蛛属. 北京: 科学出版社: 270-271.

标本信息 正模: ♂, 湖北巴东县, 采集人朱明生, 1989. Ⅴ. 21 (标本存放地不详).

(77) *Theridion albioculum* Zhu, 1998 白眼球蛛

文献信息 朱明生. 1998. 中国动物志, 无脊椎动物, 第十三卷, 蛛形纲, 蜘蛛目, 球蛛科, 球蛛属. 北京: 科学出版社: 128-129.

标本信息 正模: ♀, 湖北神农架, 采集人朱传典, 1986. Ⅵ. 27 (标本存放地不详). 配模: ♂, 山西阳城县, 采集人朱明生, 1982. Ⅶ. 25 (标本存放地不详). 副模: 2♂♂, 陕西周至县, 采集人王新平, 1991. Ⅵ. 15; 1♂, 甘肃文县, 采集人唐迎秋, 1992. Ⅵ. 17 (标本存放地不详).

(78) *Theridion poecilum* Zhu, 1998 杂色球蛛

文献信息 朱明生. 1998. 中国动物志, 无脊椎动物, 第十三卷, 蛛形纲, 蜘蛛目, 球蛛科, 球蛛属. 北京: 科学出版社: 142-143.

标本信息 正模: ♀, 湖北神农架, 采集人朱传典, 1986. Ⅵ. 18 (标本存放地不详). 配模: ♂, 同正模. 副模: 1♂, 同正模; 17♀♀, 采集地点和采集人同正模, 1986. Ⅷ. 8 (标本存放地不详).

(79) *Theridion wangi* Zhu, 1998 王氏球蛛

文献信息 朱明生. 1998. 中国动物志, 无脊椎动物, 第十三卷, 蛛形纲, 蜘蛛目, 球蛛科, 球蛛属. 北京: 科学出版社: 183-185.

标本信息 正模: ♀, 湖北神农架, 采集人朱传典, 1986. Ⅷ. 13 (标本存放地不详). 配模: ♂, 甘肃文县, 采集人唐迎秋, 1992. Ⅴ. 31

(标本存放地不详).

(80) *Theridion xianfengensis* Zhu et Song, 1992 咸丰球蛛

文献信息 朱明生, 宋大祥. 1992. 中国球蛛四新种记述 (蜘蛛目: 球蛛科). 四川动物, 11: 4-6.

标本信息 正模: ♂, 湖北咸丰县, 采集人不详, 1989. Ⅵ. 4 (中国科学院动物研究所). 副模: 1♂, 湖北巴东县 (31°0′N, 110°3′E), 采集人不详, 1989. Ⅴ. 21 (中国科学院动物研究所).

(81) *Theridion xui* Zhu, 1998 徐氏球蛛

文献信息 朱明生. 1998. 中国动物志, 无脊椎动物, 第十三卷, 蛛形纲, 蜘蛛目, 球蛛科, 球蛛属. 北京: 科学出版社: 181-182.

标本信息 正模: ♀, 湖北巴东县, 采集人朱明生, 1989. Ⅴ. 22 (标本存放地不详). 配模: ♂, 同正模. 副模: 13♀♀1♂, 同正模.

26. 蟹蛛科 Thomisidae

(82) *Lysiteles badongensis* Song et Chai, 1990 巴东微蟹蛛

文献信息 宋大祥, 柴建原. 1990. 武陵山地区蟹蛛科 (蛛形纲: 蜘蛛目) 种类记述//赵尔宓. 从水到陆——刘承钊教授诞辰九十周年纪念文集. 北京: 中国林业出版社: 367-368.

标本信息 正模: ♀, 湖北巴东县, 采集人不详, 1989. Ⅴ. 22 (中国科学院动物研究所). 配模: ♂, 同正模.

(83) *Lysiteles inflatus* Song et Chai, 1990 膨胀微蟹蛛

文献信息 宋大祥, 柴建原. 1990. 武陵山地区蟹蛛科 (蛛形纲: 蜘蛛目) 种类记述//赵尔宓. 从水到陆——刘承钊教授诞辰九十周年纪念文集. 北京: 中国林业出版社: 368.

标本信息 正模: ♀, 湖北巴东县铁厂荒林场,

采集人不详, 1989. Ⅴ. 22 (中国科学院动物研究所)。配模: ♂, 同正模。副模: 1♀3♂, 同正模; 2♂, 湖北鹤峰县下坪乡, 采集人不详, 1989. Ⅴ. 30 (中国科学院动物研究所)。

(84) *Misumenops forcatus* Song et Chai, 1990 枝叉花蛛

文献信息 宋大祥, 柴建原. 1990. 武陵山地区蟹蛛科 (蛛形纲: 蜘蛛目) 种类记述// 赵尔宓. 从水到陆—— 刘承钊教授诞辰九十周年纪念文集. 北京: 中国林业出版社: 369- 370.

标本信息 正模: ♂, 湖北巴东县铁厂荒林场, 采集人不详, 1989. Ⅴ. 22 (中国科学院动物研究所)。

(七) 盲蛛目 Opiliones

27. 弱盲蛛科 Epedanidae

(85) *Paritakaoia borealisa* Lian, 2007 北拟高雄盲蛛

文献信息 连伟光. 2007. 中国盲蛛目强肢亚目的分类研究 (蛛形纲: 盲蛛目). 保定: 河北大学硕士学位论文, 106-107.

标本信息 正模: ♂, 湖北武当山老营, 采集人陈会明、张志升, 2004. Ⅸ. 7 (英国自然历史博物馆或日本广岛大学博物馆或德国法兰克福森肯堡自然博物馆蛛形动物研究室或德国不莱梅海外博物馆或德国柏林洪堡大学自然博物馆系统动物学研究所或河北大学博物馆)。副模: 6♀♀2♂♂, 湖北神农架木鱼镇至神农坛, 采集人陈会明、张志升, 2004. Ⅸ. 3; 1♂3♀♀, 湖北房县观音洞, 采集人朱明生、张俊霞、张志升和吴琛, 2001. Ⅸ. 26; 1♂1♀, 河南新县连康山老庙保护站, 采集人张志升等, 2005. Ⅶ. 18; 3♀♀, 河南罗山县董寨白云站西山坡, 采集人张志升等, 2005. Ⅶ. 15 (英国自然历史博物馆或日本广岛大学博物馆或德国法兰克福森肯堡

自然博物馆蛛形动物研究室或德国不莱梅海外博物馆或德国柏林洪堡大学自然博物馆系统动物学研究所或河北大学博物馆)。

四 原尾纲 Protura

(八) 蚖目 Acerentomata

28. 䗻蚖科 Berberentomidae

(86) *Kenyentulus hubeinicus* Yin, 1987 湖北肯蚖

文献信息 尹文英. 1987. 湖北神农架原尾虫初查及三新种一新记录的记录. 昆虫分类学报, 9: 77-84.

标本信息 全模: 1♀, 湖北神农架泮水, 采集人刘祖尧、金根桃, 1983. Ⅶ. 30 (中国科学院上海昆虫研究所); 1♀, 湖北神农架松柏镇, 采集人刘祖尧、金根桃, 1983. Ⅷ. 8 (中国科学院上海昆虫研究所)。

(87) *Kenyentulus shennongjiensis* Yin, 1987 神农架肯蚖

文献信息 尹文英. 1987. 湖北神农架原尾虫初查及三新种一新记录的记录. 昆虫分类学报, 9: 77-84.

标本信息 正模: ♀, 湖北神农架林区大岩屋 (海拔 1000m), 采集人刘祖尧、金根桃, 1983. Ⅶ. 18 (中国科学院上海昆虫研究所)。

(88) *Kenyentulus xingshanensis* Yin, 1987 兴山肯蚖

文献信息 尹文英. 1987. 湖北神农架原尾虫初查及三新种一新记录的记录. 昆虫分类学报, 9: 77-84.

标本信息 正模: ♀, 湖北神农架林区大岩屋, 采集人刘祖尧、金根桃, 1983. Ⅶ. 20 (中国科学院上海昆虫研究所)。

五 弹尾纲 class Collembola

(九) 弹尾目 order Collembola

29. 长角姚科 Entomobryidae

(89) *Homidia ziguiensis* Jia, Chen et Christiansen, 2003

文献信息 Jia SB, Chen JX, Christiansen K. 2003. A new collembolan species of the genus *Homidia* (Collembola: Entomobryidae) from Hubei, China. Journal of the Kansas Entomological Society, 76: 610-615.

标本信息 正模: ♂, 湖北秭归县水田坝乡, 采集人不详, 1998. Ⅷ. 17 (南京大学)。副模: 5♀♀, 同正模。

30. 等节姚科 Isotomidae

(90) *Folsomia hubeiensis* Ding, Huang et Chen, 2006

文献信息 Ding YF, Huang C, Chen JX. 2006. A new species group in the genus *Folsomia* (Coleoptera: Isotomidae), with a new species from the Three Gorges Region, China. Entomological News, 117: 553-558.

标本信息 正模: ♂, 湖北秭归县水田坝乡, 采集人 Chen JX、Yin YD、Xu Y, 1998. Ⅷ. 17 (南京大学)。副模: 4♀♀5♂♂, 同正模。

六 昆虫纲 Insecta

(十) 蜻蜓目 Odonata

31. 蜓科 Aeshnidae

(91) *Aeshna shennong* Zhang et Cai, 2014 神农蜓

文献信息 Zhang HM, Cai QH. 2014. *Aeshna shennong* sp. nov., a new species from Hubei Province, China (Odonata: Anisoptera: Aeshni-

dae). Zootaxa, 3795: 489-493.

标本信息 正模: ♂, 湖北神农架大九湖国家湿地公园 (海拔 1754m, 31°28′47″N, 110°00′35″E), 采集人张浩淼, 2013. Ⅷ. 28 (中国科学院水生生物研究所)。副模: 1♂7♀♀, 同正模。

(92) *Cephalaeschna discolor* Zhang, Cai et Liao, 2013 异色头蜓

文献信息 Zhang HM, Cai QH, Liao MY. 2013. Three new *Cephalaeschna* species from central China with descriptions of the hitherto unknown sex of related species (Odonata: Aeshnidae). International Journal of Odonatology, 16: 157-176.

标本信息 正模: ♂, 湖北神农架自然保护区 (海拔1250m, 31°28′23″N, 110°23′29″E), 采集人张浩淼, 2012. Ⅷ. 16 (中国科学院水生生物研究所)。副模: 1♀, 同正模; 1♂, 采集地点和采集人同正模, 2012. Ⅸ. 16; 2♂♂, 采集地点和采集人同正模, 2012. Ⅷ. 8 (中国科学院水生生物研究所)。

(93) *Cephalaeschna mattii* Zhang, Cai et Liao, 2013 马蒂头蜓

文献信息 Zhang HM, Cai QH, Liao MY. 2013. Three new *Cephalaeschna* species from central China with descriptions of the hitherto unknown sex of related species (Odonata: Aeshnidae). International Journal of Odonatology, 16: 157-176.

标本信息 正模: ♂, 湖北秭归县 (海拔410m, 36°56′49″N, 110°50′00″E), 采集人张浩淼, 2012. Ⅸ. 18 (中国科学院水生生物研究所)。副模: 1♂, 同正模; 1♂, 采集地点和采集人同正模, 2012. Ⅷ. 11; 1♀, 湖北神农架 (海拔1250m, 31°28′23″N, 110°23′29″E), 采集人张浩淼, 2012. Ⅸ. 15; 1♂, 四川都江堰青城山, 采集人张浩淼, 2010. Ⅷ. 30; 1♀, 四川峨眉山, 采集人张浩淼, 2010. Ⅷ. 25 (中国科学院水生生物研究所)。

(94) *Cephalaeschna solitaria* Zhang, Cai et Liao, 2013 独行头蜓

文献信息 Zhang HM, Cai QH, Liao MY. 2013. Three new *Cephalaeschna* species from central China with descriptions of the hitherto unknown sex of related species (Odonata: Aeshnidae). International Journal of Odonatology, 16: 157-176.

标本信息 正模: ♂, 湖北神农架大龙潭 (海拔 2300m, 31°29′30″N, 110°18′30″E), 采集人张浩淼, 2012. Ⅶ. 19 (中国科学院水生生物研究所)。副模: 1♂, 湖北神农架神农源 (海拔 2300m, 31°28′16″N, 110°17′51″E), 采集人张浩淼, 2010. Ⅶ. 19 (中国科学院水生生物研究所)。

32. 伪蜻科 Corduliidae

(95) *Somatochlora shennong* Zhang, Vogt et Cai, 2014 神农架金光伪蜻

文献信息 Zhang HM, Vogt TE, Cai QH. 2014. *Somatochlora shennong* sp. nov. from Hubei, China (Odonata: Corduliidae). Zootaxa, 3878: 479-484.

标本信息 正模: ♂, 湖北神农架大九湖国家湿地公园 (海拔 1754m, 31°28′47″N, 110°00′35″E), 采集人张浩淼, 2012. Ⅷ. 9 (中国科学院水生生物研究所)。副模: 11♂♂3♀♀, 同正模; 3♂♂, 采集人和采集地点同正模, 2013. Ⅷ. 28 (中国科学院水生生物研究所)。

33. 春蜓科 Gomphidae

(96) *Sinogomphus shennongjianus* Liu, 1989 神农架华春蜓

文献信息 刘祖尧. 1989. 中国华春蜓属新种记述 (蜻蜓目: 春蜓科). 昆虫学报, 32: 459-461.

标本信息 正模: ♂, 湖北神农架松柏镇, 采集人金根桃、刘祖尧, 1983. Ⅷ. 8 (中国科学院上海昆虫研究所)。配模: ♀, 采集地点和采集人同正模, 1983. Ⅷ. 5 (中国科学院上海昆虫研究所)。副模: 5♂♂3♀♀, 采集地点和采集人同正模, 1983. Ⅶ. 2、Ⅶ. 8、Ⅷ. 7、Ⅷ. 8; 2♂♂, 湖北神农架盘水村, 采集人金根桃、刘祖尧, 1983. Ⅶ. 28; 1♀, 湖北神农架木鱼镇, 采集人金根桃、郑建忠, 1983. Ⅷ. 26 (中国科学院上海昆虫研究所)。

(十一) 襀翅目 Plecoptera

34. 卷襀科 Leuctridae

(97) *Rhopalopsole apicispina* Yang et Yang, 1991 双刺诺襀

文献信息 杨定, 杨集昆. 1991. 湖北襀翅目新种及新记录. 湖北大学学报 (自然科学版), 13: 369-372.

标本信息 正模: ♂, 湖北神农架林区大岩屋 (海拔 1700m), 采集人杨集昆、王心丽, 1984. Ⅵ. 29 (北京农业大学昆虫标本室)。配模: ♀, 同正模。副模: 5♂♂4♀♀, 同正模。

(98) *Rhopalopsole hongpingana* Sivec et Harper, 2008

文献信息 Sivec I, Harper PP, Shimizu T. 2008. Contribution to the study of the Oriental genus *Rhopalopsole* (Plecoptera: Leuctridae). Prirodoslovni Muzej Slovenije, Scopolia, 64: 1-122.

标本信息 正模: ♂, 湖北神农架红坪 (海拔 1800m), 采集人杜予州, 1997. Ⅶ. 19 (扬州大学应用昆虫研究所)。

(99) *Rhopalopsole memorabilis* Qian et Du, 2014

文献信息 Qian YH, Li HL, Du YZ. 2014. A study of Leuctridae (Insecta: Plecoptera) from Shennongjia, Hubei Province, China. Florida Entomologist, 97: 605-610.

标本信息 正模: ♂, 湖北神农架石磨山 (海拔 800~900m), 采集人 Lu YY、王志杰, 2004.

X. 14 (扬州大学应用昆虫研究所)。副模: 1♂, 同正模。

(100) *Rhopalopsole sinensis* Yang et Yang, 1993 中华诺蜻

文献信息 杨定, 杨集昆. 1993. 贵州省襀翅目昆虫之三 (襀翅目: 蜻科、卷蜻科). 昆虫分类学报, 15: 235-238.

标本信息 正模: ♂, 贵州茂兰国家级自然保护区三岔河, 采集人杨集昆、刘志琦, 1990. V. 18 (北京农业大学昆虫标本室)。配模: ♀, 湖北神农架阳日镇 (海拔 400m), 采集人杨集昆、王心丽, 1984. VI. 26 (北京农业大学昆虫标本室)。副模: 1♂, 同正模; 1♂7♀♀, 同配模; 1♂1♀, 湖北神农架林区大岩屋 (海拔 1700m), 采集人杨集昆, 1984. VI. 29; 1♂6♀♀, 广西金秀自治县大瑶山, 采集人杨集昆、王心丽, 1982. VI. 11 (北京农业大学昆虫标本室)。

35. 叉蜻科 Nemouridae

(101) *Amphinemura bitunicata* Wang, 2007 双膜倍叉蜻

文献信息 王志杰. 2007. 中国叉蜻科的分类研究 (襀翅目: 叉蜻总科). 扬州: 扬州大学硕士学位论文, 73.

标本信息 正模: ♂, 湖北神农架 (海拔 1500m), 采集人王志杰、卢艳阳, 2004. X. 9 (扬州大学应用昆虫研究所)。配模: ♀, 同正模。副模: 6♂♂3♀♀, 同正模; 1♂2♀♀, 湖北神农架青天村 (海拔 1406m), 采集人王志杰、卢艳阳, 2004. X. 11 (扬州大学应用昆虫研究所)。

(102) *Amphinemura curvidentata* Wang, 2007 弯齿倍叉蜻

文献信息 王志杰. 2007. 中国叉蜻科的分类研究 (襀翅目: 叉蜻总科). 扬州: 扬州大学硕士学位论文, 83-84.

标本信息 正模: ♂, 湖北恩施自治州, 采集

人王淼, 2004. X. 16~X. 28 (扬州大学应用昆虫研究所)。副模: 3♂♂, 同正模; 1♂, 湖北神农架石磨山 (海拔 800~900m), 采集人卢艳阳、王志杰, 2004. X. 14 (扬州大学应用昆虫研究所)。

36. 蜻科 Perlidae

(103) *Neoperla latamaculata* Du, 2015 大斑新蜻

文献信息 杜予州, Sivec I. 2015. 昆虫纲: 襀翅目//杨星科. 秦岭西段及甘南地区昆虫. 北京: 科学出版社: 48-49.

标本信息 正模: ♂, 陕西宁陕县平河梁, 采集人艾尔肯斯, 1989. VIII. 20 (扬州大学昆虫标本室或中国科学院动物研究所昆虫标本馆或中国科学院上海昆虫研究所)。副模: 2♂♂, 同正模; 1♂, 陕西宁西县, 采集人赵清安, 1988. IX. 1; 1♂, 陕西宁陕县火地塘, 采集人李国华, 1985. VIII. 28; 1♂2♂♂, 陕西宁陕县火地塘 (海拔 1580m), 采集人张学忠, 1998. VII. 27; 1♂, 陕西宁陕县火地塘 (海拔 1580m), 采集人姚建, 1998. VII. 27; 1♂, 陕西宁陕县火地塘 (海拔 1850~2000m), 采集人袁德成, 1998. VIII. 18; 2♂♂, 陕西周至县厚畛子 (海拔 1350m), 采集人章有为, 1999. VI. 22; 1♂, 陕西周至县厚畛子 (海拔 1350m), 采集人刘缠民, 1999. VI. 24; 湖北神农架乡坪 (海拔 630m), 采集人金根桃、刘祖尧、郑建忠, 1983. VIII. 19 (扬州大学昆虫标本室或中国科学院动物研究所昆虫标本馆或中国科学院上海昆虫研究所)。

(104) *Neoperla taibaina* Du, 2015 太白新蜻

文献信息 杜予州, Sivec I. 2015. 昆虫纲: 襀翅目//杨星科. 秦岭西段及甘南地区昆虫. 北京: 科学出版社: 50-51.

标本信息 正模: ♂, 陕西太白山, 采集人不详, 1984. IX. 5 (扬州大学昆虫标本室或中国科学院动物研究所昆虫标本馆或中国科学院

上海昆虫研究所)。副模: 2♂♂, 湖北神农架宋洛乡, 采集人金根桃、刘祖尧、郑建中, 1983. Ⅷ. 1、Ⅷ. 2 (扬州大学昆虫标本室或中国科学院动物研究所昆虫标本馆或中国科学院上海昆虫研究所)。

(十二) 蜚蠊目 Blattoptera (Blattaria)

37. 姬蠊科 Blattellidae

(105) *Jacobsonina arca* Wang, Jiang et Che, 2009 弧毡蠊

文献信息 王宗庆, 蒋红云, 车艳丽. 2009. 中国毡蠊属二新种和一记录种记述 (蜚蠊目, 姬蠊科). 动物分类学报, 34: 751-756.

标本信息 正模: ♂, 湖北秭归县九岭头 (海拔 100m), 采集人李文柱, 1993. Ⅵ. 12 (中国科学院动物研究所或西南大学昆虫标本馆)。副模: 1♂, 湖北秭归县九岭头 (海拔 150m), 采集人姚建, 1993. Ⅶ. 13; 3♂♂1♀, 同正模; 1♂, 湖北秭归县九岭头 (海拔 150m), 采集人黄润质, 1993. Ⅵ. 13; 1♂, 湖北秭归县九岭头 (海拔 150m), 采集人姚建, 1993. Ⅵ. 12; 1♂, 广西龙胜县花绑林区, 采集人刘思孔, 1963. Ⅵ. 7 (中国科学院动物研究所或西南大学昆虫标本馆)。

(十三) 等翅目 Isoptera

38. 鼻白蚁科 Rhinotermitidae

(106) *Reticulitermes subligulosus* Ping et Xu, 1992 近舌唇网蟹

文献信息 平正明, 徐月莉, 李耀华, 等. 1992. 湖北省等翅目四新种. 白蚁科技, 9: 1-7.

标本信息 模式产地在湖北兴山县, 兵蟹 (正模和副模), 性别和数量不详, 采集人刘显钧、殷先觉, 1991. Ⅸ. 29 (广东省昆虫研究所)。

(107) *Reticulitermes xingshanensis* Ping et Liu, 1992 兴山网蟹

文献信息 平正明, 徐月莉, 李耀华, 等. 1992. 湖北省等翅目四新种. 白蚁科技, 9: 1-7.

标本信息 模式产地在湖北兴山县, 兵蟹 (正模和副模), 性别和数量不详, 采集人刘显钧、殷先觉, 1991. Ⅸ. 28 (广东省昆虫研究所)。

39. 白蚁科 Termitidae

(108) *Mironasuititermes bashanensis* Zhang et Huang, 1993 巴山奇象白蚁

文献信息 张英俊. 1993. 陕西南部的白蚁及象白蚁亚科一新种. 西北大学学报, 23: 266-272.

标本信息 正模: 大、小兵蚁及工蚁, 性别和数量不详, 陕西镇坪县, 大巴山北坡浪河口 (海拔 800m, 32°10′N, 109°31′E), 采集人田宏强, 1989. Ⅴ. 20 (中国科学院动物研究所)。副模: 同正模 (西北大学生物系)。

(109) *Mironasutitermes xingshanensis* Ping et Yin, 1992 兴山奇象蟹

文献信息 平正明, 徐月莉, 李耀华, 等. 1992. 湖北省等翅目四新种. 白蚁科技, 9: 1-7.

标本信息 正模: 大兵蟹, 性别和数量不详, 湖北兴山县 (海拔 1600m), 采集人刘显钧、殷先觉, 1991. Ⅸ. 28 (广东省昆虫研究所)。副模: 大、中、小兵, 其他信息同正模。

(十四) 直翅目 Orthoptera

40. 网翅蝗科 Arcypteridae

(110) *Chorthippus amplimedius* Zheng et Li, 1996 宽中域雏蝗

文献信息 郑哲民, 李恺. 1996. 鄂陕地区雏蝗属二新种 (直翅目: 网翅蝗科). 湖北大学学报 (自然科学版), 18: 313-316.

标本信息　正模: ♂, 陕西宁陕县旬阳坝, 采集人李恺, 1995. Ⅶ. 3 (陕西师范大学动物研究所标本室); 配模: ♀, 同正模。副模: 2♂♂, 湖北神农架红花朵, 采集人李恺、常岩林, 1995. Ⅷ. 7 (陕西师范大学动物研究所标本室)。

(111) *Chorthippus shennongjiaensis* Zheng et Li, 1996 神农架雏蝗

文献信息　郑哲民, 李恺. 1996. 鄂陕地区雏蝗属二新种 (直翅目: 网翅蝗科). 湖北大学学报 (自然科学版), 18: 313-316.

标本信息　正模: ♀, 湖北神农架松柏镇, 采集人李恺, 1995. Ⅷ. 4 (陕西师范大学动物研究所标本室)。

(112) *Omocestus hubeiensis* Wang et Li, 1994 湖北牧草蝗

文献信息　王裕文, 李晓东. 1994. 湖北省牧草蝗属一新种 (直翅目: 蝗总科). 华东昆虫学报, 3: 11-13.

标本信息　正模: ♂, 湖北神农架九湖坪, 采集人李晓东, 1991. Ⅷ. 23 (山东大学生物系无脊椎动物标本室)。

41. 斑腿蝗科 Catantopidae

(113) *Caryanda badongensis* Wang, 1995 巴东卵翅蝗

文献信息　王裕文. 1995. 湖北省卵翅蝗属二新种 (直翅目: 斑腿蝗科). 动物分类学报, 20: 81-85.

标本信息　正模: ♂, 湖北巴东县 (海拔1450m, 31°N, 110°37′E), 采集人王裕文、宋安国, 1990. Ⅷ. 1 (山东大学生物系)。配模: ♀, 同正模。副模: 1♂4♀♀, 同正模。

(114) *Pedopodisma xingshanensis* Zhong et Zheng, 2004 兴山小蹦蝗

文献信息　钟玉林, 郑哲民. 2004. 湖北省斑腿蝗科 (直翅目) 新属和新种. 动物分类学报, 29: 96-100.

标本信息　正模: ♂, 湖北兴山县龙门河 (海拔1300m, 30°18′N, 110°29′E), 采集人钟玉林, 2002. Ⅶ. 3 (陕西师范大学动物研究所或湖北黄冈师范学院生物系)。副模: 3♂♂2♀♀, 同正模。

(115) *Pedopodisma rutifemoralis* Zhong et Zheng, 2004 橙股小蹦蝗

文献信息　钟玉林, 郑哲民. 2004. 湖北省斑腿蝗科 (直翅目) 新属和新种. 动物分类学报, 29: 96-100.

标本信息　正模: ♂, 湖北神农架木鱼镇 (海拔1100m, 31°22′N, 110°27′E), 采集人钟玉林, 2002. Ⅶ. 30 (陕西师范大学动物研究所或湖北黄冈师范学院生物系)。配模: ♀, 同正模。副模: 3♂♂4♀♀, 湖北神农架九冲河 (海拔1300m, 31°23′N, 110°28′E), 采集人不详, 2002. Ⅷ. 10 (陕西师范大学动物研究所或湖北黄冈师范学院生物系)。

42. 蜢科 (棒角蜢科) Eumastacidae (Gomphomastacidae)

(116) *Pielomastax obtusidentata* Zheng, 1997 钝齿比蜢

文献信息　郑哲民. 1997. 中国比蜢属二新种记述 (直翅目: 蜢总科). 昆虫分类学报, 19: 13-16.

标本信息　正模: ♀, 湖北神农架松柏镇, 采集人李恺, 1995. Ⅷ. 2 (陕西师范大学动物研究所标本室)。副模: 1♀, 同正模。

(117) *Pielomastax shennongjiaensis* Wang, 1995 神农架比蜢

文献信息　王裕文. 1995. 湖北神农架比蜢属一新种 (直翅目: 蜢总科). 动物分类学报, 20: 204-206.

标本信息　正模: ♂, 湖北神农架木鱼镇 (海拔1300m), 采集人王裕文、宋安国, 1990. Ⅶ. 27 (山东大学生物系)。配模: ♀, 同正模。副模: 7♂♂, 同正模。

(118) *Pielomastax tenuicerca* Hsia et Liu, 1989 细尾比蜢

文献信息　夏凯龄, 刘宪伟. 1989. 中国蜢总科五新种记述 (直翅目: 蜢总科). 昆虫分类学报, 11: 253-258.

标本信息　正模: ♂, 湖北神农架盘水村, 采集人金根桃、刘祖光, 1983. Ⅶ. 30 (中国科学院上海昆虫研究所). 配模: ♀, 同正模. 副模: 4♀♀, 同正模.

43. 蛩螽科 Meconematidae

(119) *Leptoteratura triura* Jin, 1997 角板纤畸螽

文献信息　刘宪伟, 金杏宝. 1997. 直翅目: 螽斯总科: 露螽科, 拟叶螽科, 蛩螽科, 草螽科//杨星科. 长江三峡库区昆虫. 上册. 重庆: 重庆出版社: 158-159.

标本信息　正模: ♀, 湖北兴山县龙门河 (海拔 1300m), 采集人陈军, 1994. Ⅸ. 12 (中国科学院动物研究所).

44. 露螽科 Phaneropteridae

(120) *Bulbistridulous dentatus* Chang et Zheng, 1997 齿尾鼓鸣螽

文献信息　常岩林, 郑哲民. 1997. 鼓鸣螽属一新种及染色体核型研究 (直翅目: 螽斯总科). 昆虫分类学报, 19: 10-12.

标本信息　正模: ♂, 湖北神农架, 采集人尤平, 1995. Ⅷ. 3 (陕西师范大学动物研究所).

(121) *Ducetia spina* Chang, Lu et Shi, 2003 刺条螽

文献信息　常岩林, 芦荣胜, 石福明. 2003. 条螽属一新种记述及尖翅条螽雌性描述 (直翅目: 露螽科). 动物分类学报, 28: 493-495.

标本信息　正模: ♂, 湖北神农架, 采集人常岩林, 2002. Ⅷ. 5 (山西师范大学生命科学学院标本室). 副模: 3♂♂5♀♀, 湖北神农架, 采集人不详, 2002. Ⅷ. 3~Ⅷ. 5; 1♂, 湖北兴山县,

采集人常岩林, 2002. Ⅷ. 6 (山西师范大学生命科学学院标本室).

(122) *Chinensis inermis* Liu, 1997 无刺神农螽

文献信息　刘宪伟, 金杏宝. 1997. 直翅目: 螽斯总科: 露螽科, 拟叶螽科, 蛩螽科, 草螽科//杨星科. 长江三峡库区昆虫. 上册. 重庆: 重庆出版社: 147.

朱洪源, 陶金宝, 徐伦勋, 等. 1992. 湖北郧西范家坪早石炭世四射珊瑚. 古生物学报, 31(1): 63-84.

Özdikmen H. 2009. Sustitute names for two preoccupied genera (Orthoptera: Acrididae and Tettigoniidae). Munis Entomology & Zoology, 4: 606-607.

标本信息　正模: ♂, 湖北神农架红花坪 (海拔 1700m), 采集人金根桃、刘祖尧, 1983. Ⅷ. 15、Ⅷ. 16 (中国科学院上海昆虫研究所). 配模: ♀, 同正模. 副模: 2♀♀, 四川巫山县梨子坪 (海拔 1850m), 采集人李法圣、陈军, 1994. Ⅸ. 21、Ⅸ. 22 (中国科学院动物研究所).

分类讨论　刘宪伟1997年依据神农架的标本命名该物种为无刺神农螽 (*Shennongia inermis* Liu, 1997), 但 1992 年 Zhu 也利用 *Shennongia* 作为属名命名了 *Shennongia solida* Zhu, 1992, 两者实际上是不同物种. 为避免混淆, Hüseyin Özdikmen 于 2009 年提出用 *Chinensis* 代替 *Shennongia*, 并将该物种重新命名为 *Chinensis inermis*.

(123) *Shirakisotima acuminata* Wang et Liu, 1996 尖叶素木螽

文献信息　王裕文, 刘宪伟. 1996. 中国素木螽属的新种记述 (直翅目: 螽斯总科: 露螽科). 山东大学学报 (自然科学版), 31: 336-340.

标本信息　正模: ♂, 湖北巴东县 (海拔 1450m), 采集人王裕文、宋安国, 1990. Ⅶ. 31 (中国科学院上海昆虫研究所或山东大学生物系).

45. 锥头蝗科 Pyrgomorphidae

(124) *Pedopodisma epacroptera* Huang, 1988 尖翅小蹦蝗

文献信息 黄春梅. 1988. 小蹦蝗属二新种 (直翅目: 斑腿蝗亚科). 昆虫学报, 31: 73-76. 印象初, 叶保华, 印展. 2014. 中国台湾蹦蝗属三新种及种检索表 (直翅目: 蝗总科, 斑腿蝗科, 秃蝗亚科). 昆虫学报, 57: 721-728. Storozhenko S. 1993. To the knowledge of the tribe Melanoplini (Orthoptera, Acrididae: Catantopinae) of the Eastern Palearctica. Articulata, 8: 1-22.

标本信息 正模: ♂, 湖北神农架 (海拔900m), 采集人虞佩玉, 1980. Ⅶ. 26 (中国科学院动物研究所). 配模: ♀, 采集地点和采集人同正模, 1980. Ⅶ. 27 (中国科学院动物研究所). 副模: 1♂1♀, 同正模; 1♂, 同配模。

分类讨论 黄春梅 1988 年依据神农架的标本命名该物种为尖翅小蹦蝗 (*Pedopodisma epacroptera* Huang, 1988), 1993 年 Sergey Storozhenko 将该物种归于 *Sinopodisma* (Storozhenko, 1993)。但进一步研究表明, 该物种仍应归到 *Pedopodisma*, 故该物种被重新命名为 *Pedopodisma epacroptera* Huang, 1988 (印象初等, 2014)。

(125) *Pedopodisma shennongjiaensis* Wang et Li, 1996 神农架小蹦蝗

文献信息 王裕文, 李晓东. 1996. 湖北神农架蝗虫一新种 (直翅目: 斑腿蝗科). 昆虫分类学报, 39, 8-10.

标本信息 正模: ♂, 湖北神农架九冲河, 采集人李晓东, 1990. Ⅷ. 18 (山东大学生物系无脊椎动物标本室). 配模: ♀, 同正模. 副模: 1♂, 同正模。

46. 驼螽科 Rhaphidophoridae

(126) *Diestrammena (Gymnaeta) semicrenata* Gorochov, Rampini et Di Russo, 2006 拟裸灶螽

文献信息 Gorochov AV, Rampini M, Di Russo C. 2006. New species of the genus *Diestrammena* (Orthoptera: Rhaphidophoridae: Aemodogryllinae) from caves of China. Russian Entomological Journal, 15: 355-360.

标本信息 正模: ♂, 湖北神农架, 采集人不详, 1992. Ⅶ、Ⅷ (俄罗斯科学院动物研究所). 副模: 1♂2 幼体, 同正模。

(127) *Diestrammena (Tachycines) longivalvula* Zhang, 2010 长叶疾灶螽

文献信息 张丰. 2010. 中国芒疾灶螽属分类研究 (直翅目: 驼螽科: 灶螽亚科). 上海: 上海师范大学硕士学位论文, 18-19.

标本信息 正模: ♂, 河南伏牛山 (海拔1400~1700m), 采集人汤亮, 2004. Ⅷ. 2 (上海昆虫博物馆或上海师范大学生物系昆虫室). 副模: 2♂♂, 湖北神农架自然保护区, 采集人刘祖尧、金根桃, 1983. Ⅷ. 17、Ⅷ. 18 (上海昆虫博物馆或上海师范大学生物系昆虫室)。

47. 蚱科 Tetrigidae

(128) *Alulatettix wudangshanensis* Wang et Zheng, 1997 武当山微翅蚱

文献信息 王裕文, 郑哲民. 1997. 湖北省微翅蚱属一新种 (直翅目: 蚱总科). 动物分类学报, 22: 57-59.

标本信息 正模: ♂, 湖北武当山 (32°37′N, 111°08′E), 采集人不详, 1990. Ⅶ. 14 (山东大学生物系). 副模: ♀, 同正模; 8♂♂7♀♀, 采集地点同正模, 采集人不详, 1990. Ⅶ. 13、Ⅶ. 14; 1♀, 湖北神农架林区, 采集人王裕文、宋安国, 1990. Ⅶ. 21; 1♀, 湖北兴山县, 采集人李晓东, 1990. Ⅵ. 21 (陕西师范大学动物研究所)。

补充说明 原始文献中该种的副模中文信息为 "8♂♂7♀♀, 采集地点同正模, 采集人不详, 1990. Ⅶ. 13、Ⅶ. 14", 对应的英文信息为 "8♂♂8♀♀, Wudang Mountain (32°37′N, 111°08′E), 1100m, Hubei Province, July 13-14, 1990", 两者的描述中副模的数量有

所出入，本书以中文信息为主，在此加以记录说明。

(129) *Formosatettix shennongjiaensis* Zheng, 1997 神农架台蚱

文献信息 郑哲民. 1997. 直翅目: 蚱总科: 枝背蚱科, 刺翼蚱科, 短翼蚱科, 蚱科//杨星科. 长江三峡库区昆虫. 上册. 重庆: 重庆出版社: 141-143.

标本信息 正模: ♀, 湖北神农架香溪源 (海拔 1300m), 采集人李文柱, 1994. V. 5 (中国科学院动物研究所昆虫标本馆). 配模: ♂, 同正模。

(130) *Formosatettix hubeiensis* Zheng, Li et Wei, 2002 湖北台蚱

文献信息 郑哲民, 李恺, 魏朝明. 2002. 神农架地区蚱科三新种记述 (直翅目: 蚱总科). 昆虫学报, 45: 644-647.

标本信息 正模: ♂, 湖北神农架红花朵, 采集人李恺, 1999. Ⅷ. 10 (陕西师范大学动物研究所标本室). 副模: 1♂, 同正模。

(131) *Tetrix lativertex* Zheng, Li et Wei, 2002 宽顶蚱

文献信息 郑哲民, 李恺, 魏朝明. 2002. 神农架地区蚱科三新种记述 (直翅目: 蚱总科). 昆虫学报, 45: 644-647.

标本信息 正模: ♀, 湖北神农架红花朵, 采集人李恺、魏朝明, 1999. Ⅷ. 10 (陕西师范大学动物研究所标本室). 副模: 2♀♀, 同正模。

(132) *Tetrix shennongjiaensis* Zheng, Li et Wei, 2002 神农架蚱

文献信息 郑哲民, 李恺, 魏朝明. 2002. 神农架地区蚱科三新种记述 (直翅目: 蚱总科). 昆虫学报, 45: 644-647.

标本信息 正模: ♀, 湖北神农架松柏镇, 采集人魏朝明, 1999. Ⅷ. 9 (陕西师范大学动物研究所标本室).

48. 蜚斯科 Tettigoniidae

(133) *Euxiphidiopsis brevicerca* Gorochov et Kang, 2005 短尾优剑蜚

文献信息 Gorochov AV, Liu CX, Kang L. 2005. Studies on the tribe Meconematini (Orthoptera: Tettigoniidae: Meconematinae) from China. Oriental Insects, 39: 63-88.
王瀚强. 2015. 中国蛩蜚亚科系统分类研究 (直翅目: 蛩蜚科). 上海: 华东师范大学博士学位论文, 77-78.
Shi FM, Li H, Mao SL, et al. 2014. Two new species of the genus *Euxiphidiopsis* Gorochov, 1993 (Orthoptera: Meconematinae) from China. Zootaxa, 3827: 387-391.

标本信息 正模: ♂, 湖北神农架九冲河 (海拔 700m), 采集人周红章, 1998. Ⅶ. 18 (中国科学院动物研究所).

分类讨论 Gorochov 和 Kang，2005 年依据神农架的标本命名该物种为短尾优剑蜚 (*Paraxizicus brevicercus* Gorochov et Kang, 2005)。进一步研究表明，该物种应归到 *Euxiphidiopsis*, 故将该物种修订为 *Euxiphidiopsis brevicerca* Gorochov et Kang, 2005 (Shi et al., 2014)。

(十五) 䗛目 Phasmida

49. 异䗛科 (枝䗛科) Heteromeiidae

(134) *Micadina conifera* Chen et He, 1997 腹锥小异䗛

文献信息 陈树椿, 何允恒. 1997. 䗛目: 䗛科, 异䗛科//杨星科. 长江三峡库区昆虫. 上册. 重庆: 重庆出版社: 119-120.

标本信息 正模: ♀, 湖北兴山县龙门河 (海拔 1350m), 采集人孙宝文, 1993. Ⅶ. 18 (中国科学院动物研究所昆虫标本馆). 副模: 1♀, 四川万县王二包 (海拔 1200m), 采集人陈小琳, 1993. Ⅷ. 11 (中国科学院动物研究所昆虫标本馆).

50. 䗛科 Phasmatidae

(135) *Baculum bifasciatum* Chen et He, 1997 双带短肛䗛

文献信息 陈树椿, 何允恒. 1997. 䗛目: 䗛科, 异䗛科//杨星科. 长江三峡库区昆虫. 上册. 重庆: 重庆出版社: 117-118.

标本信息 正模: ♂, 四川巫山县梨子坪 (海拔 1850m), 采集人李法圣, 1994. IX. 21 (中国科学院动物研究所昆虫标本馆).

(136) *Baculum wushanense* Chen et He, 1997 巫山短肛䗛

文献信息 陈树椿, 何允恒. 1997. 䗛目: 䗛科, 异䗛科//杨星科. 长江三峡库区昆虫. 上册. 重庆: 重庆出版社: 116.

标本信息 正模: ♀, 四川巫山县梨子坪 (海拔 1870m), 采集人黄润质, 1993. VII. 5 (中国科学院动物研究所昆虫标本馆).

(137) *Baculum xingshanense* Chen et He, 1997 兴山短肛䗛

文献信息 陈树椿, 何允恒. 1997. 䗛目: 䗛科, 异䗛科//杨星科. 长江三峡库区昆虫. 上册. 重庆: 重庆出版社: 117.

标本信息 正模: ♂, 湖北兴山县龙门河 (海拔 1300m), 采集人陈军, 1994. IX. 8 (中国科学院动物研究所昆虫标本馆).

(十六) 啮虫目 Psocoptera

51. 重啮科 Amphientomidae

(138) *Ancylopsocus fortuosus* Li, 1997 旋斑波重啮

文献信息 李法圣. 1997. 啮虫目: 跳啮科, 重啮科, 厚啮科, 单啮科, 狭啮科, 双啮科, 离啮科, 分啮科, 外啮科, 围啮科, 叉啮科, 美啮科, 沼啮科, 半啮科, 啮虫科//杨星科. 长江三峡库区昆虫. 上册. 重庆: 重庆出版社: 387-388.

标本信息 正模: ♂, 湖北兴山县龙门河 (海拔 1300m), 采集人李法圣, 1994. IX. 8 (中国农业大学昆虫标本馆).

(139) *Diamphipsocus acaudatus* Li, 1997 无尾通重啮

文献信息 李法圣. 1997. 啮虫目: 跳啮科, 重啮科, 厚啮科, 单啮科, 狭啮科, 双啮科, 离啮科, 分啮科, 外啮科, 围啮科, 叉啮科, 美啮科, 沼啮科, 半啮科, 啮虫科//杨星科. 长江三峡库区昆虫. 上册. 重庆: 重庆出版社: 393-394.

标本信息 正模: ♂, 湖北兴山县龙门河 (海拔 1300m), 采集人李法圣, 1994. IX. 8 (中国农业大学昆虫标本馆).

(140) *Diamphipsocus fulvus* Li, 1997 月形通重啮

文献信息 李法圣. 1997. 啮虫目: 跳啮科, 重啮科, 厚啮科, 单啮科, 狭啮科, 双啮科, 离啮科, 分啮科, 外啮科, 围啮科, 叉啮科, 美啮科, 沼啮科, 半啮科, 啮虫科//杨星科. 长江三峡库区昆虫. 上册. 重庆: 重庆出版社: 392-393.

标本信息 正模: ♂, 湖北兴山县龙门河 (海拔 1300m), 采集人李法圣, 1994. IX. 12 (中国农业大学昆虫标本馆). 副模: 1♂, 同正模; 1♂, 采集地点和采集人同正模, 1994. IX. 11 (中国农业大学昆虫标本馆).

(141) *Diamphipsocus xanthocephalus* Li, 1997 黄头通重啮

文献信息 李法圣. 1997. 啮虫目: 跳啮科, 重啮科, 厚啮科, 单啮科, 狭啮科, 双啮科, 离啮科, 分啮科, 外啮科, 围啮科, 叉啮科, 美啮科, 沼啮科, 半啮科, 啮虫科//杨星科. 长江三峡库区昆虫. 上册. 重庆: 重庆出版社: 394-395.

标本信息 正模: ♂, 湖北兴山县龙门河 (海

拔 1300m), 采集人李法圣, 1994. IX. 10 (中国农业大学昆虫标本馆)。

(142) *Stimulopalpus changjiangicus* Li, 1997 长江刺重啮

文献信息　李法圣. 1997. 啮虫目: 跳啮科, 重啮科, 厚啮科, 单啮科, 狭啮科, 双啮科, 离啮科, 分啮科, 外啮科, 围啮科, 叉啮科, 美啮科, 沼啮科, 半啮科, 啮虫科//杨星科. 长江三峡库区昆虫. 上册. 重庆: 重庆出版社: 390-391.

标本信息　正模: ♀, 湖北兴山县龙门河 (海拔 1300m), 采集人李法圣, 1994. IX. 8 (中国农业大学昆虫标本馆)。副模: 2♀♀, 采集地点和采集人同正模, 1994. IX. 12 (中国农业大学昆虫标本馆)。

(143) *Stimulopalpus mimeticus* Li, 1997 拟刺重啮

文献信息　李法圣. 1997. 啮虫目: 跳啮科, 重啮科, 厚啮科, 单啮科, 狭啮科, 双啮科, 离啮科, 分啮科, 外啮科, 围啮科, 叉啮科, 美啮科, 沼啮科, 半啮科, 啮虫科//杨星科. 长江三峡库区昆虫. 上册. 重庆: 重庆出版社: 391-392.

标本信息　正模: ♀, 四川万县王二包 (海拔 1200m), 采集人李法圣, 1994. IX. 28 (中国农业大学昆虫标本馆)。副模: 8♀♀, 同正模; 1♀, 采集地点和采集人同正模, 1994. IX. 29; 1♀, 四川丰都县世坪 (海拔 580m), 采集人李法圣, 1994. X. 5; 32♀♀, 湖北兴山县龙门河 (海拔 1300m), 1994. IX. 9、IX. 10、IX. 12 (中国农业大学昆虫标本馆)。

52. 双啮科 Amphipsocidae

(144) *Amphipsocus erythroanatus* Li, 1997 红带双啮

文献信息　李法圣. 1997. 啮虫目: 跳啮科, 重啮科, 厚啮科, 单啮科, 狭啮科, 双啮科, 离啮科, 分啮科, 外啮科, 围啮科, 叉啮科, 美啮科, 沼啮科, 半啮科, 啮虫科//杨星科. 长江三峡库区昆虫. 上册. 重庆: 重庆出版社: 443-444.

标本信息　正模: ♀, 湖北兴山县龙门河 (海拔 1300m), 采集人李法圣, 1994. IX. 14 (中国农业大学昆虫标本馆)。

(145) *Amphipsocus frontirutilus* Li, 1997 红腹双啮

文献信息　李法圣. 1997. 啮虫目: 跳啮科, 重啮科, 厚啮科, 单啮科, 狭啮科, 双啮科, 离啮科, 分啮科, 外啮科, 围啮科, 叉啮科, 美啮科, 沼啮科, 半啮科, 啮虫科//杨星科. 长江三峡库区昆虫. 上册. 重庆: 重庆出版社: 442.

标本信息　正模: ♀, 湖北兴山县龙门河 (海拔 1300m), 采集人李法圣, 1994. IX. 13 (中国农业大学昆虫标本馆)。副模: 1♂, 采集地点和人同正模, 1994. IX. 12 (中国农业大学昆虫标本馆)。

(146) *Siniamphipsocus acutus* Li, 2002 锐尖华双啮

文献信息　李法圣. 2002. 中国啮目志, 上册, 华双啮属. 北京: 科学出版社: 791-792.

标本信息　正模: ♀, 湖北神农架林区大岩屋 (海拔 800m), 采集人杨集昆, 1984. VI. 28 (标本存放地不详)。副模: 5♀♀, 同正模。

(147) *Siniamphipsocus aureus* Li, 1997 鲜黄华双啮

文献信息　李法圣. 1997. 啮虫目: 跳啮科, 重啮科, 厚啮科, 单啮科, 狭啮科, 双啮科, 离啮科, 分啮科, 外啮科, 围啮科, 叉啮科, 美啮科, 沼啮科, 半啮科, 啮虫科//杨星科. 长江三峡库区昆虫. 上册. 重庆: 重庆出版社: 446-447.

标本信息　正模: ♀, 四川巫山县梨子坪 (海拔 1850m), 采集人李法圣, 1994. IX. 21 (中国农业大学昆虫标本馆)。副模: 2♀♀, 同正模。

(148) *Siniamphipsocus flavifrontus* Li, 2002 黄额华双啮

文献信息 李法圣. 2002. 中国啮目志, 上册, 华双啮属. 北京: 科学出版社:795-796.

标本信息 正模: ♀, 湖北神农架林区大岩屋 (海拔 1700m), 采集人杨集昆, 1984. VI. 19 (标本保存地不详)。

(149) *Siniamphipsocus platyocheilus* Li, 1997 阔唇华双啮

文献信息 李法圣. 1997. 啮虫目: 跳啮科, 重啮科, 厚啮科, 单啮科, 狭啮科, 双啮科, 离啮科, 分啮科, 外啮科, 围啮科, 叉啮科, 美啮科, 沼啮科, 半啮科, 啮虫科//杨星科. 长江三峡库区昆虫. 上册. 重庆: 重庆出版社: 445.

标本信息 正模: ♂, 湖北兴山县龙门河 (海拔 1300m), 采集人李法圣, 1994. IX. 13 (中国农业大学昆虫标本馆)。

(150) *Siniamphipsocus yangzijiangensis* Li, 1997 扬子江华双啮

文献信息 李法圣. 1997. 啮虫目: 跳啮科, 重啮科, 厚啮科, 单啮科, 狭啮科, 双啮科, 离啮科, 分啮科, 外啮科, 围啮科, 叉啮科, 美啮科, 沼啮科, 半啮科, 啮虫科//杨星科. 长江三峡库区昆虫. 上册. 重庆: 重庆出版社: 445-446.

标本信息 正模: ♀, 湖北兴山县龙门河 (海拔 1300m), 采集人李法圣, 1994. IX. 13 (中国农业大学昆虫标本馆)。

53. 单啮科 Caeciliidae

(151) *Caecilius carneangularis* Li, 1997 痣角红单啮

文献信息 李法圣. 1997. 啮虫目: 跳啮科, 重啮科, 厚啮科, 单啮科, 狭啮科, 双啮科, 离啮科, 分啮科, 外啮科, 围啮科, 叉啮科, 美啮科, 沼啮科, 半啮科, 啮虫科//杨星科.

长江三峡库区昆虫. 上册. 重庆: 重庆出版社: 404.

标本信息 正模: ♂, 湖北兴山县龙门河 (海拔 1300m), 采集人李法圣, 1994. IX. 14 (中国农业大学昆虫标本馆)。

(152) *Caecilius dicornis* Li, 1997 双角单啮

文献信息 李法圣. 1997. 啮虫目: 跳啮科, 重啮科, 厚啮科, 单啮科, 狭啮科, 双啮科, 离啮科, 分啮科, 外啮科, 围啮科, 叉啮科, 美啮科, 沼啮科, 半啮科, 啮虫科//杨星科. 长江三峡库区昆虫. 上册. 重庆: 重庆出版社: 414-415.

标本信息 正模: ♂, 四川巫山县梨子坪 (海拔 1800m), 采集人李法圣, 1994. IX. 21 (中国农业大学昆虫标本馆)。副模: 61♂♂41♀♀, 同正模。

(153) *Caecilius hubeiensis* Li, 1997 湖北单啮

文献信息 李法圣. 1997. 啮虫目: 跳啮科, 重啮科, 厚啮科, 单啮科, 狭啮科, 双啮科, 离啮科, 分啮科, 外啮科, 围啮科, 叉啮科, 美啮科, 沼啮科, 半啮科, 啮虫科//杨星科. 长江三峡库区昆虫. 上册. 重庆: 重庆出版社: 403.

标本信息 正模: ♀, 湖北兴山县龙门河 (海拔 1300m), 采集人李法圣, 1994. IX. 13 (中国农业大学昆虫标本馆)。

(154) *Caecilius shennongjiaicus* Li, 2002 神农架单啮

文献信息 李法圣. 2002. 中国啮目志, 上册, 单啮属. 北京: 科学出版社:392-394.

标本信息 正模: ♀, 湖北神农架 (海拔 1700m), 采集人杨集昆, 1984. VI. 19 (标本存放地不详)。副模: 1♂, 同正模。

(155) *Caecilius sordidus* Li, 1997 污带单啮

文献信息 李法圣. 1997. 啮虫目: 跳啮科, 重啮科, 厚啮科, 单啮科, 狭啮科, 双啮科,

离啮科, 分啮科, 外啮科, 围啮科, 叉啮科,
美啮科, 沼啮科, 半啮科, 啮虫科//杨星科.
长江三峡库区昆虫. 上册. 重庆: 重庆出版社:
401-402.

标本信息 正模: ♂, 湖北兴山县龙门河
(海拔 1300m), 采集人李法圣, 1994. IX. 13
(中国农业大学昆虫标本馆)。副模:
14♂♂4♀♀, 同正模; 11♂♂, 采集地点和采
集人同正模, 1994. IX. 11、IX. 17; 2♀♀, 四川
巫山县梨子坪 (海拔 1850m), 采集人李法圣,
1994. IX. 21; 1♂, 四川奉节县白帝城 (海拔
210m), 采集人李法圣, 1994. IX. 24 (中国农
业大学昆虫标本馆)。

**(156) *Valenzuela chrysopterus* Li, 1997 黄翅
单啮**

文献信息 李法圣. 1997. 啮虫目: 跳啮科,
重啮科, 厚啮科, 单啮科, 狭啮科, 双啮科,
离啮科, 分啮科, 外啮科, 围啮科, 叉啮科,
美啮科, 沼啮科, 半啮科, 啮虫科//杨星科.
长江三峡库区昆虫. 上册. 重庆: 重庆出版社:
415-416.
Mockford EL. 1999. A classification of the
Psocopteran Famliy Caeciliusidae (Caeciliidae
Auct.). Transactions of the American Ento-
mological Society, 125: 325-417.

标本信息 正模: ♀, 湖北兴山县龙门河 (海
拔 1300m), 采集人李法圣, 1994. IX. 13 (中国
农业大学昆虫标本馆)。

分类讨论 李法圣1997年依据采集的标本命
名该物种为黄翅单啮 (*Caecilius chrysopterus*
Li, 1997)。进一步研究表明, 该物种应归到
Valenzuela, 故将该物种修订为 *Valenzuela
chrysopterus* Li, 1997 (Mockford, 1999)。

**(157) *Valenzuela cuspidatus* Li, 1997 端黑
单啮**

文献信息 李法圣. 1997. 啮虫目: 跳啮科,
重啮科, 厚啮科, 单啮科, 狭啮科, 双啮科,
离啮科, 分啮科, 外啮科, 围啮科, 叉啮科,

美啮科, 沼啮科, 半啮科, 啮虫科//杨星科.
长江三峡库区昆虫. 上册. 重庆: 重庆出版社:
410-411.
Mockford EL. 1999. A classification of the
Psocopteran Famliy Caeciliusidae (Caeciliidae
Auct.). Transactions of the American Ento-
mological Society, 125: 325-417.

标本信息 正模: ♂, 湖北兴山县龙门河 (海
拔 1300m), 采集人李法圣, 1994. IX. 9 (中国
农业大学昆虫标本馆)。

分类讨论 李法圣1997年依据采集的标本命
名该物种为端黑单啮 (*Caecilius cuspidatus* Li,
1997)。进一步研究表明, 该物种应归到
Valenzuela, 故将该物种修订为 *Valenzuela
cuspidatus* Li, 1997 (Mockford, 1999)。

(158) *Valenzuela estriatus* Li, 1997 无斑单啮

文献信息 李法圣. 1997. 啮虫目: 跳啮科,
重啮科, 厚啮科, 单啮科, 狭啮科, 双啮科,
离啮科, 分啮科, 外啮科, 围啮科, 叉啮科,
美啮科, 沼啮科, 半啮科, 啮虫科//杨星科.
长江三峡库区昆虫. 上册. 重庆: 重庆出版社:
417-418.
Mockford EL. 1999. A classification of the
Psocopteran Famliy Caeciliusidae (Caeciliidae
Auct.). Transactions of the American Entomo-
logical Society, 125: 325-417.

标本信息 正模: ♂, 湖北兴山县龙门河 (海
拔 1300m), 采集人李法圣, 1994. IX. 12 (中国
农业大学昆虫标本馆)。

分类讨论 李法圣1997年依据采集的标本命
名该物种为无斑单啮 (*Caecilius estriatus* Li,
1997)。进一步研究表明, 该物种应归到
Valenzuela, 故将该物种修订为 *Valenzuela
estriatus* Li, 1997 (Mockford, 1999)。

**(159) *Valenzuela fuligineneurus* Li, 1997 褐
脉单啮**

文献信息 李法圣. 1997. 啮虫目: 跳啮科,
重啮科, 厚啮科, 单啮科, 狭啮科, 双啮科,
离啮科, 分啮科, 外啮科, 围啮科, 叉啮科,

美啮科，沼啮科，半啮科，啮虫科//杨星科. 长江三峡库区昆虫. 上册. 重庆: 重庆出版社: 407-408.

Mockford EL. 1999. A classification of the Psocopteran Famliy Caeciliusidae (Caeciliidae Auct.). Transactions of the American Entomological Society, 125: 325-417.

标本信息 正模: ♀, 湖北兴山县龙门河 (海拔 1300m), 采集人李法圣, 1994. IX. 8 (中国农业大学昆虫标本馆). 副模: 1♀, 同正模。

分类讨论 李法圣1997年依据采集的标本命名该物种为褐脉单啮 (*Caecilius fuligineneurus* Li, 1997)。进一步研究表明, 该物种应归到 *Valenzuela*, 故将该物种修订为 *Valenzuela fuligineneurus* Li, 1997 (Mockford, 1999)。

(160) *Valenzuela gracilentus* Li, 1997 细条单啮

文献信息 李法圣. 1997. 啮虫目: 跳啮科, 重啮科, 厚啮科, 单啮科, 狭啮科, 双啮科, 离啮科, 分啮科, 外啮科, 围啮科, 叉啮科, 美啮科, 沼啮科, 半啮科, 啮虫科//杨星科. 长江三峡库区昆虫. 上册. 重庆: 重庆出版社: 409-410.

Mockford EL. 1999. A classification of the Psocopteran Famliy Caeciliusidae (Caeciliidae Auct.). Transactions of the American Entomological Society, 125: 325-417.

标本信息 正模: ♂, 湖北兴山县龙门河 (海拔 1300m), 采集人李法圣, 1994. IX. 8 (中国农业大学昆虫标本馆). 副模: 1♀, 同正模; 11♂♂1♀, 采集地点和采集人同正模, 1994. IX. 9、IX. 12~IX. 14; 1♀, 四川巫山县梨子坪 (海拔 1850m), 采集人李法圣, 1994. IX. 21 (中国农业大学昆虫标本馆).

分类讨论 李法圣1997年依据采集的标本命名该物种为细条单啮 (*Caecilius gracilentus* Li, 1997)。进一步研究表明, 该物种应归到 *Valenzuela*, 故将该物种修订为 *Valenzuela gracilentus* Li, 1997 (Mockford, 1999)。

(161) *Valenzuela medimacularis* Li, 1997 中斑单啮

文献信息 李法圣. 1997. 啮虫目: 跳啮科, 重啮科, 厚啮科, 单啮科, 狭啮科, 双啮科, 离啮科, 分啮科, 外啮科, 围啮科, 叉啮科, 美啮科, 沼啮科, 半啮科, 啮虫科//杨星科. 长江三峡库区昆虫. 上册. 重庆: 重庆出版社: 416-417.

Mockford EL. 1999. A classification of the Psocopteran Famliy Caeciliusidae (Caeciliidae Auct.). Transactions of the American Entomological Society, 125: 325-417.

标本信息 正模: ♀, 湖北兴山县龙门河 (海拔 1300m), 采集人李法圣, 1994. IX. 4 (中国农业大学昆虫标本馆).

分类讨论 李法圣1997年依据采集的标本命名该物种为中斑单啮 (*Caecilius medimacularis* Li, 1997)。进一步研究表明, 该物种应归到 *Valenzuela*, 故将该物种修订为 *Valenzuela medimacularis* Li, 1997 (Mockford, 1999)。

(162) *Valenzuela megalodichotomus* Li, 1997 大叉单啮

文献信息 李法圣. 1997. 啮虫目: 跳啮科, 重啮科, 厚啮科, 单啮科, 狭啮科, 双啮科, 离啮科, 分啮科, 外啮科, 围啮科, 叉啮科, 美啮科, 沼啮科, 半啮科, 啮虫科//杨星科. 长江三峡库区昆虫. 上册. 重庆: 重庆出版社: 417.

Mockford EL. 1999. A classification of the Psocopteran Famliy Caeciliusidae (Caeciliidae Auct.). Transactions of the American Entomological Society, 125: 325-417.

标本信息 正模: ♀, 湖北兴山县龙门河 (海拔 1300m), 采集人李法圣, 1994. IX. 9 (中国农业大学昆虫标本馆).

分类讨论 李法圣1997年依据采集的标本命名该物种为大叉单啮 (*Caecilius megalodichotomus* Li, 1997)。进一步研究表明, 该物种

应归到 *Valenzuela*, 故将该物种修订为 *Valenzuela megalodichotomus* Li, 1997 (Mockford, 1999)。

(163) *Valenzuela metasequoiae* Li, 1997 水杉单啮

文献信息 李法圣. 1997. 啮虫目: 跳啮科, 重啮科, 厚啮科, 单啮科, 狭啮科, 双啮科, 离啮科, 分啮科, 外啮科, 围啮科, 叉啮科, 美啮科, 沼啮科, 半啮科, 啮虫目//杨星科. 长江三峡库区昆虫. 上册. 重庆: 重庆出版社: 408.

Mockford EL. 1999. A classification of the Psocopteran Famliy Caeciliusidae (Caeciliidae Auct.). Transactions of the American Entomological Society, 125: 325-417.

标本信息 正模: ♀, 湖北兴山县龙门河 (海拔 1300m), 采集人李法圣, 1994. Ⅸ. 8 (中国农业大学昆虫标本馆). 副模: 5♀♀, 同正模。

分类讨论 李法圣1997年依据采集的标本命名该物种为水杉单啮 (*Caecilius metasequoiae* Li, 1997)。进一步研究表明, 该物种应归到 *Valenzuela*, 故将该物种修订为 *Valenzuela metasequoiae* Li, 1997 (Mockford, 1999)。

(164) *Valenzuela phaeopterus* Li, 1997 褐翅单啮

文献信息 李法圣. 1997. 啮虫目: 跳啮科, 重啮科, 厚啮科, 单啮科, 狭啮科, 双啮科, 离啮科, 分啮科, 外啮科, 围啮科, 叉啮科, 美啮科, 沼啮科, 半啮科, 啮虫目//杨星科. 长江三峡库区昆虫. 上册. 重庆: 重庆出版社: 406-407.

Mockford EL. 1999. A classification of the Psocopteran Famliy Caeciliusidae (Caeciliidae Auct.). Transactions of the American Entomological Society, 125: 325-417.

标本信息 正模: ♂, 湖北兴山县龙门河 (海拔 1300m), 采集人李法圣, 1994. Ⅸ. 8 (中国农业大学昆虫标本馆). 副模: 14♀♀, 同正模; 3♂♂, 采集地点和采集人同正模, 1994. Ⅸ. 14

(中国农业大学昆虫标本馆)。

分类讨论 李法圣1997年依据采集的标本命名该物种为褐翅单啮 (*Caecilius phaeopterus* Li, 1997)。进一步研究表明, 该物种应归到 *Valenzuela*, 故将该物种修订为 *Valenzuela phaeopterus* Li, 1997 (Mockford, 1999)。

(165) *Valenzuela pycnacanthus* Li, 1997 密刺单啮

文献信息 李法圣. 1997. 啮虫目: 跳啮科, 重啮科, 厚啮科, 单啮科, 狭啮科, 双啮科, 离啮科, 分啮科, 外啮科, 围啮科, 叉啮科, 美啮科, 沼啮科, 半啮科, 啮虫目//杨星科. 长江三峡库区昆虫. 上册. 重庆: 重庆出版社: 413-414.

Mockford EL. 1999. A classification of the Psocopteran Famliy Caeciliusidae (Caeciliidae Auct.). Transactions of the American Entomological Society, 125: 325-417.

标本信息 正模: ♂, 湖北兴山县龙门河 (海拔 1300m), 采集人李法圣, 1994. Ⅸ. 9 (中国农业大学昆虫标本馆). 副模: 2♂♂, 同正模。

分类讨论 李法圣1997年依据采集的标本命名该物种为密刺单啮 (*Caecilius pycnacanthus* Li, 1997)。进一步研究表明, 该物种应归到 *Valenzuela*, 故将该物种修订为 *Valenzuela pycnacanthus* Li, 1997 (Mockford, 1999)。

(166) *Valenzuela striolatus* Li, 1995 细带单啮

文献信息 李法圣. 1995. 啮虫目//吴鸿. 华东百山祖昆虫. 北京: 中国林业出版社: 153-154.

Mockford EL. 1999. A classification of the Psocopteran Famliy Caeciliusidae (Caeciliidae Auct.). Transactions of the American Entomological Society, 125: 325-417.

标本信息 正模: ♀, 浙江百山祖 (海拔 1100~1650m), 采集人吴鸿, 1994. Ⅳ. 18 (北京农业大学昆虫标本馆). 副模: 6♂♂4♀♀, 同正模; 3♀♀, 采集地点和采集人同正模, 1994. Ⅳ. 21;

1♂7♀♀, 采集地点 (海拔 1300~1500m)和采集人同正模, 1993. X. 23、X. 25、X. 26; 2♀♀, 湖北兴山县龙门河 (海拔 1300m), 采集人李法圣, 1994. IX. 9、IX. 12 (北京农业大学昆虫标本馆)。

分类讨论 李法圣1995年依据采集的标本命名该物种为细带单啮 (*Caecilius striolatus* Li, 1995)。进一步研究表明, 该物种应归到 *Valenzuela*, 故将该物种修订为 *Valenzuelastriolatus* Li, 1995 (Mockford, 1999)。

(167) *Valenzuela trigonus* Li, 1997 三角单啮

文献信息 李法圣. 1997. 啮虫目: 跳啮科, 重啮科、厚啮科、单啮科、狭啮科、双啮科、离啮科、分啮科、外啮科、围啮科、叉啮科、美啮科、沼啮科、半啮科、啮虫科//杨星科. 长江三峡库区昆虫. 上册. 重庆: 重庆出版社: 418-419.

Mockford EL. 1999. A classification of the Psocopteran Famliy Caeciliusidae (Caeciliidae Auct.). Transactions of the American Entomological Society, 125: 325-417.

标本信息 正模: ♀, 湖北兴山县龙门河 (海拔 1300m), 采集人李法圣, 1994. IX. 8 (中国农业大学昆虫标本馆)。副模: 12♂♂19♀♀, 同正模。

分类讨论 李法圣1997年依据采集的标本命名该物种为三角单啮 (*Caecilius trigonus* Li, 1997)。进一步研究表明, 该物种应归到 *Valenzuela*, 故将该物种修订为 *Valenzuela trigonus* Li, 1997 (Mockford, 1999)。

(168) *Valenzuela wui* Li, 1995 吴氏单啮

文献信息 李法圣. 1995. 啮虫目//吴鸿. 华东百山祖昆虫. 北京: 中国林业出版社: 158-159.

Mockford EL. 1999. A classification of the Psocopteran Famliy Caeciliusidae (Caeciliidae Auct.). Transactions of the American Entomological Society, 125: 325-417.

标本信息 正模: ♀, 浙江百山祖 (海拔

1300~1500m), 采集人吴鸿, 1993. IX. 24 (北京农业大学昆虫标本馆)。副模: 1♂, 同正模; 8♀♀, 采集地点和采集人同正模, 1993. IX. 9、IX. 20、IX. 23、IX. 25; 4♀♀, 浙江百山祖 (海拔 1100~1650m), 采集人吴鸿, 1994. VII. 18、VII. 22、VII. 25; 1♂3♀♀, 湖北兴山县龙门河 (海拔 1300m), 采集人李法圣, 1993. IX. 12、IX. 14 (北京农业大学昆虫标本馆)。

分类讨论 李法圣1995年依据采集的标本命名该物种为吴氏单啮 (*Caecilius wui* Li, 1995)。进一步研究表明, 该物种应归到 *Valenzuela*, 故将该物种修订为 *Valenzuelawui* Li, 1995 (Mockford, 1999)。

(169) *Valenzuela wuxiaensis* Li, 1997 巫峡单啮

文献信息 李法圣. 1997. 啮虫目: 跳啮科, 重啮科、厚啮科、单啮科、狭啮科、双啮科、离啮科、分啮科、外啮科、围啮科、叉啮科、美啮科、沼啮科、半啮科、啮虫科//杨星科. 长江三峡库区昆虫. 上册. 重庆: 重庆出版社: 419-420.

Mockford EL. 1999. A classification of the Psocopteran Famliy Caeciliusidae (Caeciliidae Auct.). Transactions of the American Entomological Society, 125: 325-417.

标本信息 正模: ♂, 四川巫山县梨子坪 (海拔 1850m), 采集人李法圣, 1994. IX. 21 (中国农业大学昆虫标本馆)。副模: 14♂♂2♀♀, 同正模; 1♀, 湖北兴山县龙门河 (海拔 1300m), 采集人李法圣, 1994. IX. 8 (中国农业大学昆虫标本馆)。

分类讨论 李法圣1997年依据采集的标本命名该物种为巫峡单啮 (*Caecilius wuxiaensis* Li, 1997)。进一步研究表明, 该物种应归到 *Valenzuela*, 故将该物种修订为 *Valenzuela wuxiaensis* Li, 1997 (Mockford, 1999)。

(170) *Enderleinella paulivalvacea* Li, 1997 小瓣安啮

文献信息 李法圣. 1997. 啮虫目: 跳啮科,

重啮科、厚啮科、单啮科、狭啮科、双啮科、离啮科、分啮科、外啮科、围啮科、叉啮科、美啮科、沼啮科、半啮科、啮虫科//杨星科. 长江三峡库区昆虫. 上册. 重庆: 重庆出版社: 422.

标本信息 正模: ♀, 四川巫山县梨子坪 (海拔1850m), 采集人李法圣, 1994. Ⅸ. 21 (中国农业大学昆虫标本馆). 副模: 8♀♀, 同正模。

(171) *Enderleinella pyriformis* Li, 1997 梨瓣安啮

文献信息 李法圣. 1997. 啮虫目: 跳啮科、重啮科、厚啮科、单啮科、狭啮科、双啮科、离啮科、分啮科、外啮科、围啮科、叉啮科、美啮科、沼啮科、半啮科、啮虫科//杨星科. 长江三峡库区昆虫. 上册. 重庆: 重庆出版社: 420-422.

标本信息 正模: ♀, 湖北兴山县龙门河 (海拔1300m), 采集人李法圣, 1994. Ⅸ. 11 (中国农业大学昆虫标本馆). 副模: 7♂♂223♀♀, 采集地点和采集人同正模, 1994. Ⅸ. 9、Ⅸ. 11~Ⅸ. 14; 1♀, 四川巫山县梨子坪 (海拔1850m), 采集人李法圣, 1994. Ⅸ. 21 (中国农业大学昆虫标本馆)。

(172) *Enderleinella yangi* Li, 1997 杨氏安啮

文献信息 李法圣. 1997. 啮虫目: 跳啮科、重啮科、厚啮科、单啮科、狭啮科、双啮科、离啮科、分啮科、外啮科、围啮科、叉啮科、美啮科、沼啮科、半啮科、啮虫科//杨星科. 长江三峡库区昆虫. 上册. 重庆: 重庆出版社: 424.

标本信息 正模: ♀, 湖北兴山县龙门河 (海拔1300m), 采集人李法圣, 1994. Ⅸ. 12 (中国农业大学昆虫标本馆)。

54. 离啮科 Dasydemellidae

(173) *Dasydemella stipitiformis* Li, 1997 枝突离啮

文献信息 李法圣. 1997. 啮虫目: 跳啮科、重啮科、厚啮科、单啮科、狭啮科、双啮科、

重啮科、厚啮科、单啮科、狭啮科、双啮科、离啮科、分啮科、外啮科、围啮科、叉啮科、美啮科、沼啮科、半啮科、啮虫科//杨星科. 长江三峡库区昆虫. 上册. 重庆: 重庆出版社: 452.

标本信息 正模: ♀, 湖北兴山县龙门河 (海拔1300m), 采集人李法圣, 1994. Ⅸ. 12 (中国农业大学昆虫标本馆)。

55. 外啮科 Ectopsocidae

(174) *Ectopsocopsis crassiuncatus* Li, 1997 粗钩邻外啮

文献信息 李法圣. 1997. 啮虫目: 跳啮科、重啮科、厚啮科、单啮科、狭啮科、双啮科、离啮科、分啮科、外啮科、围啮科、叉啮科、美啮科、沼啮科、半啮科、啮虫科//杨星科. 长江三峡库区昆虫. 上册. 重庆: 重庆出版社: 457-458.

标本信息 正模: ♂, 四川巫山县江东村 (海拔120m), 采集人李法圣, 1994. Ⅸ. 23 (中国农业大学昆虫标本馆)。

(175) *Ectopsocus isodentus* Li, 1997 等齿外啮

文献信息 李法圣. 1997. 啮虫目: 跳啮科、重啮科、厚啮科、单啮科、狭啮科、双啮科、离啮科、分啮科、外啮科、围啮科、叉啮科、美啮科、沼啮科、半啮科、啮虫科//杨星科. 长江三峡库区昆虫. 上册. 重庆: 重庆出版社: 459.

标本信息 正模: ♀, 湖北兴山县龙门河 (海拔1300m), 采集人李法圣, 1994. Ⅸ. 13 (中国农业大学昆虫标本馆)。

56. 沼啮科 Elipsocidae

(176) *Trichoelipsocus brachypterus* Li, 1997 短翅毛沼啮

文献信息 李法圣. 1997. 啮虫目: 跳啮科、重啮科、厚啮科、单啮科、狭啮科、双啮科、

离啮科，分啮科，外啮科，围啮科，叉啮科，美啮科，沼啮科，半啮科，啮虫科//杨星科. 长江三峡库区昆虫. 上册. 重庆: 重庆出版社: 485-486.

标本信息 正模: ♀, 四川巫山县梨子坪 (海拔 1850m), 采集人李法圣, 1994. IX. 21 (中国农业大学昆虫标本馆).

(177) *Trichoelipsocus sanxianicus* Li, 1997 三峡毛沼啮

文献信息 李法圣. 1997. 啮虫目: 跳啮科，重啮科，厚啮科，单啮科，狭啮科，双啮科，离啮科，分啮科，外啮科，围啮科，叉啮科，美啮科，沼啮科，半啮科，啮虫科//杨星科. 长江三峡库区昆虫. 上册. 重庆: 重庆出版社: 484-485.

标本信息 正模: ♀, 四川巫山县梨子坪 (海拔 1850m), 采集人李法圣, 1994. IX. 21 (中国农业大学昆虫标本馆). 副模: 1♀, 同正模.

57. 半啮科 Hemipsocidae

(178) *Metahemipsocus tenuatus* Li, 1997 细茎后半啮

文献信息 李法圣. 1997. 啮虫目: 跳啮科，重啮科，厚啮科，单啮科，狭啮科，双啮科，离啮科，分啮科，外啮科，围啮科，叉啮科，美啮科，沼啮科，半啮科，啮虫科//杨星科. 长江三峡库区昆虫. 上册. 重庆: 重庆出版社: 486-488.

标本信息 正模: ♂, 湖北兴山县龙门河 (海拔 1300m), 采集人李法圣, 1994. IX. 9 (中国农业大学昆虫标本馆). 副模: 1♀, 同正模.

58. 分啮科 Lachesillidae

(179) *Lachesilla intrans* Li, 1997 凹头分啮

文献信息 李法圣. 1997. 啮虫目: 跳啮科，重啮科，厚啮科，单啮科，狭啮科，双啮科，离啮科，分啮科，外啮科，围啮科，叉啮科，美啮科，沼啮科，半啮科，啮虫科//杨星科.

长江三峡库区昆虫. 上册. 重庆: 重庆出版社: 453-545.

标本信息 正模: ♂, 湖北兴山县龙门河 (海拔 1300m), 采集人李法圣, 1994. IX. 8 (中国农业大学昆虫标本馆). 副模: 1♂, 同正模.

59. 鼠啮科 Myopsocidae

(180) *Lichenomima harpeodes* Li, 2002 钩茎苔鼠啮

文献信息 李法圣. 2002. 中国啮目志, 下册, 苔鼠啮属. 北京: 科学出版社: 1323-1324.

标本信息 正模: ♂, 湖北神农架阳日, 采集人杨集昆, 1984. VI. 26 (标本保存地不详). 副模: 3♂♂, 同正模.

(181) *Lichenomima orbiculata* Li, 2002 圆痣苔鼠啮

文献信息 李法圣. 2002. 中国啮目志, 下册, 苔鼠啮属. 北京: 科学出版社: 1328-1329.

标本信息 正模: ♂, 湖北神农架林区大岩屋 (海拔 800m), 采集人杨集昆, 1984. V. 28 (标本保存地不详). 副模: 3♀♀, 同正模.

60. 围啮科 Peripsocidae

(182) *Diplopsocus xilingxiaensis* Li, 1997 西陵峡双突围啮

文献信息 李法圣. 1997. 啮虫目: 跳啮科，重啮科，厚啮科，单啮科，狭啮科，双啮科，离啮科，分啮科，外啮科，围啮科，叉啮科，美啮科，沼啮科，半啮科，啮虫科//杨星科. 长江三峡库区昆虫. 上册. 重庆: 重庆出版社: 461.

标本信息 正模: ♂, 湖北兴山县龙门河 (海拔 1300m), 采集人李法圣, 1994. IX. 13 (中国农业大学昆虫标本馆).

(183) *Diplopsocus resupinatus* Li et Mockford, 1993

文献信息 Li FS, Mockford EL. 1993. A

description and notes on *Diplopsocus*, gen. nov. and twenty-one new species from China (Psocoptera: Peripsocidae). Oriental Insects, 27: 55-91.

标本信息 正模: ♂, 湖北神农架 (海拔 800m), 采集人杨集昆, 1984. VI. 19 (中国农业大学昆虫标本馆)。

(184) *Peripsocus caudatus* Li, 1997 突尾围啮

文献信息 李法圣. 1997. 啮虫目: 跳啮科, 重啮科, 厚啮科, 单啮科, 狭啮科, 双啮科, 离啮科, 分啮科, 外啮科, 围啮科, 叉啮科, 美啮科, 沼啮科, 半啮科, 啮虫科//杨星科. 长江三峡库区昆虫. 上册. 重庆: 重庆出版社: 471-472.

标本信息 正模: ♀, 湖北秭归县茅坪 (海拔 120m), 采集人李法圣, 1994. IX. 3 (中国农业大学昆虫标本馆)。

(185) *Peripsocus disdentus* Li, 1997 展围啮

文献信息 李法圣. 1997. 啮虫目: 跳啮科, 重啮科, 厚啮科, 单啮科, 狭啮科, 双啮科, 离啮科, 分啮科, 外啮科, 围啮科, 叉啮科, 美啮科, 沼啮科, 半啮科, 啮虫科//杨星科. 长江三峡库区昆虫. 上册. 重庆: 重庆出版社: 474-475.

标本信息 正模: ♀, 湖北兴山县龙门河 (海拔 1300m), 采集人李法圣, 1994. IX. 8 (中国农业大学昆虫标本馆)。

(186) *Peripsocus exilis* Li, 1997 小突围啮

文献信息 李法圣. 1997. 啮虫目: 跳啮科, 重啮科, 厚啮科, 单啮科, 狭啮科, 双啮科, 离啮科, 分啮科, 外啮科, 围啮科, 叉啮科, 美啮科, 沼啮科, 半啮科, 啮虫科//杨星科. 长江三峡库区昆虫. 上册. 重庆: 重庆出版社: 474.

标本信息 正模: ♀, 四川巫山县梨子坪 (海拔 1850m), 采集人李法圣, 1994. IX. 21 (中国农业大学昆虫标本馆)。

(187) *Peripsocus leptorrhizus* Li, 1997 细茎围啮

文献信息 李法圣. 1997. 啮虫目: 跳啮科, 重啮科, 厚啮科, 单啮科, 狭啮科, 双啮科, 离啮科, 分啮科, 外啮科, 围啮科, 叉啮科, 美啮科, 沼啮科, 半啮科, 啮虫科//杨星科. 长江三峡库区昆虫. 上册. 重庆: 重庆出版社: 468.

标本信息 正模: ♂, 四川巫山县梨子坪 (海拔 1800m), 采集人李法圣, 1994. IX. 28 (中国农业大学昆虫标本馆)。

(188) *Peripsocus tredecimus* Li, 1997 十三齿围啮

文献信息 李法圣. 1997. 啮虫目: 跳啮科, 重啮科, 厚啮科, 单啮科, 狭啮科, 双啮科, 离啮科, 分啮科, 外啮科, 围啮科, 叉啮科, 美啮科, 沼啮科, 半啮科, 啮虫科//杨星科. 长江三峡库区昆虫. 上册. 重庆: 重庆出版社: 467.

标本信息 正模: ♂, 湖北兴山县龙门河 (海拔 1300m), 采集人李法圣, 1994. IX. 8 (中国农业大学昆虫标本馆)。

(189) *Peripsocus vescus* Li, 1997 瘦叶围啮

文献信息 李法圣. 1997. 啮虫目: 跳啮科, 重啮科, 厚啮科, 单啮科, 狭啮科, 双啮科, 离啮科, 分啮科, 外啮科, 围啮科, 叉啮科, 美啮科, 沼啮科, 半啮科, 啮虫科//杨星科. 长江三峡库区昆虫. 上册. 重庆: 重庆出版社: 475-476.

标本信息 正模: ♀, 四川巫山县梨子坪 (海拔 1850m), 采集人李法圣, 1994. IX. 21 (中国农业大学昆虫标本馆)。

(190) *Peripsocus ziguiensis* Li, 1997 秭归围啮

文献信息 李法圣. 1997. 啮虫目: 跳啮科, 重啮科, 厚啮科, 单啮科, 狭啮科, 双啮科, 离啮科, 分啮科, 外啮科, 围啮科, 叉啮科,

美啮科, 沼啮科, 半啮科, 啮虫科//杨星科. 长江三峡库区昆虫. 上册. 重庆: 重庆出版社: 472-473.

标本信息 正模: ♀, 湖北秭归县茅坪 (海拔 120m), 采集人李法圣, 1994. IX. 3 (中国农业大学昆虫标本馆). 副模: 2♀♀, 同正模.

(191) *Periterminalis cryptomeriae* Li, 1997 柳杉端围啮

文献信息 李法圣. 1997. 啮虫目: 跳啮科, 重啮科, 厚啮科, 单啮科, 狭啮科, 双啮科, 离啮科, 分啮科, 外啮科, 围啮科, 叉啮科, 美啮科, 沼啮科, 半啮科, 啮虫科//杨星科. 长江三峡库区昆虫. 上册. 重庆: 重庆出版社: 463-465.

标本信息 正模: ♀, 湖北秭归县茅坪 (海拔 120m), 采集人李法圣, 1994. IX. 3 (中国农业大学昆虫标本馆). 副模: 1♂8♀♀, 同正模.

61. 美啮科 Philotarsidae

(192) *Philotarsus sinensis* Li, 1997 中华美啮

文献信息 李法圣. 1997. 啮虫目: 跳啮科, 重啮科, 厚啮科, 单啮科, 狭啮科, 双啮科, 离啮科, 分啮科, 外啮科, 围啮科, 叉啮科, 美啮科, 沼啮科, 半啮科, 啮虫科//杨星科. 长江三峡库区昆虫. 上册. 重庆: 重庆出版社: 483-484.

标本信息 正模: ♂, 湖北兴山县龙门河 (海拔 1300m), 采集人李法圣, 1994. IX. 8 (中国农业大学昆虫标本馆). 副模: 3♂♂1♀, 同正模; 11♂♂5♀♀, 采集地点和采集人同正模, 1994. IX. 12、IX. 14 (中国农业大学昆虫标本馆).

62. 叉啮科 Pseudocaeciliidae

(193) *Heterocaecilius circulicellus* Li, 1995 圆室异啮

文献信息 李法圣. 1995. 啮虫目//吴鸿. 华东百山祖昆虫. 北京: 中国林业出版社: 180.

标本信息 正模: ♀, 浙江百山祖 (海拔

1300~1500m), 采集人吴鸿, 1993. IX. 24 (北京农业大学昆虫标本馆). 副模: 1♀, 同正模; 2♀♀, 湖北兴山县龙门河 (海拔 1300m), 采集人李法圣, 1993. X. 9、X. 12 (北京农业大学昆虫标本馆).

(194) *Mesocaecilius elegans* Li, 1997 丽中叉啮

文献信息 李法圣. 1997. 啮虫目: 跳啮科, 重啮科, 厚啮科, 单啮科, 狭啮科, 双啮科, 离啮科, 分啮科, 外啮科, 围啮科, 叉啮科, 美啮科, 沼啮科, 半啮科, 啮虫科//杨星科. 长江三峡库区昆虫. 上册. 重庆: 重庆出版社: 477-478.

标本信息 正模: ♀, 湖北兴山县龙门河 (海拔 1300m), 采集人李法圣, 1994. IX. 9 (中国农业大学昆虫标本馆).

(195) *Scytopsocopsis corniculatus* Li, 1997 短突革叉啮

文献信息 李法圣. 1997. 啮虫目: 跳啮科, 重啮科, 厚啮科, 单啮科, 狭啮科, 双啮科, 离啮科, 分啮科, 外啮科, 围啮科, 叉啮科, 美啮科, 沼啮科, 半啮科, 啮虫科//杨星科. 长江三峡库区昆虫. 上册. 重庆: 重庆出版社: 479-480.

标本信息 正模: ♂, 四川巫山县梨子坪 (海拔 1850m), 采集人李法圣, 1994. IX. 21 (中国农业大学昆虫标本馆).

(196) *Scytopsocopsis wuxiaensis* Li, 1997 巫峡革叉啮

文献信息 李法圣. 1997. 啮虫目: 跳啮科, 重啮科, 厚啮科, 单啮科, 狭啮科, 双啮科, 离啮科, 分啮科, 外啮科, 围啮科, 叉啮科, 美啮科, 沼啮科, 半啮科, 啮虫科//杨星科. 长江三峡库区昆虫. 上册. 重庆: 重庆出版社: 478-479.

标本信息 正模: ♂, 四川巫山县梨子坪 (海拔 1850m), 采集人李法圣, 1994. IX. 21 (中国

农业大学昆虫标本馆)。副模: 33♂♂, 同正模。

63. 啮科 Psocidae

(197) *Conothoracalis longimucronata* Li, 1997 长突锥胸麻啮

文献信息 李法圣. 1997. 啮虫目: 跳啮科, 重啮科, 厚啮科, 单啮科, 狭啮科, 双啮科, 离啮科, 分啮科, 外啮科, 围啮科, 叉啮科, 美啮科, 沼啮科, 半啮科, 啮虫科//杨星科. 长江三峡库区昆虫. 上册. 重庆: 重庆出版社: 507-508.

标本信息 正模: ♂, 湖北兴山县龙门河 (海拔 1300m), 采集人李法圣, 1994. IX. 8 (中国农业大学昆虫标本馆)。副模: 1♀, 同正模。

(198) *Loensia excrescens* Li, 1997 肿瓣点麻啮

文献信息 李法圣. 1997. 啮虫目: 跳啮科, 重啮科, 厚啮科, 单啮科, 狭啮科, 双啮科, 离啮科, 分啮科, 外啮科, 围啮科, 叉啮科, 美啮科, 沼啮科, 半啮科, 啮虫科//杨星科. 长江三峡库区昆虫. 上册. 重庆: 重庆出版社: 505-506.

标本信息 正模: ♀, 四川巫山县梨子坪 (海拔 1850m), 采集人李法圣, 1994. IX. 21 (中国农业大学昆虫标本馆)。

(199) *Loensia falcata* Li, 1997 镰瓣点麻啮

文献信息 李法圣. 1997. 啮虫目: 跳啮科, 重啮科, 厚啮科, 单啮科, 狭啮科, 双啮科, 离啮科, 分啮科, 外啮科, 围啮科, 叉啮科, 美啮科, 沼啮科, 半啮科, 啮虫科//杨星科. 长江三峡库区昆虫. 上册. 重庆: 重庆出版社: 506.

标本信息 正模: ♀, 湖北兴山县龙门河 (海拔 1300m), 采集人李法圣, 1994. IX. 13 (中国农业大学昆虫标本馆)。

(200) *Longivalvus shennongicus* Li, 2002 神农瓣啮

文献信息 李法圣. 2002. 中国啮目志, 下册.

北京: 科学出版社: 1587-1588.

标本信息 正模: ♀, 湖北神农架林区大岩屋, 采集人杨集昆, 1984. VI. 19 (标本存放地不详)。

(201) *Symbiopsocus latus* Li, 2002 宽室仲啮

文献信息 李法圣. 2002. 中国啮目志, 下册. 北京: 科学出版社: 1424.
Yoshizawa K, Mockford EL. 2012. Redescription of *Symbiopsocus* hastatus Mockford (Psocodea: "Psocoptera": Psocidae), with first description of female and comments on the genus. Insecta Matsumurana, New Series, 68: 133-141.

标本信息 正模: ♀, 湖北神农架林区大岩屋 (海拔 1700m), 采集人杨集昆, 1984. VI. 19 (标本存放地不详)。

分类讨论 李法圣2002年依据神农架的标本命名该物种为宽室仲啮 (*Mecampsis latus* Li, 2002)。进一步研究表明, 该物种应归到 *Symbiopsocus*, 故将该物种修订为 *Symbiopsocus latus* Li, 2002 (Yoshizawa and Mockford, 2002)。

(202) *Metylophorus megistus* Li, 1997 大眛啮

文献信息 李法圣. 1997. 啮虫目: 跳啮科, 重啮科, 厚啮科, 单啮科, 狭啮科, 双啮科, 离啮科, 分啮科, 外啮科, 围啮科, 叉啮科, 美啮科, 沼啮科, 半啮科, 啮虫科//杨星科. 长江三峡库区昆虫. 上册. 重庆: 重庆出版社: 499-500.

标本信息 正模: ♀, 湖北兴山县龙门河 (海拔 1300m), 采集人李法圣, 1994. IX. 14 (中国农业大学昆虫标本馆)。副模: 1♂, 同正模; 1♀, 采集地点和采集人同正模, 1994. IX. 13 (中国农业大学昆虫标本馆)。

(203) *Psococerastis nigriventris* Li, 1997 黑腹触啮

文献信息 李法圣. 1997. 啮虫目: 跳啮科, 重啮科, 厚啮科, 单啮科, 狭啮科, 双啮科, 离啮科, 分啮科, 外啮科, 围啮科, 叉啮科,

美啮科, 沼啮科, 半啮科, 啮虫科//杨星科. 长江三峡库区昆虫. 上册. 重庆: 重庆出版社. 497.

标本信息 正模: ♀, 湖北兴山县龙门河 (海拔 1300m), 采集人李法圣, 1994. IX. 13 (中国农业大学昆虫标本馆). 副模: 3♀♀, 同正模; 1♀, 采集地点和采集人同正模, 1994. IX. 11; 1♀, 湖北秭归县茅坪 (海拔 120m), 采集人李法圣, 1994. IX. 3 (中国农业大学昆虫标本馆).

(204) *Psococerastis shennongjiana* Li, 2002 神农架触啮

文献信息 李法圣. 2002. 中国啮目志, 下册, 触啮属. 北京: 科学出版社: 1654.

标本信息 正模: ♀, 湖北神农架林区, 采集人茅晓渊, 1980. VII (标本存放地不详). 副模: 1♀, 湖北神农架阳日 (海拔 400m), 采集人杨集昆, 1984. VII. 6 (标本存放地不详).

(205) *Psococerastis stipularis* Li, 1997 柄茎触啮

文献信息 李法圣. 1997. 啮虫目: 跳啮科, 重啮科, 厚啮科, 单啮科, 狭啮科, 双啮科, 离啮科, 分啮科, 外啮科, 围啮科, 叉啮科, 美啮科, 沼啮科, 半啮科, 啮虫科//杨星科. 长江三峡库区昆虫. 上册. 重庆: 重庆出版社: 495-496.

标本信息 正模: ♂, 湖北兴山县龙门河 (海拔 1300m), 采集人李法圣, 1994. IX. 12 (中国农业大学昆虫标本馆). 副模: 1♂, 采集地点和采集人同正模, 1994. IX. 13 (中国农业大学昆虫标本馆).

(206) *Psococerastis stulticaulis* Li, 1989 粗茎触啮

文献信息 李法圣. 1989. 陕西啮虫十八新种 (啮目: 狭啮科, 啮科). 昆虫分类学报, 11: 31-59.

标本信息 正模: ♂, 贵州花溪区 (海拔 1000m), 采集人李法圣, 1981. V. 28 (北京农业大学昆虫标本室). 配模: ♀, 同正模. 副模: 1♀, 同正模; 1♂, 贵州贵阳市 (海拔 1000m), 采集人李法圣, 1981. V. 25; 3♂♂2♀♀, 湖北通山县九宫山 (海拔 1550m), 采集人杨集昆, 1984. VI. 16, 湖北神农架 (海拔 800m), 采集人杨集昆, 1984. VI. 28; 3♀♀,陕西佛坪 (海拔 1200m), 采集人李法圣, 1985. VII. 16; 1♂4♀♀, 山西关帝山 (海拔 1700~2000m), 采集人杨集昆、李法圣, 1981. VII. 1、VII. 2、VII. 4; 1♀, 内蒙古海拉尔区红花尔基 (海拔 780m), 采集人李法圣, 1986. VIII. 23; 1♀, 安徽黄山北海, 采集人李法圣, 1977. VII. 22 (北京农业大学昆虫标本室).

(207) *Symbiopsocus leptocladus* Li, 1997 细茎联啮

文献信息 李法圣. 1997. 啮虫目: 跳啮科, 重啮科, 厚啮科, 单啮科, 狭啮科, 双啮科, 离啮科, 分啮科, 外啮科, 围啮科, 叉啮科, 美啮科, 沼啮科, 半啮科, 啮虫科//杨星科. 长江三峡库区昆虫. 上册. 重庆: 重庆出版社: 491-493.

标本信息 正模: ♂, 湖北兴山县龙门河 (海拔 1300m), 采集人李法圣, 1994. IX. 13 (中国农业大学昆虫标本馆). 副模: 4♂♂1♀, 同正模; 4♂♂, 采集地点和采集人同正模, 1994. IX. 8 (中国农业大学昆虫标本馆).

(208) *Trichadenotecnum chinense* Li, 1997 中国带麻啮

文献信息 李法圣. 1997. 啮虫目: 跳啮科, 重啮科, 厚啮科, 单啮科, 狭啮科, 双啮科, 离啮科, 分啮科, 外啮科, 围啮科, 叉啮科, 美啮科, 沼啮科, 半啮科, 啮虫科//杨星科. 长江三峡库区昆虫. 上册. 重庆: 重庆出版社: 501-502.

标本信息 正模: ♂, 湖北兴山县龙门河 (海拔 1300m), 采集人李法圣, 1994. IX. 14 (中国农业大学昆虫标本馆). 副模: 6♂♂125♀♀, 同正模; 6♂♂133♀♀, 采集地点和采集人同正模,

1994. IX. 9、IX. 11~IX. 13 (中国农业大学昆虫标本馆)。

(209) *Trichadenotecnum wuxiacum* Li, 1997 巫峡带麻啮

文献信息 李法圣. 1997. 啮虫目: 跳啮科, 重啮科, 厚啮科, 单啮科, 狭啮科, 双啮科, 离啮科, 分啮科, 外啮科, 围啮科, 叉啮科, 美啮科, 沼啮科, 半啮科, 啮虫科//杨星科. 长江三峡库区昆虫. 上册. 重庆: 重庆出版社: 502-503.

标本信息 正模: ♀, 四川巫山县梨子坪 (海拔 1850m), 采集人李法圣, 1994. IX. 21 (中国农业大学昆虫标本馆)。

64. 狭啮科 Stenopsocidae

(210) *Matsumuraiella auriformis* Li, 1989 耳痣狷啮

文献信息 李法圣. 1989. 陕西啮虫十八新种 (啮目: 狭啮科, 啮科). 昆虫分类学报, 11: 31-59.

标本信息 正模: ♂, 陕西镇巴县 (海拔 800m), 采集人李法圣, 1985. VII. 22 (北京农业大学昆虫标本室)。配模: ♀, 同正模。副模: 1♀, 湖北神农架 (海拔 800m), 采集人杨集昆, 1984. VI. 28 (北京农业大学昆虫标本室)。

(211) *Cubipilis spilipsocia* Li, 1997 斑肘狭啮

文献信息 李法圣. 1997. 啮虫目: 跳啮科, 重啮科, 厚啮科, 单啮科, 狭啮科, 双啮科, 离啮科, 分啮科, 外啮科, 围啮科, 叉啮科, 美啮科, 沼啮科, 半啮科, 啮虫科//杨星科. 长江三峡库区昆虫. 上册. 重庆: 重庆出版社: 438-439.

标本信息 正模: ♀, 四川巫山县梨子坪 (海拔 1850m), 采集人李法圣, 1994. IX. 21 (中国农业大学昆虫标本馆)。

(212) *Stenopsocus biconicus* Li, 2002 双锥狭啮

文献信息 李法圣. 2002. 中国蜡目志, 上册,

狭啮属. 北京: 科学出版社: 696-697.

标本信息 正模: ♂, 甘肃康县 (海拔 1200m), 采集人李法圣, 1980. VII. 29 (标本存放地不详)。副模: 1♂, 湖北神农架阳日 (海拔 400m), 采集人杨集昆, 1984. VII. 26 (标本存放地不详)。

(213) *Stenopsocus biconvexus* Li, 1997 双瘤狭啮

文献信息 李法圣. 1997. 啮虫目: 跳啮科, 重啮科, 厚啮科, 单啮科, 狭啮科, 双啮科, 离啮科, 分啮科, 外啮科, 围啮科, 叉啮科, 美啮科, 沼啮科, 半啮科, 啮虫科//杨星科. 长江三峡库区昆虫. 上册. 重庆: 重庆出版社: 428.

标本信息 正模: ♀, 四川巫山县梨子坪 (海拔 1850m), 采集人李法圣, 1994. IX. 21 (中国农业大学昆虫标本馆)。

(214) *Stenopsocus brevicapitus* Li, 1997 短头狭啮

文献信息 李法圣. 1997. 啮虫目: 跳啮科, 重啮科, 厚啮科, 单啮科, 狭啮科, 双啮科, 离啮科, 分啮科, 外啮科, 围啮科, 叉啮科, 美啮科, 沼啮科, 半啮科, 啮虫科//杨星科. 长江三峡库区昆虫. 上册. 重庆: 重庆出版社: 429-430.

标本信息 正模: ♀, 四川巫山县梨子坪 (海拔 1850m), 采集人李法圣, 1994. IX. 21 (中国农业大学昆虫标本馆)。副模: 8♂♂4♀♀, 同正模。

(215) *Stenopsocus dactylinus* Li, 1997 指形狭啮

文献信息 李法圣. 1997. 啮虫目: 跳啮科, 重啮科, 厚啮科, 单啮科, 狭啮科, 双啮科, 离啮科, 分啮科, 外啮科, 围啮科, 叉啮科, 美啮科, 沼啮科, 半啮科, 啮虫科//杨星科. 长江三峡库区昆虫. 上册. 重庆: 重庆出版社: 431-432.

标本信息　正模: ♀, 四川巫山县梨子坪 (海拔 1850m), 采集人李法圣, 1994. IX. 21 (中国农业大学昆虫标本馆)。副模: 1♀, 同正模。

(216) *Stenopsocus foliaceus* Li, 1997 叶形狭啮

文献信息　李法圣. 1997. 啮虫目: 跳啮科, 重啮科, 厚啮科, 单啮科, 狭啮科, 双啮科, 离啮科, 分啮科, 外啮科, 围啮科, 叉啮科, 美啮科, 沼啮科, 半啮科, 啮虫目//杨星科. 长江三峡库区昆虫. 上册. 重庆: 重庆出版社: 434-435.

标本信息　正模: ♀, 湖北兴山县龙门河 (海拔 1300m), 采集人李法圣, 1994. IX. 13 (中国农业大学昆虫标本馆)。副模: 1♀, 同正模; 2♀♀, 四川巫山县梨子坪 (海拔 1850m), 采集人李法圣, 1994. IX. 21 (中国农业大学昆虫标本馆)。

(217) *Stenopsocus lacteus* Li, 1997 淡色狭啮

文献信息　李法圣. 1997. 啮虫目: 跳啮科, 重啮科, 厚啮科, 单啮科, 狭啮科, 双啮科, 离啮科, 分啮科, 外啮科, 围啮科, 叉啮科, 美啮科, 沼啮科, 半啮科, 啮虫目//杨星科. 长江三峡库区昆虫. 上册. 重庆: 重庆出版社: 428-429.

标本信息　正模: ♀, 四川巫山县梨子坪 (海拔 1850m), 采集人李法圣, 1994. IX. 24 (中国农业大学昆虫标本馆)。

(218) *Stenopsocus longicuspis* Li, 1997 长突狭啮

文献信息　李法圣. 1997. 啮虫目: 跳啮科, 重啮科, 厚啮科, 单啮科, 狭啮科, 双啮科, 离啮科, 分啮科, 外啮科, 围啮科, 叉啮科, 美啮科, 沼啮科, 半啮科, 啮虫目//杨星科. 长江三峡库区昆虫. 上册. 重庆: 重庆出版社: 426-427.

标本信息　正模: ♀, 湖北兴山县龙门河 (海拔 1300m), 采集人李法圣, 1994. IX. 13 (中国农业大学昆虫标本馆)。副模: 1♀, 四川巫山县梨子坪 (海拔 1850m), 采集人李法圣, 1994. IX. 21 (中国农业大学昆虫标本馆)。

(219) *Stenopsocus maximalis* Li, 1997 大斑狭啮

文献信息　李法圣. 1997. 啮虫目: 跳啮科, 重啮科, 厚啮科, 单啮科, 狭啮科, 双啮科, 离啮科, 分啮科, 外啮科, 围啮科, 叉啮科, 美啮科, 沼啮科, 半啮科, 啮虫目//杨星科. 长江三峡库区昆虫. 上册. 重庆: 重庆出版社: 433-434.

标本信息　正模: ♀, 湖北兴山县龙门河 (海拔 1300m), 采集人李法圣, 1994. IX. 13 (中国农业大学昆虫标本馆)。副模: 30♀♀, 同正模; 24♀♀, 采集地点和采集人同正模, 1994. IX. 9、IX. 11、IX. 12、IX. 14 (中国农业大学昆虫标本馆)。

(220) *Stenopsocus melanocephalus* Li, 1997 黑头狭啮

文献信息　李法圣. 1997. 啮虫目: 跳啮科, 重啮科, 厚啮科, 单啮科, 狭啮科, 双啮科, 离啮科, 分啮科, 外啮科, 围啮科, 叉啮科, 美啮科, 沼啮科, 半啮科, 啮虫科//杨星科. 长江三峡库区昆虫. 上册. 重庆: 重庆出版社: 437-438.

标本信息　正模: ♂, 四川巫山县梨子坪 (海拔 1850m), 采集人李法圣, 1994. IX. 21 (中国农业大学昆虫标本馆)。副模: 2♂♂, 同正模 (中国农业大学昆虫标本馆)。

(221) *Stenopsocus obscurus* Li, 1997 愚笨狭啮

文献信息　李法圣. 1997. 啮虫目: 跳啮科, 重啮科, 厚啮科, 单啮科, 狭啮科, 双啮科, 离啮科, 分啮科, 外啮科, 围啮科, 叉啮科, 美啮科, 沼啮科, 半啮科, 啮虫目//杨星科. 长江三峡库区昆虫. 上册. 重庆: 重庆出版社: 436-437.

标本信息 正模: ♂, 湖北兴山县龙门河 (海拔 1300m), 采集人李法圣, 1994. IX. 13 (中国农业大学昆虫标本馆)。副模: 1♂1♀, 同正模 (中国农业大学昆虫标本馆)。

(222) *Stenopsocus perspicuus* Li, 1997 透翅狭啮

文献信息 李法圣. 1997. 啮虫目: 跳啮科, 重啮科, 厚啮科, 单啮科, 狭啮科, 双啮科, 离啮科, 分啮科, 外啮科, 围啮科, 叉啮科, 美啮科, 沼啮科, 半啮科, 啮虫科//杨星科. 长江三峡库区昆虫. 上册. 重庆: 重庆出版社: 427-429.

标本信息 正模: ♂, 四川巫山县梨子坪 (海拔 1850m), 采集人李法圣, 1994. IX. 21 (中国农业大学昆虫标本馆)。

(223) *Stenopsocus podorphus* Li, 1997 足状狭啮

文献信息 李法圣. 1997. 啮虫目: 跳啮科, 重啮科, 厚啮科, 单啮科, 狭啮科, 双啮科, 离啮科, 分啮科, 外啮科, 围啮科, 叉啮科, 美啮科, 沼啮科, 半啮科, 啮虫科//杨星科. 长江三峡库区昆虫. 上册. 重庆: 重庆出版社: 435-436.

标本信息 正模: ♀, 湖北兴山县龙门河 (海拔 1300m), 采集人李法圣, 1994. IX. 8 (中国农业大学昆虫标本馆)。

(224) *Stenopsocus shengnongjiaensis* Li, 2002 神农架狭啮

文献信息 李法圣. 2002. 中国啮目志, 上册, 狭啮属. 北京: 科学出版社: 624-625.

标本信息 正模: ♂, 湖北神农架林区大岩屋, 采集人杨集昆, 1984. VI. 19 (标本存放地不详)。副模: 4♀♀, 同正模; 1♀, 采集地点和采集时间同正模, 采集人王心丽 (标本存放地不详)。

(225) *Stenopsocus turgidus* Li, 1997 膨突狭啮

文献信息 李法圣. 1997. 啮虫目: 跳啮科,

重啮科, 厚啮科, 单啮科, 狭啮科, 双啮科, 离啮科, 分啮科, 外啮科, 围啮科, 叉啮科, 美啮科, 沼啮科, 半啮科, 啮虫科//杨星科. 长江三峡库区昆虫. 上册. 重庆: 重庆出版社: 425-426.

标本信息 正模: ♂, 湖北兴山县龙门河 (海拔 1300m), 采集人李法圣, 1994. IX. 13 (中国农业大学昆虫标本馆)。副模: 8♂♂10♀♀, 同正模; 35♂♂9♀♀, 采集地点和采集人同正模, 1994. IX. 11、IX. 12、IX. 14; 3♂♂1♀, 四川巫山县梨子坪 (海拔 1850m), 采集人李法圣, 1994. IX. 21; 1♀, 四川万县龙驹 (海拔 400m), 采集人李法圣, 1994. IX. 27 (中国农业大学昆虫标本馆)。

(226) *Stenopsocus wuxiaensis* Li, 1997 巫峡狭啮

文献信息 李法圣. 1997. 啮虫目: 跳啮科, 重啮科, 厚啮科, 单啮科, 狭啮科, 双啮科, 离啮科, 分啮科, 外啮科, 围啮科, 叉啮科, 美啮科, 沼啮科, 半啮科, 啮虫科//杨星科. 长江三峡库区昆虫. 上册. 重庆: 重庆出版社: 432-433.

标本信息 正模: ♀, 四川巫山县梨子坪 (海拔 1850m), 采集人李法圣, 1994. IX. 21 (中国农业大学昆虫标本馆)。副模: 4♂♂3♀♀, 同正模 (中国农业大学昆虫标本馆)。

(227) *Stenopsocus xilingxianicus* Li, 1997 西陵峡狭啮

文献信息 李法圣. 1997. 啮虫目: 跳啮科, 重啮科, 厚啮科, 单啮科, 狭啮科, 双啮科, 离啮科, 分啮科, 外啮科, 围啮科, 叉啮科, 美啮科, 沼啮科, 半啮科, 啮虫科//杨星科. 长江三峡库区昆虫. 上册. 重庆: 重庆出版社: 430-431.

标本信息 正模: ♂, 湖北兴山县龙门河 (海拔 1300m), 采集人李法圣, 1991. IX. 13 (中国农业大学昆虫标本馆)。

（十七）缨翅目 Thysanoptera

65. 管蓟马科 Phlaeothripidae

(228) *Liothrips chinensis* Han, 1997 中华滑管蓟马

文献信息 韩运发. 1997. 缨翅目：纹蓟马科，蓟马科，管蓟马科//杨星科. 长江三峡库区昆虫. 上册. 重庆：重庆出版社：559-560.
标本信息 正模：♀，四川巫山县梨子坪（海拔 1800m），采集人姚建，1994. Ⅴ. 19（中国科学院动物研究所）。副模：1♀，同正模；1♀，四川万县王二包（海拔 1200m），采集人姚建，1994. Ⅴ. 28（中国科学院动物研究所）。

(229) *Liothrips diwasabiae* Han, 1997 异山嵛滑管蓟马

文献信息 韩运发. 1997. 缨翅目：纹蓟马科，蓟马科，管蓟马科//杨星科. 长江三峡库区昆虫. 上册. 重庆：重庆出版社：562-563.
标本信息 正模：♀，四川巫山县梨子坪（海拔 1850m），采集人宋士美，1994. Ⅸ. 21（中国科学院动物研究所）。

(230) *Liothrips sanxiaensis* Han, 1997 三峡滑管蓟马

文献信息 韩运发. 1997. 缨翅目：纹蓟马科，蓟马科，管蓟马科//杨星科. 长江三峡库区昆虫. 上册. 重庆：重庆出版社：563-564.
标本信息 正模：♀，湖北兴山县龙门河（海拔 1300m），采集人姚建，1994. Ⅴ. 6（中国科学院动物研究所）。配模：♂，四川巫山县梨子坪（海拔 1800m），采集人姚建，1994. Ⅴ. 19（中国科学院动物研究所）。副模：1♂，四川巫山县梨子坪（海拔 1800m），采集人姚建，1994. Ⅴ. 19（中国科学院动物研究所）。

(231) *Liothrips sinarundinariae* Han, 1997 箭竹滑管蓟马

文献信息 韩运发. 1997. 缨翅目：纹蓟马科，蓟马科，管蓟马科//杨星科. 长江三峡库区昆虫. 上册. 重庆：重庆出版社：564-565.
标本信息 正模：♂，四川巫山县梨子坪（海拔 1800m），采集人姚建，1994. Ⅴ. 19（中国科学院动物研究所）。配模：♀，同正模。副模：2♀♀1♂，同正模。

(232) *Megalothrips roundus* Guo, Cao et Feng, 2010 圆巨管蓟马

文献信息 郭付振，曹少杰，冯纪年. 2010. 中国一新记录属和一新种记述（缨翅目：管蓟马科）. 动物分类学报, 35: 733-735.
标本信息 正模：♂，湖北巴东县杨家槽，采集人周辉凤，2006. Ⅶ. 14（西北农林科技大学昆虫博物馆）。副模：2♀♀，同正模。

66. 蓟马科 Thripidae

(233) *Ctenothrips cornipennis* Han, 1997 角翅梳蓟马

文献信息 韩运发. 1997. 缨翅目：纹蓟马科，蓟马科，管蓟马科//杨星科. 长江三峡库区昆虫. 上册. 重庆：重庆出版社：539-540.
标本信息 正模：♀，四川巫山县梨子坪（海拔 1800m），采集人姚建，1994. Ⅴ. 19（中国科学院动物研究所）。副模：2♀♀，同正模。

(234) *Ctenothrips hongpingensis* Zhang, 2003 红坪梳蓟马

文献信息 张桂玲. 2003. 中国蓟马科分类研究. 杨凌：西北农林科技大学硕士学位论文, 55-56.
标本信息 正模：♀，湖北神农架红坪，采集人张桂玲，2001. Ⅱ. 27（西北农林科技大学昆虫博物馆）。

(235) *Ctenothrips leionotus* Tong et Zhang, 1992 滑背梳蓟马

文献信息 童晓立，张维球. 1992. 中国梳蓟马属一新种记述（缨翅目：蓟马科）. 华南农业大大学学报, 13: 48-51.

标本信息　正模: ♂, 湖北神农架, 采集人 Shen SP, 1987. Ⅶ. 15 (华南农业大学昆虫标本室)。副模: ♀♀, 同正模。

(236) *Helionothrips shennongjiaensis* Zhang, 2003 神农架领针蓟马

文献信息　张桂玲. 2003. 中国蓟马科分类研究. 杨凌:西北农林科技大学硕士学位论文, 19-21.

标本信息　正模: ♀, 湖北神农架松柏镇, 采集人张桂玲, 2001. Ⅷ. 25 (西北农林科技大学昆虫博物馆)。副模: 8♀♀2♂♂, 同正模。

(237) *Vulgatothrips shennongjiaensis* Han, 1997 神农架普通蓟马

文献信息　韩运发. 1997. 缨翅目: 纹蓟马科, 蓟马科, 管蓟马科//杨星科. 长江三峡库区昆虫. 上册. 重庆: 重庆出版社: 544-545.

标本信息　正模: ♀, 湖北兴山县龙门河 (海拔 1300m), 采集人姚建, 1994. Ⅴ. 6 (中国科学院动物研究所)。副模: 1♀, 湖北神农架 (海拔 1400m), 采集人杨星科, 1994. Ⅴ. 5; 1♀, 四川巫山县梨子坪 (海拔 1800m), 采集人姚建, 1994. Ⅴ. 19 (中国科学院动物研究所)。

(十八) 半翅目 Hemiptera

67. 同蝽科 Acanthosomatidae

(238) *Acanthosoma acutangulata* Liu, 1979 漆刺肩同蝽

文献信息　刘胜利. 1979. 鄂西神农架的同蝽 (半翅目: 同蝽科). 昆虫分类学报, 1: 55-59.

标本信息　正模: ♂, 湖北神农架松柏镇, 采集人刘胜利, 1977. Ⅵ. 22 (天津自然博物馆)。配模: ♀, 同正模。副模: 1♂, 同正模。

(239) *Elasmucha laeviventris* Liu, 1979 光腹匙同蝽

文献信息　刘胜利. 1979. 鄂西神农架的同蝽 (半翅目: 同蝽科). 昆虫分类学报, 1: 55-59.

标本信息　正模: ♂, 湖北神农架大九湖, 采集人刘胜利, 1977. Ⅵ. 10 (天津自然博物馆)。配模: ♀, 同正模。副模: 20♂♂24♀♀, 湖北神农架, 其余信息同正模。

68. 花蝽科 Anthocoridae

(240) *Anthocoris montanus* Zheng, 1984 山地原花蝽

文献信息　郑乐怡. 1984. 原花蝽属新种及中国新记录 (半翅目: 花蝽科). 动物分类学报, 9: 62-68.

标本信息　正模: ♂, 四川小金县两河口镇 (海拔 3200m), 采集人邹环光, 1963. Ⅷ. 15 (南开大学)。配模: ♀, 采集地点同正模, 采集人郑乐怡, 1963. Ⅸ. 2 (南开大学)。副模: 39♂♂76♀♀, 四川小金县两河口、马尔康县 (海拔 2600~2890m)、理县米亚罗 (海拔 2900m)、理县鹧鸪山 (海拔 3780~4000m), 湖北神农架 (南开大学)。

69. 斑木虱科 Aphalaridae

(241) *Craspedolepta leucotaenia* Li, 2005 白条边木虱

文献信息　李法圣. 2015. 同翅目: 木虱总科//杨星科. 秦岭西段及甘南地区昆虫. 北京: 科学出版社: 149-150.

标本信息　正模: ♂, 甘肃康县两河 (海拔 800m), 采集人李法圣, 1980. Ⅶ. 31 (中国农业大学昆虫标本馆)。副模: 6♂♂18♀♀, 同正模; 8♂♂8♀♀, 甘肃康县两河 (海拔 800m), 采集人杨集昆、李法圣, 1980. Ⅶ. 30; 3♂♂11♀♀, 甘肃文县铁楼乡 (海拔 800m), 采集人杨集昆、李法圣, 1980. Ⅷ. 3; 1♂, 甘肃武都米仓山 (海拔 1100m), 采集人李法圣, 1980. Ⅷ. 1; 2♂♂4♀♀, 陕西秦岭 (海拔 1500m), 采集人杨集昆、李法圣, 1962. Ⅷ. 7; 6♀♀, 陕西秦岭东站 (海拔 1500m), 采集人周尧、刘绍友, 1965. Ⅷ. 18; 2♂♂1♀, 陕西南郑 (海拔 1630m), 采集人李法圣, 1985. Ⅶ. 23; 2♂♂1♀, 陕西镇巴县 (海拔

1200m), 采集人李法圣, 1985. VII. 22; 1♀, 四川南坪镇九寨沟 (海拔 2400m), 采集人张晓春, 1987. VII. 24; 1♀, 湖北神农架林区 (海拔 700~800m), 采集人杨集昆, 1984. VI. 23; 1♀, 贵州宽水, 采集人李子忠, 1984. VII. 28; 1♂, 云南丽江玉龙山 (海拔 3000m), 采集人王书永, 1984. VII. 19 (中国农业大学昆虫标本馆)。

70. 尖胸沫蝉科 Aphrophoridae

(242) *Qinophora sinica* Chou et Liang, 1987 中华秦沫蝉

文献信息 周尧, 梁爱萍. 1987. 尖胸沫蝉科一新属新种 (同翅目: 沫蝉总科). 昆虫分类学报, 9: 29-32.

标本信息 正模: ♀, 陕西太白山, 采集人吴际云, 1981. VIII. 14 (西北农业大学昆虫博物馆)。副模: 1♀, 四川卧龙自然保护区 (海拔 1820m), 采集人杨建国, 1982. VIII. 9; 1♀, 湖北神农架酒壶坪, 采集人杨彤, 1980. VIII. 29; 2♀♀, 陕西宁陕县火地塘, 采集人胡纲, 1984. VIII; 1♀, 陕西太白山蒿坪寺 (海拔 1200m), 采集人不详, 1982. IX. 18; 1♀, 陕西太白山沙坡, 采集人不详, 1982. VII. 14 (西北农业大学昆虫博物馆)。

(243) *Sinophora shennongjiensis* Chou et Yuan, 1986 神农华沫蝉

文献信息 周尧, 袁峰, 梁爱萍. 1986. 华沫蝉属的分类及其系统发育 (同翅目: 尖胸沫蝉科). 昆虫分类学报, 8: 97-115.

标本信息 正模: ♂, 湖北神农架酒壶坪, 采集人陈彤, 1980. VIII. 29 (西北农业大学昆虫博物馆)。配模: ♀, 湖北神农架酒壶坪, 采集人虞佩玉, 1980. VII. 24 (西北农业大学昆虫博物馆)。副模: 7♂♂, 采集地点和采集时间同正、配模, 采集人不详 (西北农业大学昆虫博物馆)。

71. 扁蝽科 Aradidae

(244) *Aneurus* (*Neaneurus*) *hubeiensis* Liu, 1981 鄂无脉扁蝽

文献信息 刘胜利. 1981. 中国扁蝽科的新种 (半翅目: 异翅亚目). 昆虫学报, 24: 184-187.
Heiss E. 1998. *Aneurus* (*Neaneurus*) *shaanxianus* spec. nova from China (Heteroptera: Aradidae). Biologiezentrum Linz, 30: 837-842.

标本信息 正模: ♂, 湖北神农架大九湖, 采集人刘胜利, 1977. VII. 10 (天津自然博物馆)。配模: ♀, 同正模。副模: 9♂♂3♀♀, 湖北, 采集人和采集时间不详 (天津自然博物馆)。

分类讨论 刘胜利 1981 年依据神农架的标本命名该物种为鄂无脉扁蝽 (*Aneurus hubeiensis* Liu, 1981)。进一步研究表明, 该物种应归到 *Aneurus* (*Neaneurus*), 故将该物种修订为 *Aneurus* (*Neaneurus*) *hubeiensis* Liu, 1980 (Heiss, 1998)。

(245) *Neuroctenus argyraeus* Liu, 1981 银脊扁蝽

文献信息 刘胜利. 1981. 扁蝽科//萧采瑜, 任树芝, 郑乐怡, 等. 中国蝽类昆虫鉴定手册. 第二册. 北京: 科学出版社: 253-254.

标本信息 正模: ♂, 湖北房县桥上乡, 采集人刘胜利, 1977. VI. 16 (天津自然博物馆)。配模: ♀, 同正模。副模: 4♂♂3♀♀, 同正模。

(246) *Neuroctenus hubeiensis* Liu, 1981 湖北脊扁蝽

文献信息 刘胜利. 1981. 扁蝽科//萧采瑜, 任树芝, 郑乐怡, 等. 中国蝽类昆虫鉴定手册. 第二册. 北京: 科学出版社: 255.

标本信息 正模: ♂, 湖北房县桥上乡, 采集人刘胜利, 1977. VI. 16 (天津自然博物馆)。配模: ♀, 同正模。

(247) *Usingerida hubeiensis* Liu, 1980 湖北尤扁蝽

文献信息 刘胜利. 1980. 中国短喙扁蝽亚科新种记述 (半翅目: 扁蝽科). 动物分类学报, 5: 175-184.

标本信息 正模: ♀, 湖北神农架红坪, 采集人刘胜利, 1977. VI. 29 (天津自然博物馆)。

(248) *Wuiessa spinosa* Liu, 1980 刺颊尤扁蜱

文献信息 刘胜利. 1980. 中国短喙扁蜱亚科新种记述 (半翅目: 扁蜱科). 动物分类学报, 5: 175-184.

标本信息 正模: ♂, 湖北神农架红坪, 采集人刘胜利, 1977. Ⅶ. 1 (天津自然博物馆). 配模: ♀, 同正模. 副模: 1♂2♀♀, 同正模.

72. 丽木虱科 Calophyidae

(249) *Calophya chinensis* Li, 1997 中国丽木虱

文献信息 李法圣. 1997. 同翅目: 木虱总科: 扁木虱科, 斑木虱科, 木虱科丽, 木虱科, 裂木虱科, 个木虱科//杨星科. 长江三峡库区昆虫. 上册. 重庆: 重庆出版社: 362-363.

标本信息 正模: ♂, 湖北兴山县龙门河 (海拔 1300m), 采集人李法圣, 1994. Ⅸ. 12 (中国农业大学昆虫标本馆). 副模: 47♂♂40♀♀, 同正模; 5♂♂12♀♀, 四川巫山县梨子坪 (海拔 1850m), 采集人李法圣, 1994. Ⅸ. 21 (中国农业大学昆虫标本馆).

(250) *Calophya melanocephala* Li, 1997 黑头丽木虱

文献信息 李法圣. 1997. 同翅目: 木虱总科: 扁木虱科, 斑木虱科, 木虱科丽, 木虱科, 裂木虱科, 个木虱科//杨星科. 长江三峡库区昆虫. 上册. 重庆: 重庆出版社: 363-364.

标本信息 正模: ♂, 湖北兴山县龙门河 (海拔 1300m), 采集人李法圣, 1994. Ⅸ. 9 (中国农业大学昆虫标本馆). 副模: 6♂♂8♀♀, 同正模; 4♀♀, 采集地点和采集人同正模, 1994. Ⅸ. 12 (中国农业大学昆虫标本馆).

73. 叶蝉科 Cicadellidae

(251) *Agnesiella* (s. str.) *polita* Huang, 2003 光刺带小叶蝉

文献信息 黄敏. 2003. 中国小叶蝉族分类研究 (同翅目: 叶蝉科: 小叶蝉亚科). 杨凌: 西北农林科技大学博士学位论文, 27-28.

标本信息 正模: ♂, 湖北兴山县龙门河 (海拔 1300m), 采集人李法圣, 1994. Ⅸ. 13 (中国农业大学昆虫标本馆).

(252) *Balala curvata* Shen et Zhang, 1995 弯突片胫杆蝉

文献信息 沈林, 张雅林. 1995. 片胫杆蝉属二新种 (同翅目: 叶蝉科: 杆叶蝉亚科). 昆虫分类学报, 17: 271-275.

标本信息 正模: ♂, 湖北神农架红花公社, 采集人虞佩玉, 1980. Ⅶ. 24 (中国科学院动物研究所).

(253) *Batracomorphus tianbaonesis* Zhang, 2008 天宝山长突叶蝉

文献信息 张新民. 2008. 中国叶蝉亚科分类研究 (半翅目: 叶蝉科). 杨凌: 西北农林科技大学硕士学位论文, 64.

标本信息 正模: ♂, 湖北房县天宝山, 采集人车艳丽, 2003. Ⅷ. 3 (西北农林科技大学昆虫博物馆或中国科学院动物研究所或中国农业大学或中国科学院昆虫动物研究所或中山大学或天津自然博物馆或南开大学或贵州大学). 副模: 2♂♂2♀♀, 浙江百山祖五岭坑 (海拔 567m), 采集人戴武, 2003. Ⅷ. 13; 2♂♂2♀♀, 浙江天目山, 采集人乔璐曼、张新民, 2007. Ⅷ. 8 (西北农林科技大学昆虫博物馆或中国科学院动物研究所或中国农业大学或中国科学院昆虫动物研究所或中山大学或天津自然博物馆或南开大学或贵州大学).

(254) *Bothrogonia multimaculata* Cai et He, 1997 多斑凹大叶蝉

文献信息 梁爱萍, 蔡平, 葛忠鳞, 等. 1997. 同翅目: 叶蝉科//杨星科. 长江三峡库区昆虫. 上册. 重庆: 重庆出版社: 335-336.

标本信息 正模: ♂, 湖北巴东县三峡林场

(海拔180m), 采集人姚建, 1994. Ⅸ. 17 (中国科学院动物研究所昆虫标本馆)。

(255) *Bothrogonia striata* Cai et Kuoh, 1997 条斑凹大叶蝉

文献信息 梁爱萍, 蔡平, 葛忠麟, 等. 1997. 同翅目: 叶蝉科//杨星科. 长江三峡库区昆虫. 上册. 重庆: 重庆出版社: 334-335.

标本信息 正模: ♂, 湖北兴山县龙门河 (海拔1300m), 采集人姚建, 1994. Ⅸ. 9 (中国科学院动物研究所昆虫标本馆)。副模: 1♀, 湖北兴山县龙门河 (海拔1300m), 采集人陈军, 1994. Ⅸ. 8 (中国科学院动物研究所昆虫标本馆)。

(256) *Bumizana recta* He, 2003 端直长头叶蝉

文献信息 贺志强. 2003. 中国铲头叶蝉亚科分类研究. 杨凌: 西北农林科技大学硕士学位论文, 48-49.

标本信息 正模: ♀, 湖北房县, 采集人贺志强, 2001. Ⅶ. 30 (西北农林科技大学昆虫博物馆)。

(257) *Bundera trimaculata* Li et Yang, 2002 三斑斜脊叶蝉

文献信息 李子忠, 汪廉敏, 杨玲环. 2002. 斜脊叶蝉属系统分类研究 (同翅目: 叶蝉科: 横脊叶蝉亚科). 动物分类学报, 27: 548-555.

标本信息 正模: ♂, 湖北神农架, 采集人杨忠歧, 1998. Ⅷ. 4 (西北农林科技大学昆虫博物馆)。副模: 1♂, 同正模。

(258) *Cyrta spinosa* Wei, Webb et Zhang, 2008

文献信息 Wei C, Webb MD, Zhang YL. 2008. The identity of the oriental leafhopper genera *Cyrta* Melichar and *Placidus* Distant (Hemiptera: Cicadellidae: Stegelytrinae), with description of a new genus. Zootaxa, 1793: 1-27.

标本信息 正模: ♂, 湖北房县, 采集人刘胜利, 1977. Ⅵ. 15 (天津自然博物馆)。

(259) *Empoasca (Matsumurasca) biloba* Qin et Zhang, 2008

文献信息 Qin DZ, Zhang YL. 2008. The leafhopper subgenus *Empoasca (Matsumurasca)* from China (Hemiptera: Cicadellidae: Typhlocybinae: Empoascini), with descriptions of three new species. Zootaxa, 1817: 18-26.

标本信息 正模: ♂, 湖北神农架, 采集人黄敏、Zhang GL, 2001. Ⅶ. 29 (西北农林科技大学昆虫博物馆)。副模: 1♂, 同正模; 3♂♂, 采集地点和采集人同正模, 2001. Ⅶ. 25; 1♀, 湖北通山县, 采集人黄敏, 2001. Ⅷ. 9; 1♂, 湖南桑植县天平山, 采集人 Sun Q, 2001. Ⅷ. 14; 2♂♂, 湖南桑植县, 采集人童新旺, 1981. Ⅸ. 3; 1♂, 四川峨眉山 (海拔800m), 采集人 Qin DZ, 1999. Ⅹ. 30 (西北农林科技大学昆虫博物馆)。

(260) *Erecticornia brunneimarginata* Yuan et Xu, 1997 褐缘竖角蝉

文献信息 袁锋, 田润刚, 徐秋园. 1997. 中国角蝉科一新属四新种(同翅目). 昆虫分类学报, 19: 185-190.

标本信息 正模: ♀, 湖北神农架, 采集人刘胜利, 1977. Ⅵ. 28 (西北农林科技大学昆虫博物馆)

(261) *Eurhadina (Eurhadina) huazhongina* Huang, 2003 华中雅小叶蝉

文献信息 黄敏. 2003. 中国小叶蝉族分类研究 (同翅目: 叶蝉科: 小叶蝉亚科). 杨凌: 西北农林科技大学博士学位论文, 79-80.

标本信息 正模: ♂, 湖南桑植县, 采集人童新旺, 1981. Ⅸ. 3 (西北农林科技大学昆虫博物馆)。副模: 6♂♂, 同正模; 19♂♂, 采集地点和采集人同正模, 1981. Ⅸ. 7; 1♂, 采集地点和采集人同正模, 1981. Ⅸ. 1; 15♂♂, 采集地点和采集人同正模, 1981. Ⅸ. 6; 12♂♂, 湖南衡山, 采集人童新旺, 1980. Ⅷ. 30; 1♂, 陕西宁陕县火地塘, 采集人张雅林, 1984. Ⅶ. 17; 1♂, 陕西石泉县, 采集人邵金鱼, 1985. Ⅷ. 20;

9♂♂, 湖北房县天宝山, 采集人黄敏、车艳丽, 2001. Ⅷ. 2 (西北农林科技大学昆虫博物馆)。

(262) *Evacanthus multispinosus* Yang, 2001 多刺横脊叶蝉

文献信息 杨玲环. 2001. 中国横脊叶蝉系统分类. 杨凌: 西北农林科技大学博士学位论文, 55.

标本信息 正模: ♂, 甘肃麦积山, 采集人周尧、刘绍友, 1964. Ⅵ. 3 (西北农林科技大学昆虫博物馆)。副模: 1♂, 甘肃小香山, 采集人孙全友, 1985. Ⅵ. 25 (西北农林科技大学昆虫博物馆); 1♂, 湖北神农架松柏镇, 采集人邹环光, 1977. Ⅷ. 23 (南开大学); 2♀♀, 四川峨眉山报国寺 (海拔 500m), 采集人周尧、袁峰, 1974. Ⅶ. 22 (西北农林科技大学昆虫博物馆)。

(263) *Liocratus serriaedeagus* Zhang, 2006 齿茎宽突叶蝉

文献信息 张斌. 2006. 中国片角叶蝉亚科分类及系统发育研究. 贵阳: 贵州大学硕士学位论文, 37-38.

标本信息 正模: ♂, 湖北神农架鸭子口, 采集人杨茂发, 1997. Ⅷ. 11 (贵州大学昆虫研究所)。

(264) *Lodiana longilamina* Zhang, 1994 长片单突叶蝉

文献信息 张雅林. 1994. 中国离脉叶蝉分类 (同翅目: 叶蝉科). 郑州: 河南科学技术出版社: 88-89.

标本信息 正模: ♂, 湖北神农架松柏 (海拔 935m), 采集人金根桃、刘祖尧, 1983. Ⅷ. 5 (中国科学院上海昆虫研究所)。

(265) *Onukigallia tumida* Li, Dai et Li, 2016

文献信息 Li H, Dai RH, Li ZZ. 2016. The leafhopper genus *Onukigallia* Ishihara, 1955 with descriptions of two new species from southern China (Hemiptera, Cicadellidae, Megophthalminae, Agalliini). ZooKeys, 622: 85-93.

标本信息 正模: ♂, 湖北神农架, 采集人 Chang ZM, 2013. Ⅶ. 17 (贵州大学昆虫研究所)。副模: 1♂, 湖南八大公山, 采集人 Li H, 2013. Ⅷ. 3 (贵州大学昆虫研究所)。

(266) *Penthimia coronalfossa* Sun, 2004 冠沟乌叶蝉

文献信息 孙强. 2004. 中国乌叶蝉亚科系统分类研究 (半翅目: 叶蝉科). 杨凌: 西北农林科技大学博士学位论文, 64-65.

标本信息 正模: ♂, 湖北神农架红坪, 采集人邹环光, 1977. Ⅶ. 1 (南开大学生命科学学院)。

(267) *Placidus langyanus* Wei, 2004 狼牙小头叶蝉

文献信息 魏琮. 2004. 世界秃头叶蝉亚科系统学研究 (半翅目: 头喙亚目: 叶蝉科). 杨凌: 西北农林科技大学博士学位论文, 83-84.

标本信息 正模: ♂, 湖北房县桥上乡, 采集人刘胜利, 1977. Ⅵ. 15 (天津自然历史博物馆)。

(268) *Scaphomonus splinterus* Li et Wang, 2005 刺茎拟带叶蝉

文献信息 李子忠, 汪廉敏. 2005. 中国拟带叶蝉属分类研究 (半翅目: 叶蝉科: 狭叶蝉亚科). 昆虫分类学报, 27(3): 187-194.
Dai W, Viraktamath CA, Zhang YL, et al. 2009. A review of the leafhopper genus *Scaphotettix* Matsumura (Hemiptera: Cicadellidae: Deltocephalinae), with description of a new genus. Zoological Science, 26: 656-663.

标本信息 正模: ♂, 广东电白县, 采集人张雅林, 1983. Ⅳ. 12 (西北农林科技大学昆虫博物馆)。副模: 1♂, 湖北神农架, 采集人杨茂发, 1997. Ⅷ. 11 (贵州大学昆虫研究所)。

分类讨论 李子忠和汪廉敏2005 年依据采集的标本命名该物种为刺茎拟带叶蝉 (*Scaphotettix splinterus* Li et Wang, 2005)。进一步研究表明, 该物种应归到 *Scaphomonus*, 故将该物种修订为 *Scaphomonus splinterus* Li et Wang, 2005 (Dai et al., 2009)。

(269) *Serrapenisus platynus* He, 2003 宽颈齿茎叶蝉

文献信息 贺志强. 2003. 中国铲头叶蝉亚科分类研究. 杨凌: 西北农林科技大学硕士学位论文, 44-46.

标本信息 正模: ♂, 湖北房县, 采集人贺志强, 2001. Ⅶ. 22 (西北农林科技大学昆虫博物馆)。副模: 1♀, 同正模。

(270) *Penthimia formosa* Yang, 1997 美丽乌叶蝉

文献信息 杨集昆. 1997. 同翅目: 扁叶蝉科// 杨星科. 长江三峡库区昆虫. 上册. 重庆: 重庆出版社: 349-350.

标本信息 正模: ♀, 湖北兴山县龙门河 (海拔 1200m), 采集人章有为, 1994. Ⅴ. 7 (中国科学院动物研究所昆虫标本馆)。

74. 长蝽科 Lygaeidae

(271) *Caridops pseudadmistus* Zheng, 1981 小球胸长蝽

文献信息 郑乐怡, 邹环光. 1981. 长蝽科// 萧采瑜, 任树芝, 郑乐怡, 等. 中国蝽类昆虫鉴定手册. 第二册. 北京: 科学出版社: 188-189.

标本信息 正模: ♀, 湖北房县桥上乡崖屋沟, 采集人穆强, 1977. Ⅵ. 16 (南开大学生物系)。配模: ♂, 湖北房县桥上乡崖屋沟, 采集人邹环光, 1977. Ⅵ. 15 (南开大学生物系)。副模: ♀♀♂♂, 湖北房县、武昌、浙江天目山、四川西昌、宝兴, 云南潞西、思茅, 采集人和采集时间不详 (南开大学生物系)。

(272) *Emphanisis hubeiensis* Zou et Zheng, 1980 湖北古铜长蝽

文献信息 邹环光, 郑乐怡. 1980. 中国古铜长蝽属记述 (半翅目: 长蝽科). 动物分类学报, 5: 404-408.

标本信息 正模: ♂, 湖北神农架大崖 (岩) 屋, 采集人邹环光, 1977. Ⅵ. 28 (南开大学生物系)。配模: ♀, 湖北神农架红坪, 采集人郑乐怡, 1977. Ⅶ. 1(南开大学生物系)。副模: 2♂♂, 同配模。

(273) *Scolopostethus chinensis* Zheng, 1981 中国斑长蝽

文献信息 郑乐怡, 邹环光. 1981. 长蝽科// 萧采瑜, 任树芝, 郑乐怡, 等. 中国蝽类昆虫鉴定手册. 第二册. 北京: 科学出版社: 138.

标本信息 正模: ♂, 四川小金县两河口 (海拔 3200m), 采集人不详, 1963. Ⅷ. 16 (南开大学生物系)。配模: ♀, 同正模。副模: ♀♀♂♂, 河北雾灵山、四川小金、金川、理县、宝兴、马尔康刷经寺、江西庐山、湖北神农架、云南金平、西双版纳勐龙, 采集人和采集时间不详 (南开大学生物系)。

(274) *Vertomannu crassus* Zheng, 1981 肿股细颈长蝽

文献信息 郑乐怡, 邹环光. 1981. 长蝽科// 萧采瑜, 任树芝, 郑乐怡, 等. 中国蝽类昆虫鉴定手册. 第二册. 北京: 科学出版社: 158.

标本信息 正模: ♀, 四川宝兴县锅巴岩至盐井途中, 采集人不详, 1963. Ⅵ. 29 (南开大学生物系)。配模: ♂, 同正模。副模: 6♀♀, 湖北房县, 四川宝兴县、峨眉山洪椿坪, 采集人和采集时间不详 (南开大学生物系)。

75. 珠蚧科 Margarodidae

(275) *Matsucoccus shennongjiaensis* Yong et Lu, 1986 神农架松干蚧

文献信息 杨平澜, 吕昌仁, 詹仲才. 1986. 神农架松干蚧新种 (蚧总科: 珠蚧科). 昆虫学研究集刊, 6: 195-198.

标本信息 无指定模式 (♀♂), 湖北神农架, 采集人吕昌仁、詹仲采, 1986. Ⅶ (正模保存在中国科学院上海昆虫研究所, 副模保存在湖北武昌湖北林校)。

76. 盲蝽科 Miridae

(276) *Acrotelus coniferus* **Li et Liu, 2010 松柏离垫盲蝽**

文献信息 李晓明, 刘国卿. 2010. 中国叶盲蝽族新种、新异名及新组合记述 (半翅目: 盲蝽科). 动物分类学报, 35: 719-724.

标本信息 正模: ♂, 湖北神农架 (31°45′N, 110°40′E), 采集人郑乐怡, 1977. Ⅵ. 22 (南开大学昆虫学研究所). 副模: 6♂♂8♀♀, 同正模。

(277) *Arbolygus longustus* **Lu et Zheng, 1998 狭长树丽盲蝽**

文献信息 吕楠, 郑乐怡. 1998. 中国树丽盲蝽属分类研究 (半翅目: 盲蝽科). 昆虫分类学报, 20: 79-96.

标本信息 正模: ♂, 湖北神农架 (31°42′N, 110°36′E), 采集人郑乐怡, 1977. Ⅶ. 10 (南开大学生物系). 副模: 2♂♂5♀♀, 同正模; 1♂2♀♀, 采集地点和采集时间同正模, 采集人邹环光; 1♂1♀, 湖北神农架 (31°42′N, 110°36′E), 采集人邹环光, 1977. Ⅶ. 9 (南开大学生物系)。

(278) *Arbolygus tibialis* **Lu et Zheng, 1998 环胫树丽盲蝽**

文献信息 吕楠, 郑乐怡. 1998. 中国树丽盲蝽属分类研究 (半翅目: 盲蝽科). 昆虫分类学报, 20: 79-96.

标本信息 正模: ♂, 陕西周至县板房子 (海拔 1200m, 33°48′N, 108°00′E), 采集人吕楠, 1994. Ⅷ. 7 (南开大学生物系). 副模: 4♂♂25♀♀, 同正模; 1♀, 采集地点和采集人同正模, 1994. Ⅷ. 9; 3♂♂1♀, 宁夏泾源县六盘山 (35°36′N, 106°06′E), 采集人 Gao, 1983. Ⅶ. 21~Ⅷ. 5; 1♂, 宁夏青铜峡 (37°48′N, 106°00′E), 采集人 Liu, 1992. Ⅷ. 2; 1♂, 甘肃天水市党川 (34°18′N, 106°06′E), 采集人和采集时间不详;

1♂, 陕西宁陕县火地塘 (海拔 1640m, 33°34′N, 108°24′E), 采集人卜文俊, 1994. Ⅷ. 14; 1♀, 陕西凤县黄牛铺 (34°6′N, 106°48′E), 采集人吕楠, 1965. Ⅷ. 18 (西北农业大学); 1♂1♀, 陕西周至县太白山 (海拔 2100m, 33°34′N, 107°42′E), 采集人不详, 1983. Ⅴ. 18 (西北农业大学); 1♀, 湖北神农架 (31°42′N, 110°36′E), 采集人郑乐怡, 1985. Ⅷ. 21 (除标注的标本外, 其余副模的模式标本均保存在南开大学生物系)。

(279) *Arbolygus difficilis* **Lu et Zheng, 1998 横断树丽盲蝽**

文献信息 吕楠, 郑乐怡. 1998. 中国树丽盲蝽属分类研究 (半翅目: 盲蝽科). 昆虫分类学报, 20: 79-96.

标本信息 正模: ♂, 四川峨眉山 (29°30′N, 103°18′E), 采集人 Tsi, 1938. Ⅸ. 21 (南开大学生物系). 副模: 1♂, 同正模; 2♂♂, 采集地点和采集时间同正模, 采集人 Chen (南开大学生物系); 2♂♂1♀, 湖北兴山县 (海拔 1300m, 31°12′N, 110°42′E), 采集人 Chen, 1994. Ⅸ. 13; 1♂1♀, 同上; 1♂, 采集地点同上, 采集人 Yao, 1994. Ⅸ. 9; 1♀, 同上, 1994. Ⅸ. 12; 2♂♂, 同上, 1994. Ⅳ. 14; 1♀, 四川雅江县 (海拔 3300m, 30°00′N, 101°00′E), 采集人 Wang, 1982. Ⅸ. 24; 1♀, 云南泸水县片马 (海拔 2300m, 26°00′N, 98°30′E), 采集人 Zhang, 1981. Ⅴ. 29; 1♀, 云南玉龙县 (海拔 2450m, 25°54′N, 99°18′E), 采集人 Liao, 1981. Ⅵ. 20; 1♂1♀, 西藏墨脱县 (海拔 2200m, 29°24′N, 95°42′E), 采集人 Han, 1982. Ⅹ. 5; 1♀, 采集地点同上, 采集人不详, 1982. Ⅹ. 1 (除标注的标本外, 其余副模的模式标本均保存在中国科学院动物研究所)。

(280) *Lygocoris diffusomaculatus* **Lu et Zheng, 2001 晕斑丽盲蝽**

文献信息 吕楠, 郑乐怡. 2001. 丽盲蝽属 (丽盲蝽亚属) 中国种类修订 (半翅目: 盲蝽科: 盲蝽亚科). 动物分类学报, 26: 121-153.

郑乐怡, 吕楠, 刘国卿, 等. 2004. 中国动物志, 昆虫纲, 第三十三卷, 半翅目, 盲蝽科, 盲蝽亚科, 丽盲蛛属. 北京: 科学出版社: 315-316.

标本信息 正模: ♂, 甘肃榆中县兴隆山 (海拔 2200m), 采集人吕楠, 1993. Ⅷ. 2 (南开大学生物系昆虫标本室)。副模: 2♀♀, 同正模; 1♀, 采集地点和采集人同正模, 1993. Ⅷ. 29; 1♂, 采集地点和采集人同正模, 1993. Ⅶ. 30; 2♂♂2♀♀, 采集地点和采集人同正模, 1993. Ⅷ. 31; 1♀, 采集地点和采集人同正模, 1993. Ⅷ. 1; 8♂♂9♀♀, 甘肃榆中县麻家寺 (海拔 2200m), 采集人吕楠、卜文俊, 1993. Ⅷ. 4; 1♂1♀, 甘肃榆中县麻家寺 (海拔 2200m), 采集人吕楠、卜文俊, 1993. Ⅷ. 4 (俄罗斯科学院动物研究所); 1♀, 湖北神农架林区大岩屋, 采集人邹环光, 1977. Ⅵ. 26; 5♂♂, 湖北神农架林区大岩屋, 采集人郑乐怡, 1977. Ⅵ. 27; 1♀, 湖北神农架红坪, 采集人穆强, 1977. Ⅵ. 29; 1♀, 湖北神农架红坪, 采集人郑乐怡, 1977. Ⅵ. 30; 5♂♂3♀♀, 湖北神农架红坪, 采集人穆强, 1977. Ⅵ. 1; 3♂♂, 湖北神农架红坪, 采集人郑乐怡, 1977. Ⅵ. 1 (除标注的标本外, 其余副模的模式标本均保存在南开大学)。

(281) *Lygus (Apolygus) curvipes* Zheng et Wang, 1982 弯胫丽盲蝽

文献信息 郑乐怡, 汪兴鉴. 1982. 丽盲蝽属的新种 (半翅目: 盲蝽科). 昆虫分类学报, 5: 47-59.

标本信息 正模: ♂, 湖北房县, 采集人郑乐怡, 1977. Ⅵ. 17 (南开大学生物系)。配模: ♀, 同正模。

(282) *Lygocoris ornatus* Zheng et Wang, 1983 斑丽盲蝽

文献信息 郑乐怡, 汪兴鉴. 1983. 中国丽盲蝽属 *Apolygus* 亚属新种及新记录 (半翅目:盲蝽科). 动物分类学报, 8: 422-429.

Kerzhner IM, Schuh RT. 2001. Corrections to the catalog "Plant bugs of the world" by Randall T. Schuh (Heteroptera: Miridae). Journal of the New York Entomological Society, 109: 263-299.

标本信息 正模: ♂, 湖北神农架大九湖, 采集人邹环光, 1977. Ⅶ. 10 (南开大学生物系)。配模: ♀, 同正模。副模: 4♂♂10♀♀, 采集地点和采集时间同正模, 采集人不详 (南开大学生物系)。

分类讨论 郑乐怡和汪兴鉴 1983 年依据神农架的标本命名该物种为斑丽盲蝽 [*Lygus (Apolygus) ornatus* Zheng et Wang, 1983]。进一步研究表明, 该物种应归到 *Lygocoris*, 故将该物种修订为 *Lygocoris ornatus* Zheng et Wang, 1983 (Kerzhner et al., 2001)。

(283) *Neolygus shennongensis* Lu et Zheng, 2004 神农新丽盲蝽

文献信息 郑乐怡, 吕楠, 刘国卿, 等. 2004. 中国动物志, 昆虫纲, 第三十三卷, 半翅目, 盲蝽科, 盲蝽亚科, 新的盲蝽属. 北京: 科学出版社: 422-424.

标本信息 正模: ♂, 湖北神农架大崖 (岩) 屋, 采集人邹环光, 1977. Ⅵ. 26 (南开大学)。副模: 1♂, 湖北神农架红坪, 采集人邹环光, 1977. Ⅵ. 29; 1♂, 湖北神农架红坪, 采集人郑乐怡, 1977. Ⅵ. 30; 1♀, 湖北神农架大九湖, 采集人郑乐怡, 采集时间不详 (南开大学)。

(284) *Phytocoris exohataensis* Xu et Zheng, 2001 角斑植盲蝽

文献信息 许红兵, 郑乐怡. 2001. 中国植盲蝽属四新种记述 (半翅目: 盲蝽科). 动物分类学报, 26: 257-265.

标本信息 正模: ♂, 云南哀牢山徐家坝 (23.9°N, 101.1°E), 采集人 Liu GQ, 1984. Ⅴ. 3 (南开大学)。副模: 3♂♂, 同正模; 1♂, 采集地点和采集人同正模, 1982. Ⅹ. 23 (南开大学); 1♂, 云南马库, 采集人 Gan YX, 1973. Ⅸ. 20

(南开大学); 1♀, 湖北神农架 (海拔 1680m), 采集人不详, 1980. Ⅶ. 14 (南开大学); 1♀, 采集地点同上, 采集人茅晓渊, 1985. Ⅹ. 3 (南开大学); 2♀♀, 西藏易贡 (海拔 2300m), 采集人李法圣, 1978. Ⅶ. 30、Ⅶ. 31 (中国农业大学)。

77. 蝽科 Pentatomidae

(285) *Pentatoma sordida* Zheng et Liu, 1987 暗色真蝽

文献信息 郑乐怡, 刘国卿. 1987. 蝽科新属及盾蝽科中国新记录 (半翅目). 动物分类学报, 12: 286-296.

标本信息 正模: ♂, 湖北神农架松柏镇, 采集人邹环光, 1977. Ⅵ. 22 (南开大学生物系)。配模: ♀, 甘肃康县阳坝, 采集人曹万选, 1981. Ⅹ. 9 (南开大学生物系)。

(286) *Plautia propinqua* Liu et Zheng, 1994 邻珀蝽

文献信息 刘强, 郑乐怡. 1994. 珀蝽属中国种类记述 (半翅目: 蝽科). 昆虫分类学报, 16: 235-248.

标本信息 正模: ♂, 湖北巴东县, 采集人郑乐怡, 1977. Ⅶ. 23 (南开大学生物系)。副模: 3♂♂1♀, 同正模; 2♂♂1♀, 云南昆明市, 采集人郑乐怡, 1978. Ⅺ. 22; 1♂1♀, 甘肃文县范坝, 采集人郑乐怡, 1988. Ⅶ. 30 (南开大学生物系)。

78. 木虱科 (半翅木虱科) Psyllidae (Hemipteripsyllidae)

(287) *Cacopsylla laricis* Li, 1997 落叶松喀木虱

文献信息 李法圣. 1997. 同翅目: 木虱总科: 扁木虱科, 斑木虱科, 木虱科丽, 木虱科, 裂木虱科, 个木虱科//杨星科. 长江三峡库区昆虫. 上册. 重庆: 重庆出版社: 357-358.

标本信息 正模: ♂, 湖北兴山县龙门河 (海拔 1300m), 采集人李法圣, 1994. Ⅸ. 12 (中

国农业大学昆虫标本馆)。副模: 2♂♂1♀, 同正模。

(288) *Cacopsylla spinata* Li, 1997 刺突喀木虱

文献信息 李法圣. 1997. 同翅目: 木虱总科: 扁木虱科, 斑木虱科, 木虱科丽, 木虱科, 裂木虱科, 个木虱科//杨星科. 长江三峡库区昆虫. 上册. 重庆: 重庆出版社: 358-359.

标本信息 正模: ♂, 四川巫山县梨子坪 (海拔 1800m), 采集人李法圣, 1994. Ⅸ. 21 (中国农业大学昆虫标本馆)。

(289) *Cacopsylla wushanelaeagna* Li, 1997 巫山牛奶子喀木虱

文献信息 李法圣. 1997. 同翅目: 木虱总科: 扁木虱科, 斑木虱科, 木虱科丽, 木虱科, 裂木虱科, 个木虱科//杨星科. 长江三峡库区昆虫. 上册. 重庆: 重庆出版社: 356-357.

标本信息 正模: ♂, 四川巫山县梨子坪 (海拔 1800m), 采集人李法圣, 1994. Ⅸ. 21 (中国农业大学昆虫标本馆)。副模: 35♂♂19♀♀, 同正模。

(290) *Cacopsylla wuxiana* Li, 1997 巫峡喀木虱

文献信息 李法圣. 1997. 同翅目: 木虱总科: 扁木虱科, 斑木虱科, 木虱科丽, 木虱科, 裂木虱科, 个木虱科//杨星科. 长江三峡库区昆虫. 上册. 重庆: 重庆出版社: 359.

标本信息 正模: ♀, 四川巫山县梨子坪 (海拔 1850m), 采集人李法圣, 1994. Ⅸ. 21 (中国农业大学昆虫标本馆)。

(291) *Euphalerus wuhous* Li, 1997 武侯幽木虱

文献信息 李法圣. 1997. 同翅目: 木虱总科: 扁木虱科, 斑木虱科, 木虱科丽, 木虱科, 裂木虱科, 个木虱科//杨星科. 长江三峡库区昆虫. 上册. 重庆: 重庆出版社: 353-354.

标本信息 正模: ♀, 湖北兴山县龙门河 (海拔 1300m), 采集人李法圣, 1994. Ⅸ. 12 (中国农业大学昆虫标本馆)。副模: 1♂2♀♀,

同正模; 1♂2♀♀, 陕西勉县武侯墓, 采集人李法圣, 1985. Ⅶ. 26 (中国农业大学昆虫标本馆).

79. 网蝽科 Tingidae

(292) *Physatocheila oviformis* Dang, 2014 卵圆折板网蝽

文献信息 党凯. 2014. 中国负板类网蝽 (*Cysteochila*-group) 及冠网蝽属 (*Stephanitis* Stål) 分类修订 (半翅目: 网蝽科). 天津: 南开大学博士学位论文, 173.

标本信息 正模: ♀, 湖北神农架大九湖, 采集人郑乐怡, 1977. Ⅶ. 7 (南开大学生物系).

80. 个木虱科 Triozidae

(293) *Trichochermes sanxiaensis* Li, 1997 三峡毛个木虱

文献信息 李法圣. 1997. 同翅目: 木虱总科: 扁木虱科、斑木虱科、木虱科丽、木虱科、裂木虱科、个木虱科//杨星科. 长江三峡库区昆虫. 上册. 重庆: 重庆出版社: 365-366.

标本信息 正模: ♂, 四川巫山县梨子坪 (海拔 1850m), 采集人李法圣, 1994. Ⅸ. 21 (中国农业大学昆虫标本馆). 副模: 9♂♂5♀♀, 同正模.

(294) *Trioza bicolorata* Li, 1997 两色个木虱

文献信息 李法圣. 1997. 同翅目: 木虱总科: 扁木虱科、斑木虱科、木虱科丽、木虱科、裂木虱科、个木虱科//杨星科. 长江三峡库区昆虫. 上册. 重庆: 重庆出版社: 369-370.

标本信息 正模: ♂, 四川巫山县梨子坪 (海拔 1850m), 采集人李法圣, 1994. Ⅸ. 21 (中国农业大学昆虫标本馆). 副模: 6♂♂3♀♀, 同正模.

(295) *Trioza undulata* Li, 1997 波斑个木虱

文献信息 李法圣. 1997. 同翅目: 木虱总科: 扁木虱科、斑木虱科、木虱科丽、木虱科、裂木虱科、个木虱科//杨星科. 长江三

峡库区昆虫. 上册. 重庆: 重庆出版社: 370-371.

标本信息 正模: ♀, 湖北兴山县龙门河 (海拔 1300m), 采集人李法圣, 1994. Ⅸ. 12 (中国农业大学昆虫标本馆).

81. 异蝽科 Urostylidae

(296) *Urostylis xingshanensis* Ren, 1997 兴山娇异蝽

文献信息 任树芝. 1997. 半翅目: 异蝽科//杨星科. 长江三峡库区昆虫. 上册. 重庆: 重庆出版社: 298-299.

标本信息 正模: ♂, 湖北兴山县龙门河 (海拔 1500m), 采集人宋士美, 1994. Ⅸ. 12 (中国科学院动物研究所). 副模: 1♂, 湖北兴山县龙门河 (海拔 1400m), 采集人姚建, 1994. Ⅸ. 14 (南开大学生物系).

(十九) 广翅目 Megaloptera

82. 齿蛉科 Corydalidae

(297) *Protohermes xingshanensis* Liu et Yang, 2005 兴山星齿蛉

文献信息 Liu XY, Yang D. 2005. Revision of the *Protohermes changningensis* species group from China (Megaloptera: Corydalidae: Corydalinae). Aquatic Insects, 27: 167-178.

标本信息 正模: ♂, 湖北兴山县龙门河 (海拔 1350m, 31°13′N, 110°44′E), 采集人孙宝文, 1993. Ⅶ. 14 (中国科学院动物研究所). 副模: 1♀, 采集地点和采集人同正模, 1993. Ⅵ. 21; 1♀, 采集地点和采集人同正模, 1993. Ⅶ. 27; 1♀, 湖北兴山县龙门河 (海拔 1350m, 31°13′N, 110°44′E), 采集人李文柱, 1993. Ⅵ. 21; 1♀, 湖北兴山县龙门河 (海拔 1260m, 31°13′N, 110°44′E), 采集人李鸿兴, 1993. Ⅵ. 16; 1♂, 湖北兴山县龙门河 (海拔 1260m, 31°13′N, 110°44′E), 采集人姚建, 1993. Ⅵ. 19 (中国科学院动物研究所).

(二十) 脉翅目 Neuroptera

83. 草蛉科 Chrysopidae

(298) *Chrysopidia shennongana* Yang et Wang, 1990 神农三阶草蛉

文献信息 杨集昆, 王象贤. 1990. 湖北省的草蛉区系 (脉翅目: 草蛉科). 湖北大学学报 (自然科学版), 12: 154-163.

标本信息 正模: ♀, 湖北神农架松柏镇 (海拔 700~800m), 采集人杨集昆, 1984. VI. 23 (北京农业大学昆虫标本室)。

(299) *Chrysopidia sinica* Yang et Wang, 1990 中华三阶草蛉

文献信息 杨集昆, 王象贤. 1990. 湖北省的草蛉区系 (脉翅目: 草蛉科). 湖北大学学报 (自然科学版), 12: 154-163.

标本信息 正模: ♂, 湖北神农架林区大岩屋 (海拔 1700m), 采集人杨集昆, 1984. VI. 2 (北京农业大学昆虫标本室)。配模: ♀, 同正模。副模: 2♀♀, 同正模; 2♂♂, 甘肃文县高楼山, 采集人李法圣, 1980. VIII. 1 (北京农业大学昆虫标本室)。

(300) *Chrysopidia (Chrysopidia) yangi* Yang, 1997 杨氏三阶草蛉

文献信息 杨星科, 林石添. 1997. 脉翅目: 草蛉科//杨星科. 长江三峡库区昆虫. 上册. 重庆: 重庆出版社: 599-600.

标本信息 正模: ♂, 湖北兴山县龙门河林场 (海拔 1300m), 采集人姚建, 1994. IX. 14 (中国科学院动物研究所昆虫标本馆)。副模: 6♂♂9♀♀, 湖北兴山县龙门河林场 (海拔 1300~1400m), 采集人姚建、陈军, 采集时间不详 (中国科学院动物研究所昆虫标本馆)。

(301) *Chrysopidia zhaoi* Yang et Wang, 1990 赵氏三阶草蛉

文献信息 杨集昆, 王象贤. 1990. 湖北省的草蛉区系 (脉翅目: 草蛉科). 湖北大学学报 (自然科学版), 12: 154-163.

标本信息 正模: ♂, 湖北神农架松柏镇 (海拔 700~800m), 采集人王心丽, 1984. VI. 24 (北京农业大学昆虫标本室)。

(302) *Italochrysa xanthosoma* Li, Yang et Wang, 2008 黄意草蛉

文献信息 李艳磊, 杨星科, 王心丽. 2008. 中国意草蛉属二新种 (脉翅目: 草蛉科: 草蛉亚科). 动物分类学报, 33: 376-379.

标本信息 正模: ♀, 湖北神农架八角庙 (海拔 1300m), 采集人黄小贞, 2003. VII. 19 (中国农业大学昆虫标本馆)。

(303) *Navasius vitticlypeus* Yang et Wang, 1990 唇斑纳草蛉

文献信息 杨集昆, 王象贤. 1990. 湖北省的草蛉区系 (脉翅目: 草蛉科). 湖北大学学报 (自然科学版), 12: 154-163.

标本信息 正模: ♂, 湖北神农架林区大岩屋 (海拔 1700m), 采集人杨集昆, 1984. VI. 2 (北京农业大学昆虫标本室)。

(304) *Tjederina exiana* Yang et Wang, 1990 鄂西替草蛉

文献信息 杨集昆, 王象贤. 1990. 湖北省的草蛉区系 (脉翅目: 草蛉科). 湖北大学学报 (自然科学版), 12: 154-163.

标本信息 正模: ♂, 湖北神农架松柏镇 (海拔 700~800m), 采集人杨集昆, 1984. VI. 23 (北京农业大学昆虫标本室)。配模: ♀, 同正模。副模: 3♀♀, 湖北神农架松柏镇 (海拔 700~800m), 采集人王心丽, 1984. VI. 24; 1♀, 湖北房县桥上乡, 采集人郑乐怡, 1977. VI. 17 (北京农业大学昆虫标本室)。

84. 粉蛉科 Coniopterygidae

(305) *Semidalis sanxiana* Liu et Yang, 1997 三峡重粉蛉

文献信息 刘志琦, 杨集昆. 1997. 脉翅目:

粉蛉科//杨星科. 长江三峡库区昆虫. 上册. 重庆: 重庆出版社: 577.

标本信息 正模: ♂, 湖北兴山县龙门河 (海拔 1300m), 采集人李法圣, 1994. IX. 14 (中国农业大学昆虫标本室). 配模: ♀, 同正模. 副模: 1♂1♀, 同正模.

85. 褐蛉科 Hemerobiidae

(306) *Hemerobius atrocorpus* Yang, 1997 黑体褐蛉

文献信息 杨集昆. 1997. 脉翅目: 褐蛉科//杨星科. 长江三峡库区昆虫. 上册. 重庆: 重庆出版社: 589.

标本信息 正模: ♂, 湖北神农架, 采集人郑乐怡, 1977. VII. 6 (中国农业大学昆虫标本室或中国科学院动物研究所昆虫标本馆).

(307) *Hemerobius vittiformis* Zhao, 2016 宽带褐蛉

文献信息 赵旸. 2016. 中国脉翅目褐蛉科的系统分类研究. 北京: 中国农业大学博士学位论文, 70-71.

标本信息 正模: ♂, 山西灵武, 采集人彩万志、王建赟, 2013. VII. 13 (中国农业大学昆虫博物馆). 副模: 2♂♂1♀, 同正模; 1♂, 湖北神农架大龙潭, 采集人刘启飞, 2009. VI. 27 (中国农业大学昆虫博物馆).

(308) *Megalomus arytaenoideus* Yang, 1997 勺突广褐蛉

文献信息 杨集昆. 1997. 脉翅目: 褐蛉科//杨星科. 长江三峡库区昆虫. 上册. 重庆: 重庆出版社: 587-588.

标本信息 正模: ♀, 湖北兴山县龙门河 (海拔 1300m), 采集人杨星科, 1994. V. 9 (中国农业大学昆虫标本室或中国科学院动物研究所昆虫标本馆). 副模: 1♂, 同正模.

(309) *Micromus striolatus* Yang, 1997 细纹脉褐蛉

文献信息 杨集昆. 1997. 脉翅目: 褐蛉科//杨星科. 长江三峡库区昆虫. 上册. 重庆: 重庆出版社: 586.

标本信息 正模: ♀, 四川巫山县江东村 (海拔 120m), 采集人李法圣, 1994. IX. 23 (中国农业大学昆虫标本室或中国科学院动物研究所昆虫标本馆).

(310) *Notiobiella sanxiana* Yang, 1997 三峡绿褐蛉

文献信息 杨集昆. 1997. 脉翅目: 褐蛉科//杨星科. 长江三峡库区昆虫. 上册. 重庆: 重庆出版社: 590.

标本信息 正模: ♂, 湖北兴山县龙门河 (海拔 1300m), 采集人李法圣, 1994. IX. 28 (中国农业大学昆虫标本室或中国科学院动物研究所昆虫标本馆). 副模: 1♂, 同正模.

(311) *Sineuronema angusticolla* Yang, 1997 细颈华脉线蛉

文献信息 杨集昆. 1997. 脉翅目: 褐蛉科//杨星科. 长江三峡库区昆虫. 上册. 重庆: 重庆出版社: 586-587.

标本信息 正模: ♀, 湖北神农架酒壶坪, 采集人陈彤, 1980. VIII. 29 (中国农业大学昆虫标本室或中国科学院动物研究所昆虫标本馆).

(312) *Wesmaelius oligophlebius* Zhao, 2016 缺脉丛褐蛉

文献信息 赵旸. 2016. 中国脉翅目褐蛉科的系统分类研究. 北京: 中国农业大学博士学位论文, 84-85.

标本信息 正模: ♂, 湖北兴山县龙门河 (海拔 1300m) (原始文献为"河北兴山县龙门前", 经核实, 应为"湖北兴山县龙门河", 故在此加以改正), 采集人杨集昆, 1994. IX. 28 (中国农业大学昆虫博物馆). 副模: 2♂♂, 同正模;

1♀, 内蒙古贺兰山腰坝雪岭子, 采集人田燕林, 2010. Ⅶ. 31 (中国农业大学昆虫博物馆)。

86. 蚁蛉科 Myrmeleontidae

(313) *Asialeon validum* Yang, 1997 强亚蚁蛉

文献信息 杨集昆. 1997. 脉翅目: 蚁蛉科// 杨星科. 长江三峡库区昆虫. 上册. 重庆: 重庆出版社: 614-615.

标本信息 正模: ♂, 湖北神农架松柏镇 (海拔 950m), 采集人不详, 1980. Ⅶ. 18 (中国农业大学昆虫标本馆或中国科学院动物研究所昆虫标本馆)。副模: 2♀♀, 湖北兴山县龙门河 (海拔 1350m), 采集人孙宝文, 1993. Ⅶ. 15; 2♀♀, 采集地点同上, 采集人宋士美, 1993. Ⅶ. 16~Ⅶ. 18 (中国农业大学昆虫标本馆或中国科学院动物研究所昆虫标本馆)。

(314) *Dendroleon decorillus* Yang, 1997 小华树蚁蛉

文献信息 杨集昆. 1997. 脉翅目: 蚁蛉科// 杨星科. 长江三峡库区昆虫. 上册. 重庆: 重庆出版社: 615.

标本信息 正模: ♂, 湖北神农架大酒壶 (大九湖), 采集人刘胜利, 1977. Ⅵ. 9 (中国农业大学昆虫标本室或中国科学院动物研究所昆虫标本馆)。

(315) *Dendroleon melanocoris* Yang, 1997 黑角树蚁蛉

文献信息 杨集昆. 1997. 脉翅目: 蚁蛉科// 杨星科. 长江三峡库区昆虫. 上册. 重庆: 重庆出版社: 616.

标本信息 正模: ♂, 福建太平僚村, 采集人不详, 1988. Ⅵ. 9 (中国农业大学昆虫标本室或中国科学院动物研究所昆虫标本馆)。配模: ♀, 湖北巴东县三峡林场 (海拔 130m), 采集人李鸿兴, 1993. Ⅵ. 26 (中国农业大学昆虫标本室或中国科学院动物研究所昆虫标本馆)。

(316) *Euroleon sanxianus* Yang, 1997 三峡东蚁蛉

文献信息 杨集昆. 1997. 脉翅目: 蚁蛉科// 杨星科. 长江三峡库区昆虫. 上册. 重庆: 重庆出版社: 618.

标本信息 正模: ♂, 湖北秭归县九岭头 (海拔 110m), 采集人姚建, 1994. Ⅸ. 7 (中国农业大学昆虫标本室或中国科学院动物研究所昆虫标本馆)。配模: ♀, 湖北巴东县三峡林场 (海拔 130m), 采集人宋士美, 1993. Ⅶ. 30 (中国农业大学昆虫标本室或中国科学院动物研究所昆虫标本馆)。副模: 1♀, 采集地点和采集时间同配模, 采集人杨星科 (中国农业大学昆虫标本室或中国科学院动物研究所昆虫标本馆)。

(317) *Glenuroides pumilu* Yang, 1997 小白云蚁蛉

文献信息 杨集昆. 1997. 脉翅目: 蚁蛉科// 杨星科. 长江三峡库区昆虫. 上册. 重庆: 重庆出版社: 616-617.

标本信息 正模: ♂, 福建东山县, 采集人福建林业厅(007), 1980. Ⅸ. 26 (中国农业大学昆虫标本室或中国科学院动物研究所昆虫标本馆)。配模: ♀, 湖北秭归县九头岭 (海拔 100m), 采集人李文柱, 1993. Ⅵ. 13 (中国农业大学昆虫标本室或中国科学院动物研究所昆虫标本馆)。副模: 1♀, 采集地点同配模, 采集人宋士美, 1994. Ⅸ. 5; 1♀, 采集地点同上, 采集人陈军, 1994. Ⅸ. 6 (中国农业大学昆虫标本室或中国科学院动物研究所昆虫标本馆)。

87. 溪蛉科 Osmylidae

(318) *Heterosmylus shennonganus* Yang, 1997 神农异溪蛉

文献信息 杨集昆. 1997. 脉翅目: 溪蛉科// 杨星科. 长江三峡库区昆虫. 上册. 重庆: 重庆出版社: 581-582.

标本信息 正模: ♂, 湖北神农架大崖 (岩) 屋, 采集人茅晓渊, 1985. Ⅷ. 21 (中国农业大学昆

虫标本馆)。配模: ♀, 同正模。副模: 4♂♂1♀, 同正模。

(319) *Lysmus victus* Yang, 1997 胜利离溪蛉

文献信息 杨集昆. 1997. 脉翅目: 溪蛉科// 杨星科. 长江三峡库区昆虫. 上册. 重庆: 重庆出版社: 581.

标本信息 正模: ♂, 湖北神农架, 采集人刘胜利, 1977. Ⅶ. 26 (中国农业大学昆虫标本馆)。配模: ♀, 同正模。副模: 1♂, 采集地点和采集人同正模, 1977. Ⅶ. 22; 3♂♂1♀, 湖北兴山县龙门河, 采集人不详, 1993. Ⅶ. 15; 2♂♂, 湖北兴山县龙门河, 采集人孙宝文, 1993. Ⅶ. 14、Ⅶ. 16; 1♂, 湖北兴山县龙门河, 采集人宋士美, 1993. Ⅶ. 14 (中国农业大学昆虫标本馆)。

(320) *Osmylus fuberosus* Yang, 1997 偶瘤溪蛉

文献信息 杨集昆. 1997. 脉翅目: 溪蛉科// 杨星科. 长江三峡库区昆虫. 上册. 重庆: 重庆出版社: 580-581.

标本信息 正模: ♂, 湖北神农架林区大岩屋, 采集人茅晓渊, 1985. Ⅷ. 21 (中国农业大学昆虫标本馆)。配模: ♀, 同正模。副模: 3♀♀, 同正模; 1♀, 湖北神农架酒壶坪, 采集人陈彤, 1986. Ⅷ. 29; 1♀, 湖北竹溪县泉溪, 采集人茅晓渊, 1983. Ⅸ. 12; 1♀, 湖北兴山县龙门河 (海拔 1300m), 采集人李法圣, 1994. Ⅸ. 13 (中国农业大学昆虫标本馆)。

(二十一) 鞘翅目 Coleoptera

88. 卷象科 Attelabidae

(321) *Riedeliops asiaticus* Legalov et Liu, 2005

文献信息 Legalov AA, Liu N. 2005. New leaf-rolling weevils (Coleoptera: Rhynchitidae, Attelabidae) from China. Baltic Journal of Coleopterology, 5: 99-132.

标本信息 正模: ♂, 西藏聂拉木县 (海拔

1800m), 采集人王书永, 1966. Ⅴ. 6 (中国科学院动物研究所)。副模: 1♂, 湖北神农架 (海拔 900m), 采集人韩寅恒, 1981. Ⅵ. 12 (俄罗斯科学院西伯利亚分院动物系统学与生态学研究所西伯利亚动物博物馆); 1♀, 云南兰坪自治县 (海拔 2300m), 采集人王书永, 1984. Ⅷ. 25 (中国科学院动物研究所)。

(322) *Sawadaeuops* (*Chinoeuops*) *hubeiensis* Legalov et Liu, 2005

文献信息 Legalov AA, Liu N. 2005. New leaf-rolling weevils (Coleoptera: Rhynchitidae, Attelabidae) from China. Baltic Journal of Coleopterology, 5: 99-132.

标本信息 正模: ♂, 湖北兴山县龙门河 (海拔 1400m), 采集人李文柱, 1993. Ⅵ. 23 (中国科学院动物研究所)。副模: 1♀, 湖北神农架 (海拔 1600m), 采集人韩寅恒, 1981. Ⅶ. 16 (俄罗斯科学院西伯利亚分院动物系统学与生态学研究所西伯利亚动物博物馆)。

(323) *Sawadaeuops* (s. str.) *centralchinensis* Legalov et Liu, 2005

文献信息 Legalov AA, Liu N. 2005. New leaf-rolling weevils (Coleoptera: Rhynchitidae, Attelabidae) from China. Baltic Journal of Coleopterology, 5: 99-132.

标本信息 正模: ♂, 湖北神农架 (海拔 1600m), 采集人虞佩玉, 1980. Ⅶ. 13 (中国科学院动物研究所)。副模: 1♂, 湖北神农架 (海拔 1660m), 采集人虞佩玉, 1981. Ⅶ. 13; 1♂, 湖北神农架 (海拔 1640m), 采集人韩寅恒, 1981. Ⅶ. 12 (俄罗斯科学院西伯利亚分院动物系统学与生态学研究所西伯利亚动物博物馆); 2♀♀, 陕西宁陕县 (海拔 2300m), 采集人韩寅恒, 1979. Ⅷ. 6 (1♀保存在中国科学院动物研究所, 1♀保存在俄罗斯科学院西伯利亚分院动物系统学与生态学研究所西伯利亚动物博物馆); 1♀, 湖北神农架 (海拔 1660m), 采集人韩寅恒, 1981. Ⅶ. 24 (中国科学院动物研究所); 2♀♀, 湖北神农架 (海拔 1600m), 采集人虞佩

玉, 1980. Ⅶ. 13 (中国科学院动物研究所); 1♀, 陕西秦岭山, 采集人 Jundra Zd, 1998. Ⅵ. 21~Ⅵ. 23 (俄罗斯科学院西伯利亚分院动物系统学与生态学研究所西伯利亚动物博物馆); 1♀, 陕西秦岭山厚畛子 (海拔 1500m), 采集人 Jundra Zd, 1998. Ⅵ. 25 (捷克 Kresl 个人收藏)。

89. 吉丁科 Buprestidae

(324) *Coraebus businskyorum* Xu et Kubáň, 2013

文献信息 Xu HX, Ge SQ, Kubáň V, et al. 2013. Two new species of the genus *Coraebus* from China (Coleoptera: Buprestidae: Agrilinae: Coraebini), Acta Entomologica Musei Nationalis Pragae, 53: 687-696.

标本信息 正模: ♂, 湖北神农架 (海拔 2200m, 31°43′N, 110°28′E), 采集人 Businský R, 1995. Ⅵ. 23~Ⅵ. 26 (捷克布拉格国家博物馆); ♂, 湖北神农架 (海拔 2200m, 31°43′N, 110°28′E), 采集人 Kubáň V、Xu H, 2013。副模: 1♂, ′Mennkia tsaí, 采集人 Licent, 1920. Ⅳ. 10 (法国巴黎国家自然历史博物馆); 1♂, 重庆金佛山, 采集人 Liu、Wang、Yuan, 2003. Ⅶ. 29 (河北大学博物馆); 1♂1♀, 同正模 (捷克布拉格国家博物馆); 2♂1♀, 四川南坪县阿坝州 (海拔 2000m, 33°15′N, 104°15′E), 采集人 Kučera E, 1990. Ⅵ. 8~13、2000. Ⅵ. 9~Ⅵ. 11 (1♀保存在捷克布拉格国家博物馆, 1♂1♀捷克 Kučera 个人收藏); 1♂1♀, 四川九寨沟, 采集人 Kučera E, 2000. Ⅵ. 12~Ⅵ. 17 (捷克布拉格国家博物馆)。

90. 花萤科 Cantharidae

(325) *Lycocerus hubeiensis* Y. Yang et X. Yang, 2014

文献信息 Yang YX, Su JY, Yang XK. 2014. Description of six new species of *Lycocerus* Gorham (Coleoptera, Cantharidae), with taxonomic note and new distribution data of some other species. ZooKeys, 456: 85-107.

标本信息 正模: ♂, 湖北大老岭自然保护区 (海拔 1200m), 采集人 Guan XS, 2011. Ⅶ. 9 (河北大学博物馆)。副模: 1♀, 采集地点和采集时间同正模, 采集人 Yang XL; 1♀, 采集地点和采集人同正模, 2011. Ⅶ. 10; 1♂, 湖北巴东县绿葱坡 (海拔 1700m), 采集人 Wan JH, 2006. Ⅶ. 18; 1♀, 湖北巴东县天三坪 (海拔 1500m), 采集人 Hu P, 2006. Ⅶ. 14; 1♀, 湖北省神农架八角庙 (海拔 900~1300m), 采集人 He Y, 2003. Ⅶ. 17; 1♀, 湖北神农架八角庙 (海拔 900~1300m), 采集人 Ma J, 2003. Ⅶ. 19; 1♂, 湖北神农架 (海拔 1700~2000m), 采集人 He H, 2003. Ⅶ. 20; 1♀, 湖北五峰自治县后河, 采集人 Shi Y, 2002. Ⅶ. 21; 1♀, 湖北兴山县龙门河 (海拔 1300m), 采集人姚建, 1993. Ⅵ. 15 (中国科学院动物研究所); 1♀, 湖北兴山县龙门河 (1350m), 采集人陈小琳, 1993. Ⅶ. 18 (中国科学院动物研究所); 1♀, 湖北兴山县龙门河 (海拔 1400m), 采集人宋士美, 1993. Ⅶ. 22 (中国科学院动物研究所); 1♀, 湖北兴山县龙门河 (1670m), 采集人杨星科, 1993. Ⅶ. 23 (中国科学院动物研究所) (除标注的标本外, 其余副模的模式标本均保存在河北大学博物馆)。

(326) *Prothemus biforatus* Wang, 1997 双孔圆胸花萤

文献信息 汪家社. 1997. 鞘翅目: 花萤科// 杨星科. 长江三峡库区昆虫. 上册. 重庆: 重庆出版社: 657-658.

标本信息 正模: ♂, 湖北兴山县龙门河 (海拔 1350m), 采集人李文柱, 1993. Ⅵ. 20 (中国科学院动物研究所昆虫标本馆)。

91. 步甲科 Carabidae

(327) *Atranodes ficklex* Wang, 2016 多变拟阿胫步甲

文献信息 王新辉. 2016. 中国南方洞穴步甲部分族的分类研究. 广州: 华南农业大学硕士学位论文, 31-32.

标本信息 正模: ♂, 湖北神农架阳日镇龙洞

(海拔 545m, 31°43′16.8″N, 47°48.01″E), 采集人田明义、刘卫欣、尹昊旻、黄孙滨和王新辉, 2014. Ⅶ. 10 (华南农业大学昆虫标本室)。副模: 6♂♂2♀♀, 同正模。

(328) *Pterostichus (Circinatus) yan* Liang et Shi , 2015 炎通缘步甲

文献信息 Shi HL, Liang HB. 2015. The genus *Pterostichus* in China Ⅱ: the subgenus *Circinatus* Sciaky, a species revision and phylogeny (Carabidae, Pterostichini). ZooKeys, 536: 1-92.

标本信息 正模: ♂, 湖北神农架木鱼镇 (海拔 2000m, 31.47°N, 110.39°E), 采集人 Blom, 1997. Ⅶ. 12~Ⅶ. 15 (瑞士自然历史博物馆)。

(329) *Pterostichus (Morphohaptoderus) dentellus* Facchini et Sciaky, 2003

文献信息 Facchini S, Sciaky R. 2003. Five new species of Pterostichinae from Hubei (China) (Coleoptera: Carabidae). Koleopterologische Rundschau, 73: 7-17.

标本信息 正模: ♂, 湖北神农架 (海拔 2000m), 采集人不详, 1995. Ⅵ. 8 (意大利皮亚琴察 Facchini 个人收藏)。副模: 7♂♀♀, 同正模 (意大利皮亚琴察Facchini 个人收藏, 意大利米兰 Sciaky 个人收藏, 奥地利维也纳自然历史博物馆); 10♂♂♀♀, 湖北神农架 (海拔 1950m, 31°30′N, 110°21′E), 2001. Ⅶ. 16~Ⅶ. 22 (意大利米兰 Sciaky 个人收藏, 德国柏林 Wrase 个人收藏); 6♂♂♀♀, 湖北神农架 (海拔 2100~2900m, 31°5′N, 110°3′E), 2002. Ⅵ. 12 (意大利皮亚琴察 Facchini 个人收藏)。

(330) *Pterostichus (Morphohaptoderus) hubeicus* Facchini et Sciaky, 2003

文献信息 Facchini S, Sciaky R. 2003. Five new species of Pterostichinae from Hubei (China) (Coleoptera: Carabidae). Koleopterologische Rundschau, 73: 7-17.

标本信息 正模: ♂, 湖北大神农架 (海拔 2500~2900m, 31°24′~31°27′N, 110°17′~110°20′E),

采集人不详, 1995. Ⅵ. 28~Ⅶ. 30 (意大利皮亚琴察 Facchini 个人收藏)。副模: 1♀, 同正模 (意大利皮亚琴察 Facchini 个人收藏); 5♂♂♀♀, 湖北大巴山途经大神农架处 (海拔 2000m, 31°30′N, 110°21′E), 采集人不详, 2001. Ⅶ. 16~Ⅶ. 22 (意大利米兰 Sciaky 个人收藏, 德国柏林 Wrase 个人收藏)。

(331) *Pterostichus (Morphohaptoderus) shennongjianus* Facchini et Sciaky, 2003

文献信息 Facchini S, Sciaky R. 2003. Five new species of Pterostichinae from Hubei (China) (Coleoptera: Carabidae). Koleopterologische Rundschau, 73: 7-17.

标本信息 正模: ♂, 湖北神农架 (海拔 2000m), 采集人不详, 1995. Ⅷ. 6 (意大利皮亚琴察 Facchini 个人收藏)。副模: 2♂♀, 湖北神农架 (海拔 2800~3000m, 31.5°N, 110.3°E), 采集人不详, 2000. Ⅵ. 15 (德国柏林 Wrase 个人收藏); 161♂♂♀♀, 湖北神农架 (海拔 1950m, 31°30′N, 110°21′E), 采集人不详, 2001. Ⅶ. 16~Ⅶ. 22 (意大利米兰 Sciaky 个人收藏, 德国柏林 Schülke 个人收藏, 加拿大渥太华 Smetana 个人收藏, 德国柏林 Wrase 个人收藏); 1♂, 湖北大巴山 (海拔 2380m, 31°32′N, 110°26′E), 采集人不详, 2001. Ⅶ. 17 (加拿大渥太华 Smetana 个人收藏); 6♂♂♀♀, 陕西大巴山 (海拔 2850m, 31°01′N, 109°21′E), 采集人不详, 2001. Ⅶ. 13、Ⅶ. 14 (德国柏林 Wrase 个人收藏, 加拿大渥太华 Smetana 个人收藏); 51♂♂♀♀, 湖北大巴山 (海拔 2380m, 31°32′N, 110°26′E), 采集人不详, 2001. Ⅶ. 17~Ⅶ. 21 (德国柏林 Wrase 个人收藏); 5♂♀♀, 陕西四川交界大巴山 (海拔 1700~1800m, 31°44′N, 109°35′E), 采集人不详, 2001. Ⅶ. 12 (加拿大渥太华 Smetana 个人收藏, 德国柏林 Wrase 个人收藏)。

(332) *Pterostichus (Morphohaptoderus) toledanoi* Facchini et Sciaky, 2003

文献信息 Facchini S, Sciaky R. 2003. Five new

species of Pterostichinae from Hubei (China) (Coleoptera: Carabidae). Koleopterologische Rundschau, 73: 7-17.

标本信息 正模: ♂, 湖北大神农架 (海拔 2500~2900m, 31°24′~31°27′N, 110°17′~110°20′E), 采集人不详, 1995. VI. 28~VII. 3 (意大利皮亚琴察 Facchini 个人收藏). 副模: 19♂♂♀♀, 同正模 (意大利皮亚琴察 Facchini 个人收藏, 意大利米兰 Sciaky 个人收藏, 意大利维罗纳 Toledano 个人收藏, 奥地利维也纳自然历史博物馆); 2♂♀, 湖北神农架 (海拔 2800~3000m, 31.5°N, 110.3°E), 采集人不详, 2000. VI. 15 (德国柏林 Wrase 个人收藏).

(333) *Trigonognatha hubeica* Facchini et Sciaky, 2003

文献信息 Facchini S, Sciaky R. 2003. Five new species of Pterostichinae from Hubei (China) (Coleoptera: Carabidae). Koleopterologische Rundschau, 73: 7-17.

标本信息 正模: ♂, 湖北大神农架 (海拔 2500~2900m), 采集人不详, 1995. VI. 28~VII. 3 (意大利皮亚琴察 Facchini 个人收藏). 副模: 9♂♂♀♀, 同正模 (意大利皮亚琴察 Facchini 个人收藏, 意大利米兰 Sciaky 个人收藏, 奥地利维也纳自然历史博物馆); 64♂♂♀♀, 湖北大神农架 (海拔 2100~2900m, 31°5′N, 110°3′E), 采集人不详, 2002. VI. 12 (意大利皮亚琴察 Facchini 个人收藏).

(334) *Synuchus suensoni* Lindroth, 1956

文献信息 Lindroth CH. 1956. A revision of the genus *Synuchus* Gyllenhal (Coleoptera: Carabidae) in the widest sense, with notes on *Pristosia* Motschulsky (*Eudalathus* Bates) and *Calathus* Bonelli. Royal Entomological Society, 108: 485-574.

标本信息 正模: ♂, 福建 Buong Kä, 采集人 Foochow N, 1935. IV. 28、IV. 29 (北京自然博物馆). 配模: ♀, 同正模. 副模: 24 (许多丢失), 采集地点和采集时间同正模, 采集人 Suenson

E; ♀, Kuatun (海拔 2300m), 采集人 Klapperich J, 1938. IV. 18 (法国巴黎国家自然历史博物馆); 4(全模), 浙江杭州, 采集人 Klapperich J, 1921. IV. 23; 1♂1♀, 浙江杭州, 采集人 Klapperich J, 1921. IV. 23; 1♂, 浙江, 采集人 Suenson E, 1920. IV. 27; 1♂, 采集人 Suenson E, 1920. IV. 4; 2♂♂, 湖北巫山, 采集人 Hauaer G, 采集时间不详 (除标注的标本外, 其余副模的模式标本均保存在北京自然博物馆).

92. 天牛科 Cerambycidae

(335) *Distenia shennongjiaensis* Pu, 1985 神农架瘦天牛

文献信息 蒲富基. 1985. 瘦天牛属三新种 (鞘翅目: 天牛科). 动物学类学报, 10: 427-430.

标本信息 正模: ♂, 湖北神农架大九湖 (海拔 1800m), 采集人韩寅恒, 1981. VIII. 2 (中国科学院动物研究所).

(336) *Eutetrapha cinnabarina* Pu, 1986 朱红直脊天牛

文献信息 蒲富基. 1986. 湖北神农架直脊天牛属一新种 (鞘翅目: 天牛科). 动物分类学报, 11: 201-202.

标本信息 正模: ♂, 湖北神农架红坪林场 (海拔 1660m), 采集人韩寅恒, 1981. VII. 19 (中国科学院动物研究所). 配模: ♀, 湖北神农架酒壶林场 (海拔 1640m), 采集人韩寅恒, 1981. VII. 8 (中国科学院动物研究所).

(337) *Eutetrapha stigmosa* Pu et Jin, 1991 多点直脊天牛

文献信息 蒲富基, 金根桃. 1991. 中国直脊天牛属的系统分类研究 (鞘翅目: 天牛科) 中国科学院动物研究所系统进化动物学重点实验室. 系统进化动物学论文集. 第一集. 北京: 中国科学技术出版社: 191-192.

标本信息 正模: ♂ (触角不完整), 广西天平山, 采集人尤其做, 1963. VI. 6 (中国科学院动物研究所). 配模: ♀ (左触角不完整), 湖北

神农架木鱼镇 (海拔 1200m), 采集人金根桃,
1983. Ⅷ. 26 (中国科学院上海昆虫研究所). 副
模: 1♂ (触角不完整), 湖北神农架, 采集人虞佩
玉, 1981. Ⅶ. 下旬 (中国科学院动物研究所)。

(338) *Necydalis rufiabdominis* Chen, 1991 红腹膜天牛

文献信息 陈树椿. 1991. 湖北神农架膜天牛
属一新种 (鞘翅目: 天牛科). 昆虫学报, 34:
344-345.

标本信息 正模: ♀, 湖北神农架红坪林场,
采集人詹仲才, 1987. Ⅶ. 2 (北京林业大学昆
虫标本室)。

(339) *Neotrachystola superciliata* Pu, 1997 眉斑尼糙天牛

文献信息 蒲富基. 1997. 鞘翅目: 天牛科//
杨星科. 长江三峡库区昆虫. 上册. 重庆: 重
庆出版社: 821.

标本信息 正模: ♂, 四川巫山县梨子坪 (海
拔 1850m), 采集人孙宝文, 1993. Ⅷ. 4 (中国
科学院动物研究所昆虫标本室). 配模: ♀, 四
川巫山县梨子坪 (海拔 1870m), 采集人李文
柱, 1993. Ⅶ. 4 (中国科学院动物研究所昆虫
标本室)。

(340) *Rhondia hubeiensis* Wang et Chiang, 1994 鄂肩花天牛

文献信息 王文凯, 蒋书楠. 1994. 中国花天
牛亚科新种及新记录 (鞘翅目: 天牛科). 昆
虫分类学报, 16: 192-196.

标本信息 正模: ♀, 湖北神农架林区, 采集
人不详, 1979. Ⅶ. 5 (西南农业大学昆虫分类
研究室)。

93. 花金龟科 Cetoniidae

(341) *Moseriana rugulosa* Ma, 1990 皱莫花金龟

文献信息 马文珍. 1990. 中国莫花金龟属新
种记述 (鞘翅目: 金龟总科). 动物分类学报,

15: 343-349.

标本信息 正模: ♂, 湖北兴山县 (海拔
800m), 采集人虞佩玉, 1980. Ⅷ. 7 (中国科学
院动物研究所). 配模: ♀, 陕西凤县 (海拔
1000m), 采集人马文珍, 1976. Ⅶ. 2 (中国科
学院动物研究所). 副模: 4♂♂9♀♀, 湖北神农
架、广西桂林、四川屏山、贵州贵阳、云南
镇雄和大关, 采集人和采集时间不详 (中国
科学院动物研究所)。

94. 叶甲科 Chrysomelidae

(342) *Aplosonyx nigriceps* Yang, 1995 黑头阿波萤叶甲

文献信息 杨星科. 1995. 萤叶甲亚科研究Ⅰ.
阿波萤叶甲属的补充描记及二新种记述 (鞘
翅目: 叶甲科). 动物分类学报, 20: 90-94.

标本信息 正模: ♂, 湖北利川县 (海拔
1300m), 采集人王书永, 1989. Ⅶ. 23 (中国科
学院动物研究所). 配模: ♀, 湖北利川县星斗
山 (海拔 810~1100m), 采集人王书永, 1989.
Ⅶ. 22 (中国科学院动物研究所). 副模: 3♂♂,
同配模; 1♂, 湖北鹤峰县沙元 (海拔 1300m),
采集人王书永, 1989. Ⅶ. 1; 1♂, 四川黔江
(海拔 1750m), 采集人肖宁年, 1989. Ⅶ. 14;
4♀♀, 同配模; 1♀, 湖北巴东县铁厂荒林场
(海拔 1500~1700m), 采集人马文珍, 1989. Ⅴ.
21 (中国科学院昆明动物研究所)。

(343) *Batophila costipennis* Wang, 1997 肋鞘圆肩跳甲

文献信息 王书永, 虞佩玉. 1997. 鞘翅目:
叶甲科: 跳甲亚科//杨星科. 长江三峡库区昆
虫. 上册. 重庆: 重庆出版社: 925-926.

标本信息 正模: ♀, 四川巫山县梨子坪 (海
拔 1850m), 采集人章有为, 1994. Ⅴ. 19 (中国
科学院动物研究所昆虫标本馆). 配模: ♂, 四
川巫山县梨子坪 (海拔 1850m), 采集人陈军,
1994. Ⅸ. 22 (中国科学院动物研究所). 副模:
2♂♂39♀♀, 四川巫山县梨子坪 (海拔 1850m),

采集人李文柱、章有为, 1994. Ⅴ. 18、Ⅴ. 19; 3♂♂1♀, 同配模; 5♂♂5♀♀, 四川巫山县梨子坪 (海拔 1850m), 采集人李文柱, 1993. Ⅶ. 2、Ⅶ. 4 (中国科学院动物研究所昆虫标本馆)。

(344) *Chaetocnema* (*Chaetocnema*) *cheni* Ruan, Konstantinov et Yang, 2014

文献信息 Ruan YY, Konstantinov AS, Ge SQ, et al. 2014. Revision of the *Chaetocnema picipes* species-group (Coleoptera, Chrysomelidae, Galerucinae, Alticini) in China, with descriptions of three new species. ZooKeys, 387: 11-32.

标本信息 正模: ♂, 云南龙陵县 (海拔 1600m), 采集人 Попов В (Popov B), 1955. Ⅴ. 20 (中国科学院动物研究所)。副模: 2♀♀1♂, 湖南桑植县天平山 (海拔 1370m), 采集人王书永, 1988. Ⅷ. 15; 3♀♀1♂, 江西九江, 采集人不详, 1958. Ⅶ、Ⅷ; 2♀♀, 江西九江, 采集人不详, 1948. Ⅶ; 4♂♂2♀♀, 四川金佛山, 采集人王书永, 1945. Ⅷ. 16; 20 (性别无标注), 四川巫山县梨子坪 (海拔 1850m), 采集人章有为, 1993. Ⅴ. 18、Ⅴ. 19; 4♂♂5♀♀, 四川巫山县梨子坪 (海拔 1850m), 采集人杨星科, 1993. Ⅷ. 5、Ⅷ. 6; 1♂, 云南金平河 (海拔 1700m), 采集人 Huang K, 1956. Ⅴ. 14 (中国科学院动物研究所)。

(345) *Cneoranidea melanocephala* Yang, 1997 黑头讷萤叶甲

文献信息 杨星科, 李文柱, 张伯清, 等. 1997. 鞘翅目: 叶甲科: 萤叶甲亚科//杨星科. 长江三峡库区昆虫. 上册. 重庆: 重庆出版社: 877-878.

标本信息 正模: ♂, 湖北兴山县龙门河 (海拔 700~1400m), 采集人杨星科, 1994. Ⅴ. 11 (中国科学院动物研究所昆虫标本馆)。配模: ♀, 同正模。

(346) *Fleutiauxia glossophylla* Yang, 1997 舌突窝额萤叶甲

文献信息 杨星科, 李文柱, 张伯清, 等. 1997. 鞘翅目: 叶甲科: 萤叶甲亚科//杨星科.

长江三峡库区昆虫. 上册. 重庆: 重庆出版社: 875-876.

标本信息 正模: ♂, 湖北兴山县龙门河 (海拔 1400m), 采集人姚建, 1993. Ⅵ. 20 (中国科学院动物研究所昆虫标本馆)。副模: 1♂, 湖北巴东县三峡林场 (海拔 180m), 采集人李文柱, 1994. Ⅴ. 14; 1♂, 四川巫山县梨子坪 (海拔 1500m), 采集人姚建, 1993. Ⅶ. 5 (中国科学院动物研究所昆虫标本馆)。

(347) *Gallerucida asticha* Yang, 1997 索刻柱萤叶甲

文献信息 杨星科, 李文柱, 张伯清, 等. 1997. 鞘翅目: 叶甲科: 萤叶甲亚科//杨星科. 长江三峡库区昆虫. 上册. 重庆: 重庆出版社: 898.

标本信息 正模: ♀, 四川巫山县梨子坪 (海拔 1850m), 采集人章有为, 1994. Ⅴ. 19 (中国科学院动物研究所昆虫标本馆)。副模: 4♀♀, 采集地点和采集时间同正模, 采集人杨星科、李文柱, 1994. Ⅴ. 14; 1♀, 四川巫山县梨子坪 (海拔 1850m), 采集人姚建, 1994. Ⅴ. 19; 1♀, 四川巫山县梨子坪 (海拔 1850m), 采集人宋士美, 1994. Ⅸ. 21 (中国科学院动物研究所昆虫标本馆)。

(348) *Gonioctena* (*Brachyphytodecta*) *andrzeji* Daccordi et Ge, 2007 拟黑盾角胫叶甲

文献信息 Ge SQ, Daccordi M, Yang XK. 2007. Two new species of the genus *Gonioctena* Chevrolat from China (Coleoptera: Chrysomelidae: Chrysomelinae). Genus, 18: 579-587.

标本信息 正模: ♂, 湖北大神农架木鱼镇 (海拔 2000m), 采集人 Bolm, 1997. Ⅵ. 12~Ⅵ. 15 (中国科学院动物研究所)。副模: 7♀♀5♂♂, 采集地点和采集时间同正模, 采集人 Bolm (1♀1♂法国凡尔赛 Bergeal 个人收藏, 1♀1♂ 德国荷索金劳勒 Kippenberg 个人收藏, 1♀1♂波兰弗罗茨瓦夫 Warchalowshi 个人收藏, 4♀♀2♂♂意大利维洛纳 Daccordi 个人收藏); 1♂, 湖北神农架木鱼镇 (海拔

1700~2500m)，采集人 Bolm, 1998. Ⅶ. 1~Ⅶ. 5 (意大利维洛纳 Daccordi 个人收藏); 1♂, 湖北神农架 (海拔 2400m, 31.5°N, 110.3°E), 采集人 Turna J, 2000. Ⅵ. 17 (意大利维洛纳 Daccordi 个人收藏); 1♂3♀♀, 湖北神农架 (海拔 1700~2500m), 采集人 Bolm, 1998. Ⅶ. 1~Ⅶ. 5 (意大利维洛纳 Daccordi 个人收藏); 3♀♀, 湖北神农架 (海拔 2500~3000m), 采集人 Turna J, 2001. Ⅵ. 21~Ⅵ. 24 (意大利维洛纳 Daccordi 个人收藏); 1♂, 四川巫山县梨子坪 (海拔 1850m), 采集人李文柱, 1994. Ⅴ. 19 (中国科学院动物研究所); 1♂, 四川巫山县梨子坪 (海拔 1850m), 采集人姚建, 1994. Ⅴ. 19 (中国科学院动物研究所); 1♂, 四川巫山县梨子坪 (海拔 1850m), 采集人杨星科, 1994. Ⅴ. 19 (意大利维洛纳 Daccordi 个人收藏); 1♂, 四川巫山县梨子坪 (海拔 1850m), 采集人章有为, 1994. Ⅴ. 19 (中国科学院动物研究所); 1♂, 四川巫山县梨子坪 (海拔 1870m), 采集人姚建, 1993. Ⅶ. 4 (中国科学院动物研究所); 1♂, 四川巫山县梨子坪 (海拔 1850m), 采集人陈小琳, 1993. Ⅷ. 4 (中国科学院动物研究所); 1♂, 四川巫山县梨子坪 (海拔 1850m), 采集人姚建, 1994. Ⅴ. 18 (中国科学院动物研究所); 1♂, 四川巫山县梨子坪 (海拔 1850m), 采集人姚建, 1994. Ⅴ. 28 (中国科学院动物研究所); 4♀♀, 四川巫山县梨子坪 (海拔 1850m), 采集人姚建、章有为, 1994. Ⅴ. 19 (2♀♀意大利维洛纳 Daccordi 个人收藏, 2♀♀保存在中国科学院动物研究所); 1♀, 四川巫山县梨子坪 (海拔 1850m), 采集人陈小琳, 1993. Ⅷ. 4 (中国科学院动物研究所); 1♀, 四川巫山县梨子坪 (海拔 1870m), 采集人黄润质, 1993. Ⅶ. 4 (中国科学院动物研究所); 3♀♀, 四川巫山县梨子坪 (海拔 1850m), 采集人姚建、黄润质, 1993. Ⅶ. 4 (1♀保存在中国科学院动物研究所, 2♀♀意大利维洛纳 Daccordi 个人收藏); 1♀, 四川巫山县梨子坪 (海拔 1850m), 采集人姚建, 1994. Ⅶ. 4 (中国科学院动物研究所); 1♀, 四川巫山县梨子坪 (海拔 1850m),

采集人李文柱, 1993. Ⅶ. 3 (中国科学院动物研究所); 1♀, 四川巫山县梨子坪 (海拔 1850m), 采集人杨星科, 1994. Ⅴ. 18 (中国科学院动物研究所); 1♀, 湖北神农架 (海拔 900~1700m), 采集人韩寅恒, 1981. Ⅴ. 26 (存放地点不详); 1♀, 湖北神农架红花朵林场 (海拔 1640m), 采集人韩寅恒, 1981. Ⅶ. 25 (中国科学院动物研究所); 3♂♂1♀, 湖北神农架红坪林场 (海拔 1640m), 采集人韩寅恒, 1981. Ⅵ. 25 (中国科学院动物研究所); 5♂♂, 湖北神农架红坪林场 (海拔 1660m), 采集人韩寅恒, 1981. Ⅶ. 16 (中国科学院动物研究所); 1♀, 湖北神农架 (海拔 900~1700m), 采集韩寅恒, 1981. Ⅴ. 26 (中国科学院动物研究所)。

(349) *Gonioctena* (*Gonioctena*) *warchalowskii* Daccordi et Ge, 2007 沃氏角胫叶甲

文献信息 Ge SQ, Daccordi M, Yang XK. 2007. Two new species of the genus *Gonioctena* Chevrolat from China (Coleoptera: Chrysomelidae: Chrysomelinae). Genus, 18: 579-587.

标本信息 正模: ♂, 湖北神农架木鱼镇 (海拔 2000m), 采集人 Bolm, 1999. Ⅵ. 12~Ⅵ. 15 (中国科学院动物研究所)。副模: 2♀♀, 采集地点和采集时间同正模, 采集人 Turna J (1♀保存在中国科学院动物研究所, 1♀保存在英国自然历史博物馆); 1♂2♀♀, 湖北大神农架 (海拔 2400m, 31.5°N, 110.3°E), 采集人 Turna J, 2000. Ⅵ. 17 (意大利维洛纳 Daccordi 个人收藏)。

(350) *Griva curvata* Yu, 1997 弧缘隆胸跳甲

文献信息 王书永, 虞佩玉. 1997. 鞘翅目: 叶甲科: 跳甲亚科//杨星科. 长江三峡库区昆虫. 上册. 重庆: 重庆出版社: 907.

标本信息 正模: ♂, 湖北巴东县江南 (海拔 100m), 采集人李文柱, 1994. Ⅴ. 14 (中国科学院动物研究所昆虫标本馆)。副模: ♂, 同正模。

(351) *Herpera abdominalis* **Wang, 1997** 凹腹丝跳甲

文献信息 王书永, 虞佩玉. 1997. 鞘翅目: 叶甲科: 跳甲亚科//杨星科. 长江三峡库区昆虫. 上册. 重庆: 重庆出版社: 915.

标本信息 正模: ♂, 湖北兴山县龙门河 (海拔 1300m), 采集人李文柱, 1994. Ⅴ. 6 (中国科学院动物研究所昆虫标本馆). 配模: ♀, 四川巫山县梨子坪 (海拔 1500m), 采集人姚建, 1993. Ⅶ. 5 (中国科学院动物研究所昆虫标本馆).

(352) *Japonitata hongpingana* **Jiang, 1989** 红坪日萤叶甲

文献信息 姜胜巧. 1989. 中国日萤叶甲属四新种 (鞘翅目: 叶甲科: 萤叶甲亚科). 昆虫学报, 32: 221-225.

标本信息 正模: ♂, 湖北神农架红坪 (海拔 1600m), 采集人虞佩玉, 1980. Ⅶ. 13 (中国科学院动物研究所或上海昆虫研究所).

(353) *Pseudespera femoralis* **Chen, Wang et Jiang, 1985** 花股丝萤叶甲

文献信息 陈世骧, 王书永, 姜胜巧. 1985. 华西萤叶甲之一新属 (鞘翅目: 叶甲科). 动物学报, 31: 372-376.

标本信息 正模: ♂, 湖北神农架酒壶林场 (海拔 1640m), 采集人虞佩玉, 1980. Ⅶ. 24 (中国科学院动物研究所). 配模: ♀, 湖北神农架酒壶林场 (海拔 1640m), 采集人韩寅恒, 1981. Ⅶ. 9 (中国科学院动物研究所). 副模: 1♂2♀♀, 同配模; 3♀♀, 同正模.

(354) *Pseudespera shennongiana* **Chen, Wang et Jiang, 1985** 神农架丝萤叶甲

文献信息 陈世骧, 王书永, 姜胜巧. 1985. 华西萤叶甲之一新属 (鞘翅目: 叶甲科). 动物学报, 31: 372-376.

标本信息 正模: ♀, 湖北神农架酒壶林场 (海拔 1640m), 采集人韩寅恒, 1981. Ⅶ. 9 (中国科学院动物研究所). 配模: ♂, 同正模. 副模: 5♀♀, 同正模; 1♀, 湖北神农架木鱼坪 (海拔 1250m), 采集人韩寅恒, 1981. Ⅶ. 5; 1♀, 湖北神农架酒壶林场, 采集人虞佩玉, 1980. Ⅶ. 24 (中国科学院动物研究所).

(355) *Pseudosepharia nigriceps* **Jiang, 1990** 黑头宽缘萤叶甲

文献信息 姜胜巧. 1990. 宽缘萤叶甲属一新种 (鞘翅目: 叶甲科). 昆虫学报, 33: 455-456.

标本信息 正模: ♀, 湖北房县桥上乡, 采集人郑乐怡, 1977. Ⅵ. 16 (中国科学院动物研究所). 配模: ♂, 湖北神农架红坪, 采集人郑乐怡, 1977. Ⅶ. 1 (中国科学院动物研究所). 副模: 1♂1♀, 同配模; 1♀, 湖北神农架大九湖, 采集人穆强, 1977. Ⅵ. 9; 1♀, 湖北神农架松柏镇, 采集人邹环光, 1977. Ⅵ. 22 (中国科学院动物研究所).

(356) *Trachyaphthona rugicollis* **Wang, 1997** 皱胸长瘤跳甲

文献信息 王书永, 虞佩玉. 1997. 鞘翅目: 叶甲科: 跳甲亚科//杨星科. 长江三峡库区昆虫. 上册. 重庆: 重庆出版社: 921.

标本信息 正模: ♂, 湖北兴山县小河口 (海拔 700m), 采集人杨星科, 1994. Ⅴ. 11 (中国科学院动物研究所昆虫标本馆). 配模: ♀, 同正模. 副模: 3♂♂7♀♀, 同正模; 5♀♀, 湖北巴东县三峡林场 (海拔 1800m), 采集人杨星科, 1994. Ⅴ. 15 (中国科学院动物研究所昆虫标本馆).

(357) *Stenoluperus puncticollis* **Wang, 1997** 糙胸瘦跳甲

文献信息 王书永, 虞佩玉. 1997. 鞘翅目: 叶甲科: 跳甲亚科//杨星科. 长江三峡库区昆虫. 上册. 重庆: 重庆出版社: 917-918.

标本信息 正模: ♂, 四川巫山县梨子坪 (海拔 1850m), 采集人李文柱, 1993. Ⅶ. 4 (中国科学院动物研究所昆虫标本馆). 配模: ♀, 四

川巫山县梨子坪 (海拔 1500m)，采集人姚建，1993. Ⅶ. 5 (中国科学院动物研究所昆虫标本馆)。副模: 1♂2♀♀，四川巫山县梨子坪 (海拔 1870m)，采集人李文柱，1993. Ⅶ. 2 (中国科学院动物研究所昆虫标本馆)。

(358) *Taipinus convexus* Daccordi et Ge, 2011 凸背圆胸叶甲

文献信息　Ge SQ, Daccordi M, Beutel RG, et al. 2011. Revision of the chrysomeline genera *Potaninia, Suinzona* and *Taipinus* (Coleoptera) from eastern Asia, with a biogeographic scenario for the Hengduan mountain region in southwestern China. Systematic Entomology, 36: 644-671.

标本信息　正模: ♀，湖北大神农架木鱼坪 (31°30′N, 110°21′E)，采集人 Schülke M, 2001. Ⅶ. 22 (中国科学院动物研究所)。副模: 1♂，湖北神农架木鱼坪 (海拔 1950m, 31°30′N, 110°21′E)，采集人 Wrase, 2001. Ⅶ. 16~Ⅶ. 22 (意大利维洛纳 Daccordi 个人收藏)。

95. 瓢虫科 Coccinellidae

(359) *Asemiadalia spiculimaculata* Jing, 1986 矛斑突角瓢虫

文献信息　经希立. 1986. 突角瓢虫属二新种记述 (鞘翅目: 瓢虫科). 动物分类学报, 11: 205-208.

标本信息　正模: ♂，湖北神农架 (海拔 1640m)，采集人韩寅恒，1981. Ⅶ. 7 (中国科学院动物研究所)。配模: ♀，同正模。副模: 4♂♂4♀♀，同正模; 1♂1♀，陕西宁陕县 (海拔 1600m)，采集人韩寅恒，1979. Ⅶ. 21; 3♀♀，陕西佛坪县，采集人张学忠，1973. Ⅷ. 2~Ⅷ. 9; 1♂2♀♀，陕西秦岭，采集人张学忠，1973. Ⅷ. 23~Ⅷ. 27 (中国科学院动物研究所)。

(360) *Clitostethus nigrifrons* Yu, 1997 黑头陡胸瓢虫

文献信息　虞国跃. 1997. 鞘翅目: 瓢虫科: 小毛瓢虫亚科//杨星科. 长江三峡库区昆虫. 上册. 重庆: 重庆出版社: 715-716.

标本信息　正模: ♀，四川巫山县梨子坪 (海拔 1850m)，采集人李法圣，1994. Ⅸ. 21 (中国农业大学)。副模: 2♀♀，四川巫山县梨子坪 (海拔 1850m)，采集人姚建，1994. Ⅸ. 22 (中国科学院动物研究所)。

(361) *Epilachna shennongjiaensis* Peng, Pang et Ren, 2000 神农架食植瓢虫

文献信息　彭正强，庞虹，任顺祥. 2000. 湖北省神农架食植瓢虫属一新种 (鞘翅目: 瓢虫科)//张雅林. 昆虫分类区系研究. 北京: 中国农业出版社: 133-135.

标本信息　正模: ♂，湖北神农架红坪，采集人彭正强，1997. Ⅶ. 19 (中国热带农业科学研究院植物保护研究所)。副模: 1♂，同正模。

(362) *Epilachna max* Pang et Ślipiński, 2012

文献信息　Pang H, Ślipiński A, Wu YP, et al. 2012. Contribution to the knowledge of Chinese *Epilachna* Chevrolat with descriptions of new species (Coleoptera: Coccinellidae: Epilachnini). Zootaxa, 3420: 1-37.

标本信息　正模: ♂，四川峨眉山，采集人 Bocák L, 1990. Ⅶ. 18 (瑞士巴塞尔自然历史博物馆)。副模: 3 (雌雄未有明确说明)，同正模; 1 (雌雄未有明确说明)，四川摩西镇，采集人 Král D, 1979. Ⅶ. 2 (瑞士巴塞尔自然历史博物馆); 5 (雌雄未有明确说明)，湖北神农架，采集人 Bolm, 1998. Ⅵ. 1~Ⅵ. 5 (3 个保存在瑞士巴塞尔自然历史博物馆，2 个保存在中山大学); 1 (雌雄未有明确说明)，台湾 Musha，采集人 Gressitt, 1947. Ⅷ. 24 (中山大学)。

(363) *Nephus (Geminosipho) bilinearis* Yu, 1997 双线弯叶毛瓢虫

文献信息　虞国跃. 1997. 鞘翅目: 瓢虫科: 小毛瓢虫亚科//杨星科. 长江三峡库区昆虫. 上册. 重庆: 重庆出版社: 718-719.

标本信息　正模: ♂，广东乳阳，采集人虞国

跃, 1993. VI. 10 (北京市农林科学院植保环保研究所). 副模: 1♂1♀, 湖北兴山县龙门河 (海拔 1300m), 采集人李法圣, 1994. IX. 8; 1♂, 四川万县龙驹 (海拔 400m), 采集人李法圣, 1994. IX. 27 (中国农业大学).

(364) *Nephus* (*Geminosipho*) *wushanus* Yu, 1997 巫山弯叶毛瓢虫

文献信息　虞国跃. 1997. 鞘翅目: 瓢虫科: 小毛瓢虫亚科//杨星科. 长江三峡库区昆虫. 上册. 重庆: 重庆出版社: 717-718.
标本信息　正模: ♂, 四川巫山县梨子坪 (海拔 1850m), 采集人姚建, 1994. IX. 22 (中国科学院动物研究所).

(365) *Nephus* (*Geminosipho*) *ziguiensis* Yu, 1997 秭归弯叶毛瓢虫

文献信息　虞国跃. 1997. 鞘翅目: 瓢虫科: 小毛瓢虫亚科//杨星科. 长江三峡库区昆虫. 上册. 重庆: 重庆出版社: 716-717.
标本信息　正模: ♂,湖北秭归县九岭头 (海拔 110m), 采集人姚建, 1994. IV. 30 (中国科学院动物研究所). 配模: ♀, 同正模. 副模: 3♂♂1♀, 同正模; 3♂♂, 湖北秭归县九岭头 (海拔 120m), 采集人杨星科, 1994. V. 1 (中国科学院动物研究所).

(366) *Pseudoscymnus bivalvis* Yu, 1997 双瓣方瓢虫

文献信息　虞国跃. 1997. 鞘翅目: 瓢虫科: 小毛瓢虫亚科//杨星科. 长江三峡库区昆虫. 上册. 重庆: 重庆出版社: 720.
标本信息　正模: ♂, 湖北兴山县龙门河 (海拔 1300m), 采集人李法圣, 1994. IX. 12 (中国农业大学).

(367) *Scymnus* (*Pullus*) *hirsutus* Yu, 1997 密毛小瓢虫

文献信息　虞国跃. 1997. 鞘翅目: 瓢虫科: 小毛瓢虫亚科//杨星科. 长江三峡库区昆虫.

上册. 重庆: 重庆出版社: 725.
标本信息　正模: ♂, 湖北兴山县龙门河 (海拔 1300m), 采集人姚建, 1994. IX. 10 (中国科学院动物研究所).

(368) *Scymnus* (*Pullus*) *ancontophyllus* Ren et Pang, 1993 箭叶小瓢虫

文献信息　任顺祥, 庞雄飞. 1993. 湖北小毛瓢虫属二新种记述 (鞘翅目: 瓢虫科). 华南农业大学学报,14: 6-9.
标本信息　正模: ♂, 湖北神农架, 采集人任顺祥, 1989. VII. 15 (华南农业大学昆虫标本室). 副模: ♂, 同正模; 1♂, 湖北武当山, 采集人任顺祥, 1989. VII. 18 (华南农业大学昆虫标本室).

(369) *Scymnus* (*Pullus*) *cibagouensis* Chen et Ren, 2015

文献信息　Chen XS, Huo LZ, Wang XM, et al. 2015. The subgenus *Pullus* of *Scymnus* from China (Coleoptera, Coccinellidae). Part II: the *Impexus* group. Annales Zoologici, 65: 295-408.
标本信息　正模: ♂, 西藏察隅县 (海拔 2000m), 采集人 Chen XS, 2007. X. 13 (华南农业大学). 副模: 2♂♂1♀, 同正模; 1♂, 西藏察隅县 (海拔 2300m), 采集人 Chen XS, 2007. X. 18; 2♂♂, 西藏察隅县 (海拔 1615m), 采集人 Li WJ, 2011. IX. 26; 2♂♂1♀, 西藏察隅县 (海拔 1650m), 采集人 Huo LZ, 2011. IX. 27; 1♂, 湖北神农架老君山 (海拔 1230m), 采集人 Chen XS, 2007. VIII. 5; 2♂♂, 海南霸王岭, 采集人彭正强, 1996. III. 21; 1♂, 海南五指山, 采集人 Wang XM, 2006. VII. 24; 1♂, 贵州雷公山, 采集人 Wang XM, 2006. VIII. 13; 1♂1♀, 海南望谟县, 采集人 Wang XM, 2006. VIII. 21 (华南农业大学).

(370) *Scymnus* (*Pullus*) *eminulus* Chen et Ren, 2015

文献信息　Chen XS, Huo LZ, Wang XM, et al. 2015. The subgenus *Pullus* of *Scymnus* from

China (Coleoptera, Coccinellidae). Part Ⅱ: the *Impexus* group. Annales Zoologici, 65: 295-408.

标本信息 正模: ♂, 云南贡山 (海拔 1600m), 采集人 Chen XS, 2010. Ⅶ. 30 (华南农业大学)。副模: 2♀♀, 同正模; 1♂, 云南屏边自治县 (海拔 2100m), 采集人 Wang XM, 2008. Ⅳ. 20、Ⅳ. 21; 4♂♂5♀♀, 云南独龙河, 采集人 Chen XS, 2010. Ⅶ. 27; 2♀♀, 云南独龙河 (海拔 1600m), 采集人 Chen XS, 2010. Ⅷ. 1; 3♂♂1♀, 云南景东自治县 (海拔 2524m), 采集人 Chen XS, 2013. Ⅷ. 17; 1♂, 湖北神农架坪堑 (海拔 1600m), 采集人 Chen XS, 2007. Ⅶ. 27; 45♂♂40♀♀, 四川天泉县 (海拔 1100m), 采集人 Chen XS, 2007. Ⅹ. 4 (其中 10♀♀10♂♂保存在中国科学院动物研究所, 其余副模的模示标本保存在华南农业大学); 1♀, 四川巫山县梨子坪 (海拔 2000m), 采集人 Chen XS, 2007. Ⅸ. 26、Ⅸ. 27; 1♀, 四川攀枝花 (海拔 1400m), 采集人 Chen XS, 2007. Ⅸ. 16 (华南农业大学)。

(371) *Scymnus (Pullus) inclinatus* Chen et Ren, 2015

文献信息 Chen XS, Huo LZ, Wang XM, et al. 2015. The subgenus *Pullus* of *Scymnus* from China (Coleoptera, Coccinellidae). Part I: the *Hingstoni* and *Subvillosus*groups. Annales Zoologici, 65: 187-237.

标本信息 正模: ♂, 河南南阳 (海拔 1430m), 采集人 Chen XS, 2009. Ⅶ. 9 (华南农业大学)。副模: 3♂♂8♀♀, 同正模 (1♂16♀♀保存在华南农业大学, 2♂♂2♀♀保存在中国科学院动物研究所); 1♂, 河南洛阳 (海拔 1390m), 采集人 Chen XS, 2009. Ⅶ. 11、Ⅶ. 12; 1♀, 河南内乡县宝天曼 (海拔 800~1300m), 2009. Ⅶ. 7、Ⅶ. 8; 1♂1♀, 陕西西安翠华山 (海拔 1300m), 采集人 Chen XS, 2009. Ⅶ. 30; 1♂, 湖北神农架 (海拔 1600m), 2007. Ⅶ. 27 (华南农业大学)。

(372) *Scymnus (Pullus) thecacontus* Ren et Pang, 1993 套矛毛瓢虫

文献信息 任顺祥, 庞雄飞. 1993. 湖北小毛瓢虫属二新种记述 (鞘翅目: 瓢虫科). 华南农业大学学报,14: 6-9.

标本信息 正模: ♂, 湖北神农架, 采集人任顺祥, 1989. Ⅶ. 10 (华南农业大学昆虫标本室)。

(373) *Scymnus (Pullus) wudangensis* Chen et Ren, 2015

文献信息 Chen XS, Huo LZ, Wang XM, et al. 2015. The subgenus *Pullus* of *Scymnus* from China (Coleoptera, Coccinellidae). Part I: the *Hingstoni* and *Subvillosus* Groups. Annales Zoologici, 65: 187-237.

标本信息 正模: ♂, 湖北武当山 (海拔 700~930m), 采集人 Chen XS, 2007. Ⅷ. 8 (华南农业大学)。副模: 7♂♂12♀♀, 同正模 (3♂♂8♀♀保存在华南农业大学, 4♂♂4♀♀保存在中国科学院动物研究所); 1♂, 湖北武当山, 采集人彭正强, 1997. Ⅶ. 17; 2♀♀, 湖北神农架板桥 (海拔 1170m), 2007. Ⅶ. 21~Ⅶ. 24 (华南农业大学)。

(374) *Stethorus (Allostethorus) convexus* Yu, 1996 松突食螨瓢虫

文献信息 虞国跃. 1996. 中国食螨瓢虫名录及一新种记述 (鞘翅目: 瓢虫科). 昆虫分类学报, 18: 32-36.

标本信息 正模: ♂, 河北北戴河, 采集人虞国跃, 1994. Ⅷ. 8 (北京农业大学)。配模: ♀, 同正模。副模: 6♂♂5♀♀, 同正模; 1♂, 采集地点和采集人同正模, 1994. Ⅷ. 11 (北京农业大学); 2♂♂1♀, 北京妙峰山, 采集人虞国跃, 1994. Ⅶ. 26 (北京农业大学); 1♀, 湖北兴山县龙门河, 1994. Ⅸ. 8, 采集人李法圣 (北京农业大学); 1♂, 四川巫山县梨子坪, 采集人杨星科, 1994. Ⅴ. 18 (中国科学院动物研究所)。

96. 负泥虫科 Crioceridae

(375) *Pedrillia flavipes* Yu, 1997 黄跗毛瘤胸叶甲

文献信息 虞佩玉. 1997. 鞘翅目: 负泥虫科//杨星科. 长江三峡库区昆虫. 上册. 重庆: 重庆出版社: 838.

标本信息 正模: ♀, 四川巫山县梨子坪 (海拔 1870m), 采集人李文柱, 1993. Ⅶ. 3 (中国科学院动物研究所昆虫标本馆).

97. 象虫科 Curculionidae

(376) *Eumyllocerus longisetus* Zhang et Han, 2005

文献信息 Han K, Zhang RZ, Park YG. 2005. On the genus *Eumyllocerus* Sharp (Coleoptera: Curculionidae: Entiminae) with description of two new species from China. Insect Science, 12: 217-223.

标本信息 正模: ♂, 湖北兴山县龙门河 (海拔 1350m), 采集人李鸿兴, 1993. Ⅵ. 17 (中国科学院动物研究所). 副模: 2♂♂4♀♀, 同正模 (中国科学院动物研究所); 1♂1♀, 同正模 (韩国高丽大学).

98. 方头甲科 Cybocephalidae

(377) *Cybocephalus endroudyi* Tian, 1995 方茎方头甲

文献信息 田明义. 1995. 中国方头甲属一新种记述 (鞘翅目: 方头甲科). 华南农业大学学报, 16: 42-43.

标本信息 正模: ♂, 湖北神农架自然保护区, 采集人任顺祥, 1989. Ⅶ. 16 (华南农业大学昆虫标本室).

(378) *Cybocephalus tetragonius* Yu, 1995 矩形方头甲

文献信息 虞国跃. 1995. 方头甲科二新种记述 (鞘翅目). 昆虫分类学报, 17: 31-34.

标本信息 正模: ♂, 广东始兴县车八岭 (24.7°N, 114.2°E), 采集人虞国跃, 1991. Ⅳ. 22 (北京市农林科学院植保环保研究所). 配模: 7♀♀, 采集地点和采集人同正模, 1991. Ⅳ. 24; 1♂, 广东始兴县车八岭 (24.7°N, 114.2°E), 采集人虞国跃, 1989. Ⅲ. 23; 1♂1♀, 湖北神农架 (31.7°N, 110.6°E), 采集人任顺祥, 1989. Ⅶ. 7 (北京市农林科学院植保环保研究所). 副模: ♀, 同正模。

99. 花甲科 Dascillidae

(379) *Dascillus acutus* Jin, Ślipiński et Pang, 2013

文献信息 Jin ZY, Ślipiński A, Pang H. 2013. Genera of Dascillinae (Coleoptera: Dascillidae) with a review of the Asian species of *Dascillus* Latreille, *Petalon* Schonherr and *Sinocaulus* Fairmaire. Annales Zoologici (Warszawa), 63: 551-652.

标本信息 正模: ♂, 陕西秦岭旬阳坝 (6000m), 采集人 Marshal IH, 1998. Ⅴ. 23~Ⅵ. 13 (瑞士巴塞尔自然历史博物馆). 副模: 2♂♂, 甘肃文县 (海拔 900m), 采集人 Janata M, 1996. Ⅵ. 26 (英国自然历史博物馆); 2♂♂, 湖北神农架木鱼镇 (海拔 2000m), 采集人 Bolm, 1997. Ⅵ. 12~Ⅵ. 15 (瑞士巴塞尔自然历史博物馆); 1♂, 陕西干沟村, 采集人不详, 1960. Ⅶ. 27 (中国科学院动物研究所); 2♂♂, 陕西秦岭旬阳坝 (海拔 1200m), 采集人 Marshal IH, 1998. Ⅴ. 23~Ⅵ. 13 (瑞士巴塞尔自然历史博物馆); 1♂, 陕西秦岭旬阳坝 (海拔 1200m), 采集人 Marshal IH, 1998. Ⅴ. 23~Ⅵ. 13 (中山大学博物馆); 2♂♂, 陕西秦岭旬阳坝 (海拔 1200m), 采集人 Marshal IH, 1998. Ⅵ. 14~Ⅵ. 18 (瑞士巴塞尔自然历史博物馆); 2♂♂1♀, 四川寨坡乡 (海拔 1780m), 采集人 Sato M, 2004. Ⅵ. 17 (日本爱媛大学博物馆).

(380) *Dascillus largus* Jin, Ślipiński et Pang, 2013

文献信息　Jin ZY, Ślipiński A, Pang H. 2013. Genera of Dascillinae (Coleoptera: Dascillidae) with a review of the Asian species of *Dascillus* Latreille, *Petalon* Schonherr and *Sinocaulus* Fairmaire. Annales Zoologici (Warszawa), 63: 551-652.

标本信息　正模：♂，湖北兴山县龙门河 (海拔1400m)，采集人王书永，1995. VI. 11 (中国科学院动物研究所)。副模：2♀♀，湖北神农架 (海拔1500~1800m)，采集人 Yun L, 2012. VI. 17~VI. 20 (中山大学生物博物馆)；1♀，湖北神农架木鱼坪，采集人 Fanek OS, 2001. VI. 25 (德国巴登-符腾堡国家自然历史博物馆)；1♀，湖北神农架 (海拔 900~1700m)，采集人韩寅恒，1981. VI. 26 (中国科学院动物研究所)；1♂，湖北兴山县龙门河 (海拔 1200m)，采集人王书永，1995. VI. 9 (中国科学院动物研究所)；1♀，湖北兴山县龙门河 (海拔 1200m)，采集人王书永，1995. VI. 13 (中国科学院动物研究所)；1♀，四川米仓山 (海拔 1300~1450m, 32°40′N, 106°55′E)，采集人 Tuma J, 2008. VI. 11、VI. 12 (英国自然历史博物馆)。

100. 叩甲科 Elateridae

(381) *Gnathodicrus jaroslavi* Schimmel et Tarnawski, 2006

文献信息　Schimmel R, Tarnawski D. 2006. The species of the genus *Gnathodicrus* FLEUTIAUX, 1934 (Insecta: Coleoptera: Elateridae). Genus, 17: 511-536.

标本信息　正模：♀，湖北神农架木鱼坪 (海拔1300m)，采集人 Turna J, 2003. VII. 12、VII. 13 (德国菲宁根 Schimmel 个人收藏)。副模：1♀，同正模。

(382) *Gnathodicrus xingshanensis* Schimmel et Tarnawski, 2006 兴山瘤盾叩甲

文献信息　Schimmel R, Tarnawski D. 2006. The species of the genus *Gnathodicrus* FLEUTIAUX, 1934 (Insecta: Coleoptera: Elateridae). Genus, 17: 511-536.

标本信息　正模：♀，湖北兴山县到巴东县一线 (海拔1500m)，采集人 Turna J, 2003. VII. 17 (德国菲宁根 Schimmel 个人收藏)。副模：1♀，湖北神农架木鱼坪 (海拔 1100m)，采集人 Turna J, 2002. VI. 15~VI. 17 (德国菲宁根 Schimmel 个人收藏)。

(383) *Zorochros hubeiensis* Schimmel et Tarnawski, 2012

文献信息　Schimmel R, Tarnawski D. 2012. New and little known species of the genus *Zorochros* Thomson 1859 (Coleoptera: Elateridae) from Palaearctic and Oriental Region. Annales de la Société Entomologique de France, 48: 347-362.

标本信息　正模：♂，湖北巴东县 (30°18′N, 112°2′E)，采集人 Turna J, 2003. VI. 26~VII. 10 (德国菲宁根 Schimmel 个人收藏)。副模：1♂22♀♀: 1spm，同正模；1spm，湖北大别山 (30°20′N 114°15′E)，采集人 Turna J, 2003. VI. 17、VI. 18；1spm，湖北铜山 (30°42′N 114°15′E)，采集人 Turna J, 2003. VI. 6~VI. 19 (德国菲宁根 Schimmel 个人收藏)。

101. 牙甲科 Hydrophilidae

(384) *Laccobius (Macro Laccobius) ziguiensis* Jia, 1997 秭归长节牙甲

文献信息　贾凤龙. 1997. 鞘翅目：牙甲科// 杨星科. 长江三峡库区昆虫. 上册. 重庆：重庆出版社: 649.

标本信息　正模：♀，湖北秭归县九岭头 (海拔110m)，采集李法圣，1994. IX. 9 (中国科学院动物研究所)。副模：1♀，同正模。

102. 伪叶甲科 Lagriidae

(385) *Cerogria ommalata* Chen, 1997 细眼角伪叶甲

文献信息　陈斌. 1997. 鞘翅目：伪叶甲科//

杨星科. 长江三峡库区昆虫. 上册. 重庆: 重庆出版社: 747.

标本信息 正模: ♂, 湖北神农架香溪源 (海拔1300m), 采集人杨星科, 1994. Ⅴ. 5。副模: 3♂♂2♀♀, 湖北神农架香溪源 (海拔 1300m), 采集人章有为、杨星科、李文柱, 1994. Ⅴ. 4、Ⅴ. 5 (中国科学院动物研究所昆虫标本馆)。

(386) *Chlorophila melagena* Chen, 1997 黑膝绿伪叶甲

文献信息 陈斌. 1997. 鞘翅目: 伪叶甲科//杨星科. 长江三峡库区昆虫. 上册. 重庆: 重庆出版社: 751.

标本信息 正模: ♂, 湖北兴山县龙门河 (海拔1670m), 采集人孙宝文, 1993. Ⅶ. 23 (中国科学院动物研究所昆虫标本馆)。副模: 1♂, 湖北竹溪县, 采集人不详, 1979. Ⅵ. 13 (中国科学院动物研究所昆虫标本馆)。

103. 球蕈甲科 Leiodidae

(387) *Ptomaphaginus luoi* Wang et Zhou, 2015 罗氏锯尸小葬甲

文献信息 Wang CB, Zhou HZ. 2015. Taxonomy of the genus *Ptomaphaginus* Portevin (Coleoptera: Leiodidae: Cholevinae: Ptomaphagini) from China, with description of eleven new species. Zootaxa, 3941: 301-338.

标本信息 正模: ♂, 湖北神农架九冲干沟 (海拔870m), 采集人 Luo TH, 1998. Ⅶ. 19 (中国科学院动物研究所)。

(388) *Ptomaphaginus shennongensis* Wang et Zhou, 2015 神农锯尸小葬甲

文献信息 Wang CB, Zhou HZ. 2015. Taxonomy of the genus *Ptomaphaginus* Portevin (Coleoptera: Leiodidae: Cholevinae: Ptomaphagini) from China, with description of eleven new species. Zootaxa, 3941: 301-338.

标本信息 正模: ♂, 湖北神农架龙门河 (海拔1725m), 采集人 Wu J, 2002. Ⅶ. 28~Ⅶ. 30

(中国科学院动物研究所)。副模: 7♀♀, 同正模; 1♀, 采集地点和采集人同正模, 2002. Ⅶ. 28; 1♂2♀♀, 湖北神农架九冲干沟 (海拔1240m), 采集人周红章, 1998. Ⅶ. 18~Ⅶ. 21; 1♂, 湖北神农架九冲干沟 (海拔 1240m), 采集人 He JJ, 1998. Ⅶ. 18~Ⅶ. 21; 1♀, 湖北神农架九冲干沟 (海拔900m), 采集人 Zhou HS, 1998. Ⅶ. 19; 1♂, 湖北神农架官门山 (海拔1460m), 采集人周红章, 1998. Ⅶ. 30~Ⅷ. 11 (中国科学院动物研究所)。

104. 鳃金龟科 Melolonthidae

(389) *Sophrops longiflabellum* Gu et Zhang, 1995 长角索鳃金龟

文献信息 顾耕, 张治良. 1995. 鳃金龟科两属属征修订及 3 新种记述 (鞘翅目: 金龟总科). 华东昆虫学报, 4: 4-10.

标本信息 正模: ♂, 湖北神农架木鱼坪, 采集人墨铁路, 1986. Ⅶ. 30 (莱阳农学院植保系昆虫标本室)。配模: ♀, 同正模。副模: 1♂, 同正模; 2♂♂, 湖北咸宁温泉, 采集人江世宏, 1984. Ⅵ. 16 (莱阳农学院植保系昆虫标本室)。

(390) *Hoplia platyca* Zeng, 1986 宽扁单爪蛄

文献信息 曾虹. 1986. 单爪鳃蛄属四新种记述 (鞘翅目: 鳃角金龟科). 昆虫分类学报, 8: 271-275.

标本信息 正模: ♂, 湖北神农架大九湖, 采集人郑乐怡, 1977. Ⅵ (南开大学生物系)。副模: 2♂♂, 同正模。

(391) *Melichrus flavescens* Zhang, 1997 淡黄蜜鳃金龟

文献信息 章有为, 李延高. 1997. 鞘翅目: 绒毛金龟科, 犀金龟科, 鳃金龟科//杨星科. 长江三峡库区昆虫. 上册. 重庆: 重庆出版社: 770.

标本信息 正模: ♂, 四川巫山县梨子坪 (海拔1850m), 采集人李文柱、章有为, 1994. Ⅴ.

19 (中国科学院动物研究所昆虫标本馆)。副模: 1♂, 同正模。

105. 卷叶象甲科 Rhynchitidae

(392) *Aspidobyctiscus (Chinobyctisecus) mirabilis* Legalov et Liu, 2005

文献信息 Legalov AA, Liu N. 2005. New leaf-rolling weevils (Coleoptera: Rhynchitidae, Attelabidae) from China. Baltic Journal of Coleopterology, 5: 99-132.

标本信息 正模: ♂, 四川万县 (海拔 1200m), 采集人李法圣, 1994. IX. 29 (中国科学院动物研究所)。副模: 1♂, 同正模 (俄罗斯科学院西伯利亚分院动物系统学和生态学研究所西伯利亚动物博物馆); 1♂, 湖北神农架大九湖 (海拔 1800m), 采集人韩寅恒, 1981. VIII. 14; 1♀, 湖北神农架 (海拔 900~1200m), 采集人韩寅恒, 1981. VI. 27; 1♀, 采集地点和采集人不详, 1987. V (中国科学院动物研究所)。

106. 丽金龟科 Rutelidae

(393) *Anomala rugiclypea* Lin, 1989 皱唇异丽金龟

文献信息 林平. 1989. 陕西异丽金龟属新种记述 (鞘翅目: 丽金龟科). 昆虫分类学报, 11: 83-90.

标本信息 正模: ♂, 福建崇安星村三港 (海拔 740m), 采集人张毅然, 1960. VI. 23 (中国科学院动物研究所昆标本馆)。配模: ♀, 同正模。副模: 12♂♂2♀♀, 福建崇安、建阳, 采集人和采集时间不详; 7♂♂2♀♀, 陕西佛坪、镇安、洋县、宁陕、汉中、宁强、紫阳, 采集人和采集时间不详; 8♂♂3♀♀, 广东广州、乳源、高要、龙门、封开, 采集人和采集时间不详; 6♂♂1♀, 海南尖峰岭, 采集人和采集时间不详; 16♂♂3♀♀, 广西花坪、金秀、龙胜, 采集人和采集时间不详; 4♂♂9♀♀, 湖南衡山、湖北兴山、神农架 (原文是湖南兴山和神农架, 经查阅相关地理学名典并无记录, 故在此作出更正), 采集人和采集时间不详; 1♂, 云南

勐海, 采集人和采集时间不详; 8♂♂5♀♀, 四川西康、两河口、崇庆、三台、金堂、雅安、成都、峨眉山 (中国科学院动物研究所昆虫标本馆, 陕西昆虫博物馆或广东昆虫研究所)。

107. 金龟科 Scarabaeidae

(394) *Copris inaequabilis* Zhang, 1997 不等蜣螂

文献信息 章有为, 苏余庆. 1997. 鞘翅目: 粪金龟科, 驼金龟科, 蜉金龟科, 金龟科//杨星科. 长江三峡库区昆虫. 上册. 重庆: 重庆出版社: 758-759.

标本信息 正模: ♂, 湖北兴山县龙门河 (海拔 1300m), 采集人李文柱, 1994. V. 9 (中国科学院动物研究所昆虫标本馆)。配模: ♀, 湖北兴山县龙门河 (海拔 1300m), 采集人章有为, 1994. V. 7 (中国科学院动物研究所昆虫标本馆)。副模: 1♂1♀, 湖北兴山县龙门河 (海拔 1200~1300m), 采集人姚建、黄润质, 1993. VI. 19~VI. 21; 4♂♂10♀♀, 采集地点和采集时间同正模, 采集人李文柱、姚建、章有为 (中国科学院动物研究所昆虫标本馆)。

(395) *Neoserica (s. l.) shennongjiaensis* Liu, Fabrizi, Bai, Yang et Ahrens, 2014

文献信息 Liu WG, Fabrizi S, Bai M, et al. 2014. A taxonomic revision of the *Neoserica* (sensu lato) *pilosula* group (Coleoptera, Scarabaeidae, Sericini). ZooKeys, 440: 89-113.

标本信息 正模: ♂, 湖北神农架红花坪, 采集人虞佩玉, 1980. VII. 26 (中国科学院动物研究所)。副模: 1♀, 同正模; 1♂, 山西中条山 (海拔 550m), 采集人李文柱, 1995. VII. 30; 1♂, 云南金平自治县 (海拔 1700m), 采集人 Keren H, 1956. V. 15 (德国亚历山大动物博物馆); 1♂, 贵州道真县大沙河, 采集人杨秀娟、Huiran H, 2004. VIII. 17~VIII. 21 (河北大学博物馆); 1♂, 河南嵩县白云山, 采集人任国栋、Wu QQ, 2008. VIII. 14~VIII. 17 (河北大学博

物馆)。

(396) *Onthophagus* (*Indachorius*) *platypus* **Zhang, 1997** 阔基嗡蜣螂

文献信息 章有为, 苏余庆. 1997. 鞘翅目: 粪金龟科, 驼金龟科, 蜉金龟科, 金龟科//杨星科. 长江三峡库区昆虫. 上册. 重庆: 重庆出版社: 763-764.

标本信息 正模: ♂, 湖北兴山县龙门河 (海拔 1300m), 采集人章有为, 1994. V. 11 (中国科学院动物研究所昆虫标本馆)。

(397) *Onthophagus* (*Serrophorus*) *oblongus* **Zhang, 1997** 椭头嗡蜣螂

文献信息 章有为, 李延高. 1997. 鞘翅目: 绒毛金龟科, 犀金龟科, 鳃金龟科//杨星科. 长江三峡库区昆虫. 上册. 重庆: 重庆出版社: 762.

标本信息 正模: ♂, 湖北兴山县龙门河 (海拔 1300m), 采集人章有为, 1994. V. 7 (中国科学院动物研究所昆虫标本馆)。副模: 3♂♂, 同正模。

108. 隐翅虫科 Staphylinidae

(398) *Amphichroum jinhoulingense* **Zhong, 2010** 金猴岭曲胫隐翅虫

文献信息 钟妙. 2010. 中国四眼隐翅虫属、长跗隐翅虫属和曲胫隐翅虫属分类研究 (鞘翅目: 隐翅虫科: 四眼隐翅虫亚科). 上海: 上海师范大学硕士学位论文, 53-54.

标本信息 正模: ♂, 湖北神农架金猴岭, 采集人李利珍、汤亮, 2002. Ⅷ. 4 (上海师范大学生物系昆虫标本室)。副模: 5♂♂1♀, 同正模 (上海师范大学生物系昆虫标本室)。

(399) *Amphichroum xiaolongtanense* **Zhong, 2010** 小龙潭曲胫隐翅虫

文献信息 钟妙. 2010. 中国四眼隐翅虫属、长跗隐翅虫属和曲胫隐翅虫属分类研究 (鞘翅目: 隐翅虫科: 四眼隐翅虫亚科). 上海:

上海师范大学硕士学位论文, 55-56.

标本信息 正模: ♂, 湖北神农架小龙潭, 采集人李利珍、汤亮, 2002. Ⅷ. 3 (上海师范大学生物系昆虫标本室)。副模: 2♂♂1♀, 同正模 (上海师范大学生物系昆虫标本室)。

(400) *Bolitogyrus metallicus* **Cai, Zhao et Zhou, 2015**

文献信息 Cai YP, Zhao ZY, Zhou HZ. 2015. Taxonomy of the genus *Bolitogyrus* Chevrolat (Coleoptera: Staphylinidae: Staphylinini: Quediina) from China with description of seven new species. Zootaxa, 3955: 451-486.

标本信息 正模: ♂, 湖北神农架坪堑, 采集人 Chen YJ, 2005. IX. 26 (中国科学院动物研究所)。

(401) *Dianous calvicollis* **Puthz, 2016**

文献信息 Puthz V. 2016. Übersicht über die Arten der Gattung *Dianous* Leach group Ⅱ (Coleoptera, Staphylinidae) 347. Beitrag zur Kenntnis der Steninen. Linzer Biologische Beitraege, 48: 705-778.

标本信息 正模: (♂) 37♂♂45♀♀, 湖北神农架木鱼坪 (海拔 1550~1650m, 31°29′N, 110°22′E), 采集人 Schülke M, 2001. Ⅶ. 18 (德国柏林 Schülke 个人收藏或英国自然历史博物馆或上海农业大学或德国 Puthz 个人收藏或加拿大渥太华 Smetana 个人收藏)。副模: 6♂♂12♀♀, 湖北神农架木鱼坪 (海拔 1540m, 31°29′N, 110°22′E), 采集 Wrase D, 2000. Ⅶ. 18; 6♂♂2♀♀, 湖北神农架木鱼坪 (海拔 1700m), 采集人 Smetana A, 2001. Ⅶ. 27; 27♂♂14♀♀, 湖北神农架木鱼坪 (海拔 1550~1650m, 31°29′N, 110°22′E), 采集人 Smetana A, 2001. Ⅶ. 21; 5♂♂7♀♀, 陕西秦岭 (海拔 1450m, 33°50′N, 107°47′E), 采集人 Schülke M, 2001. Ⅶ. 5; 13♂♂10♀♀, 陕西秦岭 (海拔 1450m, 33°50′N, 107°47′E), 采集人 Smetana A, 2001. Ⅶ. 5; 27♂♂23♀♀, 湖北神农架木鱼坪, 采集人李利珍, 2003. IX. 3 (德

国柏林 Schülke 个人收藏或英国自然历史博物馆或上海农业大学或德国 Puthz 个人收藏或加拿大渥太华 Smetana 个人收藏)。

(402) *Domene (Macromene) cultrata* **Feldmann et Peng, 2014**

文献信息 Feldmann B, Peng Z, Li LZ. 2014. On the *Domene* species of China, with descriptions of four new species (Coleoptera, Staphylinidae). ZooKeys, 456: 109-138.

标本信息 正模: ♂, 陕西秦岭华山 (海拔 1200~1400m, 34.27°N, 110.06°E), 采集人 Wrase、Schülke M, 1995. Ⅷ. 18、Ⅷ. 20 (德国柏林 Schülke 个人收藏)。副模: 2♂♂3♀♀, 同正模 (德国柏林 Schülke 个人收藏, 英国牛津 Rougemont 个人收藏, 德国明斯特 Feldmann 个人收藏); 1♂, 陕西汉中 (海拔 1460m, 32°44′22″N, 106°51′55″E), 采集人 Assing V, 2012. Ⅷ. 4 (德国汉诺威 Assing 个人收藏); 1♂, 陕西汉中米仓山 (海拔 1090m, 32°40′52″N, 106°49′16″E), 采集人 Assing V, 2012. Ⅷ. 14 (德国明斯特 Feldmann 个人收藏); 2♀♀, 陕西汉中米仓山 (海拔 1090m, 32°40′43″N, 106°48′33″E), 采集人 Wrase, 2012. Ⅷ. 17 (德国柏林 Schülke 个人收藏或德国明斯特 Feldmann 个人收藏); 1♂1♀, 陕西秦岭华山 (海拔 1200~1400m, 34.27°N, 110.06°E), 采集人 Schülke M, 1995. Ⅷ. 18、Ⅷ. 20 (德国柏林 Schülke 个人收藏); 1♀, 陕西重庆交界镇坪县 (海拔 1700~1800m, 31°44′N, 109°35′E), 采集人 Smetana A, 2001. Ⅶ. 9 (加拿大渥太华 Smetana 个人收藏); 1♂1♀, 陕西周至县厚畛子 (海拔 1336m, 33°50′613″N, 107°48′524″E), 采集人 Huang H、Wang X, 2008. Ⅴ. 17~Ⅴ. 19 (上海师范大学昆虫标本馆); 1♂2♀♀, 甘肃岷山 (海拔 1500m, 33°05′24″N, 104°45′13″E), 采集人 Assing V, 2012. Ⅷ. 6 (德国汉诺威 Assing 个人收藏); 2♂♂2♀♀, 湖北神农架木鱼坪 (海拔 1540m, 31°29′N, 110°22′E), 采集人 Wrase,

2001. Ⅶ. 18 (德国柏林 Schülke 个人收藏或德国明斯特 Feldmann 个人收藏)。

(403) *Gabrius oberti* **Qi, 2009 大黑佳隐翅虫**

文献信息 齐楠. 2009. 中国佳隐翅虫属分类研究 (鞘翅目: 隐翅虫科: 隐翅虫亚科). 上海: 上海师范大学硕士学位论文, 21-22.

标本信息 正模: ♂, 湖北神农架木鱼镇, 采集人李利珍, 2003. Ⅺ. 3 (上海师范大学生物系昆虫研究室)。副模: 16♂♂12♀♀, 同正模。

(404) *Lesteva jinghoulingensis* **Li, 2005 金猴岭盗隐翅虫**

文献信息 李新巾. 2005. 中国盗隐翅虫属分类研究 (鞘翅目: 隐翅虫科: 四眼隐翅虫亚科). 上海: 上海师范大学硕士学位论文, 31-32.

标本信息 正模: ♂, 湖北神农架金猴岭, 采集人李利珍、汤亮, 2002. Ⅷ. 4 (上海师范大学生物系昆虫标本室)。

(405) *Lesteva muyuica* **Li, 2005 木鱼盗隐翅虫**

文献信息 李新巾. 2005. 中国盗隐翅虫属分类研究 (鞘翅目: 隐翅虫科, 四眼隐翅虫亚科). 上海: 上海师范大学硕士学位论文, 25-26.

标本信息 正模: ♂, 湖北神农架木鱼镇, 采集人李利珍, 2004. Ⅺ. 3 (上海师范大学生物系昆虫标本室)。

(406) *Lobrathium rutilum* **Li, Solodovinikov et Zhou, 2013**

文献信息 Li XY, Solodovinikov A, Zhou HZ. 2013. Four new species of the genus *Lobrathium* Mulsant & Rey (Coleoptera: Staphylinidae: Paederinae) from China. Zootaxa, 3635: 569-578.

标本信息 正模: ♂, 湖北神农架干沟 (海拔 1610m), 采集人 Yu XD, 1998. Ⅷ. 1~Ⅷ. 8 (中国科学院动物研究所)。

(407) *Lordithon (Lordithon) aliopenis* Zhu, 2006 异茎蕈隐翅虫

文献信息 朱靖文. 2006. 中国毛须隐翅虫属和蕈隐翅虫属分类研究 (鞘翅目: 隐翅虫科: 尖腹隐翅虫亚科). 上海: 上海师范大学硕士学位论文, 53-54.

标本信息 正模: ♂, 河南伏牛山自然保护区 (海拔 1000m), 采集人胡佳耀、汤亮、朱礼龙, 2004. Ⅷ. 1 (上海师范大学生物系昆虫研究室). 副模: 25♂♂21♀♀, 同正模; 4♂♂1♀, 湖北神农架松柏镇 (海拔 1500m), 采集人林捷、邢华胜, 2004. Ⅷ. 13 (上海师范大学生物系昆虫研究室).

(408) *Lordithon (Lordithon) lii* Zhu, 2006 李氏蕈隐翅虫

文献信息 朱靖文. 2006. 中国毛须隐翅虫属和蕈隐翅虫属分类研究 (鞘翅目: 隐翅虫科: 尖腹隐翅虫亚科). 上海: 上海师范大学硕士学位论文, 49-50.

标本信息 正模: ♂, 湖北神农架小龙潭, 采集人李利珍、汤亮, 2002. Ⅷ. 5 (上海师范大学生物系昆虫研究室).

(409) *Lordithon (Bolitobus) robustus* Zhu, 2006 壮蕈隐翅虫

文献信息 朱靖文. 2006. 中国毛须隐翅虫属和蕈隐翅虫属分类研究 (鞘翅目: 隐翅虫科: 尖腹隐翅虫亚科). 上海: 上海师范大学硕士学位论文, 42-43.

标本信息 正模: ♂, 四川九寨沟自然保护区, 采集人李利珍、赵梅君, 2001. Ⅶ. 27 (上海师范大学生物系昆虫研究室). 副模: 3♀♀, 同正模; 1♂3♀♀, 四川峨眉山, 采集人李利珍, 2003. Ⅶ. 17; 10♂♂7♀♀, 西藏林芝县巴松错 (海拔 3465m), 采集人李利珍, 2004. Ⅷ. 9; 9♂♂4♀♀, 西藏林芝县鲁朗, 采集人汤亮, 2005. Ⅷ. 2; 4♂♂, 西藏林芝县色季拉 (海拔 3700m), 采集人汤亮, 2005. Ⅷ. 5; 6♂♂8♀♀,

青海西宁互助县北山 (海拔 2450m), 采集人胡佳耀、汤亮、朱礼龙, 2004. Ⅶ. 28; 3♂♂1♀, 青海西宁互助县北山 (海拔 2750m), 采集人胡佳耀、汤亮、朱礼龙, 2004. Ⅶ. 29; 3♂♂3♀♀, 青海孟达自然保护区 (海拔 2200~2500m), 采集人胡佳耀、汤亮、朱礼龙, 2004. Ⅶ. 24; 3♂♂3♀♀, 湖北神农架金猴岭, 采集人李利珍、汤亮, 2002. Ⅷ. 4; 1♂, 湖北五峰县后河自然保护区, 采集人李利珍, 2004. Ⅳ. 29; 1♀, 湖北神农架小龙潭, 采集人李利珍、汤亮, 2002. Ⅷ. 3; 2♂♂2♀♀, 陕西佛坪自然保护区 (海拔 1400~1800m), 采集人胡佳耀、汤亮、朱礼龙, 2004. Ⅶ. 19; 1♂, 河南伏牛山自然保护区 (海拔 1400~700m), 采集人胡佳耀、汤亮、朱礼龙, 2004. Ⅷ. 2 (上海师范大学生物系昆虫研究室).

(410) *Lordithon (Bolitobus) shennongjiaensis* Zhu, 2006 神农架蕈隐翅虫

文献信息 朱靖文. 2006. 中国毛须隐翅虫属和蕈隐翅虫属分类研究 (鞘翅目: 隐翅虫科: 尖腹隐翅虫亚科). 上海: 上海师范大学硕士学位论文, 39-40.

标本信息 正模: ♂, 湖北神农架小龙潭, 采集人李利珍、汤亮, 2002. Ⅷ. 3 (上海师范大学生物系昆虫研究室). 副模: 22♂♂12♀♀, 同正模; 2♂♂3♀♀, 湖北神农架金猴岭, 采集人李利珍、汤亮, 2002. Ⅷ. 4; 3♂♂, 湖北神农架小龙潭, 采集人李利珍、汤亮, 2002. Ⅷ. 5 (上海师范大学生物系昆虫研究室).

(411) *Megarthrus dikroos* Shen, 2008 分叉沟胸隐翅虫

文献信息 沈山佳. 2008. 中国沟胸隐翅虫属分类研究 (鞘翅目: 隐翅虫科: 原隐翅虫亚科). 上海: 上海师范大学硕士学位论文, 22.

标本信息 正模: ♂, 湖北神农架大九湖, 采集人林捷, 2004. Ⅷ. 23 (上海师范大学生物系昆虫研究室).

(412) *Megarthrus jinhoulingensis* Shen, 2008 金猴岭沟胸隐翅虫

文献信息 沈山佳. 2008. 中国沟胸隐翅虫属分类研究 (鞘翅目: 隐翅虫科: 原隐翅虫亚科). 上海: 上海师范大学硕士学位论文, 30-31.

标本信息 正模: ♂, 湖北神农架金猴岭, 采集人李利珍、汤亮, 2002. Ⅷ. 4 (上海师范大学生物系昆虫研究室)。副模: 1♀, 同正模。

(413) *Nazeris hubeiensis* Hu, 2006 湖北四齿隐翅虫

文献信息 胡佳耀. 2006. 中国四齿隐翅虫属分类研究 (鞘翅目: 隐翅虫科: 毒隐翅虫亚科). 上海: 上海师范大学硕士学位论文, 21-22.

标本信息 正模: ♂, 湖北神农架小龙潭, 采集人李利珍、汤亮, 2002. Ⅷ. 5 (上海师范大学生物系昆虫研究室)。

(414) *Nazeris lini* Hu, 2006 林氏四齿隐翅虫

文献信息 胡佳耀. 2006. 中国四齿隐翅虫属分类研究 (鞘翅目: 隐翅虫科: 毒隐翅虫亚科). 上海: 上海师范大学硕士学位论文, 12-13.

标本信息 正模: ♂, 湖北神农架大九湖 (海拔 1500~1600m), 采集人林捷, 2004. Ⅷ. 23 (上海师范大学生物系昆虫研究室)。

(415) *Platydracus shennongjiaensis* Xu, 2009 神农架普拉隐翅虫

文献信息 许旺. 2009. 中国普拉隐翅虫属分类研究 (鞘翅目: 隐翅虫科: 隐翅虫亚科). 上海: 上海师范大学硕士学位论文, 12-13.

标本信息 正模: ♂, 湖北神农架, 采集人李利珍、汤亮, 2002. Ⅷ. 6 (上海师范大学生物系昆虫标本室)。

(416) *Plastus* (*Sinumandibulus*) *recticornis* Wu et Zhou, 2007 直角齿隐翅虫

文献信息 Wu J, Zhou HZ. 2007. Phylogenetic analysis and reclassification of the genus *Priochirus* Sharp (Coleoptera: Staphylinidae:

Osoriinae). Invertebrate Systematics, 21: 73-107.

标本信息 正模: ♂, 湖北神农架, 采集人虞佩玉, 1980. Ⅶ. 15 (中国科学院动物研究所)。副模: 2♀♀, 同正模。

(417) *Quedius* (*Microsaurus*) *medius* Cai, Zhao et Zhou, 2015

文献信息 Cai YP, Zhao ZY, Zhou HZ. 2015. Taxonomy of the *Quedius mukuensis* group (Coleoptera: Staphylinidae: Staphylinini: Quediina) with descriptions of four new species from China, Zootaxa, 4013: 1-26.

标本信息 正模: ♂,湖北神农架神农顶 (海拔 2890m), 采集人 Zhou HS, 1998. Ⅶ. 26~Ⅷ. 9 (中国科学院动物研究所)。副模: 1♂3♀♀, 同正模。

(418) *Quedius* (*Raphirus*) *herbicola* Smetana, 2002

文献信息 Smetana A. 2002. Contributions to the knowledge of the Quediina (Coleoptera, Staphylinidae, Staphylinini) of China. Part 21. Genus *Quedius* Stephens, 1829. Subgenus *Raphirus* Stephens, 1829. Section 4. Elytra, 30: 119-135.

Cai YP, Zhou HZ. 2015. Taxonomy of the subgenus *Quedius* (*Raphirus*) Stephens (Coleoptera: Staphylinidae: Staphylinini: Quediina) with descriptions of four new species from China. Zootaxa, 3990: 151-196.

标本信息 模式产地: 湖北神农架木鱼坪 (海拔 1950m, 31°30′N, 110°21′E)。

补充说明 未找到原始文献, 本种的信息来自于: Cai YP, Zhou HZ. 2015. Taxonomy of the subgenus *Quedius* (*Raphirus*) Stephens (Coleoptera: Staphylinidae: Staphylinini: Quediina) with descriptions of four new species from China. Zootaxa, 3990: 151-196.

(419) *Quedius* (*Raphirus*) *hubeiensis* Cai, Zhao et Zhou, 2015

文献信息 Cai YP, Zhou HZ. 2015. Taxonomy of the subgenus *Quedius* (*Raphirus*) Stephens (Coleoptera: Staphylinidae: Staphylinini: Quediina) with descriptions of four new species from China, Zootaxa, 3990: 151-196.

标本信息　正模: ♂, 湖北神农架九冲干沟 (海拔 1240m), 采集人 He JJ, 1998. Ⅶ. 18 (中国科学院动物研究所)。

(420) *Quedius (Raphirus) shennongjiaensis Zhu*, 2006 神农架肩隐翅虫

文献信息　朱礼龙. 2006. 中国肩隐翅虫属分类研究 (鞘翅目: 隐翅虫科: 隐翅虫亚科). 上海: 上海师范大学硕士学位论文, 18.

标本信息　正模: ♂, 湖北神农架木鱼镇, 采集人李利珍、汤亮, 2002. Ⅷ. 6 (上海师范大学生物系昆虫研究室)。副模: 1♀, 同正模。

(421) *Stenus (Hypostenus) cuneatus Zhao, Cai et Zhou*, 2008

文献信息　Zhao CY, Cai WZ, Zhou HZ. 2008. Two new *Stenus* (*Hypostenus*) species from China (Coleoptera: Staphylinidae: Steninae). Zootaxa, 1725: 48-52.

标本信息　正模: ♂, 湖北神农架神农顶 (海拔 2800~2900m, 31°21′~31°36′N, 110°03′~110°34′E), 采集人 He JJ, 1998. Ⅶ. 26 (中国科学院动物研究所)。副模: 4♀♀, 同正模。

(422) *Stenus (Hypostenus) trifurcatus Zhao, Cai et Zhou*, 2008

文献信息　Zhao CY, Cai WZ, Zhou HZ. 2008. Two new *Stenus* (*Hypostenus*) species from China (Coleoptera: Staphylinidae: Steninae). Zootaxa, 1725: 48-52.

标本信息　正模: ♂, 湖北神农架九冲万家沟 (海拔 900m, 31°21′~31°36′N, 110°03′~110°34′E), 采集人 Zhou HS, 1998. Ⅶ. 19 (中国科学院动物研究所)。副模: 1♂, 采集地点 (海拔 870m) 和采集时间同正模, 采集人 Luo TH (中国科学院动物研究所)。

(423) *Tachinus (Tachinus) andoi Tang, Li et Zhao*, 2003 黄胸圆胸隐翅虫

文献信息　Tang L, Li LZ, Zhao MJ. 2003.

Tachinus andoi, a new species from Hubei, Central China (Coleoptera: Staphylinidae). The Entomological Review of Japan, 58: 43-46.

标本信息　正模: ♂, 湖北神农架自然保护区, 采集人汤亮、李利珍, 2002. Ⅷ. 6 (上海师范大学生物系)。副模: 7♂♂3♀♀, 同正模。

(424) *Tachinus (Tachinus) parasibiricus Zhang*, 2004 东洋圆胸隐翅虫

文献信息　张艳. 2004. 中国圆胸隐翅虫属分类研究 (鞘翅目: 隐翅虫科: 尖腹隐翅虫亚科). 上海: 上海师范大学硕士学位论文, 26.

标本信息　正模: ♂, 四川九寨沟自然保护区, 采集人李利珍、赵梅君, 2001. Ⅶ. 27 (上海师范大学生物系昆虫研究室)。副模: 7♂♂9♀♀, 同正模; 2♂♂, 湖北神农架金猴岭, 采集人李利珍、汤亮, 2002. Ⅷ. 4 (上海师范大学生物系昆虫研究室)。

(425) *Zyras (Zyras) nigricornis Assing*, 2016

文献信息　Assing V. 2016. A revision of *Zyras* Stephens sensu strictu of China, Taiwan, and Hong Kong, with records and (re-) descriptions of some species from other regions (Coleoptera: Staphylinidae: Aleocharinae: Lomechusini). Stuttgarter Beiträge zur Naturkunde A, Neue Serie, 9: 87-175.

标本信息　正模: ♂, 四川金堂县, 采集人 Kucera E, 2001. Ⅶ. 3~Ⅶ. 14 (作者个人收藏)。副模: 2♂♂1♀, 湖北神农架 (海拔 2500~3000m, 31.5°N, 110.3°E), 采集人 Turna J, 采集时间不详 (日本福冈 Maruyama 个人收藏或作者个人收藏); 1♀, 四川松潘北部 70km (海拔 2700m, 33°15′26″N, 103°46′03″E), 采集人 Wrase, 2012. Ⅷ. 12 (德国柏林 Schülke 个人收藏); 1♀, 四川峨眉山 (海拔 2500m, 29°32′N, 103°21′E), 采集人 Smetana A、Farkac J、Kabatek P, 1996. Ⅶ. 18 (作者个人收藏); 1♂1♀, 四川峨眉山 (海拔 3000m, 29°32′N, 103°21′E), 采集人 Smetana A、Farkac J、Kabatek P, 1996. Ⅶ. 17 (加拿大渥太

华 Smetana 个人收藏); 2♂♂, 湖北神农架木鱼坪 (海拔 1950m, 31°30′N, 110°21′E), 采集人 Smetana A, 采集时间不详 (加拿大渥太华 Smetana 个人收藏或作者个人收藏); 11exs, 四川大雪山 (海拔 3200~3500m), 采集人 Plutenko A, 2009. VI. 13~VII. 4 (德国柏林 Schülke 个人收藏或作者个人收藏); 2♂♂, 四川茂汶 (海拔 2150m), 采集人 Fannri R, 2004. VI. 7~VI. 28 (德国柏林 Schülke 个人收藏或作者个人收藏); 1♀, 四川大雪山 (海拔 3200~3400m, 30.11°N, 101.52°E), 采集人 Wrase, 1997. V. 21 (德国柏林 Schülke 个人收藏); 1♂1♀, 四川梁河口和福边之间 (海拔 3450~3650m), 采集人 Fannri R, 2004. VI. 10~VI. 30 (德国柏林 Schülke 个人收藏或作者个人收藏); 1♂, 四川金堂县 (海拔 3550~3650m), 采集人 Fannri R, 2004. VI. 1~VI. 24 (德国柏林 Schülke 个人收藏或作者个人收藏); 1♂2♀♀, 四川索墨县 (海拔 2850m), 采集人 Fannri R, 2004. VI. 9~VI. 29 (德国柏林 Schülke 个人收藏); 1♀, 四川 (28°20.886′E, 101°28.381′N), 采集人 Sehnal R、Tryzna M, 2006. VI. 5 (德国柏林 Schülke 个人收藏); 2♀♀, 甘肃岷山 (海拔 2000m), 采集人 Patrikeev V, 2005. VI. 10~VI. 20 (德国柏林 Schülke 个人收藏); 6exs, 陕西大巴山镇坪县 (海拔 2850m, 32°01′N, 109°21′E), 采集人 Wrase, 2001. VII. 13 (德国柏林 Schülke 个人收藏); 1exs, 陕西大巴山镇坪县 (海拔 2850m, 32°01′N, 109°21′E), 采集人 Schülke, 2001. VII. 13 (德国柏林 Schülke 个人收藏); 4exs, 陕西秦岭 (海拔 2675m, 33°52′N, 108°46′E), 采集人 Schülke, 2001. VII. 25、VII. 26 (德国柏林 Schülke 个人收藏或作者个人收藏); 3exs, 湖北神农架木鱼坪 (海拔 2380m, 31°32′N, 110°26′E), 采集人 Wrase, 2001. VII. 17~VII. 21 (德国柏林 Schülke 个人收藏或作者个人收藏); 1♀, 青海门源自治县 (海拔 2704m, 37°09′32.06″N, 102°02′06.0″E), 采集人

Wrase, 2011. VII. 5 (作者个人收藏)。

(426) _Zyras_ (_Zyras_) _rufoterminalis_ Assing, 2016

文献信息 Assing V. 2016. A revision of _Zyras_ Stephens sensu strictu of China, Taiwan, and Hong Kong, with records and (re-) descriptions of some species from other regions (Coleoptera: Staphylinidae: Aleocharinae: Lomechusini). Stuttgarter Beiträge zur Naturkunde A, Neue Serie, 9: 87-175.

标本信息 正模: ♂, 湖北大巴山西 12km 神农架木鱼坪 (海拔 1950m, 31°30′N, 110°21′E), 采集人 Smetana A, 采集时间不详 (作者个人收藏)。副模: 2♂♂3♀♀,四川茂汶 (海拔 2150m), 采集人 Fabbri R, 2004. VI. 28 (德国柏林 Schülke 个人收藏或作者个人收藏); 1♀, 四川芦花镇西 5km (海拔 2400m), 采集人 Fabbri R, 2004. VI. 7~VI. 28 (德国柏林 Schülke 个人收藏); 1♂, 湖北大巴山东北方向 12km 神农架木鱼坪 (海拔 1950m, 31°30′N, 110°21′E), 采集人 Wrase, 2001. VII. 16~VII. 22 (作者个人收藏)。

109. 拟步甲科 Tenebrionidae

(427) _Laena dabashanica_ Schawaller, 2008 大巴山莱甲

文献信息 Schawaller W. 2008. The genus _Laena_ Latreille (Coleoptera: Tenebrionidae) in China (part 2), with descriptions of 30 new species and a new identification key. Stuttgarter Beiträge zur Naturkunde A, Neue Serie, 1: 387-411.

标本信息 正模: ♂, 湖北神农架木鱼坪 (海拔 1950m), 采集人 Wrase D, 2001. VII. 16~VII. 22 (德国斯图加特国家自然历史博物馆)。副模: 湖北神农架木鱼坪 (海拔 1900m), 采集人 Stary, 2002. VII. 16 (1 ex 奥地利维也纳 Schuh 个人收藏, 1 ex 保存在德国斯图加特国家自然历史博物馆); 2 ex, 湖北神农架木鱼

坪 (海拔 1950m), 采集人 Smetana A, 2001. Ⅶ. 16~Ⅶ. 22 (1 ex 加拿大渥太华 Smetana 个人收藏, 1 ex 保存在德国斯图加特国家自然历史博物馆); 1 ex, 湖北神农架木鱼坪 (海拔 1960m), 采集人 Smetana A, 2001. Ⅶ. 18 (在德国斯图加特国家自然历史博物馆)。

(428) *Laena hubeica* Schawaller, 2001 湖北莱甲

文献信息 Schawaller W. 2001. The genus *Laena* Latreille (Coleoptera: Tenebrionidae) in China, with descriptions of 47 new species. Stuttgarter Beiträge zur Naturkunde, Serie A (Biologie), 632: 1-62.

标本信息 正模: ♂, 湖北神农架自然保护区 (海拔 2000~2200m), 采集人 Kurbatov S, 1995. Ⅵ. 3~Ⅵ. 8 (匈牙利自然历史博物馆)。副模: 湖北神农架 (海拔 2000m), 采集人 Shamajev A, 1995. Ⅵ. 4~Ⅵ. 8 (1 ex 捷克 Jaroslav Turna 个人收藏, 1 ex 保存在德国斯图加特国家自然历史博物馆)。

(429) *Strongylium erythroelytrae* Yuan, 2005 红翅树甲

文献信息 苑彩霞. 2005. 中国树甲族分类研究 (鞘翅目: 拟步甲科). 保定: 河北大学硕士学位论文, 119-120.

标本信息 正模: ♂, 广西田林县广洞坪 (海拔 1200~1300m), 采集人杨秀娟, 2002. Ⅴ. 27 (标本存放地不详)。副模: 1♂, 云南沪水县片马, 采集人杨秀娟、刘玉双, 采集时间不详; 1♀, 湖北神农架阳日 (海拔 400m), 采集人茅晓渊, 1984. Ⅵ. 27; 1♀, 广西那波县浮德 (海拔 1350m), 采集人朱朝东, 2000. Ⅴ. 19; 1♀, 广西田林岑王老山 (海拔 1200~1300m), 采集人杨秀娟, 2002. Ⅴ. 28; 1♀, 四川天泉县喇叭河, 采集人杨秀娟、滑会然, 2004. Ⅶ. 28; 1♀, 四川天泉县喇叭河, 采集人刘磊, 2004. Ⅶ. 29 (标本存放地不详)。

(二十二) 长翅目 Mecoptera

110. 蚊 (蝎) 蛉科 Bittacidae

(430) *Bittacus longantennatus* Chen, Tan et Hua, 2013 长角蚊蝎蛉

文献信息 Chen J, Tan JL, Hua BZ. 2013. Review of the Chinese *Bittacus* (Mecoptera: Bittacidae) with descriptions of three new species. Journal of Natural History, 47: 1463-1480.

标本信息 正模: ♂, 四川天泉县喇叭河自然保护区 (海拔 2060m), 采集人刘、张、周辉凤、毕文煊, 2007. Ⅵ. 28~Ⅵ. 30 (上海昆虫博物馆)。副模: 1♂1♀, 同正模; 1♀, 四川峨眉山 (海拔 2080m), 采集人毕文煊, 2007. Ⅷ. 2~Ⅷ. 4; 1♀, 四川天泉县喇叭河自然保护区 (海拔 2000m), 采集人胡、唐、朱, 2006. Ⅶ. 29; 1♀, 湖北巴东县绿葱坡, 采集人蔡立君、周辉凤, 2006. Ⅶ. 28 (西北农林科技大学昆虫博物馆) (除标注的标本外, 其余副模的模式标本保存在上海昆虫博物馆)。

(431) *Bittacus setigerus* Chen, Tan et Hua, 2013 具毛蚊蝎蛉

文献信息 Chen J, Tan JL, Hua BZ. 2013. Review of the Chinese *Bittacus* (Mecoptera: Bittacidae) with descriptions of three new species. Journal of Natural History, 47: 1463- 1480.

标本信息 正模: ♂, 湖北巴东县绿葱坡天三坪 (海拔 1700m), 采集人蔡立君、周辉凤, 2006. Ⅵ. 16 (西北农林科技大学昆虫博物馆)。副模: 1♂1♀, 贵州梵净山金顶 (海拔 2200m), 采集人高采霞, 2001. Ⅵ. 31; 1♂, 贵州梵净山东坡 (海拔 1750m), 采集人高采霞, 2001. Ⅷ. 1; 1♂1♀, 贵州梵净山金顶 (海拔 2000m), 采集人彩万志、牛鑫伟, 2001. Ⅷ. 1、Ⅷ. 2; 2♂♂1♀, 湖北宣恩, 采集人刘祖尧, 1989. Ⅶ. 30 (上海昆虫博物馆); 1♂1♀, 湖北神农架 (海拔 1600m), 采集人陈静、高琼华, 2011. Ⅷ. 7 (西北农林科技大学昆虫博物馆)

(除标注的标本外, 其余副模的模式标本均保存在中国农业大学)。

111. 蝎蛉科 Panorpidae

(432) *Panorpa digitiformis* Huang, 2005 指形蝎蛉

文献信息 黄蓬英. 2005. 中国长翅目昆虫系统分类研究. 杨凌: 西北农林科技大学博士学位论文, 78-79.

标本信息 正模: ♂, 湖北神农架红坪, 采集人杨, 1997. Ⅷ. 12 (西北农林科技大学昆虫博物馆或中国科学院动物研究所或中国农业大学或南开大学或福建农林大学或天津自然博物馆或河南农业大学或河南农科院或中山大学或沈阳农业大学或甘肃白水江自然保护区或堪萨斯大学昆虫学系)。副模: 1♂1♀, 湖北神农架鸭子口 (海拔 1850m), 采集人杨, 1977. Ⅷ. 11 (西北农林科技大学昆虫博物馆或中国科学院动物研究所或中国农业大学或南开大学或福建农林大学或天津自然博物馆或河南农业大学或河南农科院或中山大学或沈阳农业大学或甘肃白水江自然保护区或堪萨斯大学昆虫学系)。

(433) *Panorpa nonspinata* Huang, 2005 无刺蝎蛉

文献信息 黄蓬英. 2005. 中国长翅目昆虫系统分类研究. 杨凌: 西北农林科技大学博士学位论文, 100-101.

标本信息 正模: ♂, 湖北神农架林区大岩屋, 采集人茅晓渊, 1984. Ⅵ. 29 (西北农林科技大学昆虫博物馆或中国科学院动物研究所或中国农业大学或南开大学或福建农林大学或天津自然博物馆或河南农业大学或河南农科院或中山大学或沈阳农业大学或甘肃白水江自然保护区或堪萨斯大学昆虫学系)。副模: 1♂, 湖北神农架林区大岩屋, 采集人茅晓渊, 1984. Ⅵ. 29; 1♀, 湖北神农架林区大岩屋, 采集人茅晓渊, 1984. Ⅺ. 29; 1♂, 湖北神农架红坪,

采集人刘思孔, 1980. Ⅶ. 13; 1♂, 湖北神农架红花朵, 采集人刘胜利, 1977. Ⅵ. 27; 1♂2♀♀, 湖北神农架林区大岩屋, 采集人茅晓渊, 1984. Ⅵ. 29; 1♂, 湖北神农架红坪, 采集人杨, 1997. Ⅷ. 12 (西北农林科技大学昆虫博物馆或中国科学院动物研究所或中国农业大学或南开大学或福建农林大学或天津自然博物馆或河南农业大学或河南农科院或中山大学或沈阳农业大学或甘肃白水江自然保护区或堪萨斯大学昆虫学系)。

(434) *Panorpa ramispina* Huang, 2005 枝状刺蝎蛉

文献信息 黄蓬英. 2005. 中国长翅目昆虫系统分类研究. 杨凌: 西北农林科技大学博士学位论文, 73.

标本信息 正模: ♂, 湖北神农架巴东县铁厂荒林场 (海拔 1450m), 采集人杨龙龙, 1989. Ⅶ. 11 (西北农林科技大学昆虫博物馆或中国科学院动物研究所或中国农业大学或南开大学或福建农林大学或天津自然博物馆或河南农业大学或河南农科院或中山大学或沈阳农业大学或甘肃白水江自然保护区或堪萨斯大学昆虫学系)。

(435) *Sinopanorpa digitiformis* Huang et Hua, 2008 指形华蝎蛉

文献信息 Cai LJ, Huang PY, Hua BZ. 2008. *Sinopanorpa*, a new genus of Panorpidae (Mecoptera) from the Oriental China with descriptions of two new species. Zootaxa, 1941: 43-54.

标本信息 正模: ♂, 湖北神农架红坪 (海拔 1600m, 31°20′N, 110°22′E), 采集人花保祯、谭江丽, 2007. Ⅵ. 28 (西北农林科技大学昆虫博物馆)。副模: 1♂, 同正模; 1♂, 湖北神农架神农顶 (海拔 2800m), 采集人花保祯、谭江丽, 2007. Ⅵ. 30; 1♂, 湖北神农架红坪, 采集人花保祯、谭江丽, 2007. Ⅶ. 2; 2♀♀, 湖北神农架红坪, 采集人花保祯、谭江丽, 2007. Ⅶ. 1; 1♂1♀, 湖北神农架鸭子口 (海拔 1850m,

31°19′N, 110°22′E), 采集人杨集昆, 1997. Ⅷ. 11 (西北农林科技大学昆虫博物馆)。

(二十三) 双翅目 Diptera

112. 花蝇科 Anthomyiidae

(436) *Delia podagricicauda* Xue, 1997 膨尾地种蝇

文献信息 薛万琦. 1997. 双翅目: 花蝇科// 杨星科. 长江三峡库区昆虫. 下册. 重庆: 重庆出版社: 1493-1494.

标本信息 正模: ♂, 四川巫山县梨子坪 (海拔 1500m), 采集人姚建, 1993. Ⅶ. 5 (中国科学院动物研究所)。

(437) *Delia unguitigris* Xue, 1997 虎爪地种蝇

文献信息 薛万琦. 1997. 双翅目: 花蝇科// 杨星科. 长江三峡库区昆虫. 下册. 重庆: 重庆出版社: 1494-1495.

标本信息 正模: ♂, 四川巫山县梨子坪 (海拔 1870m), 采集人黄润质, 1993. Ⅶ. 4 (中国科学院动物研究所)。副模: 3♂♂, 同正模; 1♂, 四川巫山县梨子坪 (海拔 1500m), 采集人姚建, 1993. Ⅶ. 5; 1♂, 四川巫山县梨子坪 (海拔 1800m), 采集人李鸿兴, 1993. Ⅶ. 3 (中国科学院动物研究所)。

(438) *Sinophorbia tergiprotuberans* Xue, 1996 背叶华草花蝇

文献信息 薛万琦, 赵建铭, 杨集昆, 等. 1996. 中国蝇类. 下册. 华草花蝇属新属. 沈阳: 辽宁科学技术出版社: 2301-2303.

标本信息 正模: ♂, 四川巫山县梨子坪 (海拔 1850m), 采集人姚建, 1994. Ⅴ. 18 (中国科学院动物研究所)。

113. 毛蚊科 Bibionidae

(439) *Bibio dolichotarsus* Yang, 1997 长跗毛蚊

文献信息 杨集昆. 1997. 双翅目: 毛蚊科// 杨星科. 长江三峡库区昆虫. 下册. 重庆: 重庆出版社: 1444.

标本信息 正模: ♂, 湖北兴山县龙门河 (海拔 1300m), 采集人李鸿兴, 1993. Ⅵ. 21 (中国科学院动物研究所昆虫标本馆或中国农业大学昆虫标本馆)。配模: ♀, 同正模。副模: 1♂, 采集地点和采集时间同正模, 采集人黄润质 (中国科学院动物研究所昆虫标本馆或中国农业大学昆虫标本馆)。

(440) *Bibio emphysetarsus* Yang, 1997 膨跗毛蚊

文献信息 杨集昆. 1997. 双翅目: 毛蚊科// 杨星科. 长江三峡库区昆虫. 下册. 重庆: 重庆出版社: 1443-1444.

标本信息 正模: ♂, 四川巫山县梨子坪 (海拔 1850m), 采集人章有为, 1994. Ⅴ. 18 (中国科学院动物研究所昆虫标本馆或中国农业大学昆虫标本馆)。

(441) *Bibio femoraspinatus* Yang, 1997 棘腿毛蚊

文献信息 杨集昆. 1997. 双翅目: 毛蚊科// 杨星科. 长江三峡库区昆虫. 下册. 重庆: 重庆出版社: 1445.

标本信息 正模: ♀, 湖北神农架香溪源 (海拔 1300m), 采集人姚建, 1994. Ⅴ. 5 (中国科学院动物研究所昆虫标本馆或中国农业大学昆虫标本馆)。

(442) *Bibio wuxianus* Yang, 1997 巫峡毛蚊

文献信息 杨集昆. 1997. 双翅目: 毛蚊科// 杨星科. 长江三峡库区昆虫. 下册. 重庆: 重庆出版社: 1445.

标本信息 正模: ♀, 四川巫山县梨子坪 (海拔 1850m), 采集人章有为、姚建, 1994. Ⅴ. 18, (中国科学院动物研究所昆虫标本馆或中国农业大学昆虫标本馆)。配模: ♂, 采集地点和采集时间同正模, 采集人李文

柱 (中国科学院动物研究所昆虫标本馆和中国农业大学昆虫标本馆)。副模: 1♀, 同正模。

(443) *Bibio xingshanus* Yang, 1997 兴山毛蚊

文献信息　杨集昆. 1997. 双翅目: 毛蚊科//杨星科. 长江三峡库区昆虫. 下册. 重庆: 重庆出版社: 1444.

标本信息　正模: ♂, 湖北兴山县龙门河 (海拔 1300m), 采集人章有为, 1994. V. 18 (中国科学院动物研究所昆虫标本馆或中国农业大学昆虫标本馆)。

(444) *Penthetria picea* Yang, 1997 乌叉毛蚊

文献信息　杨集昆. 1997. 双翅目: 毛蚊科//杨星科. 长江三峡库区昆虫. 下册. 重庆: 重庆出版社: 1442.

标本信息　正模: ♂, 四川巫山县梨子坪 (海拔 1850m), 采集人陈小琳, 1993. Ⅷ. 4 (中国科学院动物研究所昆虫标本馆或中国农业大学昆虫标本馆)。副模: 1♂, 同正模。

(445) *Plecia mandibuliformis* Yang et Luo, 1988 鄂禛毛蚊

文献信息　杨集昆, 罗科. 1988. 湖北湖南的毛蚊五新种记述 (双翅目: 毛蚊科). 湖北大学学报 (自然科学版), 10: 7-12.

标本信息　正模: ♂, 湖北神农架松柏镇 (海拔 700~800m), 采集人杨集昆、王心丽, 1984. Ⅵ. 24(北京农业大学昆虫标本室)。配模: ♀, 同正模。副模: 59♂♂14♀♀, 同正模; 1♂, 湖北九宫山, 采集人王心丽, 1984. Ⅵ. 13; 2♂♂2♀♀, 江西南昌, 采集人杨集昆, 1978. V. 11; 1♂1♀, 江西上犹县, 采集人杨集昆, 1978. Ⅳ. 30; 1♂, 浙江杭州, 采集人李法圣, 1980. V. 9; 1♂1♀, 广西武鸣县大明山, 采集人杨集昆, 1963. V. 22; 1♂1♀, 湖南衡山, 采集人周尧, 1963. Ⅵ. 11 (北京农业大学昆虫标本室)。

114. 蜂虻科 Bombyliidae

(446) *Systropus ancistrus* Yang et Yang, 1997 钩突姬蜂虻

文献信息　杨定, 杨集昆. 1997. 双翅目: 蜂虻科: 姬蜂虻亚科//杨星科. 长江三峡库区昆虫. 下册. 重庆: 重庆出版社: 1466.

标本信息　正模: ♂, 湖北兴山县龙门河 (海拔 1300m), 采集人宋士美, 1994. Ⅸ. 9 (中国科学院动物研究所)。

(447) *Systropus xingshanus* Yang et Yang, 1997 兴山姬蜂虻

文献信息　杨定, 杨集昆. 1997. 双翅目: 蜂虻科: 姬蜂虻亚科//杨星科. 长江三峡库区昆虫. 下册. 重庆: 重庆出版社: 1467.

标本信息　正模: ♂, 湖北兴山县龙门河 (海拔 1300m), 采集人姚建, 1994. Ⅸ. 8 (中国科学院动物研究所)。

(448) *Systropus hubeianus* Du, Yang, Yao et Yang, 2008 湖北姬蜂虻

文献信息　杜进平, 杨集昆, 姚刚, 等. 2008. 中国蜂虻科十七个新种 (双翅目)//申效诚, 张润志, 任应党. 昆虫分类与分布. 北京: 中国农业科学技术出版社: 7-8.

标本信息　正模: ♂, 湖北神农架松柏镇, 采集人茅晓渊, 1980. Ⅶ. 19 (中国农业大学昆虫标本馆)。

(449) *Systropus maoi* Du, Yang, Yao et Yang, 2008 茅氏姬蜂虻

文献信息　杜进平, 杨集昆, 姚刚, 等. 2008. 中国蜂虻科十七个新种 (双翅目)//申效诚, 张润志, 任应党. 昆虫分类与分布. 北京: 中国农业科学技术出版社: 11-12.

标本信息　正模: ♂, 湖北神农架 (海拔 980m), 采集人茅晓渊, 1982. Ⅷ. 10 (中国农业大学昆虫标本馆)。

(450) *Systropus melanocerus* Du, Yang, Yao et Yang, 2008 黑角姬蜂虻

文献信息 杜进平, 杨集昆, 姚刚, 等. 2008. 中国蜂虻科十七个新种 (双翅目)//申效诚, 张润志, 任应党. 昆虫分类与分布. 北京: 中国农业科学技术出版社: 6-7.

标本信息 正模: ♂, 湖北神农架松柏镇, 采集人茅晓渊, 1985. Ⅷ. 29 (中国农业大学昆虫标本馆)。配模: ♀, 同正模。

(451) *Systropus shennonganus* Du, Yang, Yao et Yang, 2008 神农姬蜂虻

文献信息 杜进平, 杨集昆, 姚刚, 等. 2008. 中国蜂虻科十七个新种 (双翅目)//申效诚, 张润志, 任应党. 昆虫分类与分布. 北京: 中国农业科学技术出版社: 12-13.

标本信息 正模: ♂, 湖北神农架 (海拔 1700m), 采集人茅晓渊, 1985. Ⅷ. 22 (中国农业大学昆虫标本馆)。

115. 瘿蚊科 Cecidomyiidae

(452) *Epidiplosis triangularis* Mo et Liu, 2000 三角端突瘿蚊

文献信息 墨铁路, 刘涛. 2000. 端突瘿蚊属一新种记述 (双翅目: 瘿蚊科). 昆虫分类学报, 22: 122-124.

标本信息 正模: ♂, 湖北神农架红坪, 采集人墨铁路, 1987. Ⅷ. 3 (山东农业大学昆虫标本室)。

116. 甲蝇科 Celyphidae

(453) *Oocelyphus shennongjianus* Yang et Yang, 2014 神农架卵甲蝇

文献信息 杨金英, 杨定. 2014. 卵甲蝇属一新种记述 (双翅目: 甲蝇科). 昆虫分类学报, 36: 55-60.

标本信息 正模: ♂, 湖北神农架坪堑, 采集人刘启飞, 2007. Ⅶ. 27 (中国农业大学昆虫标本馆)。副模: 1♂1♀, 同正模; 1♂, 湖北神农架

坪堑 (海拔 1522m), 采集人 Wang F, 2007. Ⅶ. 26; 2♂♂, 湖北神农架板桥 (海拔 1170m), 采集人 Wang F, 2007. Ⅶ. 23 (中国农业大学昆虫标本馆)。

117. 摇蚊科 Chironomidae

(454) *Cryptotendipes nodus* Yan, Tang et Yang, 2005

文献信息 Yan CC, Tang HQ, Wang XH. 2005. A review of the genus *Cryptotendipes* Lenz (Diptera: Chironomidae) from China. Zootaxa, 1086: 1-24.

标本信息 正模: ♂, 海南霸王岭, 采集人 Wang X, 1988. Ⅴ. 11 (南开大学生命科学学院)。副模: 1♂, 同正模; 1♂, 湖北神农架自然保护区, 采集人 Ji B, 2003. Ⅺ. 2 (南开大学生命科学学院)。

118. 秆蝇科 Chloropidae

(455) *Centorisoma mediconvexum* Liu et Yang, 2014

文献信息 Liu XY, Yang D. 2014. Five new species of *Centorisoma* Becker from China, with an updated key to world species (Diptera, Chloropidae). Zootaxa, 3821: 101-115.

标本信息 正模: ♂, 陕西周至县厚畛子, 采集人张婷婷, 2010. Ⅶ. 19 (中国农业大学昆虫标本馆)。副模: 1♂1♀, 湖北神农架摇篮沟, 采集人刘启飞, 2009. Ⅶ. 13; 1♂1♀, 四川峨眉山, 采集人 Li T, 2010. Ⅶ. 5 (中国农业大学昆虫标本馆)。

(456) *Platycephala sichuanensis* Yang et Yang, 1997 四川宽头秆蝇

文献信息 杨定, 杨集昆. 1997. 双翅目: 秆蝇科//杨星科. 长江三峡库区昆虫. 下册. 重庆: 重庆出版社: 1553-1554.

标本信息 正模: ♂, 四川巫山县梨子坪 (海拔 1850m), 采集人姚建, 1994. Ⅴ. 18 (中国科学院动物研究所昆虫标本室)。

119. 臭虻科 Coenomyiidae

(457) *Dialysis meridionalis* Yang et Yang, 1997 南方芒角臭虻

文献信息 杨定, 杨集昆. 1997. 双翅目: 臭虻科//杨星科. 长江三峡库区昆虫. 下册. 重庆: 重庆出版社: 1456-1457.

标本信息 正模: ♀, 四川巫山县梨子坪 (海拔 1850~1700m), 采集人陈小琳、杨星科, 1993. Ⅷ. 4 (中国科学院动物研究所昆虫标本馆). 副模: 2♀♀, 湖北兴山县龙门河 (海拔 1670m), 采集人孙宝文, 1993. Ⅶ. 23 (中国科学院动物研究所昆虫标本馆).

120. 长足虻科 Dolichopodidae

(458) *Ahypophyllus sinensis* Yang, 1996 中华准长毛长足虻

文献信息 张莉莉. 2005. 中国长足虻亚科系统分类研究 (双翅目: 长足虻科). 北京: 中国农业大学博士学位论文, 42-43.

张莉莉, 杨定. 2005. 长足虻亚科系统发育研究及三新属记述 (双翅目: 长足虻科). 动物分类学报, 30: 180-190.

Yang D. 1996. New species of Dolichopodinae from China (Ditera, Dolichopodidae). Entomofauna, 17: 317-324.

标本信息 正模: ♂, 湖北神农架 (海拔 1700m), 采集人杨集昆、王心丽, 1984. Ⅵ. 29 (中国农业大学昆虫收藏室). 配模: ♀, 同正模. 副模: 11♂♂6♀♀, 同正模; 7♂♂3♀♀, 甘肃康县 (海拔 800m), 采集人杨集昆, 1980. Ⅶ. 30; 1♂, 甘肃康县 (海拔 1200m), 采集人李法圣, 1980. Ⅶ. 29; 2♂♂, 甘肃成县, 采集人李法圣, 1980. Ⅶ. 29; 1♂, 甘肃甘谷县 (海拔 1230m), 采集人李法圣, 1980. Ⅶ. 26; 1♂, 陕西宁陕县, 采集人杨集昆, 1985. Ⅵ. 19 (中国农业大学昆虫收藏室).

分类讨论 杨定1996年依据采集的标本命名该物种为 *Hypophullus sinensis* (Zhang and Yang, 1996)。进一步研究表明, 该物种应归到 *Ahypophyllus* (张莉莉和杨定, 2005), 故将该物种修订为中华准长毛长足虻 *Ahypophyllus sinensis* Yang, 1996 (张莉莉, 2005a)。

(459) *Amblypsilopus hubeiensis* Yang et Yang, 1997 湖北雅长足虻

文献信息 杨定, 杨集昆. 1997. 双翅目: 长足虻科//杨星科. 长江三峡库区昆虫. 下册. 重庆: 重庆出版社: 1478-1479.

标本信息 正模: ♂, 湖北巴东县三峡林场 (海拔 180m), 采集人章有为, 1994. Ⅴ. 15 (中国科学院动物研究所昆虫标本馆).

(460) *Aphalacrosoma hubeiense* Yang, 1998 湖北准白长足虻

文献信息 Yang D. 1998. New and little known species of Dolichopodidae from China (Ⅲ). Bulletin de′ Instituut Royal des Sciences Naturelles de Belgique. Entomologie, 68: 177-183.

张莉莉. 2005. 中国长足虻亚科系统分类研究 (双翅目: 长足虻科). 北京: 中国农业大学博士学位论文, 48-49.

张莉莉, 杨定. 2005. 长足虻亚科系统发育研究及三新属记述 (双翅目: 长足虻科). 动物分类学报, 30: 180-190.

标本信息 正模: ♂, 湖北神农架 (海拔 400m), 采集人杨集昆, 1984. Ⅵ. 26 (中国农业大学昆虫收藏室).

分类讨论 杨定1998年依据采集的标本命名该物种为 *Phalacrosoma hubeiense* (Yang, 1998)。进一步研究表明, 该物种应归到 *Aphalacrosoma* (张莉莉和杨定, 2005), 故将该物种修订为湖北准长毛长足虻 *Aphalacrosoma hubeiense* Yang, 1998 (张莉莉, 2005)。

补充说明 未找到原始文献, 本种的信息来自于: 张莉莉. 2005. 中国长足虻亚科系统分类研究 (双翅目: 长足虻科). 北京: 中国农

业大学博士学位论文, 48-49.

(461) *Chrysotimus dalongensis* Wang, Chen et Yang, 2012

文献信息 Wang MQ, Chen HY, Yang D. 2012. Species of the genus *Chrysotimus* Loew from China (Diptera, Dolichopodidae). ZooKeys, 199: 1-12.

标本信息 正模: ♂, 湖北神农架大龙潭 (31°75′N,110°67′E), 采集人刘启飞, 2009. VI. 30 (中国农业大学昆虫标本馆)。副模: 12♂♂, 同正模; 5♂♂, 湖北神农架坪堑 (31°75′N, 110°67′E), 采集人刘启飞, 2009. VII. 7 (中国农业大学昆虫标本馆)。

(462) *Chrysotimus hubeiensis* Wang, Chen et Yang, 2012

文献信息 Wang MQ, Chen HY, Yang D. 2012. Species of the genus *Chrysotimus* Loew from China (Diptera, Dolichopodidae). ZooKeys, 199: 1-12.

标本信息 正模: ♂, 湖北神农架大龙潭 (31°75′N,110°67′E), 采集人刘启飞, 2009. VII. 1 (中国农业大学昆虫标本馆)。副模: 5♂♂, 同正模。

(463) *Chrysotimus shennongjiaus* Yang et Saigusa, 2001 神农架黄鬃长足虻

文献信息 Yang D, Saigusa T. 2001. New and little known species of Dplichopodidae (Diptera) from China (VIII). Bulletin de′ Instituut Royal des Sciences Naturelles de Belgique. Entomologie, 71: 155-164.

标本信息 正模: ♂, 湖北神农架, 采集人 Zhou HS, 1998. VII. 24 (中国农业大学)。

(464) *Hercostomus (Hercostomus) hubeiensis* Yang et Saigusa, 2001 湖北寡长足虻

文献信息 Yang D, Saigusa T. 2001. New and little known species of Dplichopodidae (Diptera) from China (VIII). Bulletin de′ Instituut Royal des Sciences Naturelles de Belgique. Entomologie, 71: 155-164.

标本信息 正模: ♂, 湖北神农架, 采集人 Zhou HS, 1998. VII. 24 (中国农业大学)。

(465) *Nepalomyia shennongjiaensis* Wang, Chen et Yang, 2014

文献信息 Wang MQ, Chen HY, Yang D. 2014. New species of *Nepalomyia henanensis* species group from China (Diptera: Dolichopodidae: Peloropeodinae). Zoological Systematics, 39: 411-416.

标本信息 正模: ♂, 湖北神农架千家坪, 采集人刘启飞, 2009. VII. 4 (中国农业大学昆虫标本馆)。副模: 1♂, 湖北神农架大龙潭, 采集人张婷婷, 2012. VII. 30 (中国农业大学昆虫标本馆)。

121. 果蝇科 Drosophilidae

(466) *Amiota albidipuncta* Xu et Chen, 2007

文献信息 Xu MF, Gao JJ, Chen HW. 2007. Genus *Amiota* Loew (Diptera: Drosophilidae) from the Qinling mountain system, central China. Entomological Science, 10: 65-71.

标本信息 正模: ♂, 湖北神农架 (海拔 1700m, 31°24′N, 110°05′E), 采集人 Chen HW, 2005. VIII. 3 (华南农业大学昆虫学系)。副模: 1♂, 同正模。

(467) *Amiota (Amiota) aristata* Chen et Toda, 2001

文献信息 Chen HW, Toda MJ. 2001. A revision of the Asian and European species in the subgenus *Amiota* Loew (Diptera: Drosophilidae) and the establishment of species-groups based on phylogenetic analysis. Journal of Natural History, 35: 1517-1563.

标本信息 正模: ♂, 湖北神农架, 采集人 Toda MJ, 1992. VII. 27 (沈阳师范学院)。副模: 1♂, 采集地点和采集人同正模, 1992. VII. 26 (日本北海道大学昆虫研究所)。

(468) *Amiota brunneifemoralis* Xu et Chen, 2007

文献信息 Xu MF, Gao JJ, Chen HW. 2007. Genus *Amiota* Loew (Diptera: Drosophilidae) from the Qinling mountain system, central China. Entomological Science, 10: 65-71.

标本信息 正模：♂，湖北神农架（海拔 1400m, 31°29′N, 110°18′E），采集人 Xu MF, 2005. Ⅷ. 6 (华南农业大学昆虫系)。

(469) *Amiota flavipes* Xu et Chen, 2007

文献信息 Xu MF, Gao JJ, Chen HW. 2007. Genus *Amiota* Loew (Diptera: Drosophilidae) from the Qinling mountain system, central China. Entomological Science, 10: 65-71.

标本信息 正模：♂，湖北神农架（海拔 1400m, 31°29′N, 110°18′E），采集人 Xu MF, 2005. Ⅷ. 6 (华南农业大学昆虫系)。

(470) *Amiota* (*Amiota*) *macai* Chen et Toda, 2001

文献信息 Chen HW, Toda MJ. 2001. A revision of the Asian and European species in the subgenus *Amiota* Loew (Diptera: Drosophilidae) and the establishment of species-groups based on phylogenetic analysis. Journal of Natural History, 35: 1517-1563.

标本信息 正模：♂，湖北神农架（海拔 1520m），采集人 Toda MJ, 1992. Ⅶ. 26 (沈阳师范学院)。副模：15♂♂，采集地点和采集人同正模，1992. Ⅶ. 26、Ⅶ. 27 (沈阳师范学院或日本北海道大学昆虫研究所)。

(471) *Amiota* (*Amiota*) *magniflava* Chen et Toda, 2001

文献信息 Chen HW, Toda MJ. 2001. A revision of the Asian and European species in the subgenus *Amiota* Loew (Diptera: Drosophilidae) and the establishment of species-groups based on phylogentic analysis. Journal of Natural History, 35: 1517-1563.

标本信息 正模：♂，湖北神农架，采集人 Toda MJ, 1992. Ⅶ. 28 (沈阳师范学院)。副模：4♂♂，同正模 (沈阳师范学院或日本北海道大学昆虫研究所)。

(472) *Amiota setitibia* Xu et Chen, 2007

文献信息 Xu MF, Gao JJ, Chen HW. 2007. Genus *Amiota* Loew (Diptera: Drosophilidae) from the Qinling mountain system, central China. Entomological Science, 10: 65-71.

标本信息 正模：♂，湖北神农架（海拔 1400m, 31°29′N, 110°18′E），采集人 Chen HW, 2005. Ⅷ. 4 (华南农业大学昆虫系)。副模：1♂，同正模。

(473) *Amiota shennongi* Shao et Chen, 2014

文献信息 Shao ZF, Li T, Jiang JJ, et al. 2014. Molecular phylogenetic analysis of the *Amiota taurusata* species group within the Chinese species, with descriptions of two new species. Journal of Insect Science, 14: 1-13.

标本信息 正模：♂，湖北神农架大九湖（海拔 1400m, 31°29′N, 110°18′E），采集人 Chen HW, 2004. Ⅶ. 31 (华南农业大学昆虫学系)。副模：1♂，同正模。

(474) *Amiota* (*Amiota*) *watabei* Chen et Toda, 2001

文献信息 Chen HW, Toda MJ. 2001. A revision of the Asian and European species in the subgenus *Amiota* Loew (Diptera: Drosophilidae) and the establishment of species-groups based on phylogenetic analysis. Journal of Natural History, 35: 1517-1563.

标本信息 正模：♂，湖北神农架（海拔 1520m），采集人 Watabe H, 1992. Ⅶ. 26 (沈阳师范学院)。

(475) *Lordiphosa pilosella* Ma et Zhang, 2009
毛突拱背果蝇

文献信息 马沛勤, 张文霞. 2009. 拱背果蝇属二新种记述 (双翅目: 果蝇科). 动物分类学报, 34: 616-619.

标本信息　正模: ♂, 湖北神农架, 采集人 Toda MJ, 1992. VII. 27 (北京大学生命科学学院)。副模: 2♂♂4♀♀, 同正模 (1♂2♀♀保存在北京大学生命科学学院, 1♂2♀♀保存在日本北海道大学博物馆)。

122. 舞虻科 Empididae

(476) *Chelipoda lyneborgi* Yang et Yang, 1990 林氏鬃螳舞虻

文献信息　杨定, 杨集昆. 1990. 中国鬃螳舞虻属八新种 (双翅目: 舞虻科). 动物分类学报, 15: 483-488.

标本信息　正模: ♀, 湖北神农架林区大岩屋 (海拔 1700m), 采集人杨集昆, 1984. VI. 29 (北京农业大学昆虫标本室)。

(477) *Chelipoda shennongana* Yang et Yang, 1990 神农鬃螳舞虻

文献信息　杨定, 杨集昆. 1990. 中国鬃螳舞虻属八新种 (双翅目: 舞虻科). 动物分类学报, 15: 483-488.

标本信息　正模: ♂, 湖北神农架林区大岩屋 (海拔 1700m), 采集人杨集昆, 1984. VI. 29 (北京农业大学昆虫标本室)。配模: ♀, 同正模。副模: 2♂♂2♀♀, 同正模。

(478) *Chelipoda xanthocephala* Yang et Yang, 1990 黄头鬃螳舞虻

文献信息　杨定, 杨集昆. 1990. 中国鬃螳舞虻属八新种 (双翅目: 舞虻科). 动物分类学报, 15: 483-488.

标本信息　正模: ♂, 湖北神农架林区大岩屋 (海拔 1700m), 采集人杨集昆, 1984. VI. 29 (北京农业大学昆虫标本室)。

(479) *Empis* (*Coptophlebia*) *apiciseta* Liu, Li et Yang, 2010 端鬃缺脉舞虻

文献信息　刘晓艳, 李竹, 杨定. 2010. 湖北神农架缺脉舞虻亚属五新种 (双翅目: 舞虻科). 动物分类学报, 35: 736-741.

标本信息　正模: ♂, 湖北神农架官门山, 采集人刘启飞, 2009. VII. 2 (北京农业大学昆虫标本室)。副模: 1♂, 同正模。

(480) *Empis* (*Coptophlebia*) *basiflava* Liu, Li et Yang, 2010 基黄缺脉舞虻

文献信息　刘晓艳, 李竹, 杨定. 2010. 湖北神农架缺脉舞虻亚属五新种 (双翅目: 舞虻科). 动物分类学报, 35: 736-741.

标本信息　正模: ♀, 湖北神农架官门山, 采集人刘启飞, 2009. VII. 2 (北京农业大学昆虫标本室)。副模: 4♀♀, 同正模。

(481) *Empis* (*Coptophlebia*) *digitata* Liu, Li et Yang, 2010 指突缺脉舞虻

文献信息　刘晓艳, 李竹, 杨定. 2010. 湖北神农架缺脉舞虻亚属五新种 (双翅目: 舞虻科). 动物分类学报, 35: 736-741.

标本信息　正模: ♂, 湖北神农架大龙潭, 采集人刘启飞, 2009. VII. 1 (北京农业大学昆虫标本室)。副模: 1♂, 采集地点和采集人同正模, 2009. VI. 28 (北京农业大学昆虫标本室)。

(482) *Empis* (*Coptophlebia*) *pallipilosa* Liu, Li et Yang, 2010 白毛缺脉舞虻

文献信息　刘晓艳, 李竹, 杨定. 2010. 湖北神农架缺脉舞虻亚属五新种 (双翅目: 舞虻科). 动物分类学报, 35: 736-741.

标本信息　正模: ♂, 湖北神农架大龙潭, 采集人刘启飞, 2009. VI. 28 (北京农业大学昆虫标本室)。

(483) *Empis* (*Coptophlebia*) *postica* Liu, Li et Yang, 2010 后鬃缺脉舞虻

文献信息　刘晓艳, 李竹, 杨定. 2010. 湖北神农架缺脉舞虻亚属五新种 (双翅目: 舞虻科). 动物分类学报, 35: 736-741.

标本信息　正模: ♂, 湖北神农架漳宝河, 采集人刘启飞, 2009. VII. 3 (北京农业大学昆虫

标本室)。

(484) *Empis (Empis) hubeiensis* Yang et Yang, 1997 湖北舞虻

文献信息 杨定, 杨集昆. 1997. 双翅目: 舞虻科//杨星科. 长江三峡库区昆虫. 下册. 重庆: 重庆出版社: 1474.

标本信息 正模: ♂, 湖北兴山县龙门河 (海拔 1300m), 采集人章有为, 1994. V. 9 (中国农业大学或中国科学院动物研究所昆虫标本馆)。配模: ♀, 同正模。副模: 3♂♂, 同正模。

(485) *Empis (Planempis) prolongata* Wang, Li et Yang, 2010

文献信息 Wang JJ, Li Z, Yang D. 2010. Two new species of the subgenus *Planempis*, with a key to the species of China (Diptera: Empidoidea: Empididae). Zootaxa, 2453: 42-47.

标本信息 正模: ♂, 湖北神农架官门山, 采集人刘启飞, 2009. VII. 2 (中国农业大学昆虫博物馆)。

(486) *Empis (Planempis) shennongana* Wang, Li et Yang, 2010

文献信息 Wang JJ, Li Z, Yang D. 2010. Two new species of the subgenus *Planempis*, with a key to the species of China (Diptera: Empidoidea: Empididae). Zootaxa, 2453: 42-47.

标本信息 正模: ♂, 湖北神农架大龙潭, 采集人刘启飞, 2009. VI. 29 (中国农业大学昆虫博物馆)。副模: 5♂♂, 同正模。

(487) *Hilara acuticercus* Li, Cui et Yang, 2010 须尖喜舞虻

文献信息 李竹, 崔维娜, 杨定. 2010. 湖北神农架喜舞虻属五新种 (双翅目: 舞虻科). 动物分类学报, 35: 745-749.

标本信息 正模: ♂, 湖北神农架大龙潭, 采集人刘启飞, 2009. VI. 28 (中国农业大学昆虫博物馆)。副模: 2♂♂, 同正模。

(488) *Hilara basiprojecta* Liu, Li et Yang, 2010 基突喜舞虻

文献信息 刘启飞, 李竹, 杨定. 2010. 湖北神农架喜舞虻属六新种 (双翅目: 舞虻科). 昆虫分类学报, 32 (增刊): 61-70.

标本信息 正模: ♂, 湖北神农架坪堑, 采集人刘启飞, 2009. VII. 6 (中国农业大学昆虫博物馆)。副模: 2♂♂, 湖北神农架大龙潭, 采集人刘启飞, 2009. VII. 1 (中国农业大学昆虫博物馆)。

(489) *Hilara bispina* Li, Cui et Yang, 2010 双刺喜舞虻

文献信息 李竹, 崔维娜, 杨定. 2010. 湖北神农架喜舞虻属五新种 (双翅目: 舞虻科). 动物分类学报, 35: 745-749.

标本信息 正模: ♂, 湖北神农架大龙潭, 采集人刘启飞, 2009. VI. 29 (中国农业大学昆虫博物馆)。

(490) *Hilara brevifurcata* Liu, Li et Yang, 2010 短叉喜舞虻

文献信息 刘启飞, 李竹, 杨定. 2010. 湖北喜舞虻属新种记述 (双翅目: 舞虻科). 昆虫分类学报, 32: 195-200.

标本信息 正模: ♂, 湖北神农架坪堑, 采集人刘启飞, 2009. VII. 8 (中国农业大学昆虫博物馆)。

(491) *Hilara brevis* Liu, Li et Yang, 2010 短角喜舞虻

文献信息 刘启飞, 李竹, 杨定. 2010. 湖北喜舞虻属新种记述 (双翅目: 舞虻科). 昆虫分类学报, 32: 195-200.

标本信息 正模: ♂, 湖北神农架大龙潭, 采集人刘启飞, 2009. VI. 29 (中国农业大学昆虫博物馆)。

(492) *Hilara curvata* Liu, Li et Yang, 2010 弯须喜舞虻

文献信息 刘启飞, 李竹, 杨定. 2010. 湖北

神农架喜舞虻属六新种 (双翅目: 舞虻科). 昆虫分类学报, 32 (增刊): 61-70.

标本信息 正模: ♂, 湖北神农架大龙潭, 采集人刘启飞, 2009. Ⅵ. 27 (中国农业大学昆虫博物馆). 副模: 1♀, 同正模.

(493) *Hilara curviphallus* Liu, Li et Yang, 2010 弯茎喜舞虻

文献信息 刘启飞, 李竹, 杨定. 2010. 湖北神农架喜舞虻属六新种 (双翅目: 舞虻科). 昆虫分类学报, 32 (增刊): 61-70.

标本信息 正模: ♂, 湖北神农架坪堑, 采集人刘启飞, 2009. Ⅶ. 6 (中国农业大学昆虫博物馆). 副模: 2♂♂, 同正模.

(494) *Hilara dalongtana* Liu, Li et Yang, 2010 大龙潭喜舞虻

文献信息 刘启飞, 李竹, 杨定. 2010. 湖北喜舞虻属新种记述 (双翅目: 舞虻科). 昆虫分类学报, 32: 195-200.

标本信息 正模: ♂, 湖北神农架大龙潭, 采集人刘启飞, 2009. Ⅵ. 29 (中国农业大学昆虫博物馆).

(495) *Hilara dentata* Yang et Yang, 1997 齿突喜舞虻

文献信息 杨定, 杨集昆. 1997. 双翅目: 舞虻科//杨星科. 长江三峡库区昆虫. 下册. 重庆: 重庆出版社: 1472-1473.

标本信息 正模: ♂, 湖北兴山县龙门河 (海拔 1300m), 采集人姚建, 1994. Ⅴ. 7 (中国农业大学或中国科学院动物研究所昆虫标本馆).

(496) *Hilara digitiformis* Liu, Li et Yang, 2010 指突喜舞虻

文献信息 刘启飞, 李竹, 杨定. 2010. 湖北神农架喜舞虻属六新种 (双翅目: 舞虻科). 昆虫分类学报, 32 (增刊): 61-70.

标本信息 正模: ♂, 湖北神农架大龙潭, 采集人刘启飞, 2009. Ⅶ. 1 (中国农业大学昆虫博物馆).

(497) *Hilara flata* Liu, Li et Yang, 2010 平突喜舞虻

文献信息 刘启飞, 李竹, 杨定. 2010. 湖北神农架喜舞虻属六新种 (双翅目: 舞虻科). 昆虫分类学报, 32 (增刊): 61-70.

标本信息 正模: ♂, 湖北神农架坪堑, 采集人刘启飞, 2009. Ⅶ. 6 (中国农业大学昆虫博物馆). 副模: 1♂1♀, 同正模.

(498) *Hilara hubeiensis* Yang et Yang, 1997 湖北喜舞虻

文献信息 杨定, 杨集昆. 1997. 双翅目: 舞虻科//杨星科. 长江三峡库区昆虫. 下册. 重庆: 重庆出版社: 1473.

标本信息 正模: ♂, 湖北兴山县龙门河 (海拔 1300m), 采集人章有为, 1994. Ⅴ. 9 (中国农业大学或中国科学院动物研究所昆虫标本馆).

(499) *Hilara longa* Liu, Li et Yang, 2010 长角喜舞虻

文献信息 刘启飞, 李竹, 杨定. 2010. 湖北喜舞虻属新种记述 (双翅目: 舞虻科). 昆虫分类学报, 32: 195-200.

标本信息 正模: ♂, 湖北神农架坪堑, 采集人刘启飞, 2009. Ⅶ. 6 (中国农业大学昆虫博物馆).

(500) *Hilara longicercus* Li, Cui et Yang, 2010 长须喜舞虻

文献信息 李竹, 崔维娜, 杨定. 2010. 湖北神农架喜舞虻属五新种 (双翅目: 舞虻科). 动物分类学报, 35: 745-749.

标本信息 正模: ♂, 湖北神农架官门山, 采集人刘启飞, 2009. Ⅶ. 3 (中国农业大学昆虫博物馆). 副模: 2♂♂2♀♀, 同正模.

(501) *Hilara longiseta* Li, Cui et Yang, 2010 长鬃喜舞虻

文献信息 李竹, 崔维娜, 杨定. 2010. 湖北神农架喜舞虻属五新种 (双翅目: 舞虻科).

动物分类学报, 35: 745-749.

标本信息 正模: ♂, 湖北神农架大龙潭, 采集人刘启飞, 2009. VI. 28 (中国农业大学昆虫博物馆). 副模: 2♂♂, 同正模.

(502) *Hilara obtusa* Liu, Li et Yang, 2010 钝突喜舞虻

文献信息 刘启飞, 李竹, 杨定. 2010. 湖北神农架喜舞虻属六新种 (双翅目: 舞虻科). 昆虫分类学报, 32 (增刊): 61-70.

标本信息 正模: ♂, 湖北神农架大龙潭, 采集人刘启飞, 2009. VI. 27 (中国农业大学昆虫博物馆). 副模: 1♂, 同正模.

(503) *Hilara spina* Li, Cui et Yang, 2010 刺突喜舞虻

文献信息 李竹, 崔维娜, 杨定. 2010. 湖北神农架喜舞虻属五新种 (双翅目: 舞虻科). 动物分类学报, 35: 745-749.

标本信息 正模: ♂, 湖北神农架大龙潭, 采集人刘启飞, 2009. VI. 28 (中国农业大学昆虫博物馆). 副模: 3♂♂5♀♀, 同正模.

(504) *Hilara triangulata* Yang et Yang, 1997 角突喜舞虻

文献信息 杨定, 杨集昆. 1997. 双翅目: 舞虻科//杨星科. 长江三峡库区昆虫. 下册. 重庆: 重庆出版社: 1471-1472.

标本信息 正模: ♂, 湖北兴山县龙门河 (海拔 1300m), 采集人章有为, 1994. V. 9 (中国农业大学或中国科学院动物研究所昆虫标本馆).

(505) *Hybos bigeniculatus* Yang et Yang, 1991 双膝驼舞虻

文献信息 杨集昆, 杨定. 1991. 湖北省的驼舞虻及新种记述 (双翅目: 舞虻科). 湖北大学学报 (自然科学版), 13: 1-8.

标本信息 正模: ♂, 湖北神农架林区大岩屋 (海拔 1700m), 采集人杨集昆, 1984. VI.

29 (北京农业大学昆虫标本室). 配模: ♀, 同正模.

(506) *Hybos concavus* Yang et Yang, 1991 凹缘驼舞虻

文献信息 杨集昆, 杨定. 1991. 湖北省的驼舞虻及新种记述 (双翅目: 舞虻科). 湖北大学学报 (自然科学版), 13: 1-8.

标本信息 正模: ♂, 湖北神农架林区大岩屋 (海拔 1700m), 采集人杨集昆, 1984. VI. 29 (北京农业大学昆虫标本室).

(507) *Hybos guanmenshanus* Huo, Zhang et Yang, 2010

文献信息 Huo S, Zhang JH, Yang D. 2010. Two new species of *Hybos* from Hubei, China (Diptera: Empididae). Transactions of the American Entomological Society, 136: 251- 254.

标本信息 正模: ♂, 湖北神农架官门山, 采集人刘启飞, 2009. VII. 2 (中国农业大学昆虫博物馆).

(508) *Hybos latus* Huo, Zhang et Yang, 2010

文献信息 Huo S, Zhang JH, Yang D. 2010. Two new species of *Hybos* from Hubei, China (Diptera: Empididae). Transactions of the American Entomological Society, 136: 251-254.

标本信息 正模: ♂, 湖北神农架阴峪河, 采集人刘启飞, 2009. VII. 18 (中国农业大学昆虫博物馆).

(509) *Hybos minutus* Yang et Yang, 1997 细腿驼舞虻

文献信息 杨定, 杨集昆. 1997. 双翅目: 舞虻科//杨星科. 长江三峡库区昆虫. 下册. 重庆: 重庆出版社: 1474-1475.

标本信息 正模: ♂, 湖北兴山县龙门河 (海拔 1300m), 采集人李法圣, 1994. IX. 11 (中国农业大学或中国科学院动物研究所昆虫标本馆).

(510) *Hybos shennongensis* Yang et Yang, 1991 神农驼舞虻

文献信息 杨集昆, 杨定. 1991. 湖北省的驼舞虻及新种记述 (双翅目: 舞虻科). 湖北大学学报 (自然科学版), 13: 1-8.

标本信息 正模: ♂, 湖北神农架松柏镇 (海拔 700~800m), 采集人杨集昆, 1984. VI. 27 (北京农业大学昆虫标本室). 配模: ♀, 同正模. 副模: 1♂, 同正模; 2♀♀, 湖北神农架林区大岩屋 (海拔 1700m), 采集人杨集昆, 1984. VI. 29 (北京农业大学昆虫标本室).

(511) *Platypalpus hubeiensis* Yang et Yang, 1997 湖北平须舞虻

文献信息 杨定, 杨集昆. 1997. 双翅目: 舞虻科//杨星科. 长江三峡库区昆虫. 下册. 重庆: 重庆出版社: 1469.

标本信息 正模: ♂, 湖北兴山县龙门河 (海拔 1300m), 采集人李法圣, 1994. IX. 14 (中国农业大学或中国科学院动物研究所昆虫标本馆).

(512) *Platypalpus brevis* Huo, Zhang et Yang, 2010

文献信息 Huo S, Zhang JH, Yang D. 2010. Two new species of *Platypalpus* from Oriental China (Dipera: Empidida). Transactions of the American Entomological Society, 136: 259-262.

标本信息 正模: ♂, 湖北神农架坪堑, 采集人刘启飞, 2009. VII. 7 (中国农业大学昆虫博物馆).

(513) *Platypalpus didymus* Huo, Zhang et Yang, 2010

文献信息 Huo S, Zhang JH, Yang D. 2010. Two new species of *Platypalpus* from Oriental China (Dipera: Empidida). Transactions of the American Entomological Society, 136: 259-262.

标本信息 正模: ♂, 湖北神农架大龙潭, 采集人刘启飞, 2009. VI. 27 (中国农业大学昆虫博物馆).

(514) *Rhamphomyia* (*Rhamphomyia*) *flavella* Yu, Liu et Yang, 2010 基黄猎舞虻

文献信息 余慧, 刘启飞, 杨定. 2010. 中国猎舞虻亚属二新种 (双翅目, 舞虻科). 动物分类学报, 35: 475-477.

标本信息 正模: ♂, 湖北神农架大龙潭, 采集人刘启飞, 2009. VI. 29 (中国农业大学昆虫博物馆).

(515) *Rhamphomyia* (*Rhamphomyia*) *projecta* Yu, Liu et Yang, 2010 内突猎舞虻

文献信息 余慧, 刘启飞, 杨定. 2010. 中国猎舞虻亚属二新种 (双翅目, 舞虻科). 动物分类学报, 35: 475-477.

标本信息 正模: ♂, 湖北神农架漳宝河, 采集人刘启飞, 2009. VII. 3 (中国农业大学昆虫博物馆). 副模: 3♂♂, 同正模.

(516) *Sinohilara shennongana* Zhou, Li et Yang, 2010 神农华喜舞虻

文献信息 周丹, 李彦, 杨定. 2010. 中国舞虻科一新属一新种 (双翅目: 舞虻总科). 动物分类学报, 35: 478-480.

标本信息 正模: ♂, 湖北神农架坪堑, 采集人刘启飞, 2009. VII. 7 (中国农业大学昆虫博物馆). 副模: 6♂♂, 同正模.

(517) *Tachypeza nigra* Yang et Yang, 1997 黑腿显肩舞虻

文献信息 杨定, 杨集昆. 1997. 双翅目: 舞虻科//杨星科. 长江三峡库区昆虫. 下册. 重庆: 重庆出版社: 1470-1471.

标本信息 正模: ♂, 湖北兴山县龙门河 (海拔 1300m), 采集人李法圣, 1994. IX. 11 (中国农业大学或中国科学院动物研究所昆虫标本馆).

123. 缟蝇科 Lauxaniidae

(518) *Minettia (Frendelia) longifurcata* Shi et Yang, 2014

文献信息　Shi L, Yang D. 2014. Three new species of subgenus *Frendelia* (Diptera: Lauxaniidae: *Minettia*) in Southern China, with a key to known species worldwide. Florida Entomologist, 97: 1511-1528.

标本信息　正模：♂，湖北神农架老君山 (海拔 714m)，采集人刘启飞，2007. Ⅷ. 4 (中国农业大学)。副模：4♂♂5♀♀，采集地点和采集人同正模，2007. Ⅷ. 3~Ⅷ. 5 (中国农业大学)。

(519) *Minettia (Minettiella) clavata* Shi et Yang, 2014

文献信息　Shi L, Yang D. 2014. Five new species of *Minettia* (*Minettiella*) (Diptera, Lauxaniidae) from China. ZooKeys, 449: 81-103.

标本信息　正模：♂，湖北神农架坪堑 (海拔 1650m)，采集人刘启飞，2007. Ⅶ. 26 (中国农业大学)。副模：4♂♂1♀，采集地点和采集人同正模，2007. Ⅶ. 27; 4♀♀，采集地点和采集人同正模，2007. Ⅶ. 25 (中国农业大学)。

(520) *Minettia (Minettiella) plurifurcata* Shi et Yang, 2014

文献信息　Shi L, Yang D. 2014. Five new species of *Minettia* (*Minettiella*) (Diptera, Lauxaniidae) from China. ZooKeys, 449: 81-103.

标本信息　正模：♂，湖北神农架坪堑 (海拔 1650m)，采集人刘启飞，2007. Ⅶ. 26 (中国农业大学)。

(521) *Minettia (Minettiella) spinosa* Shi et Yang, 2014

文献信息　Shi L, Yang D. 2014. Five new species of *Minettia* (*Minettiella*) (Diptera, Lauxaniidae) from China. ZooKeys, 449: 81-103.

标本信息　正模：♂，湖北神农架坪堑 (海拔 1650m)，采集人刘启飞，2007. Ⅶ. 25 (中国农业大学)。副模：4♂♂6♀♀，同正模；6♂♂5♀♀，采集地点和采集人同正模，2007. Ⅶ. 27 (中国农业大学)。

(522) *Minettia (Plesiominettia) flavoscutellata* Shi, Gaimari et Yang, 2015

文献信息　Shi L, Gaimari SD, Yang D. 2015. Five new species of subgenus *Plesiominettia* (Diptera, Lauxaniidae, *Minettia*) in southern China, with a key to known species. ZooKeys, 520: 61-86.

标本信息　正模：♂，湖北神农架坪堑 (海拔 1650m)，采集人刘启飞，2007. Ⅶ. 25 (中国农业大学)。副模：5♂♂7♀♀，同正模。

124. 沼大蚊科 Limoniidae

(523) *Metalimnobia (Metalimnobia) impubis* Mao et Yang, 2010

文献信息　Mao M, Yang D. 2010. Species of the genus *Metalimnobia* Matsumura from China (Diptera: Limoniidae). Zootaxa, 2344: 1-16.

标本信息　正模：♂，北京门头沟小龙门 (海拔 1080m, 39°57′57″N, 115°28′32″E)，采集人 Xu YL, 2005. Ⅶ. 14 (中国农业大学昆虫博物馆)。副模：2♂♂1♀，同正模；1♂，北京门头沟龙门涧 (海拔 750m, 40°00′32″N, 115°34′22″E)，采集人 Dong H, 2005. Ⅶ. 6; 2♂♂1♀，北京门头沟小龙门 (海拔 1080m, 39°57′57″N, 115°28′32″E)，采集人 Dong H, 2005. Ⅶ. 13; 1♂，北京门头沟小龙门 (海拔 1080m, 39°57′57″N, 115°28′32″E)，采集人 Zhang KY, 2005. Ⅶ. 13; 1♂1♀，北京百花山 (海拔 900m, 39°50′26″N, 115°38′21″E)，采集人 Dong H, 2005. Ⅷ. 15; 2♂♂，湖北神农架林区大岩屋 (海拔 1700m, 31°47′43″N, 110°30′15″E)，采集人杨集昆，1984. Ⅵ. 29 (中国农业大学昆虫博物馆)。

125. 刺骨蝇科 Megamerinidae

(524) *Protexara sinica* Yang, 1996 中华前刺骨蝇

文献信息 杨集昆. 1996. 刺骨蝇科: 前刺骨蝇属//薛万琦, 赵建铭. 中国蝇类. 上册. 沈阳: 辽宁科学技术出版社: 420.

标本信息 正模: ♂, 湖北神农架林区大岩屋 (海拔 1700m), 采集人杨集昆, 1984. Ⅵ. 28 (北京农业大学昆虫标本室). 副模: 1♂, 四川峨眉山九老洞, 采集人郑乐怡, 1957. Ⅶ. 8; 1♂2♀♀, 浙江松阳县, 采集人何俊华, 1989. Ⅶ. 15 (北京农业大学昆虫标本室).

(525) *Texara shenwuana* Yang, 1996 神武旋刺骨蝇

文献信息 杨集昆. 1996. 刺骨蝇科: 旋刺骨蝇属//薛万琦, 赵建铭. 中国蝇类. 上册. 沈阳: 辽宁科学技术出版社: 419.

标本信息 正模: ♂, 湖北神农架林区大岩屋 (海拔 1700m), 采集人杨集昆, 1984. Ⅵ. 28 (北京农业大学昆虫标本室). 副模: 1♂1♀, 湖北武当山, 采集人杨集昆, 1984. Ⅴ. 29 (北京农业大学昆虫标本室).

126. 叶蝇科 Milichiidae

(526) *Desmometopa maculosusa* Xi, 2015 眼斑纹额叶蝇

文献信息 席玉强. 2015. 中国叶蝇科系统分类研究 (双翅目). 北京: 中国农业大学博士学位论文, 222-224.

标本信息 正模: ♂, 陕西柞水营盘, 采集人丁双玫, 2014. Ⅶ. 29 (中国农业大学昆虫标本馆). 副模: 1♀, 西藏墨脱, 采集人李文亮, 2012. Ⅶ. 26; 1♂, 湖北神农架彩旗保护站, 采集人张婷婷, 2012. Ⅶ. 26; 3♀♀, 西藏墨脱背崩, 采集人李轩昆, 2012. Ⅶ. 30; 1♀, 西藏墨脱背崩, 采集人李轩昆, 2012. Ⅶ. 31; 1♀, 西藏波密通麦, 2012. Ⅷ. 3; 1♀, 台湾南投莲花

池研究中心, 采集人李文亮, 2013. Ⅵ. 4; 1♂1♀, 西藏墨脱背崩, 采集人姚刚, 2013. Ⅸ. 16; 1♀, 云南德宏瑞丽勐秀芒帽村, 采集人芦秀梅, 2014. Ⅳ. 19; 3♀♀, 陕西山阳城关镇权垣村, 采集人张蕾, 2014. Ⅵ. 27; 1♀, 陕西丹凤蔡川镇蔡川村, 采集人张蕾, 2014. Ⅶ. 1; 6♂♂3♀♀, 陕西富平高堂镇东屿村黄边沟, 采集人张蕾, 2014. Ⅶ. 7 (中国农业大学昆虫标本馆).

(527) *Phyllomyza gangliiformisa* Xi, 2015 瘤突真叶蝇

文献信息 席玉强. 2015. 中国叶蝇科系统分类研究 (双翅目). 北京: 中国农业大学博士学位论文, 188-190.

标本信息 正模: ♂, 云南保山腾冲界头, 采集人李文亮, 2012. Ⅴ. 9 (中国农业大学昆虫标本馆). 副模: 1♂, 云南德宏盈江昔马, 采集人李文亮, 2012. Ⅴ. 24; 2♂♂, 云南保山腾冲大塘茨竹河, 采集人李文亮, 2012. Ⅴ. 8; 1♂, 云南保山腾冲界头, 采集人刘源野, 2012. Ⅴ. 9; 1♂, 云南保山腾冲小地方, 采集人李文亮, 2012. Ⅴ. 10; 2♂♂, 云南保山掁亢, 采集人刘源野, 2012. Ⅴ. 10; 1♂, 云南保山蒲满哨, 采集人刘源野, 2012. Ⅴ. 11; 1♂, 湖北神农架彩旗保护站, 采集人张婷婷, 2012. Ⅶ. 25; 1♂, 湖南郴州莽山国家森林公园, 采集人黄铭超, 2012. Ⅷ. 1; 1♂, 云南红河绿春骑马坝, 采集人杨金英, 2013. Ⅵ. 11; 1♂, 陕西周至板房子, 采集人张韦, 2013. Ⅷ. 9; 1♂1♀, 江西靖安璪都, 采集人汪凯, 2014. Ⅶ. 19; 1♂1♀, 江西井冈山黄洋界八面山, 采集人刘启飞, 2014. Ⅶ. 29; 10♂♂, 陕西柞水营盘, 采集人丁双玫, 2014. Ⅶ. 31; 1♂, 陕西旬阳前坪, 采集人唐楚飞, 2014. Ⅷ. 3; 1♂, 湖北勋西观音牛儿山, 采集人丁双玫, 2014. Ⅷ. 5 (中国农业大学昆虫标本馆).

(528) *Phyllomyza glossophyllusa* Xi, 2015 舌形真叶蝇

文献信息 席玉强. 2015. 中国叶蝇科系统分

类研究 (双翅目). 北京: 中国农业大学博士学位论文, 161-162.

标本信息 正模: ♂, 云南大理苍山, 采集人王玉玉, 2012. Ⅵ. 3 (中国农业大学昆虫标本馆)。副模: 1♂, 云南保山大蒿坪, 采集人刘源野, 2012. Ⅴ. 4; 3♂♂, 云南保山大蒿坪, 采集人李文亮, 2012. Ⅴ. 5; 1♂, 云南保山腾冲, 采集人刘源野, 2012. Ⅴ. 7; 2♂♂, 云南保山腾冲大塘茨竹河, 采集人李文亮, 2012. Ⅴ. 8; 1♂, 云南保山腾冲界头, 采集人李文亮, 2012. Ⅴ. 9; 1♂, 云南保山大蒿坪, 采集人刘源野, 2012. Ⅴ. 11; 1♂, 云南大理滇藏公路, 采集人王玉玉, 2012. Ⅵ. 6; 5♂♂, 西藏墨脱背崩, 采集人李文亮, 2012. Ⅶ. 30; 2♂♂, 湖北神农架大龙潭, 采集人张婷婷, 2012. Ⅶ. 30; 1♂, 广西防城港上思十万大山森林公园, 采集人席玉强, 2013. Ⅴ. 17; 1♂, 陕西佛坪观音山, 采集人王玉玉, 2013. Ⅶ. 30; 2♂♂, 陕西柞水营盘, 采集人丁双玫, 2014. Ⅶ. 31; 3♂♂, 陕西柞水营盘, 采集人唐楚飞, 2014. Ⅶ. 31; 2♂♂, 湖北勋西观音牛儿山, 采集人丁双玫, 2014. Ⅷ. 5 (中国农业大学昆虫标本馆)。

127. 蝇科 Muscidae

(529) *Coenosia changjianga* Xue, 1997 长江秽蝇

文献信息 薛万琦. 1997. 双翅目: 蝇科//杨星科. 长江三峡库区昆虫. 下册. 重庆: 重庆出版社: 1503-1504.

标本信息 正模: ♂, 湖北神农架香溪源 (海拔 1300m), 采集人姚建, 1994. Ⅴ. 5 (中国科学院动物研究所昆虫标本馆)。副模: 1♂, 湖北兴山县龙门河 (海拔 1300m), 采集人姚建, 1994. Ⅴ. 6 (中国科学院动物研究所昆虫标本馆)。

(530) *Coenosia flaviambulans* Xue, 1997 黄路秽蝇

文献信息 薛万琦. 1997. 双翅目: 蝇科//杨

星科. 长江三峡库区昆虫. 下册. 重庆: 重庆出版社: 1507-1508.

标本信息 正模: ♂, 四川巫山县梨子坪 (海拔 1870m), 采集人黄润质, 1993. Ⅶ. 4 (中国科学院动物研究所昆虫标本馆)。副模: 1♂3♀♀, 四川万县王二包 (海拔 1200~1300m), 采集人黄润质, 1993. Ⅶ. 11、Ⅶ. 12; 2♀♀, 四川万县王二包 (海拔 1200m), 采集人姚建, 1993. Ⅶ. 11 (中国科学院动物研究所昆虫标本馆)。

(531) *Coenosia flavipenicillata* Xue, 1997 黄笔秽蝇

文献信息 薛万琦. 1997. 双翅目: 蝇科//杨星科. 长江三峡库区昆虫. 下册. 重庆: 重庆出版社: 1505-1507.

标本信息 正模: ♂, 湖北兴山县龙门河 (海拔 1300m), 采集人姚建, 1994. Ⅸ. 14 (中国科学院动物研究所昆虫标本馆)。副模: 1♂, 湖北神农架香溪源 (海拔 1300m), 采集人章有为, 1994. Ⅴ. 5; 1♀, 湖北兴山县龙门河 (海拔 1400m), 采集人章有为, 1994. Ⅴ. 6 (中国科学院动物研究所昆虫标本馆)。

(532) *Coenosia shennonga* Xue, 1997 神农秽蝇

文献信息 薛万琦. 1997. 双翅目: 蝇科//杨星科. 长江三峡库区昆虫. 下册. 重庆: 重庆出版社: 1504-1505.

标本信息 正模: ♂, 湖北神农架香溪源 (海拔 1300m), 采集人章有为, 1994. Ⅴ. 5 (中国科学院动物研究所昆虫标本馆)。副模: 1♂2♀♀, 同正模; 1♂, 采集地点和采集时间同正模, 采集人杨星科; 1♂, 湖北兴山县龙门河 (海拔 1300m), 采集人杨星科, 1994. Ⅴ. 7 (中国科学院动物研究所昆虫标本馆)。

(533) *Fannia flavifuscinata* Xue, 1997 暗黄厕蝇

文献信息 薛万琦. 1997. 双翅目: 蝇科//杨

星科. 长江三峡库区昆虫. 下册. 重庆: 重庆出版社: 1498-1499.

标本信息　正模: ♂, 湖北兴山县龙门河 (海拔 1300m), 采集人章有为, 1994. Ⅴ. 9 (中国科学院动物研究所昆虫标本馆)。

(534) *Mydaea bideserta* Xue et Wang, 1992 双圆蝇

文献信息　薛万琦. 1992. 圆蝇亚科 Mydacinae 的检索表, 圆蝇属//范德滋. 中国常见蝇类检索表. 第 2 版. 北京: 科学出版社: 340.

标本信息　正模: ♂, 湖北神农架, 采集人王维明, 1982. Ⅷ. 8 (标本可能保存在中国科学院华东昆虫研究所或中国科学院动物研究所)。

(535) *Myospila subtenax* Xue, 1996　肖韧妙蝇

文献信息　薛万琦, 赵宝刚, 曹如刚, 等. 1996. 妙蝇属//薛万琦, 赵建铭. 中国蝇类. 上册. 沈阳: 辽宁科学技术出版社: 1095.

标本信息　正模: ♂, 湖北神农架, 采集人王维明, 1982. Ⅷ. 10 (标本存放地点不详)。

(536) *Phaonia mimoaureola* Ma, Ge et Li, 1992　拟金棘蝇

文献信息　范德滋, 马忠余. 1992. 圆蝇亚科 Mydacinae 的检索表, 棘蝇属//范德滋. 中国常见蝇类检索表. 第 2 版. 北京: 科学出版社: 453. Xue WQ, Rong H, Du J. 2014. Descriptions of six new species of *Phaonia* Robineau-Desvoidy (Diptera: Muscidae) from China. Journal of Insect Science, 14: 1-23.

标本信息　正模: ♂, 河南鸡公山, 采集人不详, 1983. Ⅵ. 16; 1♂1♀, 采集人 Ge FX, 1983. Ⅴ. 26 (辽宁沈阳疾病控制和预防中心)。副模: 1♂, 湖北神农架, 采集人 Gao Y, 1984. Ⅴ. 31 (辽宁沈阳疾病控制和预防中心)。

128. 菌蝇科 Mycetophilidae

(537) *Boletina sanxiana* Wu, 1997　三峡包菌蚊

文献信息　吴鸿. 1997. 双翅目: 菌蚊科//杨

星科. 长江三峡库区昆虫. 下册. 重庆: 重庆出版社: 1448.

标本信息　正模: ♂, 四川巫山县梨子坪 (海拔 1500m), 采集人姚建, 1993. Ⅶ. 5 (中国科学院动物研究所昆虫标本馆)。

(538) *Mycomya shennongana* Yang et Wu, 1989 神农真菌蚊

文献信息　杨集昆, 吴鸿. 1989. 湖北省的菌蚊记三新种 (双翅目: 菌蚊科). 湖北大学学报 (自然科学版), 11: 61-64.

标本信息　正模: ♂, 湖北神农架林区大岩屋 (海拔 1680m), 采集人杨集昆, 1984. Ⅵ. 29 (北京农业大学昆虫标本室)。

(539) *Neoempheria magna* Wu et Yang, 1993 大新菌蚊

文献信息　吴鸿, 杨集昆. 1993. 中国新菌蚊属四新种 (双翅目: 菌蚊科). 动物分类学报, 18: 373-378.

标本信息　正模: ♂, 湖北神农架林区大岩屋, 采集人杨集昆, 1984. Ⅵ. 29 (北京农业大学昆虫标本室)。配模: ♀, 同正模。副模: 1♂, 宁夏六盘山 (海拔 2300m), 采集人杨集昆, 1980. Ⅶ. 14 (北京农业大学昆虫标本室)。

129. 禾蝇科 Opomyzidae

(540) *Geomyza chuana* Yang, 1997 川地禾蝇

文献信息　杨星科, 王心丽. 1997. 双翅目: 禾蝇科//杨星科. 长江三峡库区昆虫. 下册. 重庆: 重庆出版社: 1555-1556.

标本信息　正模: ♂, 四川万县王二包 (海拔 1200m), 采集人杨星科, 1994. Ⅴ. 27 (中国科学院动物研究所昆虫标本馆或中国农业大学昆虫标本馆)。配模: ♀, 同正模。副模: 1♀, 四川巫山县梨子坪 (海拔 1860m), 采集人章有为, 1994. Ⅴ. 19 (中国科学院动物研究所昆虫标本馆或中国农业大学昆虫标本馆)。

130. 广口实蝇科 Platystomatidae

(541) *Prosthiochaeta pictipennis* Wang et Chen, 2002 花翅前毛广口蝇

文献信息 汪兴鉴, 陈小琳. 2002. 中国前毛广口蝇属分类研究及三新种记述 (双翅目: 广口蝇科). 昆虫学报, 45: 656-661.

标本信息 正模: ♀, 湖北兴山县 (海拔1300m), 采集人李文柱, 1999. Ⅳ. 24 (中国科学院动物研究所)。

131. 茎蝇科 Psilidae

(542) *Loxocera (Loxocera) anulata* Wang et Yang, 1996 环腹长角茎蝇

文献信息 王心丽. 1996. 长角茎蝇属//薛万琦, 赵建铭. 中国蝇类. 上册. 沈阳: 辽宁科学技术出版社: 440-442.

标本信息 正模: ♂, 湖北神农架大九湖, 采集人邹环光, 1977. Ⅶ. 9 (标本存放地不详)。

132. 鹬虻科 Rhagionidae

(543) *Chrysopilus hubeiensis* Yang et Yang, 1991 湖北金鹬虻

文献信息 杨集昆, 杨定. 1991. 湖北省鹬虻科 5 新种 (双翅目: 短角亚目). 湖北大学学报 (自然科学版), 13: 273-277.

标本信息 正模: ♂, 湖北神农架松柏镇 (海拔 700~800m), 采集人王心丽, 1980. Ⅵ. 24 (北京农业大学昆虫标本室)。

(544) *Chrysopilus nagatomii* Yang et Yang, 1991 永富金鹬虻

文献信息 杨集昆, 杨定. 1991. 湖北省鹬虻科 5 新种 (双翅目: 短角亚目). 湖北大学学报 (自然科学版), 13: 273-277.

标本信息 正模: ♂, 湖北神农架 (海拔1700m), 采集人茅晓渊, 1984. Ⅵ. 29、Ⅵ. 30 (北京农业大学昆虫标本室)。配模: ♀, 同正模. 副模: 2♀♀, 同正模; 2♀♀, 湖北神农架,

采集人茅晓渊, 1985. Ⅴ. 30~Ⅵ. 15; 1(标本性别无明确说明), 湖北神农架林区大岩屋 (海拔 1700m), 采集人杨集昆, 1984. Ⅵ. 29 (北京农业大学昆虫标本室)。

(545) *Chryspilus apicimaculatus* Yang et Yang, 1991 端黑金鹬虻

文献信息 杨集昆, 杨定. 1991. 湖北省鹬虻科 5 新种 (双翅目: 短角亚目). 湖北大学学报 (自然科学版), 13: 273-277.

标本信息 正模: ♂, 湖北神农架林区大岩屋 (海拔 1700m), 采集人杨集昆, 1984. Ⅵ. 29 (北京农业大学昆虫标本室)。

(546) *Rhagio apiciflavus* Yang et Yang, 1991 端黄鹬虻

文献信息 杨集昆, 杨定. 1991. 湖北省鹬虻科 5 新种 (双翅目: 短角亚目). 湖北大学学报 (自然科学版), 13: 273-277.

标本信息 正模: ♂, 湖北神农架林区大岩屋 (海拔 1700m), 采集人杨集昆, 1984. Ⅵ. 29 (北京农业大学昆虫标本室)。

(547) *Rhagio shennonganus* Yang et Yang, 1991 神农鹬虻

文献信息 杨集昆, 杨定. 1991. 湖北省鹬虻科 5 新种 (双翅目: 短角亚目). 湖北大学学报 (自然科学版), 13: 273-277.

标本信息 正模: ♂, 湖北神农架 (海拔2700m), 采集人茅晓渊, 1980. Ⅶ. 23 (北京农业大学昆虫标本室)。

133. 眼蕈蚊科 Sciaridae

(548) *Diversicratyna muricata* Shi, 2013 尖刺代强眼蕈蚊

文献信息 施凯. 2013. 中国眼蕈蚊科 8 属分类及系统发育研究 (双翅目: 眼蕈蚊科). 临安: 浙江农林大学硕士学位论文, 90-91.

标本信息 正模: ♂, 湖北神农架漳宝河

(31°74.348′N, 110°68.044′E), 采集人施凯, 2012. V. 21 (浙江农林大学昆虫标本馆)。副模: 1♂, 采集地点和采集人同正模, 2012. V. 18 (浙江农林大学昆虫标本馆)。

(549) *Peyerimhoffia shennongjiana* Shi, Huang, Zhang et Wu, 2014

文献信息　Shi K, Huang JH, Zhang SJ, et al. 2014. Taxonomy of the genus *Peyerimhoffia* Kieffer from Mainland China, with a description of seven new species (Diptera, Sciaridae). ZooKeys, 382: 67-83.

标本信息　正模: ♂, 湖北神农架大龙潭, 采集人施凯, 2012. V. 20 (浙江农林大学森林保护系)。

(550) *Pseudozygoneura hexacantha* Shi et Huang, 2015 六刺伪轭眼蕈蚊

文献信息　Huang JH, Shi K, Li ZJ, et al. 2015. Review of the genus *Pseudozygoneura* Steffan (Diptera, Sciaridae) from China. Entomological News, 125: 77-95.

标本信息　正模: ♂, 陕西户县涝峪八里坪朱雀森林公园, 采集人施凯, 2012. VII. 12 (浙江农林大学森林保护系)。副模: 1♂, 福建将乐龙栖山龙潭, 采集人施凯, 2012. VIII. 14; 1♂, 湖北神农架阴峪河, 采集人施凯, 2012. V. 16; 1♂, 湖北神农架阴峪河, 采集人杨露菁, 2012. V. 17; 4♂♂, 陕西户县涝峪八里坪朱雀森林公园, 采集人施凯, 2012. VII. 11; 4♂♂, 陕西户县涝峪八里坪朱雀森林公园, 采集人施凯, 2012. VII. 12; 2♂♂, 陕西户县涝峪八里坪朱雀森林公园, 采集人杨露菁, 2012. VII. 12; 1♂, 陕西户县涝峪八里坪朱雀森林公园, 采集人黄俊浩, 2012. VII. 13; 2♂♂, 山西沁水下川村猪尾沟, 采集人施凯, 2012. VII. 23; 1♂, 山西沁水下川村普通沟, 采集人施凯, 2012. VII. 24; 1♂, 山西沁水大河村南神峪, 2012. VII. 28; 1♂, 浙江临安天目山开山老殿-仙人顶, 采集人施凯, 2010. VII. 3 (浙江农林大学森林保护系)。

(551) *Pseudozygoneura quadridentata* Shi et Huang, 2015 四刺伪轭眼蕈蚊

文献信息　Huang JH, Shi K, Li ZJ, et al. 2015. Review of the genus *Pseudozygoneura* Steffan (Diptera, Sciaridae) from China. Entomological News, 125: 77-95.

标本信息　正模: ♂, 湖北神农架阴峪河, 采集人施凯, 2012. V. 17 (浙江农林大学森林保护系)。副模: 1♂, 湖南平江南江桥幕阜山云腾寺-知青亭, 采集人施凯, 2012. V. 11 (浙江农林大学森林保护系)。

(552) *Pseudozygoneura robustispina* Shi et Huang, 2015 粗刺伪轭眼蕈蚊

文献信息　Huang JH, Shi K, Li ZJ, et al. 2015. Review of the genus *Pseudozygoneura* Steffan (Diptera, Sciaridae) from China. Entomological News, 125: 77-95.

标本信息　正模: ♂, 浙江临安清凉峰千顷塘 (30°09.224′N, 118°88.168′E), 采集人郭瑞, 2012. V. 15 (浙江农林大学森林保护系)。副模: 1♂, 福建武夷山星村桐木三港, 采集人施凯, 2012. IV. 26; 3♂♂, 湖北神农架阴峪河, 采集人施凯, 2012. IV. 16 (浙江农林大学森林保护系)。

(553) *Spathobdella inflata* Shi, 2013 膨尾窄眼蕈蚊

文献信息　施凯. 2013. 中国眼蕈蚊科 8 属分类及系统发育研究 (双翅目: 眼蕈蚊科). 临安: 浙江农林大学硕士学位论文, 87-88.

标本信息　正模: ♂, 湖北神农架阴峪河 (31°53.629′N, 110°24.701′E), 采集人施凯, 2012. V. 16 (浙江农林大学昆虫标本馆)。副模: 2♂♂, 陕西户县涝峪八里坪朱雀森林公园 (33°96.269′N, 108°52.882′E), 采集人黄俊浩, 2012. VII. 13; 2♂♂, 浙江开化古田山 (29°24.091′N, 118°11.522′E), 采集人陈学新, 1992. VII. 17; 1♂, 浙江开化古田山 (29°24.091′N, 118°11.522′E), 采集人吴鸿; 1♂, 浙江安吉龙王山 (30°89.585′N,

120°09.574′E), 采集人施凯, 2012. V. 1 (浙江农林大学昆虫标本馆)。

(554) *Spathobdella shennongjiana* Shi, 2013 神农架窄眼蕈蚊

文献信息 施凯. 2013. 中国眼蕈蚊科 8 属分类及系统发育研究 (双翅目: 眼蕈蚊科). 临安: 浙江农林大学硕士学位论文, 86-87.

标本信息 正模: ♂, 湖北神农架大龙潭 (31°74.348′N, 110°68.044′E), 采集人施凯, 2012. V. 20 (浙江农林大学昆虫标本馆)。

134. 蚋科 Simuliidae

(555) *Simulium* (*Simulium*) *dentastylum* Yang, Chen et Luo, 2009 齿端蚋

文献信息 杨明, 陈汉彬, 罗洪斌. 2009. 湖北神农架自然保护区一新特蚋种 (双翅目: 蚋科). 动物分类学报, 34: 454-456.

标本信息 正模: ♂, 湖北神农架红坪 (海拔 1700m), 采集人罗洪斌, 2004. VIII. 14 (贵阳医学院生物学教研室)。

(556) *Simulium* (*Simulium*) *hongpingense* Chen, Luo et Yang, 2006 红坪蚋

文献信息 陈汉彬, 罗洪斌, 杨明. 2006. 湖北省神农架蚋类记要并记述二新种 (双翅目: 蚋科). 动物分类学报, 31: 874-879.

标本信息 正模: ♀, 湖北神农架红坪, 采集人和采集时间不详 (贵阳医学院生物学教研室)。副模: 2♂♂, 同正模。

(557) *Simulium* (*Simulium*) *xiaolongtanense* Chen, Luo et Yang, 2006 小龙潭蚋

文献信息 陈汉彬, 罗洪斌, 杨明. 2006. 湖北省神农架蚋类记要并记述二新种 (双翅目: 蚋科). 动物分类学报, 31: 874-879.

标本信息 正模: ♀, 湖北神农架, 采集人和采集时间不详 (贵阳医学院生物学教研室)。副模: 1♀3♂♂, 同正模。

135. 水虻科 Stratiomyidae

(558) *Allognosta caiqiana* Li, Zhang et Yang, 2011 彩旗距水虻

文献信息 李竹, 张婷婷, 杨定. 2011. 中国距水虻属四新种 (双翅目: 水虻科). 动物分类学报, 36: 273-277.

标本信息 正模: ♀, 湖北神农架彩旗保护站, 采集人刘启飞, 2009. VII. 14 (中国农业大学昆虫博物馆)。

(559) *Allognosta dalongtana* Li, Zhang et Yang, 2011 大龙潭距水虻

文献信息 李竹, 张婷婷, 杨定. 2011. 中国距水虻属四新种 (双翅目: 水虻科). 动物分类学报, 36: 273-277.

标本信息 正模: ♀, 湖北神农架大龙潭, 采集人刘启飞, 2009. VI. 29 (中国农业大学昆虫博物馆)。

(560) *Beris shennongana* Li, Luo et Yang, 2009 神农柱角水虻

文献信息 李竹, 罗春梅, 杨定. 2009. 湖北柱角水虻属二种记述 (双翅目: 水虻科). 昆虫分类学报, 31: 129-131.

标本信息 正模: ♂, 湖北神农架板壁岩 (海拔 2590m), 采集人刘启飞, 2009. VIII. 1 (中国农业大学昆虫博物馆)。副模: 1♂, 同正模。

(561) *Beris spinosa* Li, Zhang et Yang, 2009 刺突柱角水虻

文献信息 李竹, 张婷婷, 杨定. 2009. 中国柱角水虻十一新种 (双翅目: 水虻科). 昆虫分类学报, 31: 206-220.

标本信息 正模: ♂, 河南嵩县白云山, 采集人张魁艳, 2004. VII. 17 (中国农业大学昆虫博物馆)。副模: 1♂, 湖北神农架林区大岩屋 (海拔 1700m), 采集人杨集昆, 1984. VI. 29 (中国农业大学昆虫博物馆)。

136. 食蚜蝇科 Syrphidae

(562) *Temnostoma ravicauda* He et Chu, 1995 褐尾拟木蚜蝇

文献信息 何继龙, 储西平. 1995. 中国拟木蚜蝇属二新种及一新记录种 (双翅目: 食蚜蝇科). 动物学研究, 16: 11-16.

标本信息 正模: ♂, 湖北神农架松柏镇, 采集人茅晓渊, 1985. Ⅴ. 31 (上海农学院昆虫标本室)。

137. 虻科 Tabanidae

(563) *Tabanus longistylus* Xu, Ni et Xu, 1984 长芒虻

文献信息 许荣满, 倪涛, 许先典. 1984. 湖北虻属二新种记述 (双翅目: 虻科). 武汉医学院学报, (3): 164-166.

标本信息 正模: ♀, 湖北长阳县, 采集人不详, 1957. Ⅸ. 2 (中国军事医学科学院)。副模: 1♀, 湖北神农架林区, 采集人不详, 1980. Ⅷ. 17 (武汉医学院)。

(564) *Tabanus shennongjiaensis* Xu, Ni et Xu, 1984 神农架虻

文献信息 许荣满, 倪涛, 许先典. 1984. 湖北虻属二新种记述 (双翅目: 虻科). 武汉医学院学报, (3): 164-166.

标本信息 正模: ♀, 湖北竹山县, 采集人不详, 1980. Ⅷ. 8 (中国军事医学科学院)。副模: 3♀♀, 湖北竹山县, 采集人不详, 1980. Ⅷ. 8; 31♀♀, 湖北神农架林区, 采集人不详, 1980. Ⅶ. 22 (中国军事医学科学院)。

138. 寄蝇科 Tachinidae

(565) *Carcelia flavimaculata* Sun et Chao, 1992 黄斑狭颊寄蝇

文献信息 孙雪逵, 赵建铭, 周士秀, 等. 1992. 双翅目: 寄蝇科//黄复生. 西南武陵山地区昆虫. 北京: 科学出版社: 629-630.

标本信息 正模: ♀, 湖南桑植县天平山 (海拔 1300m), 采集人孙雪逵, 1988. Ⅷ. 15 (中国科学院动物研究所)。配模: ♂, 西藏墨脱县 (海拔 1000~2500m), 采集人不详, 1978. Ⅷ (中国科学院动物研究所)。副模: 1♀, 同正模; 2♀♀, 广西龙胜自治县白岩 (海拔 1150m), 采集人史永善, 1963. Ⅵ. 21、Ⅵ. 22; 2♀♀, 广西龙胜自治县红滩 (海拔 1300m), 采集人史永善, 1963. Ⅵ. 15; 1♀, 四川西昌沪山 (海拔 2800m), 采集人不详, 1974. Ⅷ. 5; 1♀, 湖北巴东县铁厂荒林场 (海拔 1450m), 采集人杨龙龙, 1989. Ⅷ. 11; 3♀♀, 西藏墨脱县 (海拔 1450m), 采集人韩寅恒, 1983. Ⅴ. 10 (中国科学院动物研究所)。

139. 大蚊科 Tipulidae

(566) *Dictenidia knutsoni* Yang et Yang, 1989 孔氏偶栉大蚊

文献信息 杨定, 杨集昆. 1989. 中国偶栉大蚊属四新种 (双翅目: 大蚊科). 北京农业大学学报, 15: 69-73.

标本信息 正模: ♀, 湖北神农架林区大岩屋 (海拔 1700m), 采集人杨集昆, 1984. Ⅵ. 28 (北京农业大学昆虫标本室)。

(567) *Dictenidia partialis* Yang et Yang, 1989 黄肩偶栉大蚊

文献信息 杨定, 杨集昆. 1989. 中国偶栉大蚊属四新种 (双翅目: 大蚊科). 北京农业大学学报, 15: 69-73.

标本信息 正模: ♂, 湖北神农架林区大岩屋 (海拔 1700m), 采集人王心丽, 1984. Ⅵ. 29 (北京农业大学昆虫标本室)。副模: 7♂♂, 同正模。

(568) *Dictenidia subpartialis* Yang et Yang, 1989 拟黄肩偶栉大蚊

文献信息 杨定, 杨集昆. 1989. 中国偶栉大蚊属四新种 (双翅目: 大蚊科). 北京农业大学学报, 15: 69-73.

标本信息 正模: ♂, 湖北神农架林区大岩屋 (海拔 1700m), 采集人杨集昆, 1984. VI. 29 (北京农业大学昆虫标本室)。

(569) *Macgregoromyia flatusa* Liu et Yang, 2011

文献信息 Liu QF, Yang D. 2011. Three new species of the genus *Macgregoromyia* Alexander, with a key to world species (Diptera, Tipulidae). Zootaxa, 2802: 41-50.

标本信息 正模: ♂, 湖北神农架松柏镇 (海拔 900m, 31°45′N, 110°40′E), 采集人杨集昆, 1984. V. 29 (中国农业大学昆虫博物馆)。

(570) *Nephrotoma geniculata* Yang et Yang, 1987 膝突短柄大蚊

文献信息 杨集昆, 杨定. 1987. 湖北省短柄大蚊属新种及新记录 (双翅目: 大蚊科). 华中农业大学学报, 6: 130-137.

标本信息 正模: ♂, 湖北神农架松柏镇 (海拔 700~800m), 采集人王心丽, 1984. VI. 23 (中国农业大学昆虫标本室)。配模: ♀, 同正模。副模: 1 ♀, 同正模; 1 ♀, 采集地点和采集时间同正模, 采集人杨集昆; 1♂, 湖北武当山紫霄宫 (海拔 1100m), 采集人杨集昆, 1984. VI. 28; 1♂, 四川昭觉县, 采集人旷昌炽, 1983. VIII; 1♂, 内蒙古大青山, 采集人杨集昆, 1978. VII. 23 (中国农业大学昆虫标本室)。

(571) *Tanyptera hubeiensis* Yang et Yang, 1988 湖北奇栉大蚊

文献信息 杨集昆, 杨定. 1988. 中国奇栉大蚊属六新种 (双翅目: 大蚊科). 湖北大学学报 (自然科学版), 10: 70-74.

标本信息 正模: ♂, 湖北神农架林区大岩屋 (海拔 1700m), 采集人杨集昆, 1984. VI. 29 (北京农业大学昆虫标本室)。副模: 1♂, 采集地点和采集时间同正模, 采集人王心丽 (北京农业大学昆虫标本室)。

(572) *Tanyptera shennongana* Yang et Yang, 1988 神农奇栉大蚊

文献信息 杨集昆, 杨定. 1988. 中国奇栉大蚊属六新种 (双翅目: 大蚊科). 湖北大学学报 (自然科学版), 10: 70-74.

标本信息 正模: ♂, 湖北神农架林区大岩屋 (海拔 1700m), 采集人杨集昆, 1984. VI. 29 (北京农业大学昆虫标本室)。副模: 2♂♂, 同正模; 1♂, 采集地点和采集时间同正模, 采集人王心丽 (北京农业大学昆虫标本室)。

(573) *Tipula (Acutipula) buboda* Yang et Yang, 1992 宽突尖大蚊

文献信息 杨集昆, 杨定. 1992. 湖北省大蚊新记录属种及 5 新种 (双翅目: 大蚊科). 湖北大学学报 (自然科学版), 14: 263-269.

标本信息 正模: ♂, 湖北神农架林区大岩屋, 采集人杨集昆, 1984. VI. 29 (北京农业大学昆虫标本室)。

(574) *Tipula (Acutipula) cranicornuta* Yang et Yang, 1992 角冠尖大蚊

文献信息 杨集昆, 杨定. 1992. 湖北省大蚊新记录属种及 5 新种 (双翅目: 大蚊科). 湖北大学学报 (自然科学版), 14: 263-269.

标本信息 正模: ♂, 湖北神农架松柏镇, 采集人杨集昆、王心丽, 1984. VI. 23、VI. 27 (北京农业大学昆虫标本室)。配模: ♀, 同正模。副模: 1♀, 同正模。

(575) *Tipula (Acutipula) hubeiana* Yang et Yang, 1992 湖北尖大蚊

文献信息 杨集昆, 杨定. 1992. 湖北省大蚊新记录属种及 5 新种 (双翅目: 大蚊科). 湖北大学学报 (自然科学版), 14: 263-269.

标本信息 正模: ♂, 湖北神农架林区大岩屋 (海拔 1700m), 采集人杨集昆、王心丽, 1984. VI. 27、VI. 29 (北京农业大学昆虫标本室)。配模: ♀, 同正模。副模: 1♀, 同正模。

(576) Tipula (Sinotipula) shennongana Yang et Yang, 1992 神农华大蚊

文献信息 杨集昆, 杨定. 1992. 湖北省大蚊新记录属种及 5 新种 (双翅目: 大蚊科). 湖北大学学报 (自然科学版), 14: 263-269.

标本信息 正模: ♂, 湖北神农架林区大岩屋, 采集人杨集昆, 1984. VI. 29、VI. 30 (北京农业大学昆虫标本室)。配模: ♀, 同正模。副模: 3♂♂1♀, 同正模。

(577) Tipula (Vestiplex) jiangi Yang et Yang, 1991 蒋氏蜚大蚊

文献信息 杨定, 杨集昆. 1991. 四川大蚊属三新种 (双翅目: 大蚊科). 西北农业大学学报, 13: 252-254.

标本信息 正模: ♂, 湖北神农架, 采集人杨集昆、王心丽, 1984. VI. 23、VI. 30 (北京农业大学昆虫标本室)。配模: ♀, 同正模。副模: 2♂♂5♀♀, 同正模; 1♀, 湖北九宫山, 采集人杨集昆, 1984. VI. 13; 2♂♂1♀, 湖北武当山 (海拔 1100~1600m), 采集人杨集昆, 1984. V. 29、V. 30; 5♂♂9♀♀, 四川昭觉县, 采集人旷昌炽, 1983. VIII (北京农业大学昆虫标本室)。

(578) Tipula (Vestiplex) medioflava Yang et Yang, 1999 中黄蜚大蚊

文献信息 杨定, 杨集昆. 1999. 湖北大蚊属二新种 (双翅目: 大蚊科). 中国农业大学学报, 4 (增刊): 63-64.

标本信息 正模: 雌雄尚无明确说明, 湖北神农架松柏镇 (海拔 700~800m), 采集人杨集昆, 1984. VI. 27 (中国农业大学昆虫标本馆)。

(579) Tipula (Vestiplex) xanthocephala Yang et Yang, 1991 黄头蜚大蚊

文献信息 杨定, 杨集昆. 1991. 四川大蚊属三新种 (双翅目: 大蚊科). 西北农业大学学报, 13: 252-254.

标本信息 正模: ♂, 湖北神农架, 采集人杨集昆、王心丽, 1984. VI. 24、VI. 27 (北京农业大学昆虫标本室)。配模: ♀, 同正模。副模: 4♂♂3♀♀, 同正模; 3♂♂2♀♀, 湖北武当山 (海拔 1100~1600m), 采集人杨集昆, 1984. V. 29、V. 30; 9♂♂2♀♀, 四川昭觉县, 采集人旷昌炽, 1983. VIII (北京农业大学昆虫标本室)。

(580) Tipula (Vestiplex) xingshana Yang et Yang, 1997 兴山斐大蚊

文献信息 杨定, 杨集昆. 1997. 双翅目: 大蚊科//杨星科. 长江三峡库区昆虫. 下册. 重庆: 重庆出版社: 1438-1439.

标本信息 正模: ♂, 湖北兴山县龙门河 (海拔 1300m), 采集人李法圣, 1994. IX. 9~IX. 13 (中国科学院动物研究所昆虫标本馆或中国农业大学昆虫标本馆)。配模: ♀, 同正模。副模: 2♂♂5♀♀, 同正模; 4♀♀, 湖北兴山县龙门河 (海拔 1300m), 采集人宋士美, 1994. IX. 13、IX. 14 (中国科学院动物研究所昆虫标本馆或中国农业大学昆虫标本馆)。

140. 实蝇科 Tephritidae

(581) Acidiostigma montana Wang, 1996

文献信息 Wang XJ. 1996. The fruit flies (Diptera: Tephritidae) of the East Asian Region. Acta Zootaxa, Sinica, 21 (增): 13-15.

崔俊芝, 白明, 吴鸿, 等. 2007. 中国昆虫模式标本名录, 第 1 卷, 双翅目, 实蝇科. 北京: 中国林业出版社: 401.

标本信息 正模: ♀, 四川武隆白马山 (海拔 1450m), 1989. VII. 2 (中国科学院动物研究所)。副模: 3♀♀, 同正模; 1♂, 湖北鹤峰县 (海拔 1100m), 1989. VII. 24; 1♀, 湖北神农架, 1977. VI. 2; 1♀, 湖北兴山县 (海拔 1300m), 1993. VII. 16 (中国科学院动物研究所); 1♂, 甘肃康县 (海拔 800m), 1980. VII. 24 (北京农业大学昆虫标本馆)。

补充说明 未找到原始文献, 本种的信息来自于崔俊芝等 2007 年出版的《中国昆虫模式标本名录》(第 1 卷)一书, 因该书中未记载标本的采集人, 故本书在此不再叙述。

(582) *Cyaforma shenonica* **Wang, 1989** 神峨墨实蝇

文献信息 汪兴鉴. 1989. 刺脉实蝇族一新属三新种 (双翅目: 实蝇科). 动物分类学报, 14: 358-363.

标本信息 正模: ♂, 湖北神农架, 采集人郑乐怡、邹环光, 1977. Ⅶ. 27 (中国科学院动物研究所)。副模: 1♀1♂, 同正模; 9♀♀8♂♂, 四川峨眉山 (海拔 1860~1780m), 采集人郑乐怡、程汉华, 1957. Ⅵ. Ⅶ. 9~Ⅶ. 28 (中国科学院动物研究所)。

(583) *Trypeta xingshana* **Wang, 1996**

文献信息 Wang XJ. 1996. The fruit flies (Diptera: Tephritidae) of the East Asian Region. Acta Zootaxa, Sinica, 21 (增): 13-15.

崔俊芝, 白明, 吴鸿, 等. 2007. 中国昆虫模式标本名录, 第 1 卷, 双翅目, 实蝇科. 北京: 中国林业出版社: 408.

标本信息 正模: ♂, 湖北兴山县 (海拔 1300m), 1994. Ⅴ. 9 (中国科学院动物研究所)。副模: 1♂, 湖北兴山县 (海拔 1300m), 1994. Ⅴ. 10 (中国科学院动物研究所)。

补充说明 未找到原始文献, 本种的信息来自于崔俊芝等 2007 年出版的《中国昆虫模式标本名录》(第 1 卷)一书, 因该书中未记载标本的采集人, 故本书在此不再叙述。

(二十四) 蚤目 Siphonaptera

141. 角叶蚤科 Ceratophyllidae

(584) *Ceratophyllus wui* **Wang et Liu, 1996** 吴氏角叶蚤

文献信息 王敦清, 刘井元. 1996. 湖北神农架角叶蚤属一新种记述 (蚤目: 角叶蚤科). 昆虫学报, 39: 90-93.

标本信息 正模: ♂, 湖北神农架, 采集人不详, 1992. Ⅳ. 12 (中国军事医学科学院微生物科学院流行病研究所昆虫标本馆)。配模: ♀

同正模。副模: 21♂♂, 同正模; 另有酒精浸泡标本 371♂♂574♀♀ (上述标本除正模、配模和副模 8♂♂8♀♀保存在中国军事医学科学院微生物科学院流行病研究所昆虫标本馆外, 其余标本全部保存在湖北省医学科学院寄生虫病研究所)。

(585) *Macrostylophora muyuensis* **Liu et Wang, 1994** 木鱼大锥蚤

文献信息 刘井元, 王敦清. 1994. 大锥蚤属一新种记述 (蚤目: 角叶蚤科). 动物分类学报, 19: 238-242.

标本信息 正模: ♂, 湖北神农架, 采集人不详, 1989. Ⅳ、Ⅴ (福建医学院医学昆虫研究所)。配模: ♀, 同正模。副模: 4♂♂6♀♀, 同正模 (1♂1♀保存在福建医学院医学昆虫研究所, 3♂♂5♀♀保存在湖北省医学科学院寄生虫病研究所)。

142. 多毛蚤科 Hystrichopsyllidae

(586) *Ctenophthalmus (Sinoctenophthalmus) exiensis* **Wang et Liu, 1993** 鄂西栉眼蚤

文献信息 王敦清, 刘井元. 1993. 栉眼蚤属一新种记述 (蚤目: 多毛蚤科). 动物分类学报, 18: 490-492.

标本信息 正模: ♂, 湖北神农架松柏镇 (海拔 910m, 31°75′N, 110°67′E), 采集人刘井元, 1989. Ⅴ. 8 (湖北省医学科学院寄生虫病研究所)。配模: ♀, 同正模。副模: 1♂1♀, 同正模。

(587) *Palaeopsylla mai* **Liu et Chen, 2005** 马氏古蚤

文献信息 刘井元, 陈尚全. 2005. 湖北西北部神农架古蚤属一新种 (蚤目: 栉眼蚤科). 动物分类学报, 30: 194-198.

标本信息 正模: ♂, 湖北神农架林区大岩屋 (海拔 2300m), 采集人不详, 1995. Ⅵ. 22 (军事医学科学院微生物流行病研究所医学昆虫标本馆)。

(588) *Palaeopsylla wushanensis* **Liu et Wang, 1994** 巫山古蚤

文献信息 刘井元, 王敦清. 1994. 古蚤属一新种记述 (蚤目: 多毛蚤科). 动物分类学报, 19: 367-369.

标本信息 正模: ♂, 湖北神农架红花坪, 采集人不详, 1990. IV. 24 (湖北省医学科学院寄生虫病研究所). 配模: ♀, 同正模. 副模: 2♂♂, 同正模。

(589) *Rhadinopsylla (Actenophthalmus) bicon cava* **Chen, Ji et Wu, 1994** 双凹纤蚤

文献信息 陈家贤, 纪树立, 吴厚永. 1994. 纤蚤属一新种记述 (蚤目: 多毛蚤科). 动物分类学报, 9: 82-84.

标本信息 正模: ♂, 湖北神农架林区, 采集人不详, 1960. V (中国医学科学院流行病微生物学研究所或军事医学科学院微生物流行病研究所或四川省阿坝藏族自治州卫生防疫站). 配模: ♀, 湖北神农架林区, 采集人不详, 1960. VI. 29 (中国医学科学院流行病微生物学研究所或军事医学科学院微生物流行病研究所或四川省阿坝藏族自治州卫生防疫站). 副模: 1♂2♀♀, 湖北神农架林区, 采集人不详, 1960. VI. 23、VI. 29; 3♂♂4♀♀, 四川黑水县, 采集人不详, 1980. VIII、IX (中国医学科学院流行病微生物学研究所或军事医学科学院微生物流行病研究所或四川省阿坝藏族自治州卫生防疫站)。

(590) *Rhadinopsylla (Actenophthalmus) eothenomus* **Wang et Liu, 1996** 绒鼠纤蚤

文献信息 王敦清, 刘井元. 1996. 湖北神农架纤蚤一新种 (蚤目: 多毛蚤科). 动物分类学报, 21: 371-373.

标本信息 正模: ♂, 湖北神农架林区 (海拔 2910m, 40°2′N, 117°24′E), 采集人不详, 1991. X. 27、X. 28 (福建医学院医学昆虫研究室). 副模: 1♂1♀, 同正模。

(591) *Stenischia exiensis* **Wang et Liu, 1995** 鄂西狭臀蚤

文献信息 王敦清, 刘井元. 1995. 狭臀蚤属一新种记述 (蚤目: 多毛蚤科). 动物分类学报, 20: 363-365.

标本信息 正模: ♂, 湖北神农架林区 (海拔 1000~1780m), 采集人不详, 1990. XII (福建医学院医学昆虫研究室). 配模: ♀, 同正模。副模: 2♂♂1♀, 湖北神农架林区 (海拔 1000~1780m), 采集人不详, 1991. IV; 1♀, 湖北神农架林区 (海拔 2910m), 采集人不详, 1991. VI (湖北省医学科学院寄生虫病研究所)。

143. 蝠蚤科 Ischnopsyllidae

(592) *Nycteridopsylla quadrispina* **Lu et Wu, 2003**

文献信息 Lu L, Wu HY. 2003. A new species and a new record of *Nycteridopsylla* Oudemans, 1906 (Siphonaptera: Ischnopsyllidae) from China. Systematic Parasitology, 56: 57-61.

标本信息 正模: ♂, 湖北巴东县 (海拔 400m), 采集人 Thomas, 2001. XI. 15 (中国医学科学院流行病微生物学研究所)。

144. 细蚤科 Leptopsyllidae

(593) *Geusibia liae* **Wang et Liu, 1995** 李氏茸足蚤

文献信息 王敦清, 刘井元. 1995. 茸足蚤属一新种记述 (蚤目: 细蚤科). 动物分类学报, 20: 112-115.

标本信息 正模: ♂, 湖北神农架木鱼镇 (海拔 2910m), 采集人不详, 1989. VI~1990. IX (湖北省医学科学院寄生虫病研究所). 配模: ♀, 同正模. 副模: 3♂♂9♀♀, 同正模; 1♀, 湖北神农架, 采集人不详, 1965 (2♂♂8♀♀保存在湖北省医学科学院寄生虫病研究所, 1♂1♀保存在福建医学院医学昆虫研究室)。

(594) *Typhlomyopsyllus bashanensis* Liu et Wang, 1995 巴山盲鼠蚤

文献信息 刘井元, 王敦清. 1995. 盲鼠蚤属一新种记述 (蚤目: 细蚤科). 动物分类学报, 20: 243-245.

标本信息 正模: ♂, 湖北神农架林区 (海拔 1000~1700m, 31°15′~31°57′N, 109°56′~110°58′E), 采集人不详, 1990. XII~1992. III (福建医学院医学昆虫研究室). 配模: ♀, 同正模. 副模: 5♂♂, 同正模 (其中 1♂保存在福建医学院医学昆虫研究室, 其余 4♂♂副模的模式标本保存在湖北省医学科学院寄生虫病研究所).

(595) *Typhlomyopsyllus wuxiaensis* Liu, 2010 巫峡盲鼠蚤

文献信息 刘井元. 2010. 湖北长江三峡地区盲鼠蚤属一新种及其与该属已知种类的鉴别 (蚤目: 细蚤科), 动物分类学报, 35: 655-660.

标本信息 正模: ♂, 湖北长江三峡以南巴东县绿葱坡 (海拔 1000~1700m), 采集人不详, 2003. IV. 15 (军事医学科学院微生物流行病研究所医学昆虫标本馆). 副模:1♂, 同正模; 2♀♀, 采集地点同正模, 采集人不详, 2009. XI. 16 (其中 1♀保存在军事医学科学院微生物流行病研究所医学昆虫标本馆, 1♂1♀的副模模式标本保存在湖北省预防医学科学院传染病防治研究所).

145. 蠕形蚤科 Vermipsyllidae

(596) *Chaetopsylla* (*Chaetopsylla*) *wangi* Liu, 1997 王氏鬃蚤

文献信息 刘井元. 1997. 中国鬃蚤属一新种记述 (蚤目: 蠕形蚤科). 昆虫学报, 40: 82-85.

标本信息 正模: ♂, 湖北神农架林区 (海拔 1400m, 31°15′~31°57′N, 109°56′~110°58′E), 采集人不详, 1992. III. 6 (湖北省医学科学院寄生虫病研究所).

(597) *Chaetopsylla* (*Chaetopsylla*) *malimingi* Liu, 2012 马氏鬃蚤

文献信息 刘井元. 2012. 湖北长江三峡地区鬃蚤属一新种记述 (蚤目: 蠕形蚤科). Acta Zootaxonomica Sinica, 37: 837-840.

标本信息 正模: ♂, 湖北神农架木鱼镇与兴山县交界处 (海拔 1400m), 采集人不详, 2006. IX. 7 (军事医学科学院微生物流行病研究所医学昆虫标本馆).

(二十五) 毛翅目 Trichoptera

146. 径石蛾科 Ecnomidae

(598) *Ecnomus triangularis* Sun, 1997 三角径石蛾

文献信息 杨莲芳, 孙长海, 王备新. 1997. 毛翅目: 径石蛾科, 舌石蛾科, 纹石蛾科, 等翅石蛾科, 蝶石蛾科, 角石蛾科, 瘤石蛾科, 磷石蛾科, 长角石蛾科, 沼石蛾科, 鳌石蛾科, 原石蛾科//杨星科. 长江三峡库区昆虫. 下册. 重庆: 重庆出版社: 975-976.

标本信息 正模: ♂, 湖北巴东县三峡林场 (海拔180m), 采集人杨星科, 1994. V. 14 (中国科学院动物研究所昆虫标本馆).

147. 鳞石蛾科 Lepidostomatidae

(599) *Dinarthrum tridigitum* Yang et Wang, 1997 三指茎突鳞石蛾

文献信息 杨莲芳, 孙长海, 王备新. 1997. 毛翅目: 径石蛾科, 舌石蛾科, 纹石蛾科, 等翅石蛾科, 蝶石蛾科, 角石蛾科, 瘤石蛾科, 磷石蛾科, 长角石蛾科, 沼石蛾科, 鳌石蛾科, 原石蛾科//杨星科. 长江三峡库区昆虫. 下册. 重庆: 重庆出版社: 985-986.

标本信息 正模: ♂, 湖北兴山县龙门河 (海拔 1300m), 采集人陈军, 1994. IX. 13 (中国科学院动物研究所昆虫标本馆).

148. 沼石蛾科 Limnephilidae

(600) *Apatania spiculata* Yang et Wang, 1997 小穗埃沼石蛾

文献信息 杨莲芳, 孙长海, 王备新. 1997. 毛翅目: 径石蛾科, 舌石蛾科, 纹石蛾科, 等翅石蛾科, 蝶石蛾科, 角石蛾科, 瘤石蛾科, 磷石蛾科, 长角石蛾科, 沼石蛾科, 螯石蛾科, 原石蛾科//杨星. 长江三峡库区昆虫. 下册. 重庆: 重庆出版社: 989-990.

标本信息 正模: ♂, 湖北神农架小龙潭 (海拔2100m), 采集人李文柱, 1994. V. 4 (中国科学院动物研究所昆虫标本馆). 副模: 1♀, 湖北神农架香溪源 (海拔 1300m), 采集人李文柱, 1994. V. 5 (中国科学院动物研究所昆虫标本馆).

149. 等翅石蛾科 Philopotamidae

(601) *Wormaldia quadriphylla* Sun, 1997 四刺蠕形等翅石蛾

文献信息 杨莲芳, 孙长海, 王备新. 1997. 毛翅目: 径石蛾科, 舌石蛾科, 纹石蛾科, 等翅石蛾科, 蝶石蛾科, 角石蛾科, 瘤石蛾科, 磷石蛾科, 长角石蛾科, 沼石蛾科, 螯石蛾科, 原石蛾科//杨星. 长江三峡库区昆虫. 下册. 重庆: 重庆出版社: 981-982.

标本信息 正模: ♂, 湖北兴山县龙门河 (海拔1400m), 采集人章有为, 1994. V. 6 (中国科学院动物研究所昆虫标本馆). 副模: 1♂, 同正模.

(二十六) 鳞翅目 Lepidoptera

150. 灯蛾科 Arctiidae

(602) *Cyana abiens* Fang, 1992 离雪苔蛾

文献信息 方承莱. 1992. 中国雪苔蛾属的研究 (鳞翅目: 灯蛾科: 苔蛾亚科). 动物学集刊, 9: 253-266.

标本信息 正模: ♂, 陕西秦岭, 采集人韩寅恒, 1979. VII. 30 (中国科学院动物研究所). 配模: ♀, 采集地点和采集人同正模, 1979. VII. 29 (中国科学院动物研究所). 副模: 5♂♂2♀♀, 采集地点和采集人同正模, 1979. VII. 20~VIII. 4; 1♂1♀, 湖北神农架 (海拔 1600~1640m), 采集人虞佩玉, 1980. VII. 12、VII. 20; 1♂1♀, 湖北神农架 (海拔 1800m), 采集人韩寅恒, 1981. VIII. 1 (中国科学院动物研究所).

(603) *Asiapistosia stigma* Fang, 2000 前痣土苔蛾

文献信息 方承莱. 2000. 中国动物志, 昆虫纲, 第十九卷, 鳞翅目, 灯蛾科, 土苔蛾属. 北京: 科学出版社: 261-262.

Dubatolov VV, Kishida Y, Wang M. 2012. New records of lichen-moths from the Nanling Mts., Guangdong, South China, with descriptions of new genera and species (Lepidoptera, Arctiidae: Lithosiinae). Tina, 22: 25-52.

标本信息 正模: ♂, 四川峨眉山 (海拔1800~1900m), 采集人黄克仁, 1957. VII. 28 (中国科学院动物研究所). 配模: ♀, 同正模. 副模: 20♂♂9♀♀, 四川峨眉山 (海拔 1800~1900m), 采集人黄克仁、朱复兴, 1957. VII. 15~VII. 28; 3♀♀, 四川汶川县卧龙 (海拔1920~2300m), 采集人王书永、张学忠、柴怀成, 1983. VII. 25~VII. 29; 4♂♂7♀♀, 陕西秦岭, 采集人张宝林、韩寅恒, 1980. VII. 11~VII. 21; 3♀♀, 湖北神农架, 采集人虞佩玉, 1980. VII. 3~VII. 12; 1♂, 湖北神农架, 采集人韩寅恒, 1981. VII. 3; 1♂, 福建崇安, 采集人宋士美, 1979. VIII. 11; 2♂♂, 广西猫儿山 (海拔1150m), 采集人方承莱, 1985. VII. 15; 1♂1♀, 云南永胜六德 (海拔 2250m), 采集人刘大军, 1984. VII. 10 (中国科学院动物研究所).

分类讨论 方承莱2000年依据采集的标本将该物种命名为前痣土苔蛾 (*Eilema stigma* Fang, 2000)。进一步研究表明, 该物种应归入 *Asiapistosia*, 故将该物种修订为 *Asiapistosia* *tigma* Fang, 2000 (Dubatolov et al., 2012)。

(604) *Miltochrista griseirufa* Fang, 1991 灰红美苔蛾

文献信息 方承莱.1991.中国美苔蛾属的研究 (鳞翅目: 灯蛾科: 苔蛾亚科). 动物学集刊, 8: 383-397.

标本信息 正模: ♀, 湖北神农架大九湖 (海拔 1800m), 采集人韩寅恒, 1981. Ⅷ. 2 (中国科学院动物研究所). 副模: 1♀, 采集地点和采集人同正模, 1981. Ⅷ. 5; 1♀, 湖北神农架红坪林场 (海拔 1660m), 采集人韩寅恒, 1981. Ⅶ. 20 (中国科学院动物研究所)。

(605) *Barsine longstriga* Fang, 1991 全轴美苔蛾

文献信息 方承莱.1991.中国美苔蛾属的研究 (鳞翅目: 灯蛾科: 苔蛾亚科). 动物学集刊, 8: 383-397.
Dubatolov VV, Kishida Y, Wang M. 2012. New records of lichen-moths from the Nanling Mts., Guangdong, South China, with descriptions of new genera and species (Lepidoptera, Arctiidae: Lithosiinae). Tina, 22: 25-52.

标本信息 正模: ♂, 陕西秦岭宁陕县, 采集人韩寅恒, 1979. Ⅶ. 30 (中国科学院动物研究所). 配模: ♀, 陕西秦岭, 采集人韩寅恒, 1979. Ⅶ. 29 (中国科学院动物研究所). 副模: 5♂♂4♀♀, 陕西秦岭, 采集人韩寅恒, 1979. Ⅶ. 20~Ⅶ. 31; 1♂, 陕西秦岭太白山黄白坑, 采集人张宝林, 1980. Ⅶ. 17; 1♂, 湖北兴山县 (海拔 1500m), 采集人虞佩玉, 1980. Ⅶ. 29; 1♀, 湖北神农架大九湖 (海拔 800m), 采集人韩寅恒, 1981. Ⅷ. 1 (中国科学院动物研究所)。

分类讨论 方承莱1991年依据采集的标本将该物种命名为全轴美苔蛾 (*Miltochrista longstriga* Fang, 1991). 进一步研究表明, 该物种应归入 *Barsine*, 故将该物种修订为 *Barsine longstriga* Fang, 1991 (Dubatolov et al.,

2012)。

(606) *Agylla latifascia* Fang, 1986 宽条华苔蛾

文献信息 方承莱.1986.华苔蛾属新种记述 (鳞翅目: 灯蛾科: 苔蛾亚科). 动物学集刊, 4: 180-182.

标本信息 正模: ♂, 湖北神农架 (海拔 1800m), 采集人韩寅恒, 1981. Ⅷ. 1 (中国科学院动物研究所). 配模: ♀, 采集地点和采集人同正模, 1981. Ⅷ. 2 (中国科学院动物研究所). 副模: 1♂1♀, 采集地点和采集人同正模, 1981. Ⅷ. 1~Ⅷ. 3 (中国科学院动物研究所)。

(607) *Agylla serrata* Fang, 1986 锯角华苔蛾

文献信息 方承莱.1986.华苔蛾属新种记述 (鳞翅目: 灯蛾科: 苔蛾亚科). 动物学集刊, 4: 180-182.

标本信息 正模: ♂, 湖北神农架, 采集人韩寅恒, 1981. Ⅶ. 16 (中国科学院动物研究所). 副模: 3♂♂, 采集地点和采集人同正模, 1981. Ⅶ. 9 (中国科学院动物研究所)。

(608) *Asura nigrilineata* Fang, 2000 黑端艳苔蛾

文献信息 方承莱. 2000. 中国动物志, 昆虫纲, 第十九卷, 鳞翅目, 灯蛾科, 艳苔蛾属. 北京: 科学出版社: 118-119.

标本信息 正模: ♂, 湖北秭归县九岭头 (海拔 110m), 采集人李文柱, 1994. Ⅴ. 1 (中国科学院动物研究所). 配模: ♀, 同正模. 副模: 5♂♂7♀♀, 湖北兴山县小河口 (海拔 700m), 采集人李文柱, 1994. Ⅴ. 11; 1♂1♀, 湖北兴山县龙门河 (海拔 1300m), 采集人杨星科, 1994. Ⅴ. 8; 1♂, 湖北兴山县龙门河 (海拔 1300m), 采集人李文柱, 1994. Ⅴ. 8; 2♂♂, 湖北秭归县九岭头 (海拔 110m), 采集人李文柱, 1994. Ⅴ. 1; 2♀♀, 湖北秭归县九岭头 (海拔 110m), 采集人姚建, 1994. Ⅴ. 1; 1♂, 湖北秭归县九岭头 (海拔 100m), 采集人李文柱,

1994. VI. 12; 1♂, 湖北秭归县茅坪 (海拔 80m), 采集人李文柱, 1994. IV. 23; 3♂♂, 湖北兴山县 (海拔 1500m), 采集人虞佩玉, 1980. VII. 29; 4♂♂1♀, 四川峨眉山, 采集人不详, 1957. V. 1~V. 9; 3♂♂, 四川峨眉山, 采集人不详, 1957. IX. 16; 1♀, 四川武隆县 (海拔 700m), 采集人和采集时间不详; 1♀, 四川丰都县世坪 (海拔 610m), 采集人和采集时间不详; 5♀♀, 浙江北雁荡山, 采集人不详, 1973. VII. 4~VII. 6; 1♀, 浙江杭州, 采集人不详, 1981. VI; 1♀, 浙江天目山, 采集人和采集时间不详; 1♂3♀♀, 广西猫儿山, 采集人不详, 1985. VIII. 2~VIII. 10; 1♂2♀♀, 广西阳朔县, 采集人不详, 1980. VI. 18、VI. 19; 2♀♀, 湖南衡山, 采集人不详, 1979. VIII. 17、VIII. 26; 1♀, 江西庐山植物园, 采集人不详, 1975. VII. 31; 1♀, 安徽九华山, 采集人不详, 1979. VII. 23 (中国科学院动物研究所)。

151. 蚕蛾科 Bombycidae

(609) *Mustilia undulosa* Yang et Mao, 1995 波纹钩蚕蛾

文献信息　杨集昆, 茅晓渊. 1995. 神农架蚕蛾科 (鳞翅目) 二新种. 湖北大学学报 (自然科学版), 17: 427-431.

标本信息　正模: ♂, 湖北神农架红花坪 (海拔 1700m), 采集人茅晓渊, 1980. VII. 14 (北京农业大学昆虫标本馆)。副模: 1♂, 湖北神农架酒壶坪 (海拔 1640m), 采集人茅晓渊, 1980. VII. 22 (北京农业大学昆虫标本馆); 1♂, 湖北神农架红花坪 (海拔 980m), 采集人茅晓渊, 1992. VIII. 10 (湖北省农科院植保所)。

(610) *Mustilizans shennongi* Yang et Mao, 1995 神农如钩蚕蛾

文献信息　杨集昆, 茅晓渊. 1995. 神农架蚕蛾科 (鳞翅目) 二新种. 湖北大学学报 (自然科学版), 17: 427-431.

标本信息　正模: ♂, 湖北神农架松柏镇 (海拔 700m), 采集人茅晓渊, 1985. VI. 8 (北京农业大学昆虫标本馆)。副模: 1♂, 湖北神农架林区大岩屋 (海拔 1700m), 采集人茅晓渊, 1984. VI. 28 (北京农业大学昆虫标本馆); 1♂, 湖北神农架酒壶坪 (海拔 1640m), 采集人茅晓渊, 1980. VII. 24 (湖北省农科院植保所)。

152. 尖蛾科 Cosmopterigidae

(611) *Ashibusa sinensis* Zhang et Li, 2009 中华隐尖蛾

文献信息　Zhang ZW, Li HH. 2009. Taxonomic study of the genus *Ashibusa* Matsumura (Lepidoptera, Cosmopterigidae), with description of six new species in China. Deutsche Entomologische Zeitschrift, 56: 335- 343.

标本信息　正模: ♂, 福建武夷山 (海拔 1100m, 26°54′N, 116°42′E), 采集人 Li WC、Sun YL、Bai HY, 2008. VII. 28 (南开大学生命科学学院昆虫标本馆)。副模: 2♂♂, 同正模; 2♂♂, 采集地点和采集人同正模, 2008. VII. 29; 1♂2♀♀, 采集地点和采集人同正模, 2008. VII. 31; 3♂♂, 天津八仙山 (海拔 560m, 40°2′N, 117°24′E), 采集人 Li HH 等, 2005. VII. 14~VII. 16; 1♂, 浙江泰顺县 (海拔 930m, 27°33′N, 119°42′E), 采集人 Xiao YL, 2005. VII. 31; 2♂♂1♀, 安徽九华山 (30°23′N, 117°48′E), 采集人 Xu JS、Zhang JL, 2004. VIII. 8; 1♀, 江西小溪洞 (25°46′N, 115°20′E), 采集人不详, 1978. VII. 7; 1♂, 河南信阳鸡公山 (海拔 700m, 31°49′N, 114°6′E), 采集人 Li HH, 1997. VII. 11; 1♂, 河南内乡县宝天曼 (海拔 1350m, 33°2′N, 111°50′E), 采集人 Li HH, 1998. VII. 14; 3♂♂1♀, 河南西峡县黄石庵 (海拔 890m, 33°40′N, 111°37′E), 采集人 Li HH, 1998. VII. 16~VII. 18; 1♂, 河南信阳鸡公山 (海拔 700m, 31°49′N, 114°6′E), 采集人 Zhang DD, 2001. VII. 14; 3♂♂, 河南辉县八里沟 (海拔 780m, 35°27′N, 113°47′E), 采集人 Wang XP, 2002. VII. 12; 10♂♂5♀♀, 河南登封少林寺 (海拔

700m, 34°30′N, 112°56′E), 采集人 Wang XP, 2002. Ⅶ. 15~Ⅶ. 17; 2♀♀, 湖北利川 (海拔 1100m, 30°18′N, 108°56′E), 采集人 Li HH, 1999. Ⅷ. 2; 1♂, 湖北神农架松柏镇 (海拔 900~1300m, 31°45′N, 110°40′E), 采集人 Shao JK, 2003. Ⅶ. 17; 1♀, 贵州梵净山护国寺 (海拔 1300m, 27°55′N, 108°41′E), 采集人 Li HH、Wang XP, 2001. Ⅷ. 3; 1♂1♀, 贵州道真县程家山 (海拔 1300m, 28°53′N, 107°36′E), 采集人 Xiao YL, 2004. Ⅷ. 19; 1♀, 陕西安康牛头店 (海拔 800m, 32°4′N, 109°32′E), 采集人 Yu HL, 2003. Ⅶ. 2; 1♂1♀, 陕西安康江兴村 (海拔 800m, 32°4′N, 109°32′E), 采集人 Yu HL, 2003. Ⅶ. 4、Ⅶ. 5; 1♀, 甘肃文县 (海拔 860m, 32°58′N, 104°41′E), 采集人 Yu HL, 2005. Ⅶ. 14 (南开大学生命科学学院昆虫标本馆)。

153. 草螟科 Crambidae

(612) *Eudonia magna* Li, 2010 大颚优苔螟

文献信息 李卫春. 2010. 中国苔螟亚科和草螟亚科系统学研究 (鳞翅目: 螟蛾总科: 草螟科). 天津: 南开大学博士学位论文, 84-85.
标本信息 正模: ♂, 四川汶川县卧龙 (海拔 1900m), 采集人任应党, 2004. Ⅷ. 8 (南开大学生命科学学院昆虫标本室)。副模: 12♂♂3♀♀, 四川九寨沟渣洼 (海拔 2400m), 采集人郝淑莲, 2004. Ⅶ. 14~Ⅶ. 16; 1♂, 四川九寨沟扎如 (海拔 2250m), 采集人郝淑莲, 2002. Ⅷ. 19; 1♂, 四川九寨沟荷叶 (海拔 2350m), 采集人郝淑莲, 2002. Ⅷ. 18; 1♂, 四川九寨沟日则 (海拔 2700m), 采集人郝淑莲, 2002. Ⅷ. 13; 1♀, 四川九寨沟树正 (海拔 2300m), 采集人郝淑莲, 2004. Ⅷ. 17 (南开大学生命科学学院昆虫标本室); 1♂2♀♀, 浙江天目山, 采集人 Höne H, 1932. Ⅷ. 19; 3♀♀, 浙江温州, 采集人 Höne H, 1939. Ⅳ. 12~Ⅳ. 19; 1♀, 浙江温州, 采集人 Höne H, 1940. Ⅸ. 21 (波恩动物研究所暨亚历山大·柯尼希博

物馆); 121♂♂121♀♀, 河南嵩县白云山 (海拔 1400m), 采集人李后魂等, 2008. Ⅷ. 14~Ⅷ. 17; 1♂2♀♀, 河南嵩县白云山 (海拔 1500m), 采集人李后魂、Karsholt, 2000. Ⅸ. 8; 1♂3♀♀, 湖北神农架酒壶坪, 采集人陈彤, 1980. Ⅷ. 29; 3♂♂, 云南丽江玉峰寺 (海拔 2650m), 采集人李后魂、王新谱, 2001. Ⅶ. 16~Ⅶ. 18 (南开大学生命科学学院昆虫标本室); 18♂♂28♀♀, 云南丽江, 采集人 Höne H, 1934. Ⅵ. 26~Ⅸ. 14; 36♂♂14♀♀, 云南丽江, 采集人 Höne H, 1935. Ⅲ. 24~Ⅸ. 27 (波恩动物研究所暨亚历山大·柯尼希博物馆); 1♂, 西藏八一镇, 采集人李后魂, 1983. Ⅶ. 29; 4♂♂5♀♀, 西藏波密县城 (海拔 2800m), 采集人王新谱、薛怀君, 2003. Ⅷ. 19; 3♂♂2♀♀, 西藏亚东县城 (海拔 2950m), 采集人王新谱、薛怀君, 2003. Ⅷ. 26、Ⅷ. 27 (南开大学生命科学学院昆虫标本室); 1♂11♀♀, 陕西秦岭太白山, 采集人 Höne H, 1935. Ⅵ. 23~Ⅸ. 9; 17♂♂15♀♀, 陕西秦岭太白山, 采集人 Höne H, 1936. Ⅶ. 7~Ⅸ. 9 (波恩动物研究所暨亚历山大可尼希博物馆); 2♂♂, 甘肃文县杨尕山 (海拔 1950~2000m), 采集人李后魂、王新谱, 2001. Ⅶ. 4、Ⅶ. 5; 7♂♂, 宁夏泾源县千秋架, 采集人李后魂、王淑霞, 2001. Ⅶ. 4、Ⅶ. 5 (南开大学生命科学学院昆虫标本室)。

(613) *Micraglossa annulispinata* Li, 2010 环刺小苔螟

文献信息 李卫春. 2010. 中国苔螟亚科和草螟亚科系统学研究 (鳞翅目: 螟蛾总科: 草螟科). 天津: 南开大学博士学位论文, 14-16.
标本信息 正模: ♂, 香港嘉道理农场 (海拔 240~455m), 采集人李后魂, 2007. Ⅳ. 14 (南开大学生命科学学院昆虫标本室)。副模: 2♂♂, 上海, 采集人 Höne H, 1932. Ⅷ. 28~Ⅸ. 6 (波恩动物研究所暨亚历山大可尼希博物馆); 2♀♀, 江苏南京龙潭, 采集人 Höne H, 1933. Ⅴ. 7 (波恩动物研究所暨亚历山大·柯尼希博物馆); 109♂♂5♀♀, 浙江天目山, 采集人 Höne

H, 1932. VI. 16~X. 7 (波恩动物研究所暨亚历山大・柯尼希博物馆); 1♂, 浙江温州, 采集人 Höne H, 1940. IX. 22 (波恩动物研究所暨亚历山大・柯尼希博物馆); 1♂, 浙江天目山后山门 (海拔 500m), 采集人李后魂等, 1999. VIII. 16; 4♂♂1♀, 安徽霍山县磨子潭, 采集人徐家生、张家亮, 2004. VIII. 12 (南开大学生命科学学院); 7♂♂2♀♀, 湖南衡山, 采集人 Höne H, 1933. IV. 21~VIII. 14 (波恩动物研究所暨亚历山大・柯尼希博物馆); 1♀, 湖南新化县维山乡延唐村, 采集人肖云丽, 2004. VIII. 6; 1♂, 广西永福县亲睦村 (海拔 160m), 采集人甄卉、张利, 2000. V. 2; 1♂, 贵州雷山县方祥村 (海拔 900m), 采集人张家亮, 2005. IX. 13; 1♂, 贵州梵净山黑湾 (海拔 530m), 采集人王新谱, 2002. VI. 2; 4♂♂, 贵州赤水桫椤 (海拔 390~500m), 采集人杜艳丽, 2000. V. 27~VI. 3; 2♂♂2♀, 贵州赤水桫椤 (海拔 240m), 采集人于海丽, 2000. IX. 21~IX. 23; 4♂♂, 贵州道真县仙女洞 (海拔 600m), 采集人肖云丽, 2004. VIII. 17、VIII. 18; 3♂♂, 贵州道真县仙女洞 (海拔 600m), 采集人郝淑莲, 2004. V. 28; 1♂1♀, 贵州习水县蔺江 (海拔 500~550m), 采集人于海丽, 2000. IX. 24~IX. 28; 1♂, 贵州习水县平河 (海拔 1200m), 采集人杜艳丽, 2000. VI. 1; 1♀, 贵州麻阳河黎家坝 (海拔 700m), 采集人甄卉, 2007. IX. 30; 1♂, 云南丽江 (海拔 3000m), 采集人 Höne H, 1934. IX. 7 (波恩动物研究所暨亚历山大・柯尼希博物馆); 1♂, 四川峨眉山清音阁, 采集人郑乐怡、程汉华, 1957. V. 27; 1♂, 陕西安康化龙山镇坪江星村 (海拔 800m), 采集人于海丽, 2003. VII. 4; 1♀, 陕西安康白河前坡 (海拔 200m), 采集人周进, 1994. V. 16; 1♂, 浙江天目山后山门 (海拔 500m), 采集人李后魂等, 1999. VIII. 16 (德国德累斯顿动物博物馆); 1♀, 贵州习水县蔺江 (海拔 550m), 采集人于海丽, 2000. IX. 26 (德国德累斯顿动物博物馆); 1♀, 贵州赤水桫椤 (海拔 240m), 采集

人于海丽, 2000. IX. 21 (德国德累斯顿动物博物馆); 5♂♂3♀♀, 越南河内市永福省以北 50km, 采集人 Mey W、Tam Dao, 1995. III. 31、IV. 1 (德国柏林自然历史博物馆) (除标注的标本外, 其余副模的模式标本均保存在南开大学生命科学学院昆虫标本室)。

(614) *Micraglossa didyma* Li, 2010 双小苔螟

文献信息 李卫春. 2010. 中国苔螟亚科和草螟亚科系统学研究 (鳞翅目: 螟蛾总科: 草螟科). 天津: 南开大学博士学位论文, 16-17.

标本信息 正模: ♂, 浙江天目山开山老殿 (海拔 1140m), 采集人李后魂等, 1999. VIII. 17 (南开大学生命科学学院昆虫标本室)。副模: 4♂♂5♀♀, 同正模; 1♂, 浙江丽水龙泉凤阳山 (海拔 1470m), 采集人靳青, 2007. VII. 25 (德国德累斯顿动物博物馆); 2♂♂2♀♀, 浙江天目山仙人顶 (海拔 1500m), 采集人李后魂等, 1999. VIII. 18; 1♂6♀♀, 浙江天目山, 采集人 Höne H, 1932. V. 2~IX. 10 (波恩动物研究所暨亚历山大・柯尼希博物馆); 18♂♂3♀♀, 福建武夷山挂墩 (海拔 1100m), 采集人李卫春、孙永岭、白海燕, 2008. VII. 29~VII. 31; 1♀, 河南卢氏县狮子坪 (海拔 1700m), 采集人张丹丹, 2001. VII. 20; 2♂♂5♀♀, 河南嵩县白云山 (海拔 1400m), 采集人李后魂等, 2008. VIII. 14~VIII. 17; 2♂♂6♀♀, 河南内乡县宝天曼 (海拔 1350m), 采集人李后魂, 1998. VII. 13; 1♂1♀, 湖北神农架八角庙 (海拔 1100m), 采集人郝淑莲, 2003. VII. 19; 8♂♂7♀♀, 湖北鹤峰县沙园 (海拔 1260m), 采集人李后魂等, 1999. VII. 15~VII. 18; 3♂♂7♀♀, 湖北五峰自治县后河 (海拔 1000~1100m), 采集人李后魂等, 1999. VII. 10~VII. 12; 4♂♂4♀♀, 湖北咸丰县坝坪营 (海拔 1280m), 采集人李后魂等, 1999. VII. 21、VII. 22; 1♀, 广西融水县培秀村 (海拔 579m), 采集人徐家生, 2004. VII. 13; 5♀♀, 四川宝兴县蜂桶寨 (海拔 1600m), 采

集人任应党, 2004. Ⅷ. 2、Ⅷ. 3; 1♂1♀, 四川马边自治区永红 (海拔 1500m), 采集人任应党, 2004. Ⅶ. 23; 1♂, 贵州江口县回香坪 (海拔 1700m), 采集人李后魂、王新谱, 2001. Ⅶ. 29; 1♀, 贵州道真县大沙河 (海拔 1350m), 采集人肖云丽, 2004. Ⅷ. 24 (德国德累斯顿动物博物馆); 1♀, 甘肃天水党川林场 (海拔 1342m), 采集人王新谱、时项峰, 2006. Ⅶ. 28; 3♂♂3♀♀, 西藏墨脱县汉密 (海拔 2380m), 采集人王新谱、薛怀君, 2003. 9 (除标注的标本外, 其余副模的模式标本均保存在南开大学生命科学学院昆虫标本室)。

(615) *Paratalanta annulata* Zhang et Li, 2014

文献信息 Zhang DD, Cai YP, Li HH. 2014. Taxonomic review of the genus *Paratalanta* Meyrick, 1890 (Lepidoptera: Crambidae: Pyraustinae) from China, with descriptions of two new species. Zootaxa, 3753: 118-132.

标本信息 正模: ♂, 云南丽江玉峰寺 (海拔 2650m, 26.52°N, 100.14°E), 采集人 Li HH、王新谱, 2001. Ⅶ. 17 (中国科学院动物研究所)。副模: 1♂1♀, 云南丽江玉龙山 (27.10°N, 100.18°E), 采集人宋士美, 1962. Ⅶ. 22、Ⅶ. 23; 1♂, 云南六库镇 (海拔 900m, 25.52°N, 98.52°E), 采集人王书永, 1981. Ⅵ. 13; 1♀, 云南志本山 (海拔 2430m, 24.52°N, 101.35°E), 采集人 Liao SB, 1981. Ⅵ. 20; 1♀, 云南大理点仓山 (海拔 2600m, 25.58°N, 99.52°E), 采集人王书永, 1981. Ⅶ. 1; 1♀, 湖北秭归县九岭头 (海拔 100m, 30.49°N, 110.58°E), 采集人宋士美, 1993. Ⅶ. 26 (中国科学院动物研究所)。

(616) *Scoparia uncinata* Li, 2010 钩苔螟

文献信息 李卫春. 2010. 中国苔螟亚科和草螟亚科系统学研究 (鳞翅目: 螟蛾总科: 草螟科). 天津: 南开大学博士学位论文, 44-45.

标本信息 正模: ♂, 四川汶川县卧龙 (海拔 1900m), 采集人任应党, 2004. Ⅷ. 7 (南开大学生命科学学院昆虫标本室)。副模: 2♂♂, 采集地点和采集人同正模, 2004. Ⅷ. 8; 1♂3♀♀, 四川汶川县卧龙 (海拔 2008m), 采集人于海丽, 2005. Ⅶ. 25; 7♂♂5♀♀, 四川九寨沟日则 (海拔 2700m), 采集人郝淑莲, 2002. Ⅷ. 13; 1♂6♀♀, 四川九寨沟渣洼 (海拔 2400m), 采集人郝淑莲, 2002. Ⅷ. 14~Ⅷ. 16; 1♀, 四川九寨沟扎如 (海拔 2250m), 采集人郝淑莲, 2002. Ⅷ. 19; 1♀, 湖北神农架温水 (海拔 1700m), 采集人郝淑莲, 2003. Ⅶ. 21; 1♂, 甘肃文县秋家坝 (海拔 2350m), 采集人李后魂、王新谱, 2001. Ⅶ. 5; 4♂♂, 甘肃榆中县兴隆山 (海拔 2178m), 采集人杨锋、高寒光, 2007. Ⅷ. 20; 1♀, 陕西太白山 (海拔 3000m), 采集人 Höne H, 1936. Ⅷ. 8 (波恩动物研究所暨亚历山大·柯尼希博物馆); 1♂, 甘肃榆中县兴隆山 (海拔 2120m), 采集人李后魂, 1993. Ⅶ. 29 (除标注的标本外, 其余副模的模式标本均保存南开大学生命科学学院昆虫标本室)。

154. 钩蛾科 Drepanidae

(617) *Auzatella pentesticha* Chu et Wang, 1987 五线绢钩蛾

文献信息 朱弘复, 王林瑶. 1987. 中国钩蛾亚科续报 (鳞翅目: 钩蛾科) Ⅰ. *Albara*; Ⅱ. *Auzatella*; Ⅲ. *Paralbara*; Ⅳ. *Strepsigonia*; Ⅴ. *Deroca*; Ⅵ. *Cilix*; Ⅶ. *Pseudalbara*. 动物学集刊, 5: 105-122.

标本信息 正模: ♀, 西藏曲乡, 采集人王子清, 1975. Ⅶ. 7 (中国科学院动物研究所)。配模: ♂, 西藏樟木镇, 采集人黄复生, 1975. Ⅵ. 26 (中国科学院动物研究所)。副模: 2♀♀, 湖北神农架 (海拔 1840m), 采集人韩寅恒, 1981. Ⅷ. 16 (中国科学院动物研究所)。

(618) *Betalbara safra* Chu et Wang, 1987 黄线卑钩蛾

文献信息 朱弘复, 王林瑶. 1987. 中国钩蛾

亚科 (鳞翅目: 钩蛾科) 卑钩蛾属 *Betalbara* Matsumura, 1927; 镰钩蛾属 *Drepana* Schrank, 1802; 枯叶钩蛾属 *Canucha* Walker, 1866. 动物学集刊, 5: 73-88.

标本信息 正模: ♂, 湖北神农架大九湖 (海拔 1800m), 采集人韩寅恒, 1981. Ⅷ. 1 (中国科学院动物研究所标本馆). 配模: ♀, 采集地点和采集人同正模, 1981. Ⅷ. 4 (中国科学院动物研究所标本馆). 副模: 1♀, 采集地点和采集人同正模, 1981. Ⅶ. 4; 1♂, 广西龙胜县, 采集人不详, 1980. Ⅵ. 4 (中国科学院动物研究所标本馆).

(619) *Deroca akolosa* Chu et Wang, 1987 侏粉晶钩蛾

文献信息 朱弘复, 王林瑶. 1987. 中国钩蛾亚科续报 (鳞翅目: 钩蛾科) Ⅰ. *Albara*; Ⅱ. *Auzatella*; Ⅲ. *Paralbara*; Ⅳ. *Strepsigonia*; Ⅴ. *Deroca*; Ⅵ. *Cilix*; Ⅶ. *Pseudalbara*. 动物学集刊, 5: 105-122.

标本信息 正模: ♀, 湖北神农架, 采集人韩寅恒, 1981. Ⅶ. 16 (中国科学院动物研究所).

(620) *Nordstroemia fusca* Chu et Wang, 1988 灰线钩蛾

文献信息 朱弘复, 王林瑶. 1988. 中国钩蛾亚科线钩蛾属 (鳞翅目: 钩蛾科). 昆虫学报, 31: 309-316.

标本信息 正模: ♂, 湖北神农架 (海拔 860m), 采集人韩寅恒, 1981. Ⅷ. 20 (中国科学院动物研究所). 配模: ♀, 湖北神农架 (海拔 1800m), 采集人韩寅恒, 1981. Ⅷ. 2 (中国科学院动物研究所). 副模: 1♂, 采集地点和采集人同正模, 1981. Ⅷ. 21; 1♂, 福建武夷山, 采集人王林瑶, 1983. Ⅳ. 9 (中国科学院动物研究所).

(621) *Nordstroemia niva* Chu et Wang, 1988 雪线钩蛾

文献信息 朱弘复, 王林瑶. 1988. 中国钩蛾

亚科线钩蛾属 (鳞翅目: 钩蛾科). 昆虫学报, 31: 309-316.

标本信息 正模: ♂, 湖北神农架, 采集人韩寅恒, 1981. Ⅷ. 16 (中国科学院动物研究所). 副模: 1♀, 同正模.

(622) *Oreta ancora* Chu et Wang, 1987 锚山钩蛾

文献信息 朱弘复, 王林瑶. 1987. 中国山钩蛾亚科分类及地理分布 (鳞翅目: 钩蛾科). 昆虫学报, 30: 291-307.

标本信息 正模: ♂, 湖北神农架, 采集人韩寅恒, 1981. Ⅷ. 1 (中国科学院动物研究所). 配模: ♀, 云南小勐仑, 采集人王林瑶, 1980. Ⅴ. 7 (中国科学院动物研究所). 副模: 1♀, 湖北神农架, 采集人韩寅恒, 1980. Ⅶ. 20; 1♂, 云南小勐仑, 采集人王林瑶, 1980. Ⅴ. 6; 1♂, 广西龙胜县, 采集人王林瑶, 1980. Ⅵ. 16 (中国科学院动物研究所).

(623) *Oreta trispinuligera* Chen, 1985 三刺金钩蛾

文献信息 陈小钰. 1985. 钩蛾科二新种记述. 昆虫分类学报, 7: 277-280.

标本信息 正模: ♂, 湖北神农架红坪, 采集人金根桃、刘祖尧, 1983. Ⅷ. 10 (中国科学院上海昆虫研究所). 副模: 1♂, 湖北神农架松柏镇, 采集人金根桃、刘祖尧, 1983. Ⅶ. 11 (中国科学院上海昆虫研究所).

155. 麦蛾科 Gelechiidae

(624) *Dichomeris cervicornuta* Zhen, 2010 鹿角棕麦蛾

文献信息 甄卉. 2010. 中国棕麦蛾属和阳麦蛾属系统学研究 (鳞翅目: 麦蛾科: 棕麦蛾亚科). 天津: 南开大学博士学位论文, 47-48.

标本信息 正模: ♂, 湖北神农架八角庙 (海拔 1100m), 采集人郝淑莲, 2003. Ⅶ. 19 (南开大学生命科学学院昆虫标本室). 副模: 1♂,

同正模; 1♂, 四川马边县永红 (海拔 900m), 采集人任应党, 2004. Ⅶ. 21 (南开大学生命科学学院昆虫标本室)。

156. 尺蛾科 Geometridae

(625) *Agnibesa pleopictaria* Xue, 1999 丰异序尺蛾

文献信息 薛大勇, 朱弘复. 1999. 中国动物志, 昆虫纲, 第十五卷, 鳞翅目, 尺蛾科, 花尺蛾亚科, 异序尺蛾属. 北京: 科学出版社: 846-947.

标本信息 正模: ♂, 四川汶川县卧龙 (海拔 1920m), 采集人王书永, 1983. Ⅶ. 26 (中国科学院动物研究所)。副模: 1♀, 湖北神农架 (海拔 1800m), 采集人韩寅恒, 1981. Ⅷ. 4; 1♀, 四川巫山县梨子坪 (海拔 1870m), 采集人宋士美, 1993. Ⅷ. 4 (中国科学院动物研究所)。

(626) *Biston mediolata* Jiang, Xue et Han, 2011

文献信息 Jiang N, Xue DY, Han HX. 2011. A review of *Biston* Leach, 1815 (Lepidoptera, Geometridae, Ennominae) from China, with description of one new species. ZooKeys, 139: 45-96.

标本信息 正模: ♂, 湖北兴山县龙门河 (海拔 1200m), 采集人宋士美, 1993. Ⅶ. 18 (中国科学院动物研究所)。副模: 2♂♂, 陕西留坝县庙台子 (海拔 1470~1550m), 采集人 He TL, 1999. Ⅶ. 1、Ⅶ. 2; 1♂, 甘肃康县清河林场 (海拔 1450~1650m), 采集人姚建, 1998. Ⅶ. 15; 1♂, 甘肃文县, 采集人 Wang HJ, 1992. Ⅵ. 23; 11♂♂, 湖北兴山县龙门河 (海拔 1260~1350m), 采集人黄润质、宋士美、姚建, 1993. Ⅶ. 14~Ⅶ. 21; 4♂♂, 湖北鹤峰县 (海拔 1240m), 采集人 Li W, 1989. Ⅶ. 21~Ⅶ. 31; 1♀, 湖北鹤峰县分水岭 (海拔 1240m), 采集人 Li W, 1989. Ⅶ. 29; 1♂, 湖北巴东县, 采集人 Li W, 1989. Ⅴ. 19; 1♂, 湖南郴州, 采集人

不详, 1969. Ⅶ. 8; 2♂♂, 福建武夷山 (海拔 740m), 采集人 Zhang YR, 1960. Ⅴ. 25~Ⅵ. 30; 1♂, 福建武夷山, 采集人 Wang JS, 1981. Ⅴ. 10; 1♂, 福建武夷山, 采集人 Wang LY, 1983. Ⅵ. 14; 1♂, 广西南宁区林科所 (海拔 110m), 采集人不详, 1984. Ⅳ. 17; 1♂, 广西猫儿山 (海拔 1600m), 采集人方承莱, 1985. Ⅶ. 15; 1♂, 广西金秀自治县圣堂山 (海拔 900~1900m), 采集人李文柱, 2000. Ⅵ. 29; 3♂♂, 广西金秀自治县林海山庄 (海拔 1000m), 采集人李文柱, 2000. Ⅶ. 2; 7♂♂, 四川峨眉山清音阁 (海拔 800~1000m), 采集人 Huang KR、朱复兴, 1957. Ⅶ. 11~Ⅶ. 16; 1♂, 湖北五峰自治县——炷香 (海拔 1560m), 采集人 Wang, Li, 1998. Ⅵ (德国亚历山大动物博物馆); 2♂♂, 福建挂墩 (海拔 2300m), 采集人 Klapperich J, 1938. Ⅵ. 1 (德国亚历山大动物博物馆); 6♂♂, 海南五指山 (海拔 1600m), 采集人 Yin、Wang, 1998. Ⅶ (德国亚历山大动物博物馆); 2♂♂, 越南 Fan-si-pan (海拔 1600~1800m), 采集人 Sinjaev、Simonov, 1993. Ⅴ. 8~Ⅴ. 29 (德国亚历山大动物博物馆) (除标注的标本外, 其余副模的模式标本均保存在中国科学院动物研究所)。

(627) *Jankowskia obtusangula* Jiang, Xue et Han, 2010

文献信息 Jiang N, Xue DY, Han HX. 2010. A review of *Jankowskia* Oberthür, 1884, with descriptions of four new species (Lepidoptera: Geometridae, Ennominae). Zootaxa, 2559: 1-16.

标本信息 正模: ♂, 宁夏泾源县红霞林场 (海拔 1998m), 采集人 Song WH, 2008. Ⅶ. 10 (中国科学院动物研究所)。副模: 1♂, 宁夏泾源县二龙河林场 (海拔 1984m), 采集人 Song WH, 2008. Ⅶ. 12; 1♂, 甘肃舟曲县沙滩林场 (海拔 2400m), 采集人姚建, 1999. Ⅶ. 14; 1♀, 湖北神农架酒壶林场 (海拔 1840m), 采集人韩寅恒, 1981. Ⅷ. 16; 1♂, 海南霸王岭屏东二林场, 采集人 Chen FQ, 2007. Ⅴ. 8; 1♀, 四川

汶川县卧龙 (海拔 1670m), 采集人 Chai HC, 1983. Ⅶ. 27; 4♂♂, 四川汶川县卧龙 (海拔 1920m), 采集人 Chai HC, 1983. Ⅶ. 29; 1♂, 四川汶川县卧龙 (海拔 1920m), 采集人王书永, 1983. Ⅶ. 22 (中国科学院动物研究所)。

(628) *Pachyodes novata* Han et Xue, 2008

文献信息　Han HX, Xue DY. 2008. A taxonomic review of *Pachyodes* Guenée, 1858, with descriptions of two new species (Lepidoptera: Geometridae, Geometrinae). Zootaxa, 1759: 51-68.

标本信息　正模: ♂, 福建武夷山 (海拔 500m), 采集人 Xie J, 2006. Ⅶ. 29 (中国科学院动物研究所)。副模: 1♂, 采集地点和采集时间同正模, 采集人 Xue DY; 1♂, 福建武夷山 (海拔 700m), 采集人 Wang JS, 2006. Ⅶ. 9; 2♂♂, 福建武夷山 (海拔 700m), 采集人 Xie J, 2006. Ⅷ. 13~Ⅷ. 15; 1♂, 福建武夷山 (海拔 700m), 采集人 Xie J, 2006. Ⅶ. 25; 1♂, 福建武夷山 (海拔 700m), 采集人 Wang JS, 2006. Ⅵ. 10; 2♂♂, 福建武夷山, 采集人张宝林, 1982. Ⅸ. 11、Ⅸ. 12; 1♂, 福建崇安 (海拔 740m), 采集人 Zhang YR, 1960. Ⅵ. 24; 1♀, 福建大安, 采集人 Jiang F, 1981. Ⅵ. 19; 1♂, 湖北神农架九冲河 (海拔 700m), 采集人 Luo TH, 1998. Ⅶ. 17; 1♂, 湖北兴山县龙门河 (海拔 730m), 采集人姚建, 1993. Ⅵ. 22; 1♂, 湖北兴山县龙门河 (海拔 630m), 采集人宋士美, 1993. Ⅶ. 17; 1♂, 湖北兴山县龙门河 (海拔 1350m), 采集人宋士美, 1993. Ⅶ. 17; 1♂, 湖北神农架官门山 (海拔 1240m), 采集人 He JJ, 1998. Ⅶ. 25; 1♂, 湖南天平山, 采集人 Li YK, 1981. Ⅵ. 14; 1♂, 湖南天平山, 采集人 Li YK, 1988. Ⅶ. 22; 2♂♂, 广西金秀自治县 (海拔 200m), 采集人 Zhang XZ, 1999. Ⅴ. 15; 2♂♂, 广西金秀自治县 (海拔 200m), 采集人韩红香, 1999. Ⅴ. 15; 1♂, 广西金秀自治县 (海拔 400m), 采集人李文柱, 1999. Ⅴ. 15; 1♂1♀, 广西金秀自治县 (海拔 450m), 采集人李文柱, 2000. Ⅵ. 30; 2♂♂1♀, 广西金秀自治县 (海拔 450m), 采集人姚建, 2000. Ⅵ. 30; 1♂, 广西金秀自治县 (海拔 900m), 采集人 Liu DJ, 1999. Ⅴ. 17; 1♀, 广西金秀自治县 (海拔 900m), 采集人李文柱, 1999. Ⅴ. 17; 1♀, 广西金秀自治县 (海拔 900m), 采集人黄复生, 1999. Ⅴ. 18; 1♂, 广西金秀自治县 (海拔 900m), 采集人 Liu DJ, 1999. Ⅴ. 17; 1♂, 广西上寺 (海拔 350m), 采集人李文柱, 2000. Ⅵ. 10 (中国科学院动物研究所)。

(629) *Venusia paradoxa* Xue, 1999 奇维尺蛾

文献信息　薛大勇, 朱弘复. 1999. 中国动物志, 昆虫纲, 第十五卷, 鳞翅目, 尺蛾科, 花尺蛾亚科, 维尺蛾属. 北京: 科学出版社: 815.

标本信息　正模: ♂, 湖北神农架 (海拔 1640m), 采集人韩寅恒, 1981. Ⅶ. 9 (中国科学院动物研究所)。

157. 蝙蝠蛾科 Hepialidae

(630) *Phassus miniatus* Chu et Wang, 1985 红蝙蛾

文献信息　朱弘复, 王林瑶. 1985. 蛀干蝙蝠蛾 (鳞翅目: 蝙蝠蛾科). 昆虫学报, 28: 293-301.

标本信息　正模: ♀, 湖北神农架大九湖, 采集人韩寅恒, 1981. Ⅷ. 2 (中国科学院动物研究所)。

158. 弄蛾科 Hesperiidae

(631) *Lobocla quadripunctata* Fan et Wang, 2004 四纹带弄蝶

文献信息　范骁凌, 王敏. 2004. 带弄蝶属研究 (鳞翅目: 弄蝶科). 动物分类学报, 29: 523-526.

标本信息　正模: ♂, 湖北神农架 (31°25′N, 109°60′E), 采集人顾茂彬, 1992. Ⅵ (华南农业大学昆虫标本室)。

159. 祝蛾科 Lecithoceridae

(632) *Merocrates albistria* Wu, 1997 白纹祝蛾

文献信息 武春生. 1997. 鳞翅目: 祝蛾科// 杨星科. 长江三峡库区昆虫. 下册. 重庆: 重庆出版社: 1083-1084.

标本信息 正模:♂, 湖北兴山县龙门河 (海拔 1200m), 采集人宋士美, 1993. Ⅶ. 14 (中国科学院动物研究所昆虫标本馆).

160. 刺蛾科 Limacodidae

(633) *Iragoides lineofusca* Wu et Fan, 2008 线焰刺蛾

文献信息 武春生, 方承莱. 2008. 中国奕刺蛾属与焰刺蛾属分类研究 (鳞翅目: 刺蛾科). 昆虫学报, 51: 753-760.

标本信息 正模: ♂, 四川都江堰青城山 (海拔 700~1000m), 采集人 Shang JW, 1979. Ⅵ. 4 (中国科学院动物研究所). 副模: 20♂♂, 四川都江堰青城山 (海拔 700~1000m), 采集人 Shang JW、Gao P, 1979. Ⅴ. 25~Ⅴ. 5; 1♀1♂, 四川峨眉山, 采集人 Wang ZQ, 1978. Ⅷ; 2♂♂, 四川峨眉山, 采集人 Liu YQ、Bai JW, 1979. Ⅴ. 17、Ⅴ. 18; 1♂, 四川峨眉山 (海拔 1900m), 采集人 Gao P, 1979. Ⅵ. 18; 1♂, 海南尖峰岭 (海拔 900m), 采集人张宝林, 1980. Ⅳ. 13; 1♂, 海南尖峰岭, 采集人 Chen ZQ, 1982. Ⅳ. 18; 1♂, 江西大余县, 采集人不详, 1976. Ⅷ. 4; 1♂, 江西大余县, 采集人宋士美, 1975. Ⅶ. 15; 2♂♂, 江西庐山, 采集人 Piel O, 1935. Ⅶ. 18、Ⅶ. 19; 1♂, 江西庐山 (海拔 1100m), 采集人 Fang YQ, 1975. Ⅶ. 1~Ⅶ. 3; 3♂♂, 江西庐山 (海拔 1100m), 采集人张宝林, 1974. Ⅳ. 12~Ⅵ. 17; 2♂♂, 福建将乐县龙栖山 (海拔 500m), 采集人宋士美, 1991. Ⅷ. 13; 1♂, 福建沙县, 采集人 Huang BK, 1974. Ⅴ. 22; 1♂, 陕西宁陕县火地塘 (海拔 1580~1650m), 采集人 Yuan DC, 1999. Ⅵ. 26; 1♀, 陕西留坝县庙台子 (海拔 1350m), 采集

人姚建, 1998. Ⅶ. 21; 2♂♂, 湖北兴山县龙门河 (海拔 1260m), 采集人姚建、黄润质, 1993. Ⅵ. 18; 1♂, 湖北神农架红花坪 (海拔 860m), 采集人韩寅恒, 1981. Ⅷ. 18; 1♂, 湖北神农架 (海拔 1650m), 采集人虞佩玉, 1980. Ⅶ. 24 (中国科学院动物研究所).

(634) *Kitanola linea* Wu et Fang, 2008 线铃刺蛾

文献信息 武春生, 方承莱. 2008. 铃刺蛾属在中国的首次发现及七新种记述 (鳞翅目: 刺蛾科). 昆虫学报, 51: 861-867.

标本信息 正模: ♂, 广西龙胜县 (海拔 900m), 采集人 Wang CG, 1963. Ⅵ. 11 (中国科学院动物研究所). 副模: 1♀, 湖北神农架, 采集人不详, 1980. Ⅷ. 18 (中国科学院动物研究所).

(635) *Kitanola spina* Wu et Fang, 2008 针铃刺蛾

文献信息 武春生, 方承莱. 2008. 铃刺蛾属在中国的首次发现及七新种记述 (鳞翅目: 刺蛾科). 昆虫学报, 51: 861-867.

标本信息 正模: ♂, 陕西宁陕县火地塘 (海拔 1620m), 采集人韩寅恒, 1979. Ⅶ. 27 (中国科学院动物研究所). 副模: 1♀8♂♂, 采集地点和采集人同正模, 1979. Ⅶ. 27~Ⅷ. 5; 2♂♂, 湖北神农架 (海拔 1800m), 采集人韩寅恒, 1981. Ⅷ. 1; 1♀, 湖北神农架 (海拔 1800m), 采集人韩寅恒, 1980. Ⅷ. 24; 1♂, 湖北神农架 (海拔 1800m), 采集人韩寅恒, 1985. Ⅴ. 28; 1♂, 四川峨眉山 (海拔 800~1000m), 采集人朱复兴, 1957. Ⅵ. 25; 1♀, 四川峨眉山 (海拔 800~1000m), 采集人 Lu YC, 1957. Ⅸ. 15; 1♂, 四川峨眉山 (海拔 800~1000m), 采集人尚进文, 1957. Ⅵ. 20; 1♂, 四川都江堰 (海拔 1000m), 采集人 Gao P, 1979. Ⅴ. 20; 1♂, 四川雅安 (海拔 1100m), 采集人 Wei ZM, 2004. Ⅵ. 17; 1♂, 贵州道真县 (海拔 900~1400m), 采集人 Chen FQ, 2004. Ⅷ. 18 (中国科学院动物研究所).

(636) *Latoia mutifascia* Cai, 1983 断带绿刺蛾

文献信息 蔡荣权. 1983. 我国绿刺蛾属的研究及新种记述 (鳞翅目: 刺蛾科). 昆虫学报, 26: 437-448.

标本信息 正模: ♂, 湖北神农架 (海拔 1640m), 采集人虞佩玉, 1980. VII. 24 (中国科学院动物研究所)。副模: 1♂, 四川灌县青城山 (海拔 1000m), 采集人尚进文, 1979. VI. 3 (中国科学院动物研究所)。

(637) *Parasa undulata* Cai, 1983 波带绿刺蛾

文献信息 蔡荣权. 1983. 我国绿刺蛾属的研究及新种记述 (鳞翅目: 刺蛾科). 昆虫学报, 26: 437-448.

Solovyev AV. 2011. New species of the genus *Parasa* (Lepidoptera, Limacodidae) from southeastern Asia. Entomological Review, 91: 96-102.

标本信息 正模: ♂, 四川渡口, 采集人张宝林, 1980. VIII. 22 (中国科学院动物研究所)。配模: ♀, 陕西宁陕县, 采集人韩寅恒, 1979. VII. 31 (中国科学院动物研究所)。副模: 3♂♂, 同正模; 4♂, 四川西昌泸山 (海拔 1700m), 采集人韩寅恒, 1980. VII. 30~VIII. 3; 3♂♂, 湖北神农架 (海拔 1640m), 采集人虞佩玉, 1980. VII. 20、VII. 24 (海拔 900m)、VII. 21; 4♂♂, 陕西宁陕县, 1979. VII. 23、VII. 25、VIII. 2, 采集人韩寅恒; 1♂, 安徽黄山, 采集人王思政, 1977. VII. 20 (中国科学院动物研究所)。

分类讨论 蔡荣权 1983 年依据采集的标本将该物种命名为波带绿刺蛾 (*Latoia undulata* Cai, 1983)。进一步研究表明, 该物种应归到 *Parasa*, 故将该物种修订为 *Parasa undulata* Cai, 1983 (Solovyev, 2011)。

161. 夜蛾科 Noctuidae

(638) *Chasminodes nigrifascia* Chen, 1986 黑带白夜蛾

文献信息 陈一心. 1986. 夜蛾科新种记述. 昆虫学报, 29: 211-213.

标本信息 正模: ♂, 湖北神农架, 采集人茅晓渊, 1980. VII. 20 (中国科学院动物研究所)。配模: ♀, 同正模。副模: 1♀, 同正模 (湖北省农业科学院植物保护研究所)。

(639) *Sphragifera mioplaga* Chen, 1986 小斑明夜蛾

文献信息 陈一心. 1986. 夜蛾科新种记述. 昆虫学报, 29: 211-213.

标本信息 正模: ♂, 湖北神农架, 采集人茅晓渊, 1980. VII. 11 (中国科学院动物研究所)。副模: 1♂, 同正模 (湖北省农业科学院植物保护研究所)。

162. 舟蛾科 Notodontidae

(640) *Phalera schintlmeisteri* Wu et Fang, 2004 拟宽掌舟蛾

文献信息 Wu CS, Fang CL. 2004. A review of the genus *Phalera* Hübner in China (Lepidoptera: Notodontidae). Oriental Insects, 38: 109-136.

标本信息 正模: ♂, 四川峨眉山, 采集人不详, 1977. VII (中国科学院动物研究所)。副模: 2♂♂, 湖南永顺县杉木河 (海拔 600m), 采集人不详, 1988. VIII. 3; 1♂, 湖南大庸县, 采集人不详, 1988. VIII. 18; 1♂, 湖北荆州, 采集人不详, 1960. VII、VIII; 1♀2♂♂, 湖北兴山县 (海拔 1350m), 采集人不详, 1993. VII. 18; 2♂♂, 福建南平, 采集人不详, 1980. VII. 23; 1♂, 福建将乐县龙栖山, 采集人不详, 1991. VIII. 10; 2♀♀18♂♂, 福建三港, 采集人不详, 1979. VIII. 12~VIII. 17、1983. VIII. 19; 1♂, 云南宜良县小草坝 (海拔 1800m), 采集人不详, 1980. VI. 24; 1♂, 陕西留坝县 (海拔 1350m), 采集人不详, 1998. VII. 19; 2♂♂, 贵州梵净山 (海拔 500m), 采集人不详, 1988. VIII. 11;1♂, 四川万县 (海拔 1200m), 采集人不详, 1993. VII. 25; 3♀♀5♂♂, 四川西昌 (海拔 1700m), 采集人不详, 1980. VIII. 9; 4♀♀, 四川青城山, 采集人不详, 1979. V. 29~VI. 20; 5♂♂, 四川峨眉山, 采

集人不详, 1977. Ⅷ (中国科学院动物研究所)。

(641) *Syntypistis ambigua* Schintlmeister et Fang, 2001 糊胯舟蛾

文献信息 Schintlmeister A, Fang CL. 2001. New and less known Notodontidae from mainland China (Lepidoptera, Notodontidae). Neue Entomologische Nachrichten, 50: 1-141.

武春生, 方承莱. 2003. 中国胯舟蛾属分类研究（鳞翅目：舟蛾科）. 昆虫学报, 46: 351-358.

标本信息 正模及副模: 3♂♂, 湖北兴山县龙门河 (海拔 1350m), 采集人不详, 1994. Ⅴ. 6~Ⅴ. 9 (中国科学院动物研究所)。副模: 1♀1♂, 湖南桑植县 (海拔 1300m), 采集人不详, 1981. Ⅵ. 25 (中国科学院动物研究所)。

补充说明 未找到原始文献, 本种的信息来自于: 方承莱, 武春生. 2003. 中国胯舟蛾属分类研究（鳞翅目：舟蛾科）. 昆虫学报, 46(3): 351-358.

163. 螟蛾科 Pyralidae

(642) *Pseudacrobasis dilatata* Ren et Li, 2016

文献信息 Ren YD, Li HH. 2016. Review of *Pseudacrobasis* Roesler, 1975 from China (Lepidoptera, Pyralidae, Phycitinae). ZooKeys, 615: 143-152.

标本信息 正模: ♂, 陕西丹凤县铁峪铺 (海拔 680m, 33.63°N, 110.53°E), 采集人 Zhou J, 1994. Ⅴ. 28 (南开大学昆虫博物馆)。副模: 1♀, 甘肃文县碧峰沟 (海拔 860m, 32.95°N, 104.67°E), 采集人 Yu HL, 2005. Ⅶ. 10; 1♂, 贵州赤水桫椤 (海拔 390m, 28.44°N, 106.03°E), 采集人 Du YL, 2000. Ⅴ. 27; 4♀♀, 贵州习水县临江 (海拔 500m, 28.21°N, 106.18°E), 采集人 Du YL, 2000. Ⅵ. 3; 1♂, 贵州梵净山黑湾 (海拔 530m, 27.94°N, 108.61°E), 采集人王新谱, 2002. Ⅵ. 2; 3♂♂, 贵州道真县大沙河 (海拔 600m, 28.87°N, 107.61°E), 采集人郝淑莲, 2004. Ⅴ. 28; 1♂,

贵州道真县大沙河 (海拔 600m, 28.87°N, 107.61°E), 采集人 Xiao YL, 2004. Ⅷ. 17; 2♂♂, 贵州道真县程家山 (海拔 1300m, 28.87°N, 107.61°E), 采集人 Xiao YL, 2004. Ⅷ. 19; 1♂, 河北井陉县太行山 (海拔 100m, 38.12°N, 113.84°E), 采集人 Yu HL, 2000. Ⅶ. 23; 4♂♂, 河南辉县八里沟 (海拔 780m, 35.59°N, 114.00°E), 采集人王新谱, 2002. Ⅶ. 12; 3♂♂, 河南辉县关山 (海拔 550m, 35.50°N, 113.59°E), 采集人 Kuang DH、Zheng H, 2006. Ⅶ. 25、Ⅶ. 26; 2♂♂, 河南济源王屋山 (海拔 1100m, 35.15°N, 112.28°E), 采集人 Kuang DH、Zhen H, 2006. Ⅶ. 30; 2♂♂, 河南益阳县花果山 (海拔 1000m, 34.34°N, 111.89°E), 采集人 Kuang DH、Zhen H, 2006. Ⅷ. 1; 4♂♂1♀, 湖北神农架八角庙 (海拔 1100m, 31.76°N, 110.57°E), 采集人郝淑莲, 2003. Ⅶ. 19; 1♀, 湖北神农架温泉 (海拔 1700m, 31.34°N, 110.57°E), 采集人郝淑莲, 2003. Ⅶ. 21; 1♂, 湖北神农架松柏镇 (海拔 1200~1400m, 31.75°N, 110.66°E), 采集人郝淑莲, 2003. Ⅶ. 17; 1♂, 青海循化孟达 (海拔 2240m, 35.83°N, 102.69°E), 采集人 Wang SX、Li HH, 1995. Ⅶ. 15; 2♂♂3♀♀, 陕西杨凌县 (海拔 450m, 34.27°N, 108.08°E), 采集人 Li HH, 1985. Ⅵ. 3~Ⅵ. 11; 4♂♂6♀♀, 同正模; 1♀, 陕西白河县前坡 (海拔 200m, 32.81°N, 110.11°E), 采集人 Zhou J, 1994. Ⅴ. 16; 51♂♂47♀♀, 山西陵川县西闸水村 (海拔 900m, 35.78°N, 113.28°E), 采集人 Bai HY、Yang LL, 2010. Ⅶ. 12~Ⅶ. 18; 1♂, 四川简阳平泉镇 (海拔 350m, 30.34°N, 104.64°E), 采集人 Zhou J, 1994. Ⅴ. 4; 1♀, 四川马边县永红 (海拔 1200m, 28.55°N, 103.42°E), 采集人 Ren YD, 2004. Ⅶ. 22; 2♂♂, 四川天泉县喇嘛河 (海拔 1300m, 30.35°N, 102.42°E), 采集人 Ren YD, 2004. Ⅶ. 29; 2♂♂, 浙江九龙山 (海拔 400m, 28.21°N, 118.68°E), 采集人 Yang LL、Chen N, 2011. Ⅷ. 4、Ⅷ. 5 (南开大学昆

虫博物馆)。

(643) *Coleothrix longicosta* Du, Song et Wu, 2007

文献信息　Du YL, Song SM, Wu CS. 2007. A review on *Addyme-Calguia-Coleothrix* genera complex (Lepidoptera: Pyralidae: Phycitinae), with one new species from China. Transaction of the American Entomological Society, 133: 143-153.

标本信息　正模: ♂, 广西猫儿山 (海拔 1150m, 25.5°N, 110.3°E), 采集人宋士美, 1985. Ⅶ. 5 (中国科学院动物研究所)。副模: 10♂♂20♀♀, 同正模; 1♂, 浙江天目山 (海拔 1500m, 30.3°N, 119.3°E), 采集人 Han HX, 2003. Ⅶ. 28、Ⅶ. 29; 3♂♂, 湖北秭归县 (海拔 110m, 30.5°N, 110.6°E), 采集人宋士美, 1994. Ⅴ. 9; 1♂, 湖北兴山县 (海拔 1350m, 31.1°N, 110.4°E), 采集人李文柱, 1994. Ⅴ. 9; 1♀, 湖南凤凰县 (27.6°N, 109.4°E), 采集人宋士美, 1988. Ⅸ. 15; 1♀, 湖南慈利县 (29.2°N, 111.1°E), 采集人不详, 1988. Ⅸ. 3; 5♀♀, 江西九连山 (24.4°N, 114.3°E), 采集人不详, 1975. Ⅶ. 25; 1♂2♀♀, 江西庐山 (29.3°N, 115.6°E), 采集人宋士美, 1974. Ⅵ. 12~Ⅵ. 16; 5♀♀, 江西陡水镇 (25.5°N, 114.2°E), 采集人宋士美, 1995. Ⅵ. 29; 1♂8♀♀, 福建龙熙山 (海拔 200~800m, 26.3°N, 117.2°E), 采集人宋士美, 1991. Ⅷ. 10~Ⅷ. 14; 4♂♂4♀♀, 福建武夷山 (海拔 500~1200m, 27.5°N, 118.0°E), 采集人宋士美、Wu YY, 1959. Ⅸ. 19、2000. Ⅴ. 10~Ⅶ. 25; 3♀♀, 福建武夷山 (27.5°N, 117.4°E), 采集人不详, 1979. Ⅷ. 11; 1♀, 福建武夷山 (27.5°N, 117.4°E), 采集人 Zhang KC, 1982. Ⅶ. 4; 1♀, 福建漳浦县 (24.1°N, 117.4°E), 采集人宋士美, 1990. Ⅳ. 13; 1♂1♀, 四川丰都县 (海拔 610m, 29.5°N, 107.4°E), 采集人李文柱, 1994. Ⅵ. 2; 1♀, 四川会理县 (26.4°N, 102.1°E), 采集人不详, 1974. Ⅶ. 21; 5♀♀, 四川峨眉山 (海拔 800~1900m, 29.3°N,

103.2°E), 采集人朱复兴, 采集时间不详; 1♂, 广西金秀自治县 (海拔 200m, 24.1°N, 110.1°E), 采集人 Han HX, 1999. Ⅴ. 15; 2♀♀, 广西上思县 (海拔 300m, 22.1°N, 107.6°E), 采集人李文柱, 1999. Ⅴ. 29; 1♂, 贵州道真县 (海拔 900~1400m, 28.5°N, 107.4°E), 采集人 Chen FQ, 2004. Ⅷ. 25; 1♂, 云南金平自治县 (海拔 1700m, 22.5°N, 103.1°E), 采集人 Huang KR, 1956. Ⅴ. 13; 1♀, 云南曲靖 (25.3°N, 103.5°E), 采集人宋士美, 1982. Ⅶ. 9; 1♀, 云南盈江县 (海拔 1300m, 24.4°N, 97.6°E), 采集人宋士美, 1980. Ⅳ. 21; 1♀, 云南景洪 (22.0°N, 100.5°E), 采集人不详, 1982. Ⅳ. 13; 1♂3♀♀, 海南尖峰岭 (18.4°N, 108.5°E), 采集人李文柱, 1981. Ⅺ. 12、1982. Ⅰ. 20、Ⅴ. 25; 2♀♀, 海南吊罗山 (18.5°N, 109.5°E), 采集人宋士美, 1984. Ⅴ. 8; 1♀, 海南五指山 (18.5°N, 109.4°E), 采集人不详, 1980. Ⅳ. 5; 1♂, 西藏墨脱县 (29.1°N, 95.2°E), 采集人 Chen FQ, 2006. Ⅷ. 23 (中国科学院动物研究所)。

164. 谷蛾科 Tineidae

(644) *Matratinea trilineata* Xiao et Li, 2008

文献信息　Xiao YL, Li HH. 2008. The genus *Matratinea* is new to China, with descriptions of two new species (Lepidoptera: Tineidae). Entomological News, 119: 207-211.

标本信息　正模:♂, 甘肃文县碧峰沟 (海拔 860m, 32°58′N, 104°41′E), 采集人 Yu HL, 2005. Ⅶ. 11 (南开大学生命科学学院昆虫标本馆)。副模: 1♂, 湖北神农架八角庙 (海拔 1100m, 31°45′N, 110°40′E), 采集人郝淑莲, 2003. Ⅶ. 19 (南开大学生命科学学院昆虫标本馆)。

165. 卷蛾科 Tortricidae

(645) *Antichlidas trigonia* Zhang et Li, 2004
三角褐小卷蛾

文献信息　张爱环, 李后魂. 2004. 褐小卷蛾属分类研究及一新种记述 (鳞翅目: 卷蛾科: 新小卷蛾亚科). 昆虫分类学报, 26: 193-196.

标本信息 正模: ♂, 河南内乡县夏馆 (海拔 650m), 采集人李后魂, 1998. Ⅶ. 11 (南开大学生物系昆虫标本室). 副模: 1♂, 采集地点和采集人同正模, 1998. Ⅶ. 12; 4♂♂1♀, 河南桐柏水帘洞 (海拔 300m), 采集人李后魂、Karsholt, 2000. Ⅸ. 11; 1♀, 河南罗山县灵山寺 (海拔 350m), 采集人于海丽, 2000. Ⅴ. 21; 1♂, 湖北神农架松柏镇 (海拔 1200~1400m), 采集人郝淑莲, 2003. Ⅶ. 14 (南开大学生物系昆虫标本室).

(646) *Croesia lutescentis* Liu et Bai, 1987 黄色弧翅卷蛾

文献信息 刘友樵, 白九维. 1987. 中国弧翅卷蛾属研究及新种记述 (鳞翅目: 卷蛾科). 昆虫学报, 30: 313-322.

标本信息 正模: ♂, 湖北神农架 (海拔 950m), 采集人韩寅恒, 1980. Ⅶ. 4 (中国科学院动物研究所).

(647) *Eudemis lucina* Liu et Bai, 1982 鄂圆点小卷蛾

文献信息 刘友樵, 白九维. 1982. 中国尾小卷蛾亚族三新种 (鳞翅目: 卷蛾科). 昆虫分类学报, 4: 167-171.

标本信息 正模: ♀, 湖北神农架 (海拔 900m), 采集人虞佩玉, 1980. Ⅶ. 3 (中国科学院动物研究所).

166. 木蛾科 Xyloryctidae

(648) *Odites tribula* Wu, 1997 三叉木蛾

文献信息 武春生, 白九维. 1997. 鳞翅目: 长角蛾科、果蛾科、木蛾科、织蛾科、麦蛾科、草蛾科、纹蛾科、驻果蛾科、卷蛾科//杨星科. 长江三峡库区昆虫. 下册. 重庆: 重庆出版社: 1060.

标本信息 正模: ♂, 四川青城山, 采集人白

九维, 1980. Ⅵ. 21 (中国科学院动物研究所昆虫标本馆). 配模: ♀, 同正模. 副模: 3♂♂, 四川峨眉山, 采集人刘友樵, 1979. Ⅵ. 12~Ⅵ. 16; 7♀♀, 四川青城山, 采集人白九维, 1980. Ⅶ. 12~Ⅶ. 18; 1♂, 湖北兴山县龙门河 (海拔 1200m), 采集人姚建, 1993. Ⅵ. 20 (中国科学院动物研究所昆虫标本馆).

(二十七) 膜翅目 Hymenoptera

167. 蚜茧蜂科 Aphidiidae

(649) *Aphidius biocarinatus* Chen et Shi, 2001 叉脊蚜茧蜂

文献信息 陈家骅, 石全秀. 2001. 中国蚜茧蜂, 膜翅目, 蚜茧蜂科, 蚜茧蜂属. 福州: 福建科学技术出版社: 40-41.

标本信息 正模: ♀, 湖北神农架红花坪, 采集人石全秀, 2000. Ⅷ. 26 (福建农林大学益虫研究室). 副模: 2♂♂, 湖北神农架, 采集人黄居昌, 1988. Ⅷ. 18; 1♂, 湖北神农架红坪, 采集人杨建全, 2000. Ⅷ. 21; 1♂, 湖北神农架木鱼坪, 采集人石全秀, 2000. Ⅷ. 24; 1♀, 湖北神农架木鱼坪, 采集人石全秀, 2000. Ⅷ. 25 (福建农林大学益虫研究室).

(650) *Aphidius niger* Shi et Chen, 2001 黑蚜茧蜂

文献信息 陈家骅, 石全秀. 2001. 中国蚜茧蜂, 膜翅目, 蚜茧蜂科, 蚜茧蜂属. 福州: 福建科学技术出版社: 57.

标本信息 正模: ♀, 湖北神农架神农顶, 采集人石全秀, 2000. Ⅷ. 22 (福建农林大学益虫研究室). 副模: 2♀♀, 同正模; 2♂♂, 湖北神农架神农顶, 采集人季清娥, 2000. Ⅷ. 22 (福建农林大学益虫研究室).

(651) *Parabioxys songbaiensis* Shi et Chen, 2001 松柏近单刺蚜茧蜂

文献信息 陈家骅, 石全秀. 2001. 中国蚜茧

蜂，膜翅目，蚜茧蜂科，近单刺蚜茧蜂属. 福州：福建科学技术出版社：122-123.

标本信息　正模：♀，湖北神农架松柏镇，采集人黄居昌，1988. Ⅶ. 31 (福建农林大学益虫研究室)。

(652) *Praon muyuensis* Shi, 2001 木鱼蚜外茧蜂

文献信息　陈家骅，石全秀. 2001. 中国蚜茧蜂，膜翅目，蚜茧蜂科，蚜外茧蜂属. 福州：福建科学技术出版社：171-172.

标本信息　正模：♀，湖北神农架木鱼镇，采集人宋东宝，2000. Ⅷ. 25 (福建农林大学益虫研究室)。

168. 举腹蜂科 Aulacidae

(653) *Pristaulacus centralis* Chen, Turrisi et Xu, 2016

文献信息　Chen HY, Turrisi GF, Xu ZF. 2016. A revision of the Chinese Aulacidae (Hymenoptera, Evanioidea). ZooKeys, 587: 77-124.

标本信息　正模：♀，湖北秭归县九岭头 (海拔250m)，采集人 Chen XL, 1993. Ⅶ. 27 (中国科学院动物研究所)。

169. 茧蜂科 Braconidae

(654) *Ademon xuthus* Wu, 2005 黄胸烦茧蜂

文献信息　吴琼. 2005. 中国蝇茧蜂亚科分类及系统发育研究. 杭州：浙江大学硕士学位论文，27-28.

标本信息　正模：♀，湖北竹山县，采集人何俊华，1982. Ⅷ. 28 (浙江大学应用昆虫研究所)。

(655) *Agathis hubeiensis* Chen et Yang, 2006 湖北窄径茧蜂

文献信息　陈家骅. 2006. 中国动物志，昆虫纲，第四十六卷，膜翅目，茧蜂科，窄径茧蜂亚科，窄径茧蜂属. 北京：科学出版社：34-35.

标本信息　正模：♀，湖北神农架红坪，采集人杨建全，2000. Ⅷ. 21 (福建农林大学益虫研究室)。配模：♂，采集地点和采集时间同正模，采集人宋东宝 (福建农林大学益虫研究室)。副模：1♀，采集地点和采集人同正模，2000. Ⅷ. 20; 2♂♂，湖北神农架红坪，采集人季清娥、宋东宝，2000. Ⅷ. 21 (福建农林大学益虫研究室)。

(656) *Agathis shennongjiacus* Yang et Chen, 2006 神农架窄径茧蜂

文献信息　陈家骅. 2006. 中国动物志，昆虫纲，第四十六卷，膜翅目，茧蜂科，窄径茧蜂亚科，窄径茧蜂属. 北京：科学出版社：40-42.

标本信息　正模：♀，湖北神农架天门垭，采集人石全秀，2000. Ⅷ. 21 (福建农林大学益虫研究室)。副模：3♂♂，湖北神农架红坪，采集人黄居昌、杨建全，1988. Ⅷ. 14; 1♀，湖北神农架天门垭，采集人杨建全，1988. Ⅷ. 17 (福建农林大学益虫研究室)。

(657) *Alloea artus* Chen et Wu, 1994 细窄反颚茧蜂

文献信息　陈家骅，伍志山. 1994. 中国反鄂茧蜂族，膜翅目，茧蜂科，反颚茧蜂亚科，长齿反鄂茧蜂属 *Alloea* Haliday，中国大陆新记录. 北京：中国农业出版社：22-23.

标本信息　正模：♂，湖北神农架红坪，采集人张立钦，1988. Ⅷ. 16 (福建农林大学植物保护系益虫研究室)。副模：1♂，采集地点和采集人同正模，1988. Ⅷ. 11 (福建农林大学植物保护系益虫研究室)。

(658) *Amyosoma jiangi* Yang et Chen, 2006 蒋氏阿蝇态茧蜂

文献信息　陈家骅，杨建全. 2006. 中国小茧蜂，膜翅目，茧蜂科，阿蝇态茧蜂属. 福州：福建科学技术出版社：32-33.

标本信息 正模: ♀, 福建武夷山横源, 采集人蒋日盛, 1986. Ⅶ. 22 (福建农林大学植物保护系益虫研究室)。副模: 4♀♀, 湖北神农架红花坪, 采集人黄居昌, 1988. Ⅷ. 2; 2♀♀, 福建武夷山龙渡, 采集人官宝斌, 1988. Ⅷ. 15; 2♀♀, 福建武夷山大安, 采集人葛建华, 1988. Ⅸ. 4; 1♀, 福建光泽县美罗湾, 采集人邹明权, 2001. Ⅷ. 8 (福建农林大学植物保护系益虫研究室)。

(659) *Apanteles gracilipes* Song et Chen, 2004
细足绒茧蜂

文献信息 陈家骅, 宋东宝. 2004. 中国小腹茧蜂, 膜翅目, 茧蜂科, 绒茧蜂属. 福州: 福建科学技术出版社: 52-54.

标本信息 正模: ♀, 云南西双版纳, 采集人张立钦, 1988. Ⅸ. 6 (福建农林大学植物保护系益虫研究室)。副模: 24♀♀, 同正模; 1♀, 福建福州金山, 采集人伍志山, 1998. Ⅸ. 20; 1♀, 湖北神农架红花坪, 采集人张立钦, 1988. Ⅷ. 4; 1♀, 湖北神农架阳日湾, 采集人张立钦, 1988. Ⅶ. 26; 16♀♀, 云南西双版纳, 采集人杨建全, 1988. Ⅸ. 18; 1♀, 湖北神农架阳日湾, 采集人杨建全, 1988. Ⅶ. 28; 41♀♀, 云南热植所, 采集人黄居昌, 1988. Ⅸ. 19; 7♀♀, 海南海口, 采集人邹明权, 1988. Ⅴ. 7; 1♀, 海南丘山, 采集人官宝斌, 1988. Ⅹ. 3; 1♀, 广西大青山, 采集人伍志山, 1993. Ⅸ. 11; 1♀, 福建武夷山大竹岚, 采集人林智慧, 1998. Ⅷ. 2; 4♀♀, 福建武夷山大安源, 采集人张晓斌, 1988. Ⅸ. 15; 2♀♀, 福建武夷山龙渡, 采集人张晓斌, 1988. Ⅷ. 6; 2♀♀, 福建武夷山先锋岭, 采集人张飞萍, 1993. Ⅷ. 15; 1♀, 福建武夷山岚谷, 采集人张飞萍, 1993. Ⅵ. 26; 4♀♀, 福建上杭县步云, 采集人陈剑文, 1988. Ⅸ. 29; 1♀, 福建武夷山三港, 采集人陈剑文, 1988. Ⅷ. 11; 2♀♀, 福建武夷山桐木, 采集人陈剑文, 1988. Ⅷ. 9; 1♀, 福建武夷山挂墩, 采集人葛建华, 1988. Ⅷ. 22; 1♀, 福建梅花山步云, 采集人葛建华, 1988. Ⅸ. 29; 1♀, 福建武夷山龙渡, 采集人陈剑文, 1988. Ⅷ. 15; 3♀♀, 福建武夷山三港, 采集人葛建华, 1988. Ⅷ. 11; 1♀, 福建宁化县中沙, 采集人黄日新, 1990. Ⅶ. 11; 1♀, 福建武夷山桐木, 采集人杨建全, 1993. Ⅷ. 3; 1♀, 福建清流县田源, 1990. Ⅶ. 14; 1♀, 福建梅花山共和, 采集人张晓斌, 1988. Ⅹ. 5; 1♀, 福建武夷山挂墩, 采集人张晓斌, 1988. Ⅷ. 20; 1♀, 福建宁化县水茜庙前, 采集人黄日新, 1990. Ⅶ. 9; 2♀♀, 福建武夷山大竹岚, 采集人邹明权, 1992. Ⅸ. 15; 1♀, 福建大青山, 采集人邹明权, 1990. Ⅸ. 12; 1♀, 福建上杭县步云, 采集人官宝斌, 1988. Ⅸ. 23; 1♀, 福建武夷山龙渡, 采集人官宝斌, 1988. Ⅶ. 27; 3♀♀, 福建梅花山共和, 采集人官宝斌, 1988. Ⅹ. 5; 1♀, 福建武夷山场站, 采集人沈添顺, 1988. Ⅸ. 8; 3♀♀, 福建梅花山步云, 采集人沈添顺, 1988. Ⅸ. 29; 1♀, 福建宁化县水茜, 采集人王晨晖, 1990. Ⅶ. 9; 1♀, 福建武夷山三港, 采集人沈添顺, 1988. Ⅷ. 30; 1♀, 福建武夷山大竹岚, 采集人沈添顺, 1988. Ⅶ. 25; 1♀, 福建武夷山龙渡, 采集人沈添顺, 1988. Ⅷ. 6; 4♀♀, 福建梅花山马头山, 采集人邱志丹, 1986. Ⅸ. 3; 1♀, 福建武夷山二里坪, 采集人陈耀, 1993. Ⅸ. 1; 2♀♀, 福建武夷山大安源, 采集人陈耀, 1993. Ⅷ. 27; 1♀, 福建武夷山桐木, 采集人陈耀, 1993. Ⅷ. 3; 3♀♀, 福建宁化县, 采集人洪盛祥, 1990. Ⅶ. 24; 8♀♀, 福建福州金山, 采集人伍志山, 1998. Ⅸ. 20; 43♂♂, 云南西双版纳, 采集人杨建全, 1988. Ⅸ. 18; 22♂♂, 云南西双版纳, 采集人张立钦, 1988. Ⅸ. 6; 1♂, 湖北神农架红花坪, 采集人张立钦, 1988. Ⅷ. 4; 40♂♂, 云南西双版纳勐仑, 采集人黄居昌, 1988. Ⅸ. 18; 12♂♂, 海南两院, 采集人邹明权, 1988. Ⅴ. 10; 6♂♂, 海南海口, 采集人邹明权, 1988. Ⅴ. 7; 2♂♂, 广州中山大学, 采集人邹明权, 1988. Ⅴ. 3; 1♂, 福建武夷山大竹岚, 采集人邹明权, 1992. Ⅸ. 25; 2♂♂, 福建梅花山步云, 采集人邱志丹, 1986. Ⅸ. 3; 1♂, 福建武夷山先锋岭, 采集人张晓斌, 1988. Ⅷ. 1; 1♂, 福建武夷山大安源, 采集人张晓斌, 1988. IX. 15; 1♂, 福建武夷山三港, 采集人沈添顺, 1988. VIII. 30; 1♂, 福建武夷山岚谷, 采集人张飞萍, 1993. VI. 26; 1♂, 福建武夷山挂墩, 采集人葛建华, 1988. VIII. 22; 1♂, 福建武夷山先锋岭, 采集人巫靖辉, 1994. VIII. 8; 1♂, 福建武夷山挂墩, 采集人陈剑文, 1988. VII. 28; 1♂, 福建宁化县水茜, 采集人王晨晖, 1990. VII. 9; 2♂♂, 福建福州金山, 采集人黄居昌, 1988. VII. 28; 19♂♂, 福建福州金山, 采集人伍志山, 1998. IX. 25 (福建农林大学植物保护系益虫研究室).

(660) *Apanteles lunata* Song et Chen, 2004 新月绒茧蜂

文献信息 陈家骅, 宋东宝. 2004. 中国小腹茧蜂, 膜翅目, 茧蜂科, 绒茧蜂属. 福州: 福建科学技术出版社: 68-69.

标本信息 正模: ♀, 吉林长白山露水河, 采集人周小华, 1989. VII. 31 (福建农林大学植物保护系益虫研究室). 副模: 1♀, 福建武夷山大安源, 采集人林智慧, 1998. VIII. 9; 1♀, 福建武夷山大安源, 采集人张晓斌, 1988. IX. 15; 1♀, 福建武夷山大安源, 采集人杨建全, 1993. VIII. 27; 3♀♀, 福建梅花山步云, 采集人张晓斌、葛建华、沈添顺, 1988. IX. 29; 2♀♀, 福建武夷山桐木, 采集人石全秀, 1998. VIII. 8; 1♀, 福建武夷山三港, 采集人沈添顺, 1988. VIII. 22; 1♀, 福建宁化县济村, 采集人王晨晖, 1990. VII. 23; 1♀, 湖北神农架红花坪, 采集人黄居昌, 1988. VIII. 2; 1♂, 福建武夷山大安源, 采集人张金明, 1994. VIII. 20; 1♂, 福建武夷山大安源, 采集人张晓斌, 1988. IX. 15; 1♂, 福建武夷山三港, 采集人张晓斌, 1988. VIII. 22; 1♂, 福建武夷山龙渡, 采集人沈添顺, 1988. VIII. 11; 1♂, 福建清流县田源, 采集人杨建全, 1990. VII. 15 (福建农林大学植物保护系益虫研究室).

(661) *Apanteles raviantenna* Chen et Song, 2004 黄角绒茧蜂

文献信息 陈家骅, 宋东宝. 2004. 中国小腹

茧蜂, 膜翅目, 茧蜂科, 绒茧蜂属. 福州: 福建科学技术出版社: 79-81.

标本信息 正模: ♀, 湖北神农架红花坪, 采集人黄居昌, 1988. VIII. 3 (福建农林大学植物保护系益虫研究室). 副模: 7♀♀, 同正模; 1♀, 湖北神农架红花坪, 采集人张立钦, 1988. VIII. 3; 3♀♀, 湖北神农架阳日湾, 采集人张立钦, 1988. VII. 1; 1♀, 湖北神农架木鱼坪, 采集人张立钦, 1988. VIII. 8; 1♀, 福建武夷山先锋岭, 采集人陈剑文, 1988. VIII. 28; 1♀, 福建武夷山龙渡, 采集人官宝斌, 1988. VII. 29; 1♀, 福建武夷山三港, 采集人官宝斌, 1988. VII. 30; 2♀♀, 福建武夷山挂墩, 采集人沈添顺, 1988. VII. 28; 1♀, 福建武夷山先锋岭, 采集人官宝斌, 1988. VIII. 18; 1♀, 福建武夷山挂墩, 采集人张晓斌, 1988. VIII. 5; 2♀♀, 福建武夷山桐木, 采集人杨建全, 1988. VII. 13; 1♀, 福建武夷山大安源, 采集人葛建华, 1988. IX. 4; 4♀♀, 福建武夷山三港, 采集人张晓斌, 1988. VII. 27; 12♀♀, 福建武夷山挂墩, 采集人葛建华, 1988. VII. 28; 1♀, 福建武夷山桐木, 采集人沈添顺, 1988. VIII. 9; 1♀, 福建武夷山先锋岭, 采集人张晓斌, 1988. VIII. 1; 1♀, 福建武夷山龙渡, 采集人沈添顺, 1988. VIII. 11; 1♀, 湖北神农架红花坪, 采集人杨建全, 1988. VIII. 2; 1♀, 福建武夷山龙渡, 采集人邹明权, 1993. VI. 27; 1♀, 福建武夷山挂墩, 采集人陈剑文, 1988. VIII. 13; 1♀, 福建武夷山桐木, 采集人陈耀, 1993. VIII. 14; 1♀, 吉林长白山集安, 采集人杨建全, 1989. VIII. 6; 1♀, 福建宁化县水茜, 采集人黄日新, 1990. VII. 10; 2♀♀, 福建清流县大丰山, 采集人洪盛祥, 1990. VII. 16; 1♀, 福建武夷山三港, 采集人张晓斌, 1988. VIII. 21; 1♂, 湖北神农架红花坪, 采集人黄居昌, 1988. VIII. 3; 1♂, 福建武夷山挂墩, 采集人张晓斌, 1988. VIII. 20 (福建农林大学植物保护系益虫研究室).

(662) *Apanteles unguifortis* Song et Chen, 2004 硕爪绒茧蜂

文献信息 陈家骅, 宋东宝. 2004. 中国小腹

茧蜂, 膜翅目, 茧蜂科, 绒茧蜂属. 福州: 福建科学技术出版社: 91-93.

标本信息 正模: ♀, 湖北神农架红花坪, 采集人黄居昌, 1988. Ⅷ. 2 (福建农林大学植物保护系益虫研究室)。

(663) *Apanteles verticalis* Song et Chen, 2004 直绒茧蜂

文献信息 陈家骅, 宋东宝. 2004. 中国小腹茧蜂, 膜翅目, 茧蜂科, 绒茧蜂属. 福州: 福建科学技术出版社: 93-95.

标本信息 正模: ♀, 湖北神农架红花坪, 采集人黄居昌, 1988. Ⅷ. 2 (福建农林大学植物保护系益虫研究室)。副模: 9♀♀, 同正模; 1♀, 湖北神农架阳日湾, 采集人韩书友, 1988. Ⅶ. 28; 1♀, 福建宁化县河龙, 采集人杨建全, 1990. Ⅴ. 19; 2♀♀, 福建武夷山挂墩, 采集人张晓斌, 1988. Ⅶ. 28; 1♀, 福建武夷山挂墩, 采集人陈剑文, 1988. Ⅷ. 20; 1♀, 福建武夷山大安源, 采集人巫靖辉, 1994. Ⅷ. 20; 1♀, 福建武夷山大安源, 采集人沈添顺, 1988. Ⅸ. 14; 1♀, 福建武夷山大安源, 采集人陈剑文, 1988. Ⅸ. 1; 1♀, 福建武夷山三港, 采集人杨建全, 1993. Ⅷ. 31 (福建农林大学植物保护系益虫研究室)。

(664) *Arcaleiodes hubeiensis* Chen et He, 1997 湖北弓脉茧蜂

文献信息 陈学新, 何俊华, 马云. 1997. 膜翅目: 茧蜂科//杨星科. 长江三峡库区昆虫. 下册. 重庆: 重庆出版社: 1653-1654.

标本信息 正模: ♀, 湖北兴山县龙门河 (海拔 1300m), 采集人姚建, 1994. Ⅴ. 7 (中国科学院动物研究所昆虫标本馆)。副模: 2♀♀, 湖北兴山县龙门河 (海拔 1300m), 采集人李文柱、杨星科, 1994. Ⅴ. 7、Ⅴ. 9; 1♀ (?), 湖北兴山县龙门河 (海拔 1400m), 采集人章有为, 1994. Ⅴ. 6 (中国科学院动物研究所昆虫标本馆)。

(665) *Ascogaster chui* Ji et Chen, 2003 祝氏革腹茧蜂

文献信息 陈家骅, 季清娥. 2003. 中国甲腹茧蜂, 膜翅目, 茧蜂科, 革腹茧蜂属. 福州: 福建科学技术出版社: 29-30.

标本信息 正模: ♀, 湖北神农架红花坪, 采集人黄居昌, 1988. Ⅷ. 18 (福建农林大学益虫研究室)。副模: 1♀1♂, 湖北神农架红坪, 采集人黄居昌、杨建全, 1988. Ⅷ. 16; 1♀, 湖北神农架木鱼坪, 采集人黄居昌, 1988. Ⅷ. 8; 1♀, 吉林长白山快大茂, 采集人周小华, 1989. Ⅷ. 2; 1♀, 福建武夷山大竹岚, 采集人张飞萍, 1993. Ⅸ. 2; 1♂2♀♀, 湖北神农架红坪, 采集人杨建全, 1988. Ⅷ. 11、Ⅷ. 18; 1♀, 福建武夷山大安源, 采集人杨建全, 1993. Ⅸ. 9 (福建农林大学益虫研究室)。

(666) *Ascogater retis* Ji et Chen, 2002 皱纹革腹茧蜂

文献信息 季清娥, 陈家骅. 2002. 中国革腹茧蜂属 *Ascogaster* 一新种 (膜翅目: 茧蜂科: 甲腹茧蜂亚科). 华东昆虫学报, 11: 6-9.

标本信息 正模: ♀, 福建武夷山龙渡, 采集人陈剑文, 1988. Ⅷ. 15 (福建农林大学益虫研究室)。副模: 1♀, 福建武夷山黄肯山, 采集人许水飞, 1980. Ⅵ. 21; 1♀, 福建武夷山大竹岚, 采集人邱乐忠, 1986. Ⅶ. 15; 1♀, 福建武夷山挂墩, 采集人陈剑文, 1988. Ⅷ. 20; 1♀, 福建武夷山先锋岭, 采集人 Wu QF, 1994. Ⅷ. 8; 2♂♂, 福建武夷山挂墩, 采集人陈剑文, 1988. Ⅷ. 13; 1♂, 湖北神农架阳日, 采集人杨建全, 1988. Ⅶ. 28 (福建农林大学益虫研究室)。

(667) *Aulacocentrum confusum* He et van Achterberg, 1994

文献信息 He J, van Achterberg C. 1994. A revision of the genus *Aulacocentrum* Brues (Hymenoptera: Braconidae: Macrocentrinae) from China. Zoologische Mededelingen, Leiden, 68: 159-171.

标本信息 正模: ♀, 浙江杭州 (30°2′N, 120°1′E), 采集人 Zhou ZN, 1957. V . 28 (浙江农林大学)。副模: 1 ♀, 黑龙江凉水 (46°5′N, 131°8′E), 采集人何俊华, 1977. Ⅶ. 24; 2♀♀3♂♂, 辽宁铁岭 (43°3′N, 123°8′E), 采集人何俊华, 1977. Ⅷ. 18 (1 ♀保存在荷兰自然历史博物馆或浙江农林大学); 1♀, 江苏南京 (32°0′N, 180°7′E), 采集人 Chu JT, 1936. Ⅶ. 29; 1♀, 江苏南京, 采集人 Peng QX, 1981; 2♀♀1♂, 江苏南京, 采集人 Peng QX, 1981; 2♀♀, 江苏如皋 (32°4′N, 120°5′E), 采集人黄敏, 1991; 5♀♀2♂♂, 浙江杭州, 采集人 Chu JT, 1933. Ⅵ. 19、1935. Ⅷ. 25、Ⅸ. 24、1947. Ⅵ. 9; 1♀, 浙江杭州, 采集人何俊华, 1956. V . 10 (荷兰自然历史博物馆); 4♀♀20♂♂, 浙江杭州, 采集人何俊华、Zhou ZN, 1954. Ⅶ、1956. Ⅷ. 23、1950. V . 16~V . 29 (其中1♀ 2♂♂保存在荷兰自然历史博物馆, 其余保存在浙江农林大学); 4♀♀2♂♂, 浙江杭州, 采集人何俊华、Rui KN, Zhu KY, 1962. V 、1965. Ⅶ. 15、1974. Ⅶ. 22、1979. Ⅸ. 4; 2♀♀1♂, 浙江杭州, 采集人 Xia YY, 1956. Ⅸ. 10 (浙江农林大学或荷兰自然历史博物馆); 2♀♀, 浙江杭州, 采集人 Zhou ZN, 1958. Ⅳ. 16; 1♀, 浙江昌化镇 (30°1′N, 119°2′E), 采集人 Xu XS, 1957. V . 29; 1♂, 浙江余杭 (30°4′N, 120°3′E), 采集人 Xu TS, 1972. Ⅸ. 1; 1♀, 浙江镇海 (29°9′N, 121°7′E), 采集人何俊华, 1975. Ⅷ. 2; 1♀, 安徽安庆 (30°5′N, 117°0′E), 采集人 Chen RH, 1981、1984; 2♀♀1♂, 安徽岳西县 (30°8′N, 116°3′E), 采集人 Yang F, 1981. Ⅶ. 25; 10♀♀, 江西九江 (29°7′N, 115°9′E), 采集人 Zhang JG, 1978. Ⅸ. 7 (其中2♀♀保存在荷兰自然历史博物馆, 其余保存在浙江农林大学); 1♀, 湖北恩施 (30°2′N, 109°4′E), 采集人华中农业大学, 1975; 1♀, 湖北房县 (30°2′N ,101°7′E), 采集人茅晓渊, 1980. Ⅵ. 28; 2♀♀, 湖北江陵县 (30°3′N, 112°1′E), 采集人 Zong LB, 1979; 8♀♀2♂♂, 湖北江陵县,

采集人 Chen MF, 1981. Ⅸ. 20 (其中2♀♀2♂♂保存在荷兰自然历史博物馆, 其余均存于浙江农林大学); 2♀♀2♂♂, 湖北利川 (30°3′N, 108°9′E), 采集人 Min GP, 1979; 1♀, 四川绵阳 (30°3′N, 113°4′E), 采集人茅晓渊, 1965. Ⅷ. 2; 1♀, 湖北神农架 (31°7′N, 110°6′E), 采集人茅晓渊, 1980. Ⅶ. 18; 2♀♀2♂♂, 湖北武昌 (30°5′N, 114°3′E), 采集人石尚柏, 1974. Ⅵ. 21、1987. Ⅶ. 1; 2♂♂, 湖北枝江 (30°4′N, 111°7′E), 采集人 Zong LB, 1979. Ⅵ. 19; 1♂, 湖北竹山县 (32°2′N, 110°3′E), 采集人茅晓渊, 1983. Ⅸ. 22; 1♀, 湖南浏阳 (28°1′ N, 113°6′ E), 采集人童新旺, 1984. Ⅷ; 1♀, 四川万县 (30°8′N, 108°3′E), 采集人万县农业实验站, 1958; 1♀1♂, 广西荔浦 (24°5′N, 110°4′E), 采集人 Mei Y, 1980. V . 16、1982. X (浙江农林大学); 1♂, 广西兴安县 (25°6′N, 110°6′E), 采集人 Zhou ZH, 1980. Ⅶ. 2; 2♀♀, 贵州贵阳 (26°6′N,106°7′E), 采集人 Song XP, 1982. Ⅶ. 24; 采集人杜予州, 1991. Ⅳ (除标注的标本外, 其余副模的模式标本均保存在浙江农林大学)。

(668) *Bassus canaliculatus* Yang et Chen, 2006 沟腹闭腔茧蜂

文献信息 陈家骅. 2006. 中国动物志, 昆虫纲, 第四十六卷, 膜翅目, 茧蜂科, 窄径茧蜂亚科, 闭腔茧蜂属. 北京: 科学出版社: 59-61.

标本信息 正模: ♀, 湖北神农架天门垭, 采集人杨建全, 2000. Ⅷ. 21 (福建农林大学益虫研究室)。配模: ♂, 湖北神农架红花坪, 采集人石全秀, 2000. Ⅷ. 26 (福建农林大学益虫研究室)。副模: 1♀2♂♂, 湖北神农架天门垭, 采集人杨建全、黄居昌, 1988. Ⅷ. 13、Ⅷ. 14; 3♀♀, 湖北神农架木鱼坪, 采集人杨建全, 2000. Ⅷ. 24; 2♂♂, 湖北神农架红花坪, 采集人季清娥, 2000. Ⅷ. 27 (福建农林大学益虫研究室)。

(669) *Therophilus choui* Chen et Yang, 2006
周氏下腔茧蜂

文献信息 陈家骅. 2006. 中国动物志, 昆虫纲, 第四十六卷, 膜翅目, 茧蜂科, 窄径茧蜂亚科, 闭腔茧蜂属. 北京: 科学出版社: 62-64.

唐璞. 2013. 中国窄径茧蜂亚科分类研究. 杭州: 浙江大学博士学位论文, 242.

van Achterberg C, Long KD. 2010. Revision of the Agathidinae (Hymenoptera, Braconidar) of Vietnam, with the description of forty-two new species and three new genera. ZooKeys, 54: 1-184.

标本信息 正模: ♀, 福建武夷山三港, 采集人张晓斌, 1988. Ⅷ. 23 (福建农林大学益虫研究室). 副模: 2♀♀, 福建武夷山先锋岭, 采集人陈家骅, 1980. Ⅵ. 20; 1♀, 福建武夷山先锋岭, 采集人葛建华, 1988. Ⅶ. 22; 1♀, 湖北神农架木鱼坪, 采集人黄居昌, 1988. Ⅷ. 5; 4♀♀, 福建武夷山桐木, 采集人杨建全, 1998. Ⅷ. 4; 3♀♀2♂♂, 湖北神农架红花坪, 采集人季清娥、杨建全, 2000. Ⅷ. 26、Ⅷ. 27 (福建农林大学益虫研究室).

分类讨论 陈家骅和杨建全2006年依据采集的标本将该物种命名为周氏闭腔茧蜂 (*Bassus choui* Chen et Yang, 2006). 进一步研究表明, 该物种应归到 *Therophilus,* 故将该物种修订为周氏下腔茧蜂 (*Therophilus choui* Chen et Yang, 2006) (van Achterberg and Long, 2010; 唐璞, 2013).

(670) *Therophilus tanycoleosus* Yang et Chen, 2006 长鞘下腔茧蜂

文献信息 陈家骅. 2006. 中国动物志, 昆虫纲, 第四十六卷, 膜翅目, 茧蜂科, 窄径茧蜂亚科, 闭腔茧蜂属. 北京: 科学出版社: 91-92.

唐璞. 2013. 中国窄径茧蜂亚科分类研究. 杭州: 浙江大学博士学位论文, 207-209.

van Achterberg C, Long KD. 2010. Revision of the Agathidinae (Hymenoptera, Braconidar) of Vietnam, with the description of forty-two new species and three new genera. ZooKeys, 54: 1-184.

标本信息 正模: ♀, 福建武夷山大竹岚, 采集人陈家骅, 1986. Ⅷ. 12 (福建农林大学益虫研究室). 配模: ♂, 福建武夷山大竹岚, 采集人邱志丹, 1986. Ⅷ. 12 (福建农林大学益虫研究室). 副模: 2♀♀, 福建武夷山大竹岚, 采集人张鸿, 1986. Ⅶ. 14、Ⅶ. 15; 1♂, 湖北神农架红坪, 采集人杨建全, 1988. Ⅷ. 6 (福建农林大学益虫研究室).

分类讨论 陈家骅和杨建全2006年依据采集的标本将该物种命名为长鞘闭腔茧蜂 (*Bassus tanycoleosus* Chen et Yang, 2006). 进一步研究表明, 该物种应归到 *Therophilus,* 故将该物种修订为长鞘下腔茧蜂 (*Therophilus tanycoleosus* Chen et Yang, 2006) (van Achterberg and Long, 2010; 唐璞, 2013).

(671) *Biosteres pavitita* Chen et Weng, 2005 宽沟潜蝇茧蜂

文献信息 陈家骅, 翁瑞泉. 2005. 中国潜蝇茧蜂, 膜翅目, 茧蜂科, 闭口潜蝇茧蜂属. 福州: 福建科学技术出版社: 31.

标本信息 正模: ♀, 湖北神农架木鱼坪, 采集人黄居昌, 1988. Ⅷ. 8 (福建农林大学益虫研究室).

(672) *Bracon auraria* Chen et Yang, 2006 凹纹茧蜂

文献信息 陈家骅, 杨建全. 2006. 中国小茧蜂, 膜翅目, 茧蜂科, 茧蜂属. 福州: 福建科学技术出版社: 51-53.

标本信息 正模: ♀, 湖北神农架木鱼坪, 采集人黄居昌, 1988. Ⅷ. 9 (福建农林大学益虫研究室). 副模: 1♀, 福建武夷山古黄坑, 采集人许建飞, 1980. Ⅵ. 21; 1♀, 福建武夷山桐木, 采集人许建武, 1988. Ⅸ. 21 (福建农林大学益虫研究室).

(673) *Bracon breviskerkos* Chen et Yang, 2006 短尾茧蜂

文献信息 陈家骅, 杨建全. 2006. 中国小茧蜂, 膜翅目, 茧蜂科, 茧蜂属. 福州: 福建科学技术出版社: 57-58.

标本信息 正模: ♀, 福建武夷山一里坪, 采集人孔柳娜, 1981. Ⅴ. 7 (福建农林大学益虫研究室)。副模: 1♀, 福建武夷山二里坪, 采集人黄居昌, 1981. Ⅶ. 11; 9♀♀, 福建武夷山三港, 采集人黄居昌, 1981. Ⅴ. 13; 1♀, 福建武夷山桐木, 采集人刘依华, 1982. Ⅵ. 22; 1♀, 上海宝山, 采集人不详, 1982. Ⅹ. 27; 3♀♀, 福建武夷山大竹岚, 采集人陈家骅, 1986. Ⅶ. 15; 1♀, 福建武夷山挂墩, 采集人邱乐忠, 1986. Ⅶ. 19; 2♀♀, 福建武夷山挂墩, 采集人蒋日盛, 1986. Ⅶ. 19; 5♀♀, 福建武夷山挂墩, 采集人许建武, 1986. Ⅶ. 19; 1♀, 福建武夷山黄岗山, 采集人蒋日盛, 1986. Ⅶ. 22; 10♀♀, 福建武夷山桐木, 采集人许建武, 1986. Ⅸ. 30; 1♀, 福建武夷山桐木, 采集人张鸿, 1988. Ⅶ. 21; 8♀♀, 福建武夷山龙渡, 采集人沈添顺, 1988. Ⅶ. 27; 1♀, 湖北神农架阳日, 采集人韩书友, 1988. Ⅶ. 28; 1♀, 湖北神农架松柏镇, 采集人黄居昌, 1988. Ⅶ. 30; 4♀♀, 福建武夷山先锋岭, 采集人葛建华, 1988. Ⅷ. 1; 4♀♀, 湖北神农架红花坪, 采集人张立钦, 1988. Ⅷ. 2; 1♀, 湖北神农架木鱼坪, 采集人黄居昌, 1988. Ⅷ. 9; 4♀♀, 福建武夷山龙渡, 采集人官宝斌, 1988. Ⅷ. 15; 3♀♀, 福建上杭县, 采集人官宝斌, 1988. Ⅸ. 28; 2♀♀, 福建武夷山二里坪, 采集人杨建全, 1993. Ⅷ. 23; 21♀♀, 福建武夷山大安源, 采集人陈耀, 1993. Ⅸ. 9; 9♀♀, 福建将乐县龙栖山, 采集人张经政, 1994. Ⅷ. 14 (福建农林大学益虫研究室)。

(674) *Bracon punctifsoma* Chen et Yang, 2006 刻点茧蜂

文献信息 陈家骅, 杨建全. 2006. 中国小茧蜂, 膜翅目, 茧蜂科, 茧蜂属. 福州: 福建科学技术出版社: 84-85.

标本信息 正模: ♀, 云南西双版纳, 采集人张立钦, 1988. Ⅸ. 13 (福建农林大学益虫研究室)。副模: 1♀, 福建武夷山桐木, 采集人孔柳娜, 1981. Ⅵ. 6; 1♀, 福建武夷山大竹岚, 采集人蒋日盛, 1986. Ⅶ. 23; 1♀, 福建武夷山挂墩, 采集人蒋日盛, 1986. Ⅶ. 26; 2♀♀, 福建福州金山, 采集人刘明晖, 1986. Ⅺ. 8; 1♀, 福建武夷山桐木, 采集人许建武, 1986. Ⅸ. 21; 2♀♀, 福建武夷山三港, 采集人许建武, 1986. Ⅹ. 1; 2♀♀, 湖北神农架红花坪, 采集人杨建全, 1988. Ⅷ. 2; 1♀, 福建武夷山大安源, 采集人葛建华, 1988. Ⅸ. 4; 1♀, 云南西双版纳, 采集人张立钦, 1988. Ⅸ. 13; 1♀, 云南西双版纳, 采集人黄居昌, 1988. Ⅸ. 14; 1♀, 云南西双版纳, 采集人杨建全, 1988. Ⅸ. 21; 2♀♀, 福建武夷山岚谷, 采集人陈耀, 1993. Ⅵ. 26 (福建农林大学益虫研究室)。

(675) *Bracon serrulatus* Chen et Yang, 2006 侧痕茧蜂

文献信息 陈家骅, 杨建全. 2006. 中国小茧蜂, 膜翅目, 茧蜂科, 茧蜂属. 福州: 福建科学技术出版社: 86-87.

标本信息 正模: ♀, 福建武夷山大安源, 采集人邱乐忠, 1986. Ⅷ. 6 (福建农林大学植物保护系益虫研究室)。副模: 1♀, 福建武夷山黄岗山, 采集人刘依华, 1980. Ⅵ. 27; 3♂♂, 福建武夷山挂墩, 采集人邱志丹, 1986. Ⅶ. 22; 1♀, 福建光泽县美罗湾, 采集人邱乐忠, 1986. Ⅷ. 4; 1♂, 湖北神农架木鱼坪, 采集人石秀全, 2000. Ⅷ. 24 (福建农林大学植物保护系益虫研究室)。

(676) *Centistidea immitis* Wu et Chen, 2000 粗脊腰茧蜂

文献信息 伍志山, 陈家骅, 黄居昌. 2000. 脊腰茧蜂属一新种及一新记录种记述 (膜翅目: 茧蜂科). 中国昆虫科学, 7: 113-116.

标本信息 正模: ♀, 湖北神农架天门垭, 采集人张立钦, 1988. Ⅷ. 17 (福建农林大学益虫研究室)。

(677) *Charmon rufithorax* Chen et He, 1996 红胸悦茧蜂

文献信息 陈学新, 何俊华, 马云. 1996. 中国悦茧蜂属记述 (膜翅目: 茧蜂科: 悦茧蜂亚科). 昆虫分类学报, 18: 59-64.

标本信息 正模: ♀, 浙江天目山, 采集人王昌松, 1983. Ⅵ (浙江农业大学)。副模: 2♀♀, 同正模; 1♂, 浙江龙泉凤阳山, 采集人朱坤炎, 1982. Ⅷ. 21; 6♀♀, 浙江百山祖, 采集人吴鸿, 1993. Ⅸ. 6、1994. Ⅳ. 18; 2♀♀, 吉林柳河县, 采集人不详, 1980. Ⅶ. 7; 1♀, 吉林长白山, 采集人余恩裕, 1983. Ⅷ. 8; 1♂, 湖北恩施, 采集人闵观培, 1979; 1♀, 湖北九宫山, 采集人闵观培, 1982. Ⅷ. 7; 1♂, 湖北神农架, 采集人何俊华, 1982. Ⅷ. 23,; 9♀♀, 湖北兴山县龙门河 (海拔 1300~1500m), 采集人姚建、陈小琳、杨星科、宋士美和陈军, 1993. Ⅵ. 17、Ⅵ. 20、Ⅵ. 23、Ⅶ. 14、Ⅶ. 15、1994. Ⅸ. 8、Ⅸ. 13; 1♂, 四川丰都县世坪 (海拔 610m), 采集人李文柱, 1994. Ⅵ. 3; 2♀♀, 湖南天平山, 采集人童新旺, 1981. Ⅶ. 4、Ⅸ. 2; 1♂, 贵州独山, 采集人周声震, 1980. Ⅵ. 27; 1♀, 云南瑞丽, 采集人杨集昆, 1981. Ⅴ. 2; 1♂, 云南文县, 采集人何俊华, 1981. Ⅳ. 23 (浙江农业大学)。

(678) *Chelonus gladius* Chen et Ji, 2003 光额甲腹茧蜂

文献信息 陈家骅, 季清娥. 2003. 中国甲腹茧蜂, 膜翅目, 茧蜂科, 甲腹茧蜂属. 福州: 福建科学技术出版社: 84-86.

标本信息 正模: ♀, 湖北神农架红花坪, 采集人张立钦, 1988. Ⅷ. 3 (福建农林大学益虫研究室)。副模: 1♂, 吉林长白山东岗, 采集人杨建全, 1989. Ⅵ. 25 (福建农林大学益虫研究室)。

(679) *Chelonus gryoexcavatus* Ji et Chen, 2003 圆凹甲腹茧蜂

文献信息 陈家骅, 季清娥. 2003. 中国甲腹

茧蜂, 膜翅目, 茧蜂科, 甲腹茧蜂属. 福州: 福建科学技术出版社: 86-87.

标本信息 正模: ♀, 福建武夷山先锋岭, 采集人许建飞, 1980. Ⅵ. 20 (福建农林大学益虫研究室)。副模: 1♀, 福建武夷山二里坪, 采集人黄居昌, 1981. Ⅵ. 28; 1♀, 福建武夷山挂墩, 采集人黄居昌, 1981. Ⅸ. 11; 4♀♀, 福建梅花山步云, 采集人蒋日盛, 1986. Ⅸ. 3、Ⅸ. 6; 4♀♀, 福建武夷山挂墩, 采集人张鸿、邱志丹、刘明辉, 1986. Ⅶ. 19、Ⅶ. 26、Ⅶ. 29; 1♀, 福建武夷山三港, 采集人上官诚亮, 1986. Ⅶ. 13; 1♀, 福建武夷山七里坪, 采集人邱志丹, 1986. Ⅶ. 19; 4♀♀, 福建武夷山挂墩, 采集人张晓斌、陈剑文, 1988. Ⅶ. 28、Ⅷ. 5、Ⅷ. 15; 2♀♀, 福建武夷山大竹岚, 采集人陈剑文, 1988. Ⅶ. 25; 2♀♀, 福建武夷山三港, 采集人陈剑文, 1988. Ⅶ. 30; 5♀♀, 湖北神农架红花坪, 采集人杨建全、黄居昌, 1988. Ⅷ. 3、Ⅷ. 4; 1♀, 湖北神农架松柏镇, 采集人黄居昌, 1988. Ⅶ. 30; 2♀♀, 湖北神农架木鱼镇, 采集人杨建全、黄居昌, 1988. Ⅷ. 6、Ⅷ. 8; 1♀, 福建武夷山龙渡, 采集人陈剑文, 1988. Ⅷ. 6; 1♀, 云南西双版纳勐仑, 采集人黄居昌, 1988. Ⅸ. 15; 1♀, 云南西双版纳, 采集人张立钦, 1988. Ⅸ. 14; 1♂, 云南西双版纳勐仑, 采集人黄居昌, 1988. Ⅸ. 18; 2♀♀, 福建武夷山大安源, 采集人张飞萍、杨建全, 1993. Ⅷ. 27、Ⅸ. 9; 1♀, 福建武夷山桐木, 采集人张飞萍, 1993. Ⅸ. 2 (福建农林大学益虫研究室)。

(680) *Chelonus hirmaculutus* Chen et Ji, 2003 毛斑甲腹茧蜂

文献信息 陈家骅, 季清娥. 2003. 中国甲腹茧蜂, 膜翅目, 茧蜂科, 甲腹茧蜂属. 福州: 福建科学技术出版社: 87-89.

标本信息 正模: ♀, 湖北神农架木鱼坪, 采集人黄居昌, 1988. Ⅷ. 5 (福建农林大学益虫研究室)。

(681) *Chelonus longistriatus* Ji et Chen, 2003 长脊甲腹茧蜂

文献信息 陈家骅, 季清娥. 2003. 中国甲腹茧蜂, 膜翅目, 茧蜂科, 甲腹茧蜂属. 福州: 福建科学技术出版社: 89-91.

标本信息 正模: ♀, 湖北神农架木鱼坪, 采集人黄居昌, 1988. Ⅷ. 7 (福建农林大学益虫研究室)。副模: 1♂, 同正模。

(682) *Chelonus shennongensis* Chen et Ji, 2003 神农甲腹茧蜂

文献信息 陈家骅, 季清娥. 2003. 中国甲腹茧蜂, 膜翅目, 茧蜂科, 甲腹茧蜂属. 福州: 福建科学技术出版社: 105-106.

标本信息 正模: ♀, 湖北神农架木鱼坪, 采集人季清娥, 2000. Ⅷ. 25 (福建农林大学益虫研究室)。副模: 1♀, 采集地点和采集时间同正模, 采集人杨建全; 1♀, 湖北神农架红坪, 采集人杨建全, 2000. Ⅷ. 21 (福建农林大学益虫研究室)。

(683) *Chelonus longitarsumis* Chen et Ji, 2003 长跗甲腹茧蜂

文献信息 陈家骅, 季清娥. 2003. 中国甲腹茧蜂, 膜翅目, 茧蜂科, 甲腹茧蜂属. 福州: 福建科学技术出版社: 91-92.

标本信息 正模: ♀, 湖北神农架木鱼坪, 采集人黄居昌, 1988. Ⅷ. 5 (福建农林大学益虫研究室)。副模: 1♀, 湖北神农架红坪, 采集人杨建全, 1988. Ⅷ. 16 (福建农林大学益虫研究室)。

(684) *Chelonus petilusi* Ji et Chen, 2003 具柄甲腹茧蜂

文献信息 陈家骅, 季清娥. 2003. 中国甲腹茧蜂, 膜翅目, 茧蜂科, 甲腹茧蜂属. 福州: 福建科学技术出版社: 95-96.

标本信息 正模: ♀, 湖北神农架红坪, 采集人季清娥, 2000. Ⅷ. 21 (福建农林大学益虫研究室)。

(685) *Chelonus rostrornis* Chen et Ji, 2003 喙甲腹茧蜂

文献信息 陈家骅, 季清娥. 2003. 中国甲腹茧蜂, 膜翅目, 茧蜂科, 甲腹茧蜂属. 福州: 福建科学技术出版社: 96-97.

标本信息 正模: ♀, 湖北神农架神农顶, 采集人季清娥, 2000. Ⅷ. 22 (福建农林大学益虫研究室)。

(686) *Chelonus ruflava* Ji et Chen, 2003 红黄甲腹茧蜂

文献信息 陈家骅, 季清娥. 2003. 中国甲腹茧蜂, 膜翅目, 茧蜂科, 甲腹茧蜂属. 福州: 福建科学技术出版社: 101-102.

标本信息 正模: ♀, 湖北神农架红坪, 采集人杨建全, 1988. Ⅷ. 14 (福建农林大学益虫研究室)。副模: 8♀♀11♂♂, 湖北神农架木鱼坪, 采集人杨建全, 1988. Ⅷ. 5~Ⅷ. 9; 1♂, 湖北神农架天门垭, 采集人黄居昌, 1988. Ⅷ. 7; 3♀♀3♂♂, 湖北神农架红坪, 采集人杨建全、黄居昌, 1988. Ⅷ. 11、Ⅷ. 14、Ⅷ. 16; 1♀, 福建武夷山二里坪, 采集人许建武, 1986. Ⅸ. 30; 3♀♀4♂♂, 吉林长白山露水河, 采集人周小华、杨建全, 1989. Ⅶ. 29~Ⅶ. 31 (福建农林大学益虫研究室)。

(687) *Apanteles (Choeras) compressifemur* Chen et Song, 2004 扁股拱脊茧蜂

文献信息 陈家骅, 宋东宝. 2004. 中国小腹茧蜂, 膜翅目, 茧蜂科, 拱脊茧蜂属, 中国新记录. 福州: 福建科学技术出版社: 208-209. Song SN, He JH, Chen XX. 2014. The subgenus *Choeras* Mason, 1981 of genus *Apanteles* Foerster, 1862 (Hymenoptera, Braconidae, Microgastrinae) from China, with descriptions of eighteen new species. Zootaxa, 3754: 501-554.

标本信息 正模: ♀, 福建武夷山吊桥, 采集人杨建全, 1998. Ⅷ. 12 (福建农林大学益虫研究室)。副模: 1♀10♂♂, 同正模; 2♀♀4♂♂, 采集地点和采集时间同正模, 采集人石全秀; 1♀, 湖北神农架天门垭, 采集人石全秀, 2000. Ⅷ. 20; 1♀, 湖北神农架红花坪, 采集人杨建全, 2000. Ⅷ. 27; 1♀, 福建武夷山桐木, 采集人葛建华, 1988. Ⅷ. 4; 1♀, 福建武夷山桐木, 采集人陈耀, 1993. Ⅸ. 7; 1♀, 福建武夷山大竹岚, 采集人张飞萍, 1993. Ⅸ. 3; 1♀, 福建武夷山大竹岚, 采集人邹明权, 1993. Ⅷ. 18; 1♀, 福建武夷山大竹岚, 采集人陈耀, 1993. Ⅸ. 4; 1♀, 福建武夷山大竹岚, 采集人杨建全, 1993. Ⅸ. 4; 2♀♀, 福建武夷山古黄坑, 采集人杨建全, 1993. Ⅷ. 25; 1♀, 福建福州金山, 采集人伍志山, 1998. Ⅷ. 26; 2♂♂, 福建武夷山吊桥, 采集人陈耀, 1993. Ⅷ. 26; 1♂, 福建武夷山桐木, 采集人杨建全, 1993. Ⅶ. 3; 2♂♂, 福建武夷山桐木, 采集人陈耀, 1993. Ⅸ. 7; 1♂, 福建武夷山桐木, 采集人翁瑞泉, 1998. Ⅷ. 4; 1♂, 福建武夷山古黄坑, 采集人张飞萍, 1993. Ⅷ. 25; 1♂, 福建武夷山大竹岚, 采集人陈耀, 1993. Ⅷ. 18; 1♂, 福建清流县田源, 采集人洪盛祥, 1990. Ⅶ. 4; 1♂, 福建将乐县龙栖山, 采集人黄居昌, 1994. Ⅷ. 7; 1♂, 吉林长白山东岗, 采集人周小华, 1989. Ⅶ. 26; 1♂, 吉林长白山集安, 采集人周小华, 1989. Ⅷ. 6 (福建农林大学益虫研究室)。

分类讨论　陈家骅和宋东宝2004年依据采集的标本将该物种命名为扁股拱脊茧蜂 (*Choeras compressifemur* Chen et Song, 2004)。进一步研究表明, 应将该物种归到 *Apanteles*, 故将该物种修订为 *Apanteles* (*Choeras*) *compressifemur* Chen et Song, 2004 (Song et al., 2014)。

(688) *Cremnops hongpingensis* **Chen et Yang, 2006 红坪长喙茧蜂**

文献信息　方承莱. 2006. 中国动物志, 昆虫纲, 第四十六卷, 鳞翅目, 灯蛾科, 长喙茧蜂属. 北京: 科学出版社: 137-138.

标本信息　正模: ♀, 湖北神农架红坪, 采集人杨建全, 1988. Ⅷ. 10 (福建农林大学益虫研

究室)。副模: 1♀, 湖北神农架阳日湾, 采集人杨建全, 1988. Ⅶ. 26; 1♀, 采集地点和采集人同正模, 1988. Ⅶ. 12 (福建农林大学益虫研究室)。

(689) *Diachasma incterotomus* **Wu, 2005 黄腹横缝茧蜂**

文献信息　吴琼. 2005. 中国蝇茧蜂亚科分类及系统发育研究. 杭州: 浙江大学硕士学位论文, 34-36.

标本信息　正模: ♀, 湖北神农架松柏镇, 采集人杜予州, 1997. Ⅶ. 19 (浙江大学应用昆虫研究所)。

(690) *Dolabraulax transcaperatus* **Chen et Yang, 2006 横皱斧茧蜂**

文献信息　陈家骅, 杨建全. 2006. 中国小茧蜂, 膜翅目, 茧蜂科, 斧茧蜂属, 中国新记录. 福州: 福建科学技术出版社: 102-104.

标本信息　正模:♀, 福建武夷山三港, 采集人葛建华, 1988. Ⅸ. 6 (福建农林大学益虫研究室)。副模: 1♂, 福建武夷山大竹岚, 采集人蒋日盛, 1986. Ⅶ. 23; 1♀1♂, 福建武夷山龙渡, 采集人陈剑文, 1988. Ⅷ. 15; 1♂, 福建梅花山步云, 采集人沈添顺, 1988. Ⅸ. 26; 1♂, 福建梅花山步云, 采集人张晓斌, 1988. Ⅹ. 1; 1♂, 福建武夷山挂墩, 采集人伍志山, 1992. Ⅸ. 20; 1♀, 福建武夷山岚谷, 采集人陈耀, 1993. Ⅵ. 26; 1♂, 湖北神农架红花坪, 采集人杨建全, 2000. Ⅷ. 27; 1♂, 福建光泽县茶洲, 采集人陈乾锦, 2001. Ⅷ. 14 (福建农林大学益虫研究室)。

(691) *Dolichogenidea spanis* **Chen et Song, 2004 稀长颊茧蜂**

文献信息　陈家骅, 宋东宝. 2004. 中国小腹茧蜂, 膜翅目, 茧蜂科, 长颊茧蜂属. 福州: 福建科学技术出版社: 138-139.

标本信息　正模: ♀, 福建武夷山桐木, 采集人林智慧, 1998. Ⅷ. 5 (福建农林大学益虫研

究室). 副模: 1♀, 同正模; 4♀♀, 福建武夷山桐木, 采集人石全秀, 1998. Ⅷ. 13; 1♀, 福建武夷山桐木, 采集人巫靖辉, 1994. Ⅷ. 14; 2♀♀, 福建武夷山大竹岚, 采集人林智慧, 1998. Ⅷ. 2; 1♀, 福建武夷山挂墩, 采集人林智慧, 1998. Ⅷ. 11; 1♀, 福建武夷山挂墩, 采集人陈剑文, 1988. Ⅷ. 20; 1♀, 福建武夷山挂墩, 采集人沈添顺, 1988. Ⅶ. 28; 1♀, 福建梅花山步云, 采集人沈添顺, 1988. Ⅺ. 29; 1♀, 福建武夷山三港, 采集人张晓斌, 1988. Ⅷ. 22; 1♀, 湖北神农架木鱼坪, 采集人黄居昌, 1988. Ⅷ. 5 (福建农林大学益虫研究室).

(692) *Euopius brevinervius* Weng et Chen, 2001 短脉潜蝇茧蜂

文献信息　翁瑞泉. 2001. 中国潜蝇茧蜂亚科分类 (膜翅目: 茧蜂科). 福州: 福建农林大学博士学位论文, 65.

标本信息　正模: ♀, 湖北神农架红坪, 采集人黄居昌, 1988. Ⅷ. 5 (福建农林大学益虫研究室). 副模: 4♂♂, 福建武夷山麻粟, 采集人伍志山、翁瑞泉, 1998. Ⅷ. 3; 1♂, 福建武夷山三港, 采集人沈添顺, 1988. Ⅷ. 11; 2♂♂, 福建武夷山桐木, 采集人石全秀、翁瑞泉, 1998. Ⅷ. 5; 1♂, 福建将乐县龙栖山, 采集人伍志山, 1994. Ⅷ. 17; 1♂, 福建宁化县, 采集人洪盛祥, 1990. Ⅶ. 8; 1♂, 福建宁化县, 采集人杨建全, 1990. Ⅶ. 7; 11♀♀, 云南西双版纳, 采集人张立钦, 1988. Ⅸ. 14 (福建农林大学益虫研究室).

(693) *Euopius concretus* Chen et Weng, 2001 密毛潜蝇茧蜂

文献信息　翁瑞泉. 2001. 中国潜蝇茧蜂亚科分类 (膜翅目: 茧蜂科). 福州: 福建农林大学博士学位论文, 64-65.

标本信息　正模: ♀, 福建武夷山大安源, 采集人张金明, 1994. Ⅷ. 20 (福建农林大学益虫研究室). 副模: 1♀, 湖北神农架红坪, 采集人张立钦, 1988. Ⅷ. 16 (福建农林大学益虫研究室).

(694) *Euopius enodis* Chen et Weng, 2001 光腹潜蝇茧蜂

文献信息　翁瑞泉. 2001. 中国潜蝇茧蜂亚科分类 (膜翅目: 茧蜂科). 福州: 福建农林大学博士学位论文, 74-75.

标本信息　正模: ♀, 福建梅花山共和, 采集人沈添顺, 1988. Ⅹ. 5 (福建农林大学益虫研究室). 副模: 1♀, 湖北神农架红坪, 采集人张立钦, 1988. Ⅷ. 16 (福建农林大学益虫研究室).

(695) *Euopius ictericus* Weng et Chen, 2001 细腹纹潜蝇茧蜂

文献信息　翁瑞泉. 2001. 中国潜蝇茧蜂亚科分类 (膜翅目: 茧蜂科). 福州: 福建农林大学博士学位论文, 68-69.

标本信息　正模: ♀, 福建武夷山挂墩, 采集人葛建华, 1988. Ⅷ. 22 (福建农林大学益虫研究室). 副模: 1♂, 湖北神农架红坪, 采集人杨建全, 1988. Ⅷ. 18 (福建农林大学益虫研究室).

(696) *Euopius rugivultus* Chen et Weng, 2001 革纹潜蝇茧蜂

文献信息　翁瑞泉. 2001. 中国潜蝇茧蜂亚科分类 (膜翅目: 茧蜂科). 福州: 福建农林大学博士学位论文, 67-68.

标本信息　正模: ♀, 云南热植所, 采集人黄居昌, 1988. Ⅸ. 19 (福建农林大学益虫研究室). 副模: 3♀♀, 湖北神农架红坪, 采集人张立钦, 1988. Ⅷ. 11、Ⅷ. 14、Ⅷ. 16; 1♀, 吉林长白山露水河, 采集人周小华, 1989. Ⅶ. 30 (福建农林大学益虫研究室).

(697) *Euopius sculpturatum* Weng et Chen, 2005 网皱潜蝇茧蜂

文献信息　陈家骅, 翁瑞泉. 2005. 中国潜蝇茧蜂, 膜翅目, 茧蜂科, 全脊茧蜂属. 福州: 福建科学技术出版社: 33.

标本信息　正模: ♂, 湖北神农架木鱼坪, 采

集人张立钦, 1988. Ⅷ. 9 (福建农林大学益虫研究室)。

(698) *Fopius mystrium* Wu, Chen et He, 2005 匙胸费氏茧蜂

文献信息 吴琼, 陈学新, 何俊华. 2005. 中国费氏茧蜂属新种和新记录种记述 (膜翅目: 茧蜂科: 蝇茧蜂亚科). 昆虫分类学报, 27: 140-148.

标本信息 正模: ♀, 湖北神农架宋洛镇, 采集人何俊华, 1982. Ⅷ. 28 (浙江大学寄生膜翅目昆虫收藏室)。

(699) *Glyptapanteles longistigma* Chen et Song, 2004 长痣刻茧蜂

文献信息 陈家骅, 宋东宝. 2004. 中国小腹茧蜂, 膜翅目, 茧蜂科, 刻茧蜂属. 福州: 福建科学技术出版社: 186-187.

标本信息 正模: ♀, 湖北神农架天门垭, 采集人黄居昌, 1988. Ⅷ. 17 (福建农林大学益虫研究室)。副模: 1♂, 湖北神农架红坪, 采集人黄居昌, 1988. Ⅷ. 18 (福建农林大学益虫研究室)。

(700) *Gnaptodon prolixnervius* Chen et Weng, 2005 长脉潜蝇茧蜂

文献信息 陈家骅, 翁瑞泉. 2005. 中国潜蝇茧蜂, 膜翅目, 茧蜂科, 横沟潜蝇茧蜂属. 福州: 福建科学技术出版社: 45-46.

标本信息 正模: ♀, 湖北神农架木鱼坪, 采集人张立钦, 1988. Ⅷ. 9 (福建农林大学益虫研究室)。副模: 1♀, 湖北神农架红花坪, 采集人张立钦, 1988. Ⅷ. 3; 1♂, 福建武夷山三港, 采集人张晓斌, 1988. Ⅷ. 20; 1♂, 云南西双版纳, 采集人张立钦, 1988. Ⅸ. 21 (福建农林大学益虫研究室)。

(701) *Gnaptodon tanycoleosus* Chen et Weng, 2005 长鞘潜蝇茧蜂

文献信息 陈家骅, 翁瑞泉. 2005. 中国潜蝇

茧蜂, 膜翅目, 茧蜂科, 横沟潜蝇茧蜂属. 福州: 福建科学技术出版社: 47-48.

标本信息 正模: ♀, 湖北神农架红花坪, 采集人杨建全, 1988. Ⅷ. 3 (福建农林大学益虫研究室)。

(702) *Heterospilus chinensis* Chen et Shi, 2004 中华断脉茧蜂

文献信息 陈家骅, 石全秀. 2004. 中国矛茧蜂, 膜翅目, 茧蜂科, 断脉茧蜂属. 福州: 福建科学技术出版社: 72-73.

标本信息 正模: ♀, 福建武夷山三港, 采集人张晓斌, 1988. Ⅷ. 2 (福建农林大学益虫研究室)。副模: 1♀, 福建武夷山三港, 采集人葛建华, 1988. Ⅷ. 30; 7♀♀, 同正模; 1♀, 湖北神农架红花坪, 采集人黄居昌, 1988. Ⅷ. 3; 2♀♀, 福建武夷山三港, 采集人官宝斌, 1988. Ⅷ. 1; 1♀, 云南西双版纳, 采集人杨建全, 1988. Ⅸ. 16; 1♀, 云南热植所, 采集人黄居昌, 采集人 1988. Ⅸ. 19; 1♂, 吉林长白山快大茂, 采集人周小华, 1989. Ⅷ. 3; 1♂, 吉林长白山集安, 采集人周小华, 1989. Ⅷ. 6; 1♀, 福建清流县, 采集人黄日新, 1990. Ⅶ. 14; 1♀, 福建清流县, 采集人杨建全, 1990. Ⅶ. 14; 1♀, 福建清流县, 采集人洪盛祥, 1990. Ⅶ. 19; 1♀, 福建武夷山古黄坑, 采集人杨建全, 1993. Ⅷ. 25; 1♀, 福建武夷山一里坪, 采集人张金明, 1994. Ⅷ. 9; 1♀, 福建武夷山麻粟, 采集人杨建全, 1994. Ⅷ. 11; 1♀, 福建将乐县龙栖山, 采集人黄居昌, 1994. Ⅷ. 12; 1♀, 福建武夷山三港, 采集人巫靖辉, 1994. Ⅷ. 13; 1♀, 福建将乐县龙栖山, 采集人张经政, 1994. Ⅷ. 17; 1♂, 福建将乐县龙栖山, 采集人黄居昌, 1994. Ⅷ. 19; 1♀, 福建光泽县干坑, 采集人陈乾锦, 2001. Ⅷ. 3; 1♂, 宁夏六盘山泾源, 采集人梁光红, 2001. Ⅷ. 19 (福建农林大学益虫研究室)。

(703) *Macrocentrus fossilipetiolatus* Luo et He, 2000 漕柄长体茧蜂

文献信息 何俊华, 陈学新, 马云. 2000. 中

国动物志, 昆虫纲, 第十八卷, 膜翅目, 茧蜂科 (一), 长体茧蜂属. 北京: 科学出版社: 387-389.

标本信息 正模: ♀, 湖北竹山县, 采集人何俊华, 1982. Ⅷ. 28 (浙江农业大学)。

(704) *Macrocentrus glabripleuralis* Luo et He, 2000 光侧长体茧蜂

文献信息 何俊华, 陈学新, 马云. 2000. 中国动物志, 昆虫纲, 第十八卷, 膜翅目, 茧蜂科 (一), 长体茧蜂属. 北京: 科学出版社: 412-414.

标本信息 正模: ♀, 湖北神农架, 采集人何俊华, 1982. Ⅷ. 25 (浙江农业大学)。副模: 1♂, 同正模。

(705) *Macrocentrus laevigatus* He et Chen, 2000 光区长体茧蜂

文献信息 何俊华, 陈学新, 马云. 2000. 中国动物志, 昆虫纲, 第十八卷, 膜翅目, 茧蜂科 (一), 长体茧蜂属. 北京: 科学出版社: 445-447.

标本信息 正模: ♀, 湖北神农架, 采集人刘思孔, 1980. Ⅶ. 14 (浙江农业大学)。

(706) *Macrocentrus longistigmus* He, 1997 长痣长体茧蜂

文献信息 陈学新, 何俊华, 马云. 1997. 膜翅目: 茧蜂科/杨星科. 长江三峡库区昆虫. 下册. 重庆: 重庆出版社: 1659-1660.

标本信息 正模: ♀, 湖北神农架松柏镇, 采集人茅晓渊, 1985. Ⅸ. 8 (中国科学院动物研究所昆虫标本馆)。副模: 2♀♀, 四川重庆缙云山 (海拔 800m), 采集人章有为, 1994. Ⅵ. 13 (中国科学院动物研究所昆虫标本馆)。

(707) *Macrocentrus oriantalis* He et Chen, 2000 东洋长体茧蜂

文献信息 何俊华, 陈学新, 马云. 2000. 中国动物志, 昆虫纲, 第十八卷, 膜翅目, 茧蜂科 (一), 长体茧蜂属. 北京: 科学出版社: 458-460.

标本信息 正模: ♀, 湖北竹溪, 采集人何俊华, 1982. Ⅷ. 27 (标本存放地不详)。副模: 1♀, 甘肃宕昌 (海拔 1700m), 采集人骆仁建, 1980. Ⅸ. 2; 2♂♂, 江苏徐州, 采集人李尚书, 1981. Ⅷ. 26; 1♀, 安徽岳西, 采集人杨辅安, 1980. Ⅸ. 6; 1♀, 广西南宁, 采集人何俊华, 1982. Ⅴ. 11; 1♀, 广西苍梧, 采集人周至宏, 1980. Ⅸ. 19; 1♂, 广西环江, 采集人周至宏, 1981. Ⅷ (标本存放地不详)。

(708) *Macrocentrus sinensis* He et Chen, 2000 中华长体茧蜂

文献信息 何俊华, 陈学新, 马云. 2000. 中国动物志, 昆虫纲, 第十八卷, 膜翅目, 茧蜂科 (一), 长体茧蜂属. 北京: 科学出版社: 416-417.

标本信息 正模: ♀, 湖北神农架, 采集人茅晓渊, 1985. Ⅷ. 2 (浙江农业大学)。副模: 1 ♀, 浙江安吉, 采集人章祖光, 1981 (浙江农业大学)。

(709) *Macrocentrus xingshanensis* He, 1997 兴山长体茧蜂

文献信息 陈学新, 何俊华, 马云. 1997. 膜翅目, 茧蜂科/杨星科. 长江三峡库区昆虫. 下册. 重庆: 重庆出版社: 1662-1663.

标本信息 正模: ♂, 湖北兴山县龙门河 (海拔 1300m), 采集人陈小琳, 1993. Ⅶ. 15 (中国科学院动物研究所昆虫标本馆)。

(710) *Meteorus austini* Wu et Chen, 2005 奥氏悬茧蜂

文献信息 陈家骅, 伍志山. 2005. 中国悬茧蜂, 膜翅目, 茧蜂科, 悬茧蜂属, *pulchricornis* 种团, *gyrator* 亚种团. 福建: 福建科学技术出版社: 94-95.

标本信息 正模: ♀, 福建武夷山先锋岭, 采集人邹明权, 1993. Ⅷ. 15 (福建农林大学益虫

研究室)。副模: 1♀, 福建武夷山挂墩, 采集人许建武, 1986. X. 2; 1♀, 福建上杭县步云, 采集人张晓斌, 1988. V. 28; 1♀, 福建武夷山桐木, 采集人张晓斌, 1988. VII. 23; 2♀♀, 湖北神农架阳日, 采集人黄居昌, 1988. VII. 28; 2♀♀, 吉林长白山快大茂, 采集人杨建全、周小华, 1989. VIII. 2、VIII. 3; 1♀, 福建武夷山麻粟, 采集人伍志山, 1998. VIII. 3 (福建农林大学益虫研究室)。

(711) *Meteorus brevifacierus* Wu et Chen, 2005 短脸悬茧蜂

文献信息 陈家骅, 伍志山. 2005. 中国悬茧蜂, 膜翅目, 茧蜂科, 悬茧蜂属, *ictericus* 种团. 福建: 福建科学技术出版社: 65-66.

标本信息 正模: ♀, 福建武夷山古黄坑, 采集人杨建全, 1993. VIII. 16 (福建农林大学益虫研究室)。配模: ♂, 福建武夷山桐木, 采集人杨建全, 1992. IX. 27 (福建农林大学益虫研究室)。副模: 1♀, 福建武夷山三港, 采集人官宝斌, 1988. VII. 10; 1♀, 湖北神农架红坪, 采集人黄居昌, 1988. VIII. 16; 1♂, 同正模; 1♀, 福建武夷山桐木, 采集人巫靖辉, 1994. VIII. 14 (福建农林大学益虫研究室)。

(712) *Meteorus collectus* Chen et Wu, 2005 窄缝悬茧蜂

文献信息 陈家骅, 伍志山. 2005. 中国悬茧蜂, 膜翅目, 茧蜂科, 悬茧蜂属, *pulchricornis* 种团, *colon* 亚种团. 福建: 福建科学技术出版社: 86-87.

标本信息 正模: ♀, 福建武夷山桐木, 采集人黄居昌, 1981. VII. 5 (福建农林大学益虫研究室)。配模: ♂, 湖北神农架松柏镇, 采集人黄居昌, 1988. VII. 30 (福建农林大学益虫研究室)。副模: 1♂, 福建武夷山大竹岚, 采集人邱志丹, 1986. VII. 15; 1♂, 福建武夷山桐木, 采集人林智慧, 1998. VIII. 5 (福建农林大学益虫研究室)。

(713) *Meteorus dialeptosus* Wu et Chen, 2005 显异悬茧蜂

文献信息 陈家骅, 伍志山. 2005. 中国悬茧蜂, 膜翅目, 茧蜂科, 悬茧蜂属, *pulchricornis* 种团, *gyrator* 亚种团. 福建: 福建科学技术出版社: 96-97.

标本信息 正模: ♀, 福建武夷山先锋岭, 采集人不详, 1986. VIII. 4 (福建农林大学益虫研究室)。配模: ♂, 福建武夷山挂墩, 采集人邱志丹, 1986. VII. 19 (福建农林大学益虫研究室)。副模: 3♀♀, 福建武夷山三港, 采集人邹明权、张晓斌, 1987. X. 17、X. 25、1988. VIII. 11; 2♀♀, 湖北神农架木鱼坪、红坪, 采集人张立钦, 1988. VIII. 8; 1♀, 云南西双版纳, 采集人张立钦, 1998. IX. 14 (福建农林大学益虫研究室)。

(714) *Meteorus honghuaensis* Wu et Chen, 2005 红花悬茧蜂

文献信息 陈家骅, 伍志山. 2005. 中国悬茧蜂, 膜翅目, 茧蜂科, 悬茧蜂属, *albizonalis* 种团. 福建: 福建科学技术出版社: 27-28.

标本信息 正模: ♀, 湖北神农架红花坪, 采集人黄居昌, 1988. VIII. 3 (福建农林大学益虫研究室)。

(715) *Meteorus hubeiensis* Chen et Wu, 2005 湖北悬茧蜂

文献信息 陈家骅, 伍志山. 2005. 中国悬茧蜂, 膜翅目, 茧蜂科, 悬茧蜂属, *pulchricornis* 种团. 福建: 福建科学技术出版社: 100-101.

标本信息 正模: ♀, 湖北神农架木鱼坪, 采集人黄居昌, 1988. VIII. 8 (福建农林大学益虫研究室)。配模: ♂, 湖北神农架红坪, 采集人黄居昌, 1988. VIII. 16 (福建农林大学益虫研究室)。副模: 1♂, 同配模。

(716) *Meteorus longidiastemus* Wu et Chen, 2005 长距悬茧蜂

文献信息 陈家骅, 伍志山. 2005. 中国悬茧

蜂, 膜翅目, 茧蜂科, 悬茧蜂属, *pulchricornis* 种团, *gyrator* 亚种团. 福建: 福建科学技术出版社: 102-103.

标本信息 正模: ♀, 福建武夷山三港, 采集人沈添顺, 1988. Ⅶ. 30 (福建农林大学益虫研究室). 副模: 1♀, 福建武夷山三港, 采集人陈剑文, 1988. Ⅷ. 11; 1♀, 福建武夷山, 采集人张晓斌, 1988. Ⅷ; 1♀, 湖北神农架木鱼坪, 采集人杨建全, 1988. Ⅷ. 5; 1♀, 福建乐县龙栖山, 采集人张经政, 1994. Ⅷ. 7 (福建农林大学益虫研究室).

(717) *Meteorus marshi* **Wu et Chen, 2005 马氏悬茧蜂**

文献信息 陈家骅, 伍志山. 2005. 中国悬茧蜂, 膜翅目, 茧蜂科, 悬茧蜂属, *pulchricornis* 种团, *colon* 亚种团. 福建: 福建科学技术出版社: 88-89.

标本信息 正模: ♀, 福建清流县大丰山, 采集人黄日新, 1990. Ⅶ. 16 (福建农林大学益虫研究室). 副模: 1♀, 湖北神农架木鱼坪, 采集人张立钦, 1988. Ⅷ. 9 (福建农林大学益虫研究室).

(718) *Meteorus petilus* **Wu et Chen, 2005 细柄悬茧蜂**

文献信息 陈家骅, 伍志山. 2005. 中国悬茧蜂, 膜翅目, 茧蜂科, 悬茧蜂属, *ictericus* 种团. 福建: 福建科学技术出版社: 76-77.

标本信息 正模: ♀, 湖北神农架红坪, 采集人杨建全, 1988. Ⅷ. 18 (福建农林大学益虫研究室). 配模: ♂, 福建武夷山先锋岭, 采集人许建武, 1986. Ⅸ. 23 (福建农林大学益虫研究室). 副模: 2♀♀, 湖北神农架红坪, 采集人黄居昌, 1988. Ⅷ. 11、Ⅷ. 18; 1♂, 福建武夷山挂墩, 采集人不详, (?). Ⅵ. 22; 1♂, 福建武夷山三港, 采集人黄居昌, 1984. Ⅴ. 18; 1♀, 福建武夷山大竹岚, 采集人刘明晖, 1986. Ⅶ. 22; 1♀, 福建武夷山桐木, 采集人邱乐忠, 1986. Ⅶ. 25; 1♂, 福建武夷山挂墩, 采集人邱志丹,

1986. Ⅶ. 26; 2♂♂, 福建武夷山挂墩, 采集人陈剑文, 1988. Ⅶ. 28; 1♂, 福建武夷山桐木, 采集人翁瑞泉, 1998. Ⅷ. 5 (福建农林大学益虫研究室).

(719) *Meteorus punctatus* **Wu et Chen, 2005 刻点悬茧蜂**

文献信息 陈家骅, 伍志山. 2005. 中国悬茧蜂, 膜翅目, 茧蜂科, 悬茧蜂属, *hirsutipes* 种团. 福建: 福建科学技术出版社: 58-60.

标本信息 正模: ♀, 福建武夷山大竹岚, 采集人张飞萍, 1993. Ⅸ. 3 (福建农林大学益虫研究室). 副模: 1♀, 湖北神农架红坪, 采集人张立钦, 1988. Ⅷ. 11 (福建农林大学益虫研究室).

(720) *Meteorus rugifrontatus* **Chen et Wu, 2005 皱额悬茧蜂**

文献信息 陈家骅, 伍志山. 2005. 中国悬茧蜂, 膜翅目, 茧蜂科, 悬茧蜂属, *ictericus* 种团. 福建: 福建科学技术出版社: 78-79.

标本信息 正模: ♀, 湖北神农架木鱼坪, 采集人杨建全, 1988. Ⅷ. 5 (福建农林大学益虫研究室). 副模: 8♀♀, 湖北神农架红坪, 采集人张立钦、杨建全、黄居昌, 1988Ⅷ. 16、Ⅷ. 18 (福建农林大学益虫研究室).

(721) *Meteorus sinicus* **Wu et Chen, 2005 中华悬茧蜂**

文献信息 陈家骅, 伍志山. 2005. 中国悬茧蜂, 膜翅目, 茧蜂科, 悬茧蜂属, *pulchricornis* 种团, *colon* 亚种团. 福建: 福建科学技术出版社: 90-91.

标本信息 正模: ♀, 福建将乐县龙栖山, 采集人伍志山, 1994. Ⅷ. 10 (福建农林大学益虫研究室). 配模: ♂, 福建将乐县龙栖山, 采集人黄居昌, 1994. Ⅷ. 12 (福建农林大学益虫研究室). 副模: 1♂, 福建武夷山桐木, 采集人黄居昌, 1979. Ⅸ; 1♂, 福建武夷山三港, 采集人孔柳娜, 1981. Ⅷ. 16; 2♀♀, 福建武夷山

桐木, 采集人蒋日盛, 1986. VII. 16、VII. 25; 2♀♀, 福建武夷山大竹岚, 采集人邱志丹、邱乐忠, 1986. VII. 23、VII. 29; 1♀, 福建武夷山三港, 采集人官宝斌, 1988. VII. 6; 1♀, 江西紫溪乡, 采集人官宝斌, 1988. VII. 23; 1♂, 福建武夷山龙渡, 采集人官宝斌, 1988. VII. 27; 1♀, 福建武夷山挂墩, 采集人官宝斌, 1988. VII. 28; 1♂, 福建武夷山挂墩, 采集人官宝斌, 1988. VIII. 5; 1♀, 福建武夷山挂墩, 采集人沈添顺, 1988. VIII. 13; 1♂, 湖北神农架红坪, 采集人张立钦, 1988. VIII. 18; 1♀, 福建武夷山三港, 采集人沈添顺, 1988. IX. 6; 1♀2♂♂, 云南西双版纳勐仑, 采集人张立钦, 1988. IX. 18、IX. 21; 6♂♂, 云南西双版纳勐仑, 采集人张立钦、杨建全、黄居昌, 1988. IX. 18、IX. 19、IX. 21; 1♀1♂, 福建武夷山大竹岚, 采集人陈耀、杨建全, 1993. VIII. 18; 1♂, 福建武夷山挂墩, 采集人陈耀, 1993. VIII. 20; 1♀, 福建武夷山二里坪, 采集人陈耀, 1993. VIII. 23; 2♀♀, 福建武夷山桐木, 采集人杨建全、陈耀, 1993. IX. 2、IX. 7; 2♀♀1♂, 福建武夷山大竹岚, 采集人杨建全, 1993. IX. 4、IX. 8; 1♀, 福建武夷山龙渡, 采集人陈耀, 1993. IX. 8; 1♀, 福建武夷山桐木, 采集人林智慧, 1998. VIII. 13 (福建农林大学益虫研究室)。

(722) *Chelonus* (*Microchelonus*) *alternator* Ji et Chen, 2003 夹色小甲腹茧蜂

文献信息 陈家骅, 季清娥. 2003. 中国甲腹茧蜂, 膜翅目, 茧蜂科, 小甲腹茧蜂属. 福州: 福建科学技术出版社: 114-115.

张红英. 2008. 中国甲腹茧蜂属分类研究. 杭州: 浙江大学博士学位论文, 122.

标本信息 正模: ♀, 湖北神农架阳日, 采集人杨建全, 1988. VII. 28 (福建农林大学益虫研究室)。副模: 1♂, 福建武夷山先锋岭, 采集人陈剑文, 1988. VIII. 18 (福建农林大学益虫研究室)。

分类讨论 陈家骅和季清娥2003年依据采集的标本将该物种命名为夹色小甲腹茧蜂 (*Microchelonus alternator* Ji et Chen, 2003)。进一步研究表明, 应将该物种归到 *Chelonus*, 故将该物种修订为 *Chelonus* (*Microchelonus*) *alternator* Ji et Chen, 2003 (张红英, 2008)。

(723) *Chelonus* (*Microchelonus*) *chryspedes* Ji et Chen, 2003 赤足小甲腹茧蜂

文献信息 陈家骅, 季清娥. 2003. 中国甲腹茧蜂, 膜翅目, 茧蜂科, 小甲腹茧蜂属. 福州: 福建科学技术出版社: 121-122.

张红英. 2008. 中国甲腹茧蜂属分类研究. 杭州: 浙江大学博士学位论文, 126-127.

标本信息 正模: ♀, 湖北神农架红坪, 采集人石全秀, 2000. VIII. 21 (福建农林大学益虫研究室)。

分类讨论 陈家骅和季清娥2003年依据采集的标本将该物种命名为赤足小甲腹茧蜂 (*Microchelonus chryspedes* Ji et Chen, 2003)。进一步研究表明, 应将该物种归到 *Chelonus*, 故将该物种修订为 *Chelonus* (*Microchelonus*) *chryspedes* Ji et Chen, 2003 (张红英, 2008)。

(724) *Chelonus* (*Microchelonus*) *hubeiensis* Ji et Chen, 2003 湖北小甲腹茧蜂

文献信息 陈家骅, 季清娥. 2003. 中国甲腹茧蜂, 膜翅目, 茧蜂科, 小甲腹茧蜂属. 福州: 福建科学技术出版社: 140-141.

张红英. 2008. 中国甲腹茧蜂属分类研究. 杭州: 浙江大学博士学位论文, 139.

标本信息 正模: ♂, 湖北神农架红坪, 采集人杨建全, 1988. VIII. 16 (福建农林大学益虫研究室)。副模: 1♂, 湖北神农架红坪, 采集人黄居昌, 1988. VIII. 14 (福建农林大学益虫研究室)。

分类讨论 陈家骅和季清娥2003年依据采集的标本将该物种命名为湖北小甲腹茧蜂 (*Microchelonus hubeiensis* Ji et Chen, 2003)。进一步研究表明, 应将该物种归到 *Chelonus*, 故将该物种修订为 *Chelonus* (*Microchelonus*) *hubeiensis* Ji et Chen, 2003 (张红英, 2008)。

(725) *Chelonus* (*Microchelonus*) *nigripalpis* Chen et Ji, 2003 黑须小甲腹茧蜂

文献信息 陈家骅, 季清娥. 2003. 中国甲腹茧蜂, 膜翅目, 茧蜂科, 小甲腹茧蜂属. 福州: 福建科学技术出版社: 150-152.
张红英. 2008. 中国甲腹茧蜂属分类研究. 杭州: 浙江大学博士学位论文, 148-149.

标本信息 正模: ♀, 湖北神农架红花坪, 采集人季清娥, 2000. Ⅷ. 26 (福建农林大学益虫研究室)。副模: 1♀, 湖北神农架红花坪, 采集人黄居昌, 2000. Ⅷ. 16; 3♀♀, 湖北神农架红花坪, 采集人季清娥, 2000. Ⅷ. 26; 1♀, 湖北神农架木鱼坪, 采集人杨建全, 2000. Ⅷ. 24 (福建农林大学益虫研究室)。

分类讨论 陈家骅和季清娥2003年依据采集的标本将该物种命名为黑须小甲腹茧蜂 (*Microchelonus nigripalpis* Ji et Chen, 2003)。进一步研究表明, 应将该物种归到 *Chelonus*, 故将该物种修订为 *Chelonus* (*Microchelonus*) *nigripalpis* Ji et Chen, 2003 (张红英, 2008)。

(726) *Microgaster shennongjiaensis* Xu, He et Li, 2001 神农架小腹茧蜂

文献信息 许维岸, 何俊华, 李淑君. 2001. 小腹茧蜂属一新种和一新记录种 (膜翅目: 茧蜂科: 小腹茧蜂亚科). 山东农业大学学报 (自然科学版), 32: 143-146.

标本信息 正模: ♀, 湖北神农架, 采集人何俊华, 1982. Ⅷ. 28 (浙江大学植物保护系寄生蜂标本室)。副模: 1♀4♂♂, 湖北神农架, 采集人何俊华, 1982. Ⅷ. 25~Ⅷ. 28 (浙江大学植物保护系寄生蜂标本室)。

(727) *Microgaster longicalcar* Xu et He, 2003 长距小腹茧蜂

文献信息 许维岸, 何俊华. 2003. 中国小腹茧蜂属二新种记述 (膜翅目: 茧蜂科: 小腹茧蜂亚科). 动物分类学报, 28: 525-529.

标本信息 正模: ♀, 湖北房县 (32.1°N, 110.7°E), 采集人何俊华, 1982. Ⅷ. 27 (浙江大学植物保护系寄生蜂标本室)。副模: 2♂♂, 同正模。

(728) *Microplitis bicoloratus* Xu et He, 2003 两色侧沟茧蜂

文献信息 许维岸, 何俊华. 2003. 侧沟茧蜂属二新种记述 (膜翅目: 茧蜂科). 动物分类学报, 28: 724-728.

标本信息 正模: ♀, 浙江龙王山 (30.6°N, 119.7°E), 采集人 Xu ZF, 1993. Ⅷ. 31 (浙江大学植物保护系寄生蜂标本室)。副模: 1♀, 浙江百山祖 (30.6°N, 119.7°E), 采集人吴鸿, 1994. Ⅳ. 18; 1♀, 采集地点和采集时间不详, 采集人 Wang JS; 1♂, 福建武夷山 (27.8°N, 118.3°E), 采集人何俊华, 1989. Ⅶ. 10; 1♂, 山东崂山 (36.2°N, 120.4°E), 采集人何俊华, 1995. Ⅷ. 3; 1♂, 湖北神农架 (31.7°N, 110.7°E), 采集人何俊华, 1982. Ⅷ. 25 (浙江大学植物保护系寄生蜂标本室)。

(729) *Microplitis hirtifacialis* Song et You, 2008 毛脸侧沟茧蜂

文献信息 宋东宝, 游兰韶. 2008. 侧沟茧蜂一新种 (膜翅目: 茧蜂科: 小腹茧蜂亚科). 湖南农业大学学报 (自然科学版), 34: 226-228.

标本信息 正模: ♀, 湖北神农架木鱼坪, 采集人黄居昌, 1988. Ⅸ. 8 (福建农林大学益虫室)。副模: 1♀, 同正模; 3♂♂, 湖北神农架红花坪, 采集人杨建全, 2000. Ⅷ. 27; 1♂, 吉林长白山东岗, 采集人杨建全, 1989. Ⅶ. 25 (福建农林大学益虫室)。

(730) *Opius* (*Allotypus*) *tractus* Weng et Chen, 2001 大颚潜蝇茧蜂

文献信息 翁瑞泉. 2001. 中国潜蝇茧蜂亚科分类 (膜翅目: 茧蜂科). 福州: 福建农林大学博士学位论文, 145-147.

标本信息 正模: ♀, 福建武夷山桐木, 采集人翁瑞泉, 1998. Ⅷ. 5 (福建农林大学益虫室)。副模: 5♀♀5♂♂, 福建武夷山桐木, 采集

人杨建全、林智慧, 1998. Ⅷ. 3、Ⅷ. 13; 3♀♀, 福建武夷山三港, 采集人葛建华, 1988. Ⅶ. 30; 2♀♀2♂♂, 福建武夷山三港, 采集人张晓斌、陈剑文, 1988. Ⅷ. 11; 2♀♀1♂, 福建武夷山先锋岭, 采集人沈添顺, 1988. Ⅷ. 8; 1♂, 福建武夷山挂墩, 采集人葛建华, 1988. Ⅷ. 22; 1♂, 福建武夷山挂墩, 采集人伍志山, 1992. Ⅸ. 20; 1♀, 福建武夷山龙渡, 采集人邹明权, 1992. Ⅸ. 21; 3♀♀, 福建梅花山步云, 采集人葛建华, 1988. Ⅸ. 29; 1♀1♂, 福建宁化县河龙, 采集人杨建全, 1990. Ⅴ. 19; 2♀♀2♂♂, 湖北神农架红坪, 采集人杨建全、张立钦, 1988. Ⅷ. 14、Ⅷ. 16 (福建农林大学益虫室)。

(731) *Opius* (*Allophlebus*) *postumus* Chen et Weng, 2005 后叉潜蝇茧蜂

文献信息 陈家骅, 翁瑞泉. 2005. 中国潜蝇茧蜂, 膜翅目, 茧蜂科, 潜蝇茧蜂属. 福州: 福建科学技术出版社: 53-54.

标本信息 正模: ♀, 福建武夷山龙渡, 采集人杨建全, 1993. Ⅸ. 8 (福建农林大学益虫研究室)。副模: 1♀2♂♂, 福建将乐县龙栖山, 采集人张经政, 1994. Ⅷ. 13、Ⅷ. 17; 2♀♀, 吉林长白山快大茂, 采集人周小华, 1989. Ⅷ. 2; 1♀, 湖北神农架木鱼坪, 采集人黄居昌, 1988. Ⅷ. 9 (福建农林大学益虫研究室)。

(732) *Opius* (*Apodesmia*) *isabella* Chen et Weng, 2005 横纹潜蝇茧蜂

文献信息 陈家骅, 翁瑞泉. 2005. 中国潜蝇茧蜂, 膜翅目, 茧蜂科, 潜蝇茧蜂属. 福州: 福建科学技术出版社: 57-58.

标本信息 正模: ♀, 福建梅花山步云, 采集人葛建华, 1988. Ⅸ. 29 (福建农林大学益虫研究室)。副模: 1♀, 福建武夷山三港, 采集人官宝斌, 1988. Ⅶ. 30; 1♀1♂, 福建武夷山麻粟, 采集人林智慧、伍志山, 1998. Ⅷ. 3; 1♂, 福建武夷山桐木, 采集人翁瑞泉, 1998. Ⅷ. 5; 1♀, 福建梅花山共和, 采集人葛建华, 1988. Ⅹ. 5; 1♂, 福建上杭县步云, 采集人陈剑文, 1988.

Ⅸ. 27; 1♀, 湖北神农架红坪, 采集人张立钦, 1988. Ⅷ. 11 (福建农林大学益虫研究室)。

(733) *Opius* (*Apodesmia*) *sylvia* Weng et Chen, 2005 多纹潜蝇茧蜂

文献信息 陈家骅, 翁瑞泉. 2005. 中国潜蝇茧蜂, 膜翅目, 茧蜂科, 潜蝇茧蜂属. 福州: 福建科学技术出版社: 62-63.

标本信息 正模: ♀, 湖北神农架阳日湾, 采集人张立钦, 1988. Ⅶ. 28 (福建农林大学益虫研究室)。副模: 1♂, 吉林长白山集安, 采集人周小华, 1989. Ⅷ. 6; 1♂, 福建宁化县中沙, 采集人洪盛祥, 1990. Ⅶ. 11 (福建农林大学益虫研究室)。

(734) *Opius* (*Aulonotus*) *multiarculatum* Chen et Weng, 2005 显脊潜蝇茧蜂

文献信息 陈家骅, 翁瑞泉. 2005. 中国潜蝇茧蜂, 膜翅目, 茧蜂科, 潜蝇茧蜂属. 福州: 福建科学技术出版社: 74-75.

标本信息 正模: ♀, 湖北神农架天门垭, 采集人黄居昌, 1988. Ⅷ. 17 (福建农林大学益虫研究室)。副模: 2♀♀, 同正模; 6♀♀2♂♂, 湖北神农架红坪, 采集人张立钦、黄居昌, 1988. Ⅷ. 11、Ⅷ. 16、Ⅷ. 18; 3♀♀, 福建武夷山先锋岭, 采集人葛建华、沈添顺, 1988. Ⅷ. 1、Ⅷ. 8; 3♀♀, 福建武夷山黄岗山, 采集人官宝斌, 1988. Ⅷ. 2; 1♀, 云南西双版纳, 采集人张立钦, 1988. Ⅸ. 14; 1♀5♂♂, 云南西双版纳勐仑, 采集人黄居昌、杨建全, 1988. Ⅸ. 14、Ⅸ. 15 (福建农林大学益虫研究室)。

(735) *Opius* (*Cryptonastes*) *arrhostia* Chen et Weng, 2005 浅凹潜蝇茧蜂

文献信息 陈家骅, 翁瑞泉. 2005. 中国潜蝇茧蜂, 膜翅目, 茧蜂科, 潜蝇茧蜂属. 福州: 福建科学技术出版社: 77-78.

标本信息 正模: ♀, 吉林长白山快大茂, 采集人周小华, 1989. Ⅷ. 3 (福建农林大学益虫研究室)。副模: 9♀♀6♂♂, 吉林长白山快大茂,

采集人周小华, 1989. Ⅷ. 2、Ⅷ. 3; 3♂♂, 吉林长白山露水河, 采集人周小华, 1989. Ⅶ. 29; 23♀♀12♂♂, 吉林长白山集安, 采集人周小华, 1989. Ⅷ. 6; 1♀, 福建武夷山挂墩, 采集人沈添顺, 1988. Ⅷ. 13; 1♀1♂, 湖北神农架红坪, 采集人张立钦、杨建全, 1988. Ⅷ. 16; 1♀1♂, 湖北神农架红花坪, 采集人张立钦, 1989. Ⅷ. 2 (福建农林大学益虫研究室)。

(736) *Opius (Crytognathopius) tubida* Weng et Chen, 2005 沟齿潜蝇茧蜂

文献信息　陈家骅, 翁瑞泉. 2005. 中国潜蝇茧蜂, 膜翅目, 茧蜂科, 潜蝇茧蜂属. 福州: 福建科学技术出版社: 76-77.

标本信息　正模: ♀, 湖北神农架红坪, 采集人张立钦, 1988. Ⅷ. 11 (福建农林大学益虫研究室)。副模: 3♀♀3♂♂, 湖北神农架红坪, 采集人杨建全、张立钦, 1988. Ⅷ. 10、Ⅷ. 14、Ⅷ. 16; 1♀14♂♂, 吉林长白山露水河, 采集人杨建全、周小华, 1989. Ⅶ. 3、Ⅶ. 28、Ⅶ. 30、Ⅶ. 31; 1♂, 吉林长白山集安, 采集人杨建全, 1989. Ⅷ. 6; 2♂♂, 吉林长白山东岗, 采集人杨建全, 1989. Ⅶ. 28 (福建农林大学益虫研究室)。

(737) *Opius (Gastrosema) abortivus* Weng et Chen, 2005 端沟潜蝇茧蜂

文献信息　陈家骅, 翁瑞泉. 2005. 中国潜蝇茧蜂, 膜翅目, 茧蜂科, 潜蝇茧蜂属. 福州: 福建科学技术出版社: 79-81.

标本信息　正模: ♀, 湖北神农架红花坪, 采集人黄居昌, 1987. Ⅷ. 2 (福建农林大学益虫研究室)。副模: 1♀, 福建武夷山三港, 采集人张晓斌, 1988. Ⅶ. 30; 4♀♀, 福建武夷山先锋岭, 采集人葛建华, 1988. Ⅷ. 1; 1♀, 福建武夷山古黄坑, 采集人杨建全, 1993. Ⅷ. 25; 1♀, 福建宁化县, 采集人黄日新, 1990. Ⅶ. 11; 1♂, 福建上杭县步云, 采集人陈剑文, 1988. Ⅸ. 27; 1♂, 湖北神农架红坪, 采集人杨建全, 1988.

Ⅷ. 14; 7♀♀5♂♂, 福建将乐县龙栖山, 采集人张沪闽、伍志山、张经政、黄居昌, 1994. Ⅷ. 7、Ⅷ. 10、Ⅷ. 14、Ⅷ. 17; 1♀2♂♂, 福建福州金山, 采集人伍志山, 1998. Ⅸ. 19; 1♂, 湖北神农架红花坪, 采集人黄居昌, 1987. Ⅷ. 2; 1♀, 湖北神农架天门垭, 采集人黄居昌, 1988. Ⅷ. 7; 1♀, 吉林长白山露水河, 采集人周小华, 1989. Ⅶ. 29; 1♀6♂♂, 吉林长白山快大茂, 采集人周小华、杨建全, 1989. Ⅷ. 3; 5♀♀, 云南西双版纳, 采集人张立钦、杨建全, 1988. Ⅸ. 13、Ⅸ. 18 (福建农林大学益虫研究室)。

(738) *Opius (Gastrosema) improcerus* Weng et Chen, 2005 短侧沟潜蝇茧蜂

文献信息　陈家骅, 翁瑞泉. 2005. 中国潜蝇茧蜂, 膜翅目, 茧蜂科, 潜蝇茧蜂属. 福州: 福建科学技术出版社: 85-87.

标本信息　正模: ♀, 湖北神农架阳日湾, 采集人杨建全, 1988. Ⅶ. 28 (福建农林大学益虫研究室)。副模: 1♂, 福建武夷山龙渡, 采集人官宝斌, 1988. Ⅶ. 29; 1♂, 福建武夷山一里坪, 采集人杨建全, 1993. Ⅸ. 5; 4♀♀4♂♂, 福建清流县, 采集人黄日新、王晨晖, 1990. Ⅶ. 15、Ⅶ. 18; 2♀♀, 福建清流县沙芜, 采集人黄日新, 1990. Ⅶ. 18; 1♂, 福建宁化县城郊, 采集人洪盛祥, 1990. Ⅶ. 20; 2♂♂, 福建宁化县, 采集人洪盛祥、王晨晖, 1990. Ⅶ. 9、Ⅶ. 21; 7♀♀, 湖北神农架阳日湾, 采集人黄居昌、杨建全, 1988. Ⅶ. 27、Ⅶ. 28 (福建农林大学益虫研究室)。

(739) *Opius (Gastrosema) truncus* Chen et Weng, 2005 短段潜蝇茧蜂

文献信息　陈家骅, 翁瑞泉. 2005. 中国潜蝇茧蜂, 膜翅目, 茧蜂科, 潜蝇茧蜂属. 福州: 福建科学技术出版社: 88-90.

标本信息　正模: ♀, 福建武夷山桐木, 采集人杨建全, 1992. Ⅸ. 21 (福建农林大学益虫研究室)。副模: 2♂♂, 福建武夷山先锋岭, 采集人沈添顺, 1988. Ⅷ. 8; 2♂♂, 福建武夷山桐木,

采集人伍志山, 1992. IX. 21; 4♀1♂, 福建上杭县步云, 采集人陈剑文, 1988. IX. 27; 1♀1♂, 福建梅花山步云, 采集人沈添顺, 1988. IX. 26; 2♀♀, 福建宁化县河龙, 采集人杨建全, 1990. V. 19; 1♀1♂, 福建宁化县济村, 采集人洪盛祥、杨建全, 1990. VII. 23~VII. 24; 1♂, 湖北神农架阳日湾, 采集人杨建全, 1988. VII. 28 (福建农林大学益虫研究室)。

(740) *Opius* (*Hoenirus*) *dichrocera* Chen et Weng, 2005 短沟潜蝇茧蜂

文献信息 陈家骅, 翁瑞泉. 2005. 中国潜蝇茧蜂, 膜翅目, 茧蜂科, 潜蝇茧蜂属. 福州: 福建科学技术出版社: 93-94.

标本信息 正模: ♀, 云南西双版纳勐仑, 采集人黄居昌, 1988. IX. 21 (福建农林大学益虫研究室)。副模: 1♂, 湖北神农架木鱼坪, 采集人黄居昌, 1988. VIII. 8 (福建农林大学益虫研究室)。

(741) *Opius* (*Hoenirus*) *cheleutos* Weng et Chen, 2005 腹盾潜蝇茧蜂

文献信息 陈家骅, 翁瑞泉. 2005. 中国潜蝇茧蜂, 膜翅目, 茧蜂科, 潜蝇茧蜂属. 福州: 福建科学技术出版社: 91-92.

标本信息 正模: ♀, 福建武夷山三港, 采集人张晓斌, 1988. IX. 7 (福建农林大学益虫研究室)。副模: 1♂, 福建宁化县, 采集人洪盛祥, 1990. VII. 10; 1♀, 湖北神农架木鱼坪, 采集人黄居昌, 1988. VIII. 8 (福建农林大学益虫研究室)。

(742) *Opius* (*Lissosema*) *ambiguus* Weng et Chen, 2005 双色潜蝇茧蜂

文献信息 陈家骅, 翁瑞泉. 2005. 中国潜蝇茧蜂, 膜翅目, 茧蜂科, 潜蝇茧蜂属. 福州: 福建科学技术出版社: 95-96.

标本信息 正模: ♀, 吉林长白山快大茂, 采集人杨建全, 1989. VIII. 2 (福建农林大学益虫研究室)。副模: 2♀♀1♂, 吉林长白山快大茂, 采集人周小华, 1989. VIII. 2、VIII. 3; 1♀, 湖北神农架阳日湾, 采集人杨建全, 1988. VII. 20 (福建农林大学益虫研究室)。

(743) *Opius* (*Nosopoea*) *completetus* Chen et Weng, 2005 全沟潜蝇茧蜂

文献信息 陈家骅, 翁瑞泉. 2005. 中国潜蝇茧蜂, 膜翅目, 茧蜂科, 潜蝇茧蜂属. 福州: 福建科学技术出版社: 107-108.

标本信息 正模: ♀, 湖北神农架红坪, 采集人黄居昌, 1988. VIII. 14 (福建农林大学益虫研究室)。

(744) *Opius* (*Nosopoea*) *louiseae* Weng et Chen, 2005 长眼潜蝇茧蜂

文献信息 陈家骅, 翁瑞泉. 2005. 中国潜蝇茧蜂, 膜翅目, 茧蜂科, 潜蝇茧蜂属. 福州: 福建科学技术出版社: 109-110.

标本信息 正模: ♀, 湖北神农架红坪, 采集人张立钦, 1988. VIII. 16 (福建农林大学益虫研究室)。副模: 1♂, 同正模。

(745) *Opius* (*Odontopoea*) *claudos* Weng et Chen, 2005 毛潜蝇茧蜂

文献信息 陈家骅, 翁瑞泉. 2005. 中国潜蝇茧蜂, 膜翅目, 茧蜂科, 潜蝇茧蜂属. 福州: 福建科学技术出版社: 110-112.

标本信息 正模: ♀, 湖北神农架天门垭, 采集人黄居昌, 1988. VIII. 7 (福建农林大学益虫研究室)。副模: 5♀♀2♂♂, 湖北神农架天门垭, 采集人黄居昌、张立钦, 1988. VIII. 7、VIII. 17; 1♀, 湖北神农架红花坪, 采集人黄居昌, 1988. VIII. 3; 1♀1♂, 湖北神农架红坪, 采集人杨建全, 1988. VIII. 14 (福建农林大学益虫研究室)。

(746) *Opius* (*Odontopoea*) *sparsa* Chen et Weng, 2005 少毛潜蝇茧蜂

文献信息 陈家骅, 翁瑞泉. 2005. 中国潜蝇茧蜂, 膜翅目, 茧蜂科, 潜蝇茧蜂属. 福州: 福建科学技术出版社: 114-116.

标本信息 正模: ♀, 福建武夷山桐木, 采集人杨建全, 1998. VIII. 13 (福建农林大学益虫研

究室)。副模: 4♀♀20♂♂, 福建武夷山桐木, 采集人翁瑞泉、杨建全、林智慧和石全秀, 1998. Ⅷ. 4、Ⅷ. 5、Ⅷ. 13; 2♂♂, 福建武夷山吊桥, 采集人石全秀, 1998. Ⅷ. 12; 1♂, 福建武夷山大竹岚, 采集人林智慧, 1998. Ⅷ. 2; 1♀, 福建梅花山, 采集人葛建华, 1988. Ⅹ. 1; 1♂, 湖北神农架天门垭, 采集人张立钦, 1988. Ⅷ. 17; 1♀, 湖北神农架红花坪, 采集人杨建全, 1988. Ⅷ. 4; 6♀♀4♂♂, 湖北神农架红坪, 采集人黄居昌、张立钦, 1988. Ⅷ. 11、Ⅷ. 14、Ⅷ. 16、Ⅷ. 18; 2♂♂, 湖北神农架松柏镇, 采集人黄居昌, 1988. Ⅶ. 30; 26♀♀27♂♂, 云南西双版纳, 采集人张立钦、杨建全, 1988. Ⅸ. 10、Ⅸ. 12、Ⅸ. 14、Ⅸ. 16、Ⅸ. 18~Ⅸ. 21; 8♀♀12♂♂, 云南西双版纳勐仑, 采集人黄居昌, 1988. Ⅸ. 15、Ⅸ. 16、Ⅸ. 18、Ⅸ. 20、Ⅸ. 21; 7♀♀7♂♂, 云南热植所, 采集人杨建全、黄居昌, 1988. Ⅸ. 19 (福建农林大学益虫研究室)。

(747) *Opius (Odontopoea) tobes* Weng et Chen, 2005 短室潜蝇茧蜂

文献信息 陈家骅, 翁瑞泉. 2005. 中国潜蝇茧蜂, 膜翅目, 茧蜂科, 潜蝇茧蜂属. 福州: 福建科学技术出版社: 116-117.

标本信息 正模: ♀, 湖北神农架天门垭, 采集人黄居昌, 1998. Ⅷ. 17 (福建农林大学益虫研究室)。副模: 1♀, 同正模; 2♀♀, 吉林长白山快大茂, 采集人杨建全, 1989. Ⅷ. 2、Ⅷ. 3; 1♀1♂, 吉林长白山露水河, 采集人杨建全, 1989. Ⅷ. 3 (福建农林大学益虫研究室)。

(748) *Psyttoma latilabris* Chen et Weng, 2005 宽唇潜蝇茧蜂

文献信息 陈家骅, 翁瑞泉. 2005. 中国潜蝇茧蜂, 膜翅目, 茧蜂科, 潜蝇茧蜂属. 福州: 福建科学技术出版社: 112-113.

Li XY, van Achterberg C, Tan JC. 2012. *Psyttoma* gen. n. (Hymenoptera, Braconidae,

Opiinae) from Shandong and Hubei (China), with a key to the species. Journal of Hymenoptera Research, 29: 73-81.

标本信息 正模: ♀, 湖北神农架红花坪, 采集人张立钦, 1988. Ⅷ. 2 (福建农林大学益虫研究室)。副模: 1♂, 湖北神农架阳日湾, 采集人杨建全, 1988. Ⅶ. 20 (福建农林大学益虫研究室)。

分类讨论 陈家骅和翁瑞泉2005年依据神农架的标本命名该物种为宽唇潜蝇茧蜂〔*Opius (Odontopoea) latilabris* Chen et Weng, 2005〕。进一步研究表明, 该物种应归到 *Psyttoma*, 故将该物种修订为 *Psyttoma latilabris* Chen et Weng, 2005 (Li et al., 2012)。

(749) *Opius (Opiognathus) aquacaducus* Chen et Weng, 2005 水滴潜蝇茧蜂

文献信息 陈家骅, 翁瑞泉. 2005. 中国潜蝇茧蜂, 膜翅目, 茧蜂科, 潜蝇茧蜂属. 福州: 福建科学技术出版社: 118-119.

标本信息 正模: ♀, 湖北神农架红坪, 采集人杨建全, 1988. Ⅷ. 18 (福建农林大学益虫研究室)。副模: 1♂, 湖北神农架红花坪, 采集人杨建全, 1988. Ⅷ. 2 (福建农林大学益虫研究室)。

(750) *Opius (Opiognathus) punctus* Weng et Chen, 2005 细点潜蝇茧蜂

文献信息 陈家骅, 翁瑞泉. 2005. 中国潜蝇茧蜂, 膜翅目, 茧蜂科, 潜蝇茧蜂属. 福州: 福建科学技术出版社: 121-122.

标本信息 正模: ♀, 湖北神农架红坪, 采集人黄居昌, 1988. Ⅷ. 16 (福建农林大学益虫研究室)。

(751) *Opius (Opiostomus) longicornia* Chen et Weng, 2005 长凹潜蝇茧蜂

文献信息 陈家骅, 翁瑞泉. 2005. 中国潜蝇茧蜂, 膜翅目, 茧蜂科, 潜蝇茧蜂属. 福州: 福建科学技术出版社: 125-127.

标本信息 正模: ♀, 湖北神农架阳日湾, 采集人黄居昌, 1988. VII. 27 (福建农林大学益虫研究室). 副模: 1♀, 湖北神农架阳日湾, 采集人韩书友, 1988. VII. 26; 1♂, 湖北神农架木鱼坪, 采集人张立钦, 1988. VIII. 9 (福建农林大学益虫研究室).

(752) *Opius (Opiothorax) clusilis* Weng et Chen, 2005 闭室潜蝇茧蜂

文献信息 陈家骅, 翁瑞泉. 2005. 中国潜蝇茧蜂, 膜翅目, 茧蜂科, 潜蝇茧蜂属. 福州: 福建科学技术出版社: 127-128.

标本信息 正模: ♀, 湖北神农架木鱼坪, 采集人黄居昌, 1988. VIII. 5 (福建农林大学益虫研究室).

(753) *Opius (Opius) coillum* Chen et Weng, 2005 具室潜蝇茧蜂

文献信息 陈家骅, 翁瑞泉. 2005. 中国潜蝇茧蜂, 膜翅目, 茧蜂科, 潜蝇茧蜂属. 福州: 福建科学技术出版社: 130-131.

标本信息 正模: ♀, 福建梅花山步云, 采集人葛建华, 1988. IX. 29 (福建农林大学益虫研究室). 副模: 1♀2♂♂, 福建武夷山挂墩, 采集人石全秀, 1998. VIII. 11; 2♀♀1♂, 福建武夷山桐木, 采集人陈剑文、杨建全、林智慧, 1988. VIII. 23、1992. IX. 27、1998. VIII. 5; 2♀♀, 福建武夷山大竹岚, 采集人张飞萍, 1993. VIII. 18; 3♀♀, 福建武夷山龙渡, 采集人葛建华, 1988. VIII. 6; 1♀1♂, 福建宁化县济村, 采集人黄日新, 1990. VII. 23; 1♀4♂♂, 福建宁化县城郊, 采集人黄日新, 1990. VII. 20; 1♂, 福建梅花山共和, 采集人葛建华, 1988. X. 6; 1♀5♂♂, 福建清流县沙芜, 采集人杨建全, 1990. VII. 19; 2♀♀, 福建上杭县步云, 采集人官宝斌, 1988. IX. 27; 3♀♀, 湖北神农架红花坪, 采集人张立钦, 1988. VIII. 2; 1♂, 吉林长白山快大茂, 采集人杨建全, 1989. VIII. 2 (福建农林大学益虫研究室).

(754) *Opius (Opius) flavus* Weng et Chen, 2001 黄色潜蝇茧蜂

文献信息 翁瑞泉. 2001. 中国潜蝇茧蜂亚科

分类 (膜翅目: 茧蜂科). 福州: 福建农林大学博士学位论文, 186-187.

标本信息 正模: ♀, 福建梅花山步云, 采集人沈添顺, 1988. IX. 21 (福建农林大学益虫室). 配模: ♀, 同正模. 副模: 1♂, 同正模; 2♀♀7♂♂, 福建武夷山挂墩, 采集人葛建华, 1988. VIII. 7; 2♀♀5♂♂, 福建武夷山龙渡, 采集人沈添顺, 1988. VIII. 15; 2♀♀2♂♂, 湖北神农架红坪, 采集人张立钦, 1988. VIII. 16; 5♀♀4♂♂, 吉林长白山露水河, 采集人周小华, 1989. VII. 30 (福建农林大学益虫室).

(755) *Opius (Pendopius) longicorne* Chen et Weng, 2005 长角潜蝇茧蜂

文献信息 陈家骅, 翁瑞泉. 2005. 中国潜蝇茧蜂, 膜翅目, 茧蜂科, 潜蝇茧蜂属. 福州: 福建科学技术出版社: 134-135.

标本信息 正模: ♀, 湖北神农架红坪, 采集人张立钦, 1988. VIII. 11 (福建农林大学益虫研究室). 副模: 1♀, 采集地点和采集时间同正模, 采集人黄居昌 (福建农林大学益虫研究室).

(756) *Opius (Pendopius) tabularis* Weng et Chen, 2005 盾齿潜蝇茧蜂

文献信息 陈家骅, 翁瑞泉. 2005. 中国潜蝇茧蜂, 膜翅目, 茧蜂科, 潜蝇茧蜂属. 福州: 福建科学技术出版社: 136-137.

标本信息 正模: ♀, 湖北神农架红坪, 采集人杨建全, 1988. VIII. 18 (福建农林大学益虫研究室).

(757) *Opius (Phlebosema) osculas* Weng et Chen, 2005 短鞘潜蝇茧蜂

文献信息 陈家骅, 翁瑞泉. 2005. 中国潜蝇茧蜂, 膜翅目, 茧蜂科, 潜蝇茧蜂属. 福州: 福建科学技术出版社: 141-142.

标本信息 正模: ♀, 吉林长白山快大茂, 采集人周小华, 1989. VIII. 2 (福建农林大学益虫研究室). 副模: 4♀♀2♂♂, 吉林长白山快大茂, 采集人周小华、杨建全, 1989. VIII. 2、VIII. 3; 1♂, 湖北神农架红花坪, 采集人杨建全, 1988. VIII. 3; 1♀, 湖北神农架阳日湾, 采集人黄居昌, 1988. VII. 28; 1♀, 湖北神农架木鱼坪, 采集人张立钦, 1988. VIII. 9 (福建农林大学益虫研究室).

(758) *Phaenocarpa diffusus* Chen et Wu, 1994 沟伸反颚茧蜂

文献信息　陈家骅, 伍志山. 1994. 中国反颚茧蜂族, 膜翅目, 茧蜂科, 反颚茧蜂亚科, 光鞘反颚茧蜂属. 北京: 中国农业出版社: 121-122.

标本信息　正模: ♀, 湖北神农架红坪, 采集人黄居昌, 1988. VIII. 16 (福建农业大学植物保护系益虫研究室).

(759) *Phaenocarpa vitata* Chen et Wu, 1994 宽齿反颚茧蜂

文献信息　陈家骅, 伍志山. 1994. 中国反颚茧蜂族, 膜翅目, 茧蜂科, 反颚茧蜂亚科, 光鞘反颚茧蜂属. 北京: 中国农业出版社: 130-131.

标本信息　正模: ♀, 湖北神农架红坪, 采集人杨建全, 1988. VIII. 14 (福建农业大学植物保护系益虫研究室). 副模: 1♀, 同正模.

(760) *Phanerotoma moniliatus* Ji et Chen, 2003 念珠愈腹茧蜂

文献信息　陈家骅, 季清娥. 2003. 中国甲腹茧蜂, 膜翅目, 茧蜂科, 愈腹茧蜂族, 愈腹茧蜂属. 福州: 福建科学技术出版社: 172-173.

标本信息　正模: ♀, 吉林长白山快大茂, 采集人周小华, 1989. VIII. 2 (福建农业大学植物保护系益虫研究室). 副模: 6♀♀9♂♂, 吉林长白山快大茂, 采集人周小华、杨建全, 1989. VIII. 2、VIII. 3; 1♀, 福建武夷山三港, 采集人许建武, 1986. X. 1; 1♀, 湖北神农架红花坪, 采集人黄居昌, 2000. VIII. 27; 1♂, 福建武夷山桐木,

采集人黄居昌, 1981. VII. 19 (福建农业大学植物保护系益虫研究室).

(761) *Phanerotoma sulcus* Chen et Ji, 2003 窄沟愈腹茧蜂

文献信息　陈家骅, 季清娥. 2003. 中国甲腹茧蜂, 膜翅目, 茧蜂科, 愈腹茧蜂族, 愈腹茧蜂属. 福州: 福建科学技术出版社: 175-176.

标本信息　正模: ♀, 湖北神农架红花坪, 采集人杨建全, 2000. VIII. 27 (福建农业大学植物保护系益虫研究室). 副模: 1♀, 湖北神农架红花坪, 采集人季清娥, 2000. VIII. 27; 2♀♀, 吉林长白山快大茂, 采集人周小华、杨建全, 1989. VIII. 2; 2♂♂, 吉林长白山露水河, 采集人周小华, 1989. VII. 31; 1♂, 吉林长白山东岗, 采集人周小华, 1989. VII. 26; 1♂, 湖北神农架红花坪, 采集人石全秀, 2000. VIII. 24 (福建农业大学植物保护系益虫研究室).

(762) *Phanerotomella longus* Ji et Chen, 2003 长背合腹茧蜂

文献信息　陈家骅, 季清娥. 2003. 中国甲腹茧蜂, 膜翅目, 茧蜂科, 愈腹茧蜂族, 合腹茧蜂属. 福州: 福建科学技术出版社: 189-191.

标本信息　正模: ♀, 福建武夷山桐木, 采集人张晓斌, 1988. VII. 3 (福建农业大学植物保护系益虫研究室). 副模: 4♂♂, 福建武夷山桐木, 采集人杨建全、张金明, 1994. VIII. 7; 2♂♂, 福建武夷山龙渡, 采集人官宝斌、葛建华, 1988. VIII. 6; 2♂♂, 福建武夷山先锋岭, 采集人张晓斌、陈剑文, 1988. VIII. 8、VIII. 18; 3♂♂, 福建武夷山三港, 采集人陈剑文、张晓斌, 1988. VIII. 11、VIII. 19; 1♂, 福建武夷山三港, 采集人葛建华, 1988. IX. 6; 4♂♂, 福建武夷山三港, 采集人沈添顺、陈剑文、葛建华, 1988. VIII. 11、VII. 30; 3♂♂, 福建将乐县龙栖山, 采集人伍志山、黄居昌, 1994. VIII. 11、VIII. 12; 1♀1♂, 福建武夷山, 采集人张晓斌、陈耀, 1988. VIII. 8, 1993. VIII. 23; 1♀1♂, 湖北神农架木鱼坪, 采集人黄居昌, 1988. VIII. 8、VIII. 9; 1♀1♂, 福建

武夷山挂墩, 采集人沈添顺、葛建华, 1988. Ⅷ. 20; 1♀, 福建武夷山古黄坑, 采集人黄居昌, 1980. Ⅵ. 21; 1♀, 福建武夷山黄岗山, 采集人沈添顺, 1988. Ⅷ. 2 (福建农业大学植物保护系益虫研究室).

(763) *Rasivalva longivena* Song et Chen, 2004 长脉端毛茧蜂

文献信息 陈家骅, 宋东宝. 2004. 中国小腹茧蜂, 膜翅目, 茧蜂科, 端毛茧蜂属. 福州: 福建科学技术出版社: 199-201.

标本信息 正模: ♀, 湖北神农架红坪, 采集人石全秀, 2000. Ⅷ. 21 (福建农林大学植物保护系益虫研究室). 副模: 2♀♀, 湖北神农架红坪, 采集人杨建全, 2000. Ⅷ. 20; 2♀♀, 湖北神农架天门垭, 采集人石全秀, 2000. Ⅷ. 20; 1♀, 湖北神农架木鱼坪, 采集人季清娥, 2000. Ⅷ. 25; 1♀, 湖北神农架神农顶, 采集人宋东宝, 2000. Ⅷ. 22; 6♂♂, 湖北神农架红坪, 采集人石全秀, 2000. Ⅷ. 21; 10♂♂, 湖北神农架红坪, 采集人杨建全, 2000. Ⅷ. 19; 7♂♂, 湖北神农架天门垭, 采集人石全秀, 2000. Ⅷ. 20; 1♂, 湖北神农架红坪, 采集人宋东宝, 2000. Ⅷ. 19 (福建农业大学植物保护系益虫研究室).

(764) *Rhaconotus albiflagellus* Shi et Chen, 2004 白鞭条背茧蜂

文献信息 陈家骅, 石全秀. 2004. 中国矛茧蜂, 膜翅目, 茧蜂科, 条背茧蜂属. 福州: 福建科学技术出版社: 37-38.

标本信息 正模: ♀, 福建武夷山吊桥, 采集人陈耀, 1993. Ⅷ. 26 (福建农林大学益虫研究室). 副模: 1♀, 福建武夷山桐木, 采集人不详, 1986. Ⅶ. 21; 1♂, 福建武夷山大安源, 采集人刘明晖, 1986. Ⅷ. 6; 1♂, 福建武夷山桐木, 采集人沈添顺, 1988. Ⅶ. 23; 2♀♀, 湖北神农架红坪, 采集人黄居昌, 1988. Ⅷ. 11、Ⅷ. 14; 1♀, 福建武夷山三港, 采集人张晓斌, 1988. Ⅷ. 19; 1♂, 云南西双版纳, 采集人杨建全, 1988. Ⅸ.

14; 1♂, 云南西双版纳, 采集人张立钦, 1988. Ⅸ. 14; 1♂, 云南西双版纳勐仑, 采集人黄居昌, 1988. Ⅸ. 17; 1♀, 福建武夷山吊桥, 采集人张飞萍, 1993. Ⅷ. 26; 1♀, 福建武夷山吊桥, 采集人杨建全, 1993. Ⅷ. 26; 1♂, 福建将乐县龙栖山, 采集人张经政, 1994. Ⅷ. 10; 1♀, 福建将乐县龙栖山, 采集人黄居昌, 1994. Ⅷ. 9 (福建农林大学益虫研究室).

(765) *Rhaconotus bisulcus* Chen et Shi, 2004 双沟条背茧蜂

文献信息 陈家骅, 石全秀. 2004. 中国矛茧蜂, 膜翅目, 茧蜂科, 条背茧蜂属. 福州: 福建科学技术出版社: 40-41.

标本信息 正模: ♀, 湖北神农架阳日, 采集人杨建全, 1988. Ⅶ. 28 (福建农林大学益虫研究室). 副模: 4♀♀, 同正模; 1♀, 福建武夷山龙渡, 采集人陈家骅, 1986. Ⅶ. 18; 1♀, 福建武夷山桐木, 采集人许建飞, 1986. Ⅸ. 21; 3♀♀, 福建武夷山二里坪, 采集人许建飞, 1986. Ⅸ. 22; 1♀, 福建武夷山桐木, 采集人许建飞, 1986. Ⅸ. 25; 1♂, 海南儋县, 采集人官宝斌, 1988. Ⅴ. 10; 6♀♀, 湖北神农架阳日, 采集人张立钦, 1988. Ⅶ. 28; 1♀1♂, 湖北神农架阳日, 采集人韩书友, 1988. Ⅶ. 28; 3♀♀, 湖北神农架阳日, 采集人黄居昌, 1988. Ⅶ. 28; 1♀, 福建武夷山黄岗山, 采集人陈剑文, 1988. Ⅷ. 2; 8♀♀, 湖北神农架红花坪, 采集人张立钦, 1988. Ⅷ. 3; 1♀, 湖北神农架红花坪, 采集人杨建全, 1988. Ⅷ. 3; 4♀♀, 福建武夷山桐木, 采集人张晓斌, 1988. Ⅷ. 4; 1♀, 福建武夷山挂墩, 采集人葛建华, 1988. Ⅷ. 22; 1♂, 福建武夷山三港, 采集人沈添顺, 1988. Ⅷ. 22; 5♀♀5♂♂, 云南西双版纳, 采集人张立钦, 1988. Ⅸ. 10; 5♀♀4♂♂, 云南西双版纳勐仑, 采集人黄居昌, 1988. Ⅸ. 10; 3♀♀1♂, 云南西双版纳, 采集人杨建全, 1988. Ⅸ. 10; 1♀, 云南西双版纳, 采集人张立钦, 1988. Ⅸ. 12; 1♀1♂, 云南西双版纳, 采集人张立钦, 1988. Ⅸ. 13; 1♂, 云南西双版纳, 采集人杨建全,

1988. IX. 13; 2♂♂, 云南西双版纳, 采集人杨建全, 1988. IX. 14; 7♀♀3♂♂, 云南西双版纳, 采集人张立钦, 1988. IX. 14; 3♀♀, 云南西双版纳, 采集人杨建全, 1988. IX. 15; 3♂♂, 云南西双版纳, 采集人张立钦, 1988. IX. 15; 4♀♀1♂, 云南西双版纳, 采集人张立钦, 1988. IX. 16; 3♀♀3♂♂, 云南西双版纳勐仑, 采集人黄居昌, 1988. IX. 16; 2♀♀1♂, 云南西双版纳, 采集人杨建全, 1988. IX. 17; 1♀, 云南西双版纳, 采集人张立钦, 1988. IX. 18; 3♀♀3♂♂, 云南热植所, 采集人黄居昌, 1988. IX. 20; 6♀♀2♂♂, 云南西双版纳, 采集人张立钦, 1988. IX. 20; 1♀, 福建武夷山三港, 采集人杨建全, 1993. VIII. 13; 1♀, 福建武夷山大竹岚, 采集人杨建全, 1993. VIII. 18; 1♀, 福建武夷山吊桥, 采集人张飞萍, 1993. VIII. 26; 1♀, 福建武夷山大安源, 采集人张飞萍, 1993. VIII. 27; 1♀, 福建武夷山三港, 采集人张飞萍, 1993. VIII. 31; 1♀, 福建武夷山大竹岚, 采集人张飞萍, 1993. IX. 4; 1♀, 福建武夷山一里坪, 采集人张飞萍, 1993. IX. 5; 1♂, 广西大青山, 采集人伍志山, 1993. IX. 11; 1♀, 福建武夷山桐木, 采集人巫靖辉, 1994. VIII. 7; 1♀, 福建武夷山大竹岚, 采集人杨建全, 1994. VIII. 12; 1♂, 福建武夷山大竹岚, 采集人巫靖辉, 1994. VIII. 12; 1♀, 福建将乐县龙栖山, 采集人张经政, 1994. VIII. 12; 1♀, 福建武夷山大竹岚, 采集人张金明, 1994. VIII. 14; 2♂♂, 福建武夷山三港, 采集人杨建全, 1994. VIII. 14; 1♀, 福建武夷山三港, 采集人张金明, 1994. VIII. 17; 1♀, 福建武夷山三港, 采集人张金明, 1994. IX. 14; 1♂, 湖北神农架红花坪, 采集人石全秀, 2000. VIII. 27; 2♂♂, 湖北神农架红花坪, 采集人杨建全, 2000. VIII. 27; 6♀♀1♂, 湖北神农架红花坪, 采集人季清娥, 2000. VIII. 27; 1♀, 湖北神农架红花坪, 采集人黄居昌, 2000. VIII. 27; 1♀, 福建光泽县茶洲, 采集人陈乾锦, 2001. VIII. 2; 1♀, 福建光泽县干坑, 采集人陈乾锦, 2001. VIII. 4; 1♀, 福建光泽县干坑, 采集人高连喜, 2001. VIII. 5; 1♀, 福建光泽县西口, 采集人吕宝乾,

2001. VIII. 6; 2♀♀, 福建光泽县茶洲, 采集人高连喜, 2001. VIII. 8 (福建农林大学益虫研究室)。

(766) *Rhaconotus chinensis* Chen et Shi, 2004 中华条背茧蜂

文献信息 陈家骅, 石全秀. 2004. 中国矛茧蜂, 膜翅目, 茧蜂科, 条背茧蜂属. 福州: 福建科学技术出版社: 43-44.

标本信息 正模: ♀, 福建武夷山龙渡, 采集人葛建华, 1988. VIII. 6 (福建农林大学益虫研究室)。副模: 1♀, 福建武夷山桐木, 采集人黄居昌, 1981. V. 9; 1♀, 福建武夷山二里坪, 采集人汤玉清, 1985. VI. 20; 3♀♀, 福建武夷山大竹岚, 采集人邱志丹, 1986. VII. 15; 1♂, 福建武夷山大安源, 采集人邱乐忠, 1986. VIII. 6; 2♀♀, 福建武夷山三港, 采集人许建武, 1986. X. 1; 1♀, 福建武夷山三港, 采集人邹明权, 1987. X. 11; 1♂, 海南天池, 采集人邹明权, 1988. V. 16; 1♀, 广西南宁, 采集人邹明权, 1988. V. 27; 1♀, 福建武夷山桐木, 采集人张晓斌, 1988. VII. 23; 1♂, 福建武夷山大竹岚, 采集人陈剑文, 1988. VII. 25; 1♀, 湖北神农架阳日, 采集人杨建全, 1988. VII. 28; 1♀, 福建武夷山三港, 采集人张晓斌, 1988. VII. 30; 1♀, 福建武夷山黄岗山, 采集人陈剑文, 1988. VIII. 2; 1♀, 湖北神农架红花坪, 采集人张立钦, 1988. VIII. 2; 1♀, 湖北神农架红花坪, 采集人黄居昌, 1988. VIII. 2; 1♀, 湖北神农架红花坪, 采集人张立钦, 1988. VIII. 3; 1♀, 湖北神农架红花坪, 采集人黄居昌, 1988. VIII. 3; 1♀, 湖北神农架红花坪, 采集人黄居昌, 1988. VIII. 4; 1♀, 湖北神农架木鱼坪, 采集人黄居昌, 1988. VIII. 5; 1♀, 湖北神农架红花坪, 采集人杨建全, 1988. VIII. 18; 1♀2♂♂, 云南西双版纳, 采集人杨建全, 1988. IX. 2; 1♂, 云南西双版纳勐仑, 采集人黄居昌, 1988. IX. 10; 2♀♀1♂, 云南西双版纳, 采集人张立钦, 1988. IX. 13; 1♂, 云南西双版纳勐仑, 采集人黄居昌, 1988. IX. 14; 1♂, 云南西双版纳, 采集人黄居昌, 1988. IX. 16; 1♀1♂, 云南西双版纳, 采集人张立钦,

1988. Ⅸ. 17; 3♂♂, 云南西双版纳, 采集人杨建全, 1988. Ⅸ. 18; 1♀3♂♂, 云南西双版纳, 采集人张立钦, 1988. Ⅸ. 18; 1♂, 云南西双版纳, 采集人杨建全, 1988. Ⅸ. 19; 1♂, 云南西双版纳, 采集人张立钦, 1988. Ⅸ. 19; 1♂, 云南西双版纳, 采集人张立钦, 1988. Ⅸ. 20; 1♂, 云南西双版纳, 采集人张立钦, 1988. Ⅸ. 21; 1♀, 山东泰山, 采集人杨建全, 1989. Ⅶ. 17; 1♂, 吉林长白山东岗, 采集人杨建全, 1989. Ⅶ. 24; 2♀♀1♂, 福建宁化县济村, 采集人黄日新, 1990. Ⅶ. 23; 1♀, 福建宁化县济村, 采集人王晨晖, 1990. Ⅶ. 23; 1♂, 福建武夷山大竹岚, 采集人陈耀, 1993. Ⅷ. 18; 1♂, 福建武夷山大竹岚, 采集人杨建全, 1993. Ⅷ. 18; 1♂, 福建武夷山大竹岚, 采集人杨建全, 1993. Ⅸ. 4; 2♂♂, 福建将乐县龙栖山, 采集人张经政, 1994. Ⅷ. 7; 1♀, 福建武夷山桐木, 采集人巫靖晖, 1994. Ⅷ. 7; 1♂, 福建武夷山桐木, 采集人伍志山, 1994. Ⅷ. 7; 1♂, 福建武夷山大竹岚, 采集人张金明, 1994. Ⅷ. 7; 1♀, 福建将乐县龙栖山, 采集人伍志山, 1994. Ⅷ. 10; 1♂, 福建将乐县龙栖山, 采集人黄居昌, 1994. Ⅷ. 10; 1♀, 福建武夷山大竹岚, 采集人巫靖晖, 1994. Ⅷ. 12; 1♀, 福建武夷山三港, 采集人张金明, 1994. Ⅷ. 14; 2♀♀, 福建武夷山三港, 采集人巫靖晖, 1994. Ⅷ. 14; 1♀1♂, 福建将乐县龙栖山, 采集人黄居昌, 1994. Ⅷ. 14; 1♂, 福建将乐县龙栖山, 采集人张经政, 1994. Ⅷ. 14; 1♀, 福建将乐县龙栖山, 采集人张沪闽, 1994. Ⅷ. 14; 1♀, 福建将乐县龙栖山, 采集人张经政, 1994. Ⅷ. 19; 5♀♀, 福建武夷山大安源, 采集人杨建全, 1994. Ⅷ. 20; 1♀, 福建武夷山大安源, 采集人张金明, 1994. Ⅷ. 20; 1♂, 福建武夷山大安源, 采集人林智慧, 1998. Ⅷ. 9; 1♀, 湖北神农架木鱼坪, 采集人宋东宝, 2000. Ⅷ. 24; 2♀♀, 湖北神农架木鱼坪, 采集人季清娥, 2000. Ⅷ. 24; 2♀♀, 湖北神农架木鱼坪, 采集人杨建全, 2000. Ⅷ. 24; 4♀♀, 湖北神农架木鱼坪, 采集人石全秀, 2000. Ⅷ. 25; 4♀♀, 湖北神农架木鱼坪, 采集人季清娥, 2000. Ⅷ. 25; 2♀♀, 湖北神农架木鱼坪, 采集人杨建全, 2000. Ⅷ. 25; 1♀, 湖北神农架红花坪, 采集人季清娥, 2000. Ⅷ. 27; 1♀, 湖北神农架红花坪, 采集人黄居昌, 2000. Ⅷ. 27; 1♀, 福建光泽县西口, 采集人吕宝乾, 2001. Ⅷ. 6; 2♀♀, 福建光泽县美罗湾, 采集人吕宝乾, 2001. Ⅷ. 7; 6♀♀, 福建光泽县茶洲, 采集人吕宝乾, 2001. Ⅷ. 8; 1♀1♂, 福建光泽县茶洲, 采集人陈乾锦, 2001. Ⅷ. 12; 1♀, 福建光泽县南坑, 采集人陈乾锦, 2001. Ⅷ. 14 (福建农林大学益虫研究室)。

(767) *Rhaconotus rufiventris* Chen et Shi, 2004 红腹条背茧蜂

文献信息 陈家骅, 石全秀. 2004. 中国矛茧蜂, 膜翅目, 茧蜂科, 条背茧蜂属. 福州: 福建科学技术出版社: 53-54.

标本信息 正模: ♀, 湖北神农架阳日, 采集人黄居昌, 1988. Ⅶ. 26 (福建农林大学益虫研究室)。副模: 3♀♀, 同正模; 2♀♀, 湖北神农架阳日, 采集人张立钦, 1988. Ⅶ. 26; 3♀♀1♂, 湖北神农架阳日, 采集人韩书友, 1988. Ⅶ. 26; 1♂, 湖北神农架阳日, 采集人杨建全, 1988. Ⅶ. 26; 2♀♀, 福建光泽县美罗湾, 采集人吕宝乾, 2001. Ⅷ. 7; 1♀, 福建光泽县茶洲, 采集人陈乾锦, 2001. Ⅷ, 12; 2♀♀, 福建光泽县茶洲, 采集人黄居昌, 2001. Ⅷ. 13 (福建农林大学益虫研究室)。

(768) *Schizoprymnus carinifacialis* Yan, 2013 脊颜全盾茧蜂

文献信息 闫成进. 2013. 中国臂茧蜂亚科及长茧蜂亚科分类研究. 杭州: 浙江大学博士学位论文, 87-88.

标本信息 正模: ♀, 湖北神农架松柏镇, 采集人杜予州, 1997. Ⅶ. 19 (浙江大学昆虫科学研究所寄生蜂标本馆)。

(769) *Spathius honghuaensis* Chen et Shi, 2004 红花柄腹茧蜂

文献信息 陈家骅, 石全秀. 2004. 中国矛茧蜂,膜翅目,茧蜂科,柄腹茧蜂族,柄腹茧蜂属.福州:福建科学技术出版社:137-138.

标本信息 正模:♀,湖北神农架红花坪,采集人石全秀,2000. Ⅷ. 27 (福建农林大学益虫研究室)。

(770) *Spathius shennongensis* Chen et Shi, 2004 神农柄腹茧蜂

文献信息 陈家骅,石全秀. 2004. 中国矛茧蜂,膜翅目,茧蜂科,柄腹茧蜂族,柄腹茧蜂属.福州:福建科学技术出版社:161-162.

标本信息 正模:♀,湖北神农架红花坪,采集人黄居昌,1988. Ⅷ. 2 (福建农林大学益虫研究室)。

(771) *Spathius tanycoleosus* Shi et Chen, 2004 长鞘柄腹茧蜂

文献信息 陈家骅,石全秀. 2004. 中国矛茧蜂,膜翅目,茧蜂科,柄腹茧蜂族,柄腹茧蜂属.福州:福建科学技术出版社:165-166.

标本信息 正模:♀,湖北神农架红坪,采集人杨建全,2000. Ⅷ. 21 (福建农林大学益虫研究室)。

(772) *Syntomernus longicarinatus* Chen et Yang, 2006 长脊合茧蜂

文献信息 陈家骅,杨建全. 2006. 中国小茧蜂,膜翅目,茧蜂科,合茧蜂属,中国大陆新记录.福州:福建科学技术出版社:159-160.

标本信息 正模:♀,福建武夷山龙渡,采集人官宝斌,1988. Ⅷ. 15 (福建农林大学益虫研究室)。副模:1♀,福建武夷山大竹岚,采集人陈家骅,1975. Ⅸ. 18;1♀,福建武夷山大竹岚,采集人刘依华,1980. Ⅵ. 30;1♀,福建武夷山先锋岭,采集人许建武,1986. Ⅳ. 23;9♀♀,福建武夷山挂墩,采集人刘明晖、邱志丹、蒋日盛,1986. Ⅶ. 11、Ⅶ. 19、Ⅶ. 26、Ⅶ. 28;4♀♀,福建武夷山桐木,采集人张鸿、邱乐忠、邱志丹和刘明晖,1986. Ⅶ. 14、Ⅶ. 21、Ⅶ. 25;14♀♀,福建武夷山大竹岚,采集人陈家骅、邱志丹、邱乐忠、上官诚亮、张鸿和刘明晖,1986. Ⅶ. 15、Ⅶ. 29;1♀,福建武夷山十八跳,采集人张鸿,1986. Ⅶ. 23;1♀,福建光泽县,采集人张鸿,1986. Ⅷ. 11;1♀,福建古田县,采集人蒋日盛,1986. Ⅸ. 6;1♀,福建武夷山三港,采集人邹明权,1986. Ⅸ. 14;1♀,福建武夷山黄岗山,采集人蒋日盛,1986. Ⅸ. 22;1♀,福建武夷山三港,采集人陈剑文,1988. Ⅶ. 20;2♀♀,福建武夷山先锋岭,采集人陈剑文、沈添顺,1988. Ⅶ. 22;2♀♀,福建武夷山大竹岚,采集人沈添顺,1988. Ⅶ. 25;1♀,福建武夷山挂墩,采集人沈添顺,1988. Ⅶ. 27;4♀♀,福建武夷山挂墩,采集人沈添顺、陈剑文、葛建华,1988. Ⅶ. 28;5♀♀,湖北神农架红花坪,采集人张立钦,1988. Ⅷ. 2;9♀♀,福建武夷山挂墩,采集人张晓斌、葛建华,1988. Ⅷ. 5、Ⅷ. 20;15♀♀,福建武夷山龙渡,采集人沈添顺、葛建华、陈剑文、张晓斌和官宝斌,1988. Ⅷ. 6、Ⅷ. 15;14♀♀,福建武夷山先锋岭,采集人葛建华、陈剑文、张晓斌,1988. Ⅷ. 1、Ⅷ. 8;3♀♀,福建武夷山桐木,采集人陈剑文,1988. Ⅷ. 9;2♀♀,海南海口,采集人邹明权,1988. Ⅷ. 9;7♀♀,福建武夷山三港,采集人葛建华、陈剑文、张晓斌,1988. Ⅷ. 8、Ⅷ. 11、Ⅷ. 19、Ⅷ. 27、Ⅷ. 30;7♀♀,福建武夷山三港,采集人沈添顺、葛建华,1988. Ⅸ. 6;5♀♀,云南西双版纳,采集人张立钦,1988. Ⅸ. 18;4♀♀,福建梅花山步云,采集人官宝斌,1988. Ⅸ. 29;1♀,福建宁化县水茜,采集人王晨晖,1990. Ⅶ. 10;1♀,福建宁化县中沙,采集人杨建全,1990. Ⅶ. 11;2♀♀,福建武夷山先锋岭,采集人邹明权,1992. Ⅸ. 19;3♀♀,福建武夷山桐木,采集人杨建全,1992. Ⅸ. 27;1♀,福建武夷山大竹岚,采集人邹明权,1993. Ⅷ. 8;1♀,福建武夷山桐木,采集人杨建全,1993. Ⅷ. 14;2♀♀,福建武夷山先锋岭,采集人张飞萍,1993. Ⅷ. 15;1♀,福建武夷山大竹岚,采集人张飞萍,1993. Ⅷ. 18;1♀,福建武夷山挂墩,采集人陈耀,1993. Ⅷ. 20;1♀,福建武

夷山古黄坑, 采集人陈耀, 1993. Ⅷ. 25; 3♀♀, 福建武夷山大安源, 采集人杨建全、陈耀, 1993. Ⅷ. 27; 1♀, 福建武夷山三港, 采集人张飞萍, 1993. Ⅸ. 6; 5♀♀, 福建武夷山桐木, 采集人杨建全、陈耀, 1993. Ⅸ. 2、Ⅸ. 7; 3♀♀, 福建武夷山龙渡, 采集人张飞萍, 1993. Ⅸ. 8; 11♀♀, 福建武夷山大安源, 采集人陈耀, 1993. Ⅸ. 9; 4♀♀, 福建武夷山桐木, 采集人巫靖辉、张金明, 1994. Ⅷ. 4、Ⅷ. 7; 1♀, 福建武夷山先锋岭, 采集人邹明权, 1994. Ⅷ. 8; 1♀, 福建武夷山麻粟, 采集人张金明, 1994. Ⅷ. 11; 2♀♀, 福建将乐县龙栖山, 采集人黄居昌、张经政, 1994. Ⅷ. 14、Ⅷ. 18; 1♀, 福建武夷山大安源, 采集人巫靖辉, 1994. Ⅷ. 20; 1♀, 福建武夷山桐木, 采集人伍志山, 1998. Ⅷ. 4; 1♀, 江西紫溪乡, 采集人杨建全, 1998. Ⅷ. 4; 1♀, 湖北神农架红花坪, 采集人黄居昌, 2000. Ⅷ. 27; 1♀, 福建光泽县干坑, 采集人高连喜, 2001. Ⅷ. 3; 2♀♀, 福建光泽县西口, 采集人陈乾锦、吕宝乾, 2001. Ⅶ. 6; 4♀♀, 福建光泽县美罗湾, 采集人吕宝乾、高连喜, 2001. Ⅷ. 7; 15♀♀, 福建光泽县茶洲, 采集人黄居昌、陈乾锦、高连喜、吕宝乾和邹明权, 2001. Ⅷ. 8、Ⅷ. 12、Ⅷ. 14; 8♀♀, 福建光泽县染坑, 采集人黄居昌、陈乾锦、吕宝乾和邹明权, 2001. Ⅷ. 14; 1♀, 福建光泽县大青可坑, 采集人吕宝乾, 2002. Ⅷ. 1 (福建农林大学益虫研究室)。

(773) *Tanycarpa concretus* Chen et Wu, 1994 浓毛反颚茧蜂

文献信息 陈家骅, 伍志山. 1994. 中国反颚茧蜂族, 膜翅目, 茧蜂科, 反颚茧蜂亚科, 长痣反颚茧蜂属. 北京: 中国农业出版社: 137-138.

标本信息 正模: ♀, 湖北神农架红坪, 采集人杨建全, 1988. Ⅷ. 18 (福建农林大学植物保护系益虫研究室)。

(774) *Tanycarpa gladius* Chen et Wu, 1994 光盾反颚茧蜂

文献信息 陈家骅, 伍志山. 1994. 中国反颚茧蜂族, 膜翅目, 茧蜂科, 反颚茧蜂亚科, 长痣反颚茧蜂属. 北京: 中国农业出版社: 138-139.

标本信息 正模: ♀, 湖北神农架红坪, 采集人杨建全, 1988. Ⅷ. 18 (福建农林大学植物保护系益虫研究室)。

(775) *Tanycarpa scabrator* Chen et Wu, 1994 粗皱反颚茧蜂

文献信息 陈家骅, 伍志山. 1994. 中国反颚茧蜂族, 膜翅目, 茧蜂科, 反颚茧蜂亚科, 长痣反颚茧蜂属. 北京: 中国农业出版社: 143-144.

标本信息 正模: ♀, 湖北神农架红坪, 采集人黄居昌, 1988. Ⅷ. 7 (福建农林大学植物保护系益虫研究室)。

(776) *Tanycarpa gymnonotum* Yao, 2015

文献信息 Yao JL, Kula RR, Wharton RA, et al. 2015. Four new species of *Tanycarpa* (Hymenoptera, Braconidae, Alysiinae) from the Palaearctic Region and new records of species from China. Zootaxa, 3957: 169-187.

标本信息 正模: ♀, 湖北神农架天门垭, 采集人杨建全, 2000. Ⅷ. 21 (福建农林大学植物保护系益虫研究室)。副模: 1♂, 湖北神农架红坪, 采集人黄居昌, 2000. Ⅷ. 20 (福建农林大学植物保护系益虫研究室)。

(777) *Testudobracon gibbosa* Yang et Chen, 2006 圆突拱腹茧蜂

文献信息 陈家骅, 杨建全. 2006. 中国小茧蜂, 膜翅目, 茧蜂科, 拱腹茧蜂属. 福州: 福建科学技术出版社: 163-164.

标本信息 正模: ♀, 福建武夷山桐木, 采集人刘明晖, 1986. Ⅶ. 16 (福建武夷山先锋岭, 采集人

刘依华, 1980. Ⅵ. 20; 1♀, 福建武夷山桐木, 采集人刘依华, 1982. Ⅵ. 29; 1♀, 湖北神农架松柏镇, 采集人黄居昌, 1988. Ⅶ. 30; 1♀, 福建武夷山三港, 采集人张晓斌, 1988. Ⅷ. 18 (福建农林大学益虫研究室)。

(778) *Triraphis rectus* Chen et He, 1997

文献信息 Chen X, He J. 1997. Revision of the subfamily Rogadinae (Hymenoptera: Braconidae) from China. Zoologische Verhandelingen, 308: 1-187.

标本信息 正模: ♀, 湖北神农架(31°7′N, 110°6′E), 采集人茅晓渊, 1985. Ⅷ. 29 (浙江农业大学)。

(779) *Utetes pratense* Weng et Chen, 2005 宽颚潜蝇茧蜂

文献信息 陈家骅, 翁瑞泉. 2005. 中国潜蝇茧蜂, 膜翅目, 茧蜂科, 胫脊茧蜂属. 福州: 福建科学技术出版社: 161-162.

标本信息 正模: ♀, 湖北神农架木鱼坪, 采集人黄居昌, 1988. Ⅷ. 6; 1♀, 吉林长白山东岗, 采集人杨建全, 1989. Ⅶ. 24 (福建农林大学益虫研究室)。

170. 茎蜂科 Cephidae

(780) *Janus rufithorax* Wei et Nie, 1997 红胸简脉茎蜂

文献信息 魏美才, 聂海燕. 1997. 中国茎蜂科分类研究 Ⅳ. 简脉茎蜂属四新种附中国茎蜂科种属名录 (膜翅目: 茎蜂科). 昆虫分类学报, 19: 146-152.

标本信息 正模: ♀, 湖北神农架天池, 采集人不详, 1985. Ⅵ. 13 (中南林学院环境与资源系昆虫标本室)。

171. 螯蜂科 Dryinidae

(781) *Aphelopus dui* Xu, He et Oimi, 2002 杜氏常足螯蜂

文献信息 何俊华, 许再福. 2002. 中国动物志, 昆虫纲, 第二十九卷, 膜翅目, 螯蜂科, 常足螯蜂属. 北京: 科学出版社: 68.

标本信息 正模: ♀, 湖北神农架, 采集人杜予州, 1997. Ⅶ. 19 (中国科学院动物研究所)。

(782) *Aphelopus exnotaulices* He et Xu, 2002 缺沟常足螯蜂

文献信息 何俊华, 许再福. 2002. 中国动物志, 昆虫纲, 第二十九卷, 膜翅目, 螯蜂科, 常足螯蜂属. 北京: 科学出版社: 71-72.

标本信息 正模: ♂, 湖北神农架千家坪 (海拔 1700m), 采集人何俊华, 1982. Ⅷ. 26 (浙江大学植物保护系)。

172. 隧蜂科 Halictidae

(783) *Lasioglossum (Evylaeus) subversicolum* Fan, Andreas et Ebmer, 1992 拟变色淡脉隧蜂

文献信息 范建国, Andreas P, Ebmer W. 1992. 中国胫淡脉隧蜂亚属九新种 (膜翅目: 蜜蜂总科: 隧蜂科). 昆虫学报, 35: 234-240.

标本信息 正模: ♀, 云南中甸县土菅村 (海拔 2900m), 采集人范建国, 1984. Ⅶ. 7 (中国科学院动物研究所)。副模: 2♀♀, 湖北神农架 (海拔 1600~1800m), 采集人韩寅恒, 1981. Ⅷ. 1~Ⅷ. 18; 1♀, 西藏墨脱县西工湖 (海拔 1450m), 采集人韩寅恒, 1983. Ⅴ. 11 (中国科学院动物研究所)。

(784) *Lasioglossum (Evylaeus) versicolum* Fan, Andreas et Ebmer, 1992 变色淡脉隧蜂

文献信息 范建国, Andreas P, Ebmer W. 1992. 中国胫淡脉隧蜂亚属九新种 (膜翅目: 蜜蜂总科: 隧蜂科). 昆虫学报, 35: 234-240.

标本信息 正模: ♀, 湖北神农架 (海拔 1600m), 采集人韩寅恒, 1981. Ⅶ. 14 (中国科学院动物研究所)。副模: 2♀♀, 采集地点和采集人同正模, 1981. Ⅶ. 8~Ⅶ. 16; 1♀, 四川汶川县 (海拔 2100m), 采集人王书永, 1983. Ⅶ. 24 (中国科学院动物研究所)。

173. 柄腹细蜂科 Heloridae

(785) *Enicospilus hei* Tang, 1990 何氏细颚姬蜂

文献信息 汤玉清. 1990. 中国细颚姬蜂属志, 膜翅目, 姬蜂科, 瘦姬蜂亚科, 中国细颚茧蜂属属分种检索表. 重庆: 重庆出版社: 95-96.

标本信息 正模: ♀, 湖北房县, 采集人何俊华, 1982. Ⅷ. 27 (浙江农业大学植保系生物防治研究室)。配模: ♂, 湖北竹溪县, 采集人不详, 1979. Ⅴ. 25 (福建农学院生物防治研究室)。副模: 1 只 (腹末残缺, 性别不详), 广西临桂庙头, 采集人不详, 1980. Ⅷ. 23; 1♀, 安徽琅琊山, 采集人杜金荣, 1963. Ⅷ. 6 (福建农学院生物防治研究室)。

(786) *Enicospilus hubeiensis* Tang, 1990 湖北细颚姬蜂

文献信息 汤玉清. 1990. 中国细颚姬蜂属志, 膜翅目, 姬蜂科, 瘦姬蜂亚科, 中国细颚茧蜂属属分种检索表. 重庆: 重庆出版社: 95.

标本信息 正模: ♂, 湖北竹溪县, 采集人不详, 1979. Ⅴ. 25 (福建农学院生物防治研究室)。

174. 姬蜂科 Ichneumonidae

(787) *Dyspetes nigricans* He et Wan, 1987 黑切顶姬蜂

文献信息 何俊华, 万兴生. 1987. 切顶姬蜂属五新种记述 (膜翅目: 姬蜂科). 动物分类学报, 12: 87-92.

标本信息 正模: ♀, 湖北神农架千家坪 (海拔 1700m), 采集人何俊华, 1982. Ⅷ. 26 (浙江农业大学)。

(788) *Mastrus nigrus* Sheng et Zeng, 2010

文献信息 Sheng ML, Zeng XF. 2010. Species of the genus *Mastrus* Förster (Hymenoptera, Ichneumonidae) of China with descriptions of two new species parasitizing sawflies (Hymenoptera). ZooKeys, 57: 63-73.

标本信息 正模: ♀, 湖北神农架 (海拔 2360m), 采集人 Wang MQ, 2009. Ⅳ. 15 (国家林业局森林病虫害防治总站)。副模: 2♀♀1♂, 湖北神农架 (海拔 2110~2360m), 采集人 Wang MQ, 2009. Ⅳ. 15~Ⅳ. 20 (国家林业局森林病虫害防治总站)。

(789) *Agriotypus zhengi* He et Chen, 1991 郑氏潜水蜂

文献信息 何俊华, 陈学新. 1991. 湖北省潜水蜂一新种 (膜翅目: 潜水蜂科). 动物分类学报, 16: 211-213.

标本信息 正模: ♀, 湖北房县桥上乡, 采集人郑乐怡, 1997. Ⅵ. 16 (浙江农业大学生物防治研究室)。

(790) *Agrypon wushanensis* Wang, 1997 巫山阿格姬蜂

文献信息 王淑芳, 姚建, 王功桂. 1997. 膜翅目: 姬蜂科//杨星科. 长江三峡库区昆虫. 下册. 重庆: 重庆出版社: 1636.

标本信息 正模: ♂, 四川巫山县梨子坪 (海拔 1870m), 采集人姚建, 1993. Ⅶ. 5 (中国科学院动物研究所昆虫标本馆)。副模: 1♂, 同正模。

(791) *Agrypon xingshanensis* Wang, 1997 兴山阿格姬蜂

文献信息 王淑芳, 姚建, 王功桂. 1997. 膜翅目: 姬蜂科//杨星科. 长江三峡库区昆虫. 下册. 重庆: 重庆出版社: 1635-1636.

标本信息 正模: ♀, 湖北兴山县龙门河 (海拔 1300m), 采集人李文柱, 1994. Ⅴ. 9 (中国科学院动物研究所昆虫标本馆)。

(792) *Brachynervus anchorimaculus* He et Chen, 1994 锚斑短脉姬蜂

文献信息 何俊华, 陈学新. 1994. 中国短脉姬蜂属纪要及三新种描述 (膜翅目: 姬蜂科). 动物分类学报, 19: 90-96.

标本信息 正模：♀，浙江龙泉凤阳山，采集人傅洪健，1982. Ⅵ. 16 (浙江农业大学生物防治研究室)。配模：♂，广东连县，采集人 To FK，1934. Ⅹ. 1 (浙江农业大学生物防治研究室)。副模：1♀，采集地点和采集时间同正模，采集人吴玉林；1♀，湖北神农架宋洛镇 (海拔 1000m)，采集人何俊华，1982. Ⅶ. 28 (浙江农业大学生物防治研究室)。

(793) *Brachyzapus shennongjiaensis* Liu, 2009 神农架短食姬蜂

文献信息 刘经贤. 2009. 中国瘤姬蜂亚科分类研究. 杭州: 浙江大学博士学位论文, 175-176.
标本信息 正模：♀，湖北神农架 (海拔 1700m)，采集人何俊华，1982. Ⅷ. 26 (浙江大学寄生蜂标本馆)。

(794) *Enicospilus pusillus* Wang, 1997 细小细颚姬蜂

文献信息 王功桂，姚建，王功桂. 1997. 膜翅目: 姬蜂科//杨星科. 长江三峡库区昆虫. 下册. 重庆: 重庆出版社: 1634.
标本信息 正模：♀，湖北秭归县九岭头 (海拔 110m)，采集人姚建，1994. Ⅸ. 6 (中国科学院动物研究所昆虫标本馆)。

(795) *Enicospilus subhubeiensis* Wang, 1997 拟湖北细颚姬蜂

文献信息 王功桂，姚建，王功桂. 1997. 膜翅目: 姬蜂科//杨星科. 长江三峡库区昆虫. 下册. 重庆: 重庆出版社: 1632.
标本信息 正模：♀，湖北秭归县九岭头 (海拔 220m)，采集人宋士美，1993. Ⅶ. 26 (中国科学院动物研究所昆虫标本馆)。

(796) *Ischnoceros sanxiaensis* Wang, 1997 三峡瘦角姬蜂

文献信息 王淑芳，姚建，王功桂. 1997. 膜翅目: 姬蜂科//杨星科. 长江三峡库区昆虫. 下册. 重庆: 重庆出版社: 1623.
标本信息 正模：♀，湖北兴山县龙门河 (海拔 1350m)，采集人姚建，1994. Ⅸ. 8 (中国科学院动物研究所昆虫标本馆)。

(797) *Neurogenia shennongjiaensis* He, 1985 神农架畸脉姬蜂

文献信息 何俊华. 1985. 中国畸脉姬蜂属三新种记述 (膜翅目: 姬蜂科). 动物分类学报, 10: 316-320.
标本信息 正模：♀，湖北神农架松柏镇 (海拔 880m)，采集人何俊华，1983. Ⅷ. 23 (浙江农业大学生物防治研究室)。配模：♂，湖北神农架红花坪 (海拔 900m)，采集人何俊华，1982. Ⅷ. 25 (浙江农业大学生物防治研究室)。副模：4♂♂，同正模。

(798) *Paraperithous allokotos* Wang, 1997 异派姬蜂

文献信息 王淑芳，姚建，王功桂. 1997. 膜翅目: 姬蜂科//杨星科. 长江三峡库区昆虫. 下册. 重庆: 重庆出版社: 1619.
标本信息 正模：♀，湖北兴山县龙门河 (海拔 1300m)，采集人姚建，1994. Ⅸ. 8 (中国科学院动物研究所昆虫标本馆)。

(799) *Spilopteron hubeiensis* Wang, 1997 湖北污翅姬蜂

文献信息 王淑芳，姚建，王功桂. 1997. 膜翅目: 姬蜂科//杨星科. 长江三峡库区昆虫. 下册. 重庆: 重庆出版社: 1640.
标本信息 正模：♀，湖北兴山县龙门河 (海拔 1300m)，采集人陈小琳，1993. Ⅶ. 24 (中国科学院动物研究所昆虫标本馆)。

(800) *Spilopteron strenus* Wang, 1997 壮污翅姬蜂

文献信息 王淑芳，姚建，王功桂. 1997. 膜翅目: 姬蜂科//杨星科. 长江三峡库区昆虫. 下册. 重庆: 重庆出版社: 1640-1641.

标本信息 正模:♀,四川巫山县梨子坪 (海拔 1500m),采集人宋士美,1993. Ⅷ. 4 (中国科学院动物研究所)。

(801) *Sychnostigma elegana* Wang, 1997 雅长痣姬蜂

文献信息 王淑芳,姚建,王功桂. 1997. 膜翅目: 姬蜂科//杨星科. 长江三峡库区昆虫. 下册. 重庆: 重庆出版社: 1621.

标本信息 正模: ♀,湖北兴山县龙门河 (海拔 1350m),采集人姚建,1994. Ⅸ. 13 (中国科学院动物研究所昆虫标本馆)。

(802) *Trichomma spatia* Wang, 1997 间毛眼姬蜂

文献信息 王淑芳,姚建,王功桂. 1997. 膜翅目: 姬蜂科//杨星科. 长江三峡库区昆虫. 下册. 重庆: 重庆出版社: 1636-1637.

标本信息 正模: ♂,四川巫山县梨子坪 (海拔 1870m),采集人姚建,1993. Ⅶ. 5 (中国科学院动物研究所)。

(803) *Trichomma shennongica* Wang, 1985 神农毛眼姬蜂

文献信息 王淑芳. 1985. 中国毛眼姬蜂属记述 (姬蜂科: 肿跗姬蜂亚科). 动物分类学报, 10: 86-94.

标本信息 正模: ♂, 湖北神农架 (海拔 1000m),采集人韩寅恒,1981. Ⅴ. 8 (中国科学院动物研究所)。

(804) *Xorides (Cyanoxorides) amissiantennes* Wang, 1997 损角凿姬蜂

文献信息 王淑芳,姚建,王功桂. 1997. 膜翅目: 姬蜂科//杨星科. 长江三峡库区昆虫. 下册. 重庆: 重庆出版社: 1624.

标本信息 正模: ♀,湖北兴山县龙门河 (海拔 1350m),采集人陈小琳: 1994. Ⅶ. 18 (中国科学院动物研究所昆虫标本馆)。

(805) *Yamatarotes undentalis* Wang, 1986 无齿辅齿姬蜂

文献信息 王淑芳. 1986. 中国辅齿姬蜂属纪要 (膜翅目: 姬蜂科: 犁姬蜂亚科). 昆虫学报, 29: 214-217.

标本信息 正模: ♀,湖北神农架,采集人刘胜利,1977. Ⅶ. 26 (天津自然博物馆)。

(806) *Yezoceryx flaviscutellum* Wang, 1997 黄盾野姬蜂

文献信息 王淑芳,姚建,王功桂. 1997. 膜翅目: 姬蜂科//杨星科. 长江三峡库区昆虫. 下册. 重庆: 重庆出版社: 1639.

标本信息 正模: ♂,湖北兴山县龙门河 (海拔 1350m),采集人姚建,1993. Ⅵ. 2 (中国科学院动物研究所昆虫标本馆)。

(807) *Zabrachypus nonareaeidos* Wang, 1997 无区大食姬蜂

文献信息 王淑芳,姚建,王功桂. 1997. 膜翅目: 姬蜂科//杨星科. 长江三峡库区昆虫. 下册. 重庆: 重庆出版社: 1620-1621.

标本信息 正模: ♀,湖北兴山县龙门河 (海拔 1350m),采集人杨星科,1993. Ⅶ. 17 (中国科学院动物研究所昆虫标本馆)。

(808) *Zatypota nigriscape* Liu, 2009 黑柄多印姬蜂

文献信息 刘经贤. 2009. 中国瘤姬蜂亚科分类研究. 杭州: 浙江大学博士学位论文, 215-216.

标本信息 正模: ♀,湖北神农架,采集人何俊华,1982. Ⅷ. 27 (浙江大学寄生蜂标本馆)。副模: 3♂♂,同正模。

175. 细蜂科 Proctotrupidae

(809) *Phaenoserphus rugosipronotum* He et Xu, 2010 皱胸光胸细蜂

文献信息 何俊华,许再福. 2010. 光胸细蜂

属四新种记述 (膜翅目: 细蜂科). 昆虫分类学报, 32: 219-230.

标本信息 正模: ♀, 湖北神农架千家坪 (31.45ºN, 110.40ºE), 采集人石尚柏, 1982. Ⅷ. 26 (浙江大学寄生蜂标本馆). 副模: 1♂, 同正模。

(810) *Proctotrupes sinensis* He et Fan, 2004 中华细蜂

文献信息 何俊华, 陈学新, 樊晋江, 等. 2004. 浙江蜂类志. 北京: 科学出版社: 331-332.

标本信息 正模: ♂, 北京怀柔, 采集人石宝才,1981. Ⅹ. 13 (标本存放地不详). 副模: 2♂♂, 同正模; 1♀, 吉林长春净月潭, 采集人白洪玉, 1985. Ⅹ. 13; 2♀♀, 吉林长春净月潭, 采集人李兆芬, 1985. Ⅹ. 9~Ⅹ. 11; 1♂, 吉林长春, 采集人闫惠, 1985. Ⅹ. 5; 1♂, 河北石家庄, 地区农科所, 1980; 1♂, 河南安阳, 采集人崔树贞, 1979. Ⅷ. 8; 1♂, 浙江杭州, 采集人周正南, 1957. Ⅺ. 19; 1♀, 江西九江, 采集人彭国煌, 1981; 1♂, 湖北神农架千家坪 (海拔1300m), 采集人何俊华, 1982. Ⅷ. 26; 1♀, 贵州独山, 采集人周声震, 1980. Ⅴ. 6; 1♂, 贵州贵阳, 采集人何俊华, 1981. Ⅴ. 16; 1♂, 贵州贵阳, 采集人罗华礼, 采集时间不详 (标本存放地不详).

176. 金小蜂科 (柄腹金小蜂科) Pteromalisae (Miscogasteridae)

(811) *Halticopterella liaoi* Xiao et Huang, 1997 廖氏连褶金小蜂

文献信息 肖晖, 黄大卫. 1997. 连褶金小蜂属分类研究 (膜翅目: 小蜂总科: 金小蜂科). 动物分类学报, 22: 403-409.

Sureshan PM. 2001. A taxonomic revision of the genus *Halticopterella* (Hymenoptera: Chalcidoidea: Pteromalidae). Oriental Insects, 35: 29-38.

标本信息 正模: ♀, 湖北兴山县龙门河, 采集人李法圣, 1994. Ⅸ. 14 (中国科学院动物研究所标本馆).

分类讨论 肖晖和黄大卫1997年依据在神农架采集的标本将该物种命名为廖氏连褶金小蜂 (*Lyubana liaoi* Xiao et Huang, 1997). 进一步研究表明, 该物种应该归到 *Halticopterella*, 故将该物种修订为 *Halticopterella liaoi* Xiao et Huang, 1997 (Sureshan, 2001).

177. 泥蜂科 Sphecidae

(812) *Crossocerus* (*Ablepharipus*) *sulcatus* Li et Yang, 2003

文献信息 Li Q, Yang LF. 2003. Two new species of the subgenus *Ablepharipus* Perkins (Hymenoptera: Sphecidae: *Crossocerus*) with a reference key to the species from China. Journal of the New York Entomological Society, 111: 145-150.

标本信息 正模: ♀, 四川峨眉山 (海拔 1800~2000m), 采集人朱复兴, 1957. Ⅷ. 8 (中国科学院动物研究所). 副模: 1♂, 四川峨眉山, 采集人 Huang KR, 1955. Ⅵ. 18 (中国科学院动物研究所); 1♀, 湖北神农架千家坪 (海拔 1700m), 采集人何俊华, 1982. Ⅷ. 26 (浙江大学).

178. 方头泥蜂科 Crabronidae

(813) *Crossocerus* (*Blepharipus*) *carinicollaris* Li et Wu, 2006

文献信息 Li Q, Wu YR. 2006. The subgenus *Blepharipus* from southwestern China with descriptions of two new species (Hymenoptera: Crabronidae). Journal of the Kansas Entomological Society, 79: 288-295.

标本信息 正模: ♀, 湖北神农架千家坪 (海拔 1700m), 采集人何俊华, 1982. Ⅷ. 26 (浙江大学昆虫标本馆). 副模: 1♂, 云南维西县攀天阁 (海拔 2920m), 采集人王书永, 1981. Ⅷ. 18 (中国科学院动物研究所); 1♂, 湖北神农架 (海拔 1000m), 采集人何俊华, 1982. Ⅷ.

28 (浙江大学昆虫标本馆)。

179. 冠蜂科 Stephanidae

(814) *Megischus aplicatus* Hong, van Achterberg et Xu, 2010 无褶大腿冠蜂

文献信息 Hong CD, van Achterberg C, Xu ZF. 2010. A new species of *Megischus* Brullé (Hymenoptera, Stephanidae) from China, with a key to the Chinese species. ZooKeys, 69: 59-64.

标本信息 正模: ♂, 湖北神农架自然保护区, 采集人石尚柏, 1982. Ⅷ (浙江大学)。

180. 叶蜂科 Tenthredinidae

(815) *Alphostromboceros albipes* Wei, 1997 白足长室叶蜂

文献信息 魏美才. 1997. 膜翅目: 叶蜂科 (Ⅱ)//杨星科. 长江三峡库区昆虫. 下册. 重庆: 重庆出版社: 1569.

标本信息 正模: ♀, 云南洱源县, 采集人王启元, 1936. Ⅸ. 12 (中国科学院动物研究所昆虫标本馆)。副模: 1♀, 四川巫山县梨子坪 (海拔 1800m), 采集人杨星科, 1993. Ⅴ. 8 (中国科学院动物研究所昆虫标本馆)。

(816) *Alphostromboceros nigrocalcus* Wei et Nie, 1999 黑距长室叶蜂

文献信息 魏美才, 聂海燕. 1999. 伏牛山南坡蕨叶蜂科新类群 (膜翅目: 叶蜂亚目)//申效诚, 裴海潮. 河南昆虫分类区系研究. 第四卷. 伏牛山南坡及大别山区昆虫. 北京: 中国农业科技出版社: 93.

标本信息 正模: ♀, 河南内乡县宝天曼 (海拔 1600m), 采集人魏美才, 1998. Ⅶ. 15 (中国科学院动物研究所)。副模: 1 ♀, 同正模; 1♀, 河南内乡县宝天曼, 采集人肖炜, 1998. Ⅶ. 12; 1♀, 湖北神农架红花坪 (海拔 900m), 采集人不详, 1982. Ⅶ. 25; 1♀, 湖南石门县, 采集人刘志伟, 1994. Ⅶ; 1♀, 浙江, 无其标签; 1♀,

四川峨眉山 (海拔 580m), 采集人黄天荣, 1955. Ⅵ. 24 (中国科学院动物研究所)。

(817) *Aneugmenus cenchrus* Wei, 1997 圆膜凹鄂叶蜂

文献信息 魏美才. 1997. 膜翅目: 叶蜂科 (Ⅱ) //杨星科. 长江三峡库区昆虫. 下册. 重庆: 重庆出版社: 1573-1574.

标本信息 正模: ♀, 江西庐山, 采集人不详, 1974. Ⅵ. 14 (中国科学院动物研究所昆虫标本馆)。副模: 1♀, 湖北神农架 (海拔 1250m), 采集人韩寅恒, 1987; 1♀, 四川峨眉山 (海拔 1600~2100m), 采集人步希克, 1955. Ⅵ. 24; 1♂, 陕西宁陕县, 采集人不详, 1980. Ⅶ. 4; 5♀♀9♂♂, 江西牯岭镇, 采集人 Piel O, 1935. Ⅷ; 1♂, 四川巫山县梨子坪 (海拔 1870m), 采集人黄润质, 1993. Ⅶ. 4; 1♂, 四川万县王二包 (海拔 1200m), 采集人杨星科, 1994. Ⅴ. 28; 1♀, 湖北兴山县龙门河猕猴桃园 (海拔 1200m), 采集人章有为, 1994. Ⅴ. 7 (中国科学院动物研究所昆虫标本馆)。

(818) *Apareophora stenotheca* Wei, 1997 狭鞘阿叶蜂

文献信息 魏美才. 1997. 膜翅目: 叶蜂科 (Ⅱ) //杨星科. 长江三峡库区昆虫. 下册. 重庆: 重庆出版社: 1600.

标本信息 正模: ♀, 四川巫山县梨子坪, 采集人姚建, 1993. Ⅶ. 4 (中国科学院动物研究所昆虫标本馆)。副模: 3♂♂, 采集地点和采集时间同正模, 采集人黄润质; 1♀, 福建崇安星村 (海拔 1000~1300m), 采集人姜胜巧, 1960. Ⅵ. 2 (中国科学院动物研究所昆虫标本馆)。

(819) *Apethymus xanthotibialis* Wei, 2007 黄胫秋叶蜂

文献信息 廖芳均, 魏美才, 黄宁廷. 2007. 中国平背叶蜂亚科两新种 (膜翅目: 叶蜂科). 动物分类学报, 32: 724-727.

标本信息 正模: ♀, 湖南炎陵县桃源洞 (海

拔 900~1000m, 26°49′N, 113°77′E), 采集人魏美才, 1999. Ⅳ. 24 (中南林业科技大学昆虫模式标本室)。副模: 2♀♀, 广西猫儿山九牛塘, 采集人游群、肖炜, 2006. Ⅴ. 17、Ⅴ. 18; 1♀, 湖南石门县壶瓶山, 采集人游章强, 2000. Ⅳ. 30; 1♀, 湖南永州阳明山 (海拔 900~1000m), 采集人肖炜, 2004. Ⅳ. 25; 1♀, 湖南永州舜皇山 (海拔 900~1200m), 采集人刘卫星, 2004. Ⅳ. 28; 3♂♂, 湖南石门县, 采集人刘志伟, 1994. Ⅶ; 1♂, 湖南, 采集人刘志伟, 1992; 1♂, 湖北兴山县龙门河 (海拔 1300m), 采集人姚建, 1994. Ⅴ. 11; 1♀, 广东乳源自治县九重山 (海拔 1100m), 采集人朱小妮, 2007. Ⅳ. 12; 1♀, 广东始兴县车八岭, 采集人钟义海, 2007. Ⅳ. 13; 1♀, 湖南宜章县莽山大塘坑 (海拔 1030m), 采集人肖炜, 2007. Ⅳ. 11 (中南林业科技大学昆虫模式标本室)。

(820) *Busarbidea nigriventris* Wei, 1997 黑腹脉柄叶蜂

文献信息 魏美才. 1997. 膜翅目: 叶蜂科 (Ⅱ) //杨星科. 长江三峡库区昆虫. 下册. 重庆: 重庆出版社: 1571-1572.

标本信息 正模: ♀, 湖南株洲东郊, 采集人魏美才、聂海燕, 1995. Ⅴ. 19 (中南林学院)。副模: 1♀1♂, 同正模; 1♂, 湖北兴山县龙门河 (海拔 1300m), 采集人李法圣, 1994. Ⅸ. 12; 2♂♂, 浙江天目山, 采集人 Piel O, 1935. Ⅷ. 13 (中国科学院动物研究所昆虫标本馆)。

(821) *Clypea sinica* Wei, 1997 中华唇叶蜂

文献信息 魏美才. 1997. 膜翅目: 叶蜂科 (Ⅱ) //杨星科. 长江三峡库区昆虫. 下册. 重庆: 重庆出版社: 1582.

标本信息 正模: ♀, 四川峨眉山清音阁 (海拔 800~1000m), 采集人黄克仁, 1957. Ⅳ. 21 (中国科学院动物研究所昆虫标本馆)。副模: 15♀♀15♂♂, 四川峨眉山, 采集人黄克仁、朱复兴、卢佑才和王宗元, 1957. Ⅳ. 5; 9♀♀, 四川峨眉山, 采集人黄克仁、朱复兴、卢佑才、

1957. Ⅶ; 1♀, 四川峨眉山, 采集人黄克仁、金根桃, 1955. Ⅵ. 9; 1♀, 江西庐山, 采集人杜金荣, 1964. Ⅴ. 3; 1♀, 四川峨眉山初殿, 1957. Ⅵ. 26; 1♀, 福建武夷山, 采集人张宝林, 1982. Ⅳ. 22; 1♀2♂♂, 福建建阳黄坑, 采集人马成林、左永, 1960. Ⅳ. 4; 1♂, 福建崇安星村, 采集人张毅然, 1960. Ⅳ. 17; 1♂, 四川峨眉山, 采集人波波夫 B, 1955. Ⅵ. 21; 1♂, 四川巫山县梨子坪 (海拔 1870m), 采集人黄润质, 1993. Ⅶ. 5; 1♂, 湖北兴山县龙门河 (海拔 1350m), 采集人姚建, 1993. Ⅵ. 23 (中国科学院动物研究所昆虫标本馆)。

(822) *Conaspidia indistincta* Wei et Nie, 2007 淡斑盾叶蜂

文献信息 魏美才, 聂海燕. 2007. 中国盾叶蜂属研究附世界已知种检索表 (膜翅目: 叶蜂科), 昆虫分类学报, 19 (增刊): 95-117.

标本信息 正模: ♀, 湖北神农架 (海拔 930m), 采集人不详, 1983. Ⅶ. 2 (湖南株洲魏美才个人收藏)。副模: 2♀♀1♂, 同正模; 1♀, 湖北神农架 (海拔 1000m), 采集人不详, 1982. Ⅶ. 28 (湖南株洲魏美才个人收藏)。

(823) *Dolerus poecilomallosis* Wei, 1997 丽毛麦叶蜂

文献信息 魏美才. 1997. 膜翅目: 叶蜂科 (Ⅱ) //杨星科. 长江三峡库区昆虫. 下册. 重庆: 重庆出版社: 1579-1560.

标本信息 正模: ♀, 福建建阳黄坑 (海拔 800~950m), 采集人左永, 1960. Ⅵ. 23 (中国科学院动物研究所昆虫标本馆)。副模: 2♀♀, 湖北神农架大崖 (岩) 屋, 采集人穆强, 1977. Ⅵ. 27 (南开大学); 1♀, 四川峨眉山 (海拔 1780m), 采集人不详, 1957. Ⅵ. 26 (南开大学); 2♂♂, 四川峨眉山 (海拔 1800~1900m), 采集人黄克仁, 1957. Ⅶ. 28; 1♂, 陕西秦岭, 采集人廖定熹, 1973. Ⅶ. 21; 2♀♀3♂♂, 四川巫山县梨子坪 (海拔 1870m), 采集人姚建、李文柱, 1994. Ⅴ. 19; 1♀, 湖北兴山县龙门河 (海

拔 1800m), 采集人李文柱, 1993. Ⅵ. 17 (中国科学院动物研究所昆虫标本馆)。

(824) *Edenticornia tibialis* Wei, 1997 淡胫拟齿角叶蜂

文献信息 魏美才. 1997. 膜翅目: 叶蜂科 (Ⅱ) //杨星科. 长江三峡库区昆虫. 下册. 重庆: 重庆出版社: 1570-1571.

标本信息 正模:♀, 四川峨眉山 (海拔1800~1900m), 采集人黄克仁, 1957. Ⅷ. 10 (中国科学院动物研究所昆虫标本馆)。副模: 5♀1♂, 四川峨眉山, 采集人不详 1957. Ⅷ; 1♀, 四川巫山县梨子坪 (海拔 1870m), 采集人黄润质, 1993. Ⅶ. 3; 1♀, 湖北兴山县龙门河 (海拔1300m), 采集人姚建, 1994. Ⅸ. 13 (中国科学院动物研究所昆虫标本馆)。

(825) *Euforsius punctatus* Wei, 1997 刻胸佛叶蜂

文献信息 魏美才. 1997. 膜翅目: 叶蜂科 (Ⅱ) //杨星科. 长江三峡库区昆虫. 下册. 重庆: 重庆出版社: 1570.

标本信息 正模: ♀, 四川峨眉山, 采集人黄克仁, 1957. Ⅴ. 9 (中国科学院动物研究所昆虫标本馆)。副模: 1♀3♂♂, 同正模; 1♂, 湖北兴山县龙门河 (海拔 1350m), 采集人杨星科, 1993. Ⅶ. 20 (中国科学院动物研究所昆虫标本馆)。

(826) *Eutomostethus centralius* Wei, 2002 华中真片叶蜂

文献信息 魏美才. 2002. 河南蔺叶蜂亚科五新种 (膜翅目: 叶蜂亚目: 蔺叶蜂科) //申效诚, 赵永谦. 河南昆虫分类区系研究. 第五卷. 太行山及桐柏山区昆虫. 北京: 中国农业科学技术出版社: 181-182.

标本信息 正模: ♀, 河南罗山县灵山 (海拔600m), 采集人魏美才, 2001. Ⅴ. 21 (中南林学院昆虫标本室)。副模: 1♀, 同正模; 1♀, 湖北神农架, 采集人茅晓渊, 1985. Ⅸ. 22 (中南

林学院昆虫标本室)。

(827) *Thrinax goniata* Wei, 1997 角突窗胸叶蜂

文献信息 魏美才. 1997. 膜翅目: 叶蜂科 (Ⅱ) //杨星科. 长江三峡库区昆虫. 下册. 重庆: 重庆出版社: 1575-1576.
Blank SM. 2002. Taxonomic notes on Strongylogasterini (Hymenoptera: Tenthredinidae). Proceedings Entomological Society of Washington, 104: 692-701.

标本信息 正模: ♀, 四川峨眉山 (海拔 800~1000m), 采集人黄克仁、王宗元, 1957. Ⅴ. 3~Ⅴ. 6 (中国科学院动物研究所昆虫标本馆)。副模: 1♀2♂♂, 同正模; 1♂, 四川巫山县梨子坪 (海拔 1870m), 采集人黄润质, 1993. Ⅶ. 4 (中国科学院动物研究所昆虫标本馆)。

分类讨论 魏美才1997年依据采集的标本将该物种命名为角突窗胸叶蜂 (*Hemitaxonus goniatus* Wei, 1997)。进一步研究表明, 该物种应归到 *Thrinax*, 故将该物种修订为 *Thrinax goniata* Wei, 1997 (Blank, 2002)。

(828) *Hoplocampa shennongjiana* Liu et Wei, 2016 神农实叶蜂

文献信息 刘婷. 2016. 中国实叶蜂亚科系统分类研究. 长沙: 中南林业大学硕士学位论文, 35-36.

标本信息 正模: ♀, 湖北神农架大龙潭 (海拔 2312m, 31°29.112′N, 110°16.231′E), 采集人李泽建, 2012. Ⅴ. 21 (中南林业科技大学叶蜂标本馆)。

(829) *Lagidina nigrocollis* Wei et Nie, 1999 黑肩隐斑叶蜂

文献信息 魏美才, 聂海燕. 1999. 河南叶蜂新种记述 (膜翅目: 叶蜂亚目) //申效诚, 裴海潮. 河南昆虫分类区系研究. 第四卷. 伏牛山南坡及大别山区昆虫. 北京: 中国农业科学技术出版社: 155-156.

标本信息　正模: ♂, 河南嵩县白云山 (海拔 1500m), 采集人盛茂领, 1999. V. 20 (中南林学院昆虫标本室)。副模: 2♀♀3♂♂, 湖北兴山县龙门河 (海拔 1300m), 采集人李文柱、杨星科、章有为, 1994. V. 7~V. 10; 1♂, 湖北神农架 (海拔 1300m), 采集人李文柱, 1994. V. 6 (中南林学院昆虫标本室)。

(830) *Linomorpha flavicornis* Wei, 1997 黄角丽叶蜂

文献信息　魏美才. 1997. 膜翅目: 叶蜂科 (II) //杨星科. 长江三峡库区昆虫. 下册. 重庆: 重庆出版社: 1587-1588.

标本信息　正模: ♀, 四川峨眉山洗象池 (海拔 1400~2000m), 采集人黄克仁, 1957. VIII. 17 (中国科学院动物研究所昆虫标本馆)。副模: 1♀1♂, 同正模; 1♂, 四川峨眉山洗象池 (海拔 1800~2000m), 采集人朱复兴, 1957. VIII. 20; 1♀, 四川巫山县梨子坪 (海拔 1870m), 采集人姚建, 1994. IX. 22 (中国科学院动物研究所昆虫标本馆)。

(831) *Loderus apicalis* Wei, 2002 端白凹眼叶蜂

文献信息　魏美才. 2002. 河南凹眼叶蜂属一新种 (膜翅目: 叶蜂科) //申效诚, 赵永谦. 河南昆虫分类区系研究. 第五卷. 太行山及桐柏山区昆虫. 北京: 中国农业科学技术出版社: 101-103.

标本信息　正模: ♀, 河南陕县甘山公园 (海拔 1100m), 采集人魏美才, 2000. VI. 1; 1♀, 陕西太白山火地塘, 采集人不详, 1985. VI. 22; 1♀, 湖北神农架, 采集人茅晓渊, 1985. VI. 13 (中南林学院昆虫标本室)。

(832) *Macrophya jiangi* Wei et Zhao, 2011 江氏钩瓣叶蜂

文献信息　魏美才, 赵赴. 2011. 神农架钩瓣叶蜂属二新种 (膜翅目: 叶蜂科). 动物分类学报, 36: 264-267.

标本信息　正模: ♀, 湖北神农架松柏镇 (31.7°N, 110.6°E), 采集人茅晓渊, 1985. V. 30 (中南林业科技大学昆虫模式标本室)。

(833) *Macrophya brevicinctata* Li, Liu et Wei, 2016 小环钩瓣叶蜂

文献信息　Liu MM, Li ZJ, Shang J, et al. 2016. Three new species of *annulitibia*-group of the genus *Macrophya* Dahlbom (Hymenoptera: Tenthredinidae) in Mts. Qinling from China. Zoological Systematics, 41: 216-226.

标本信息　正模: ♀, 湖北神农架红花朵 (海拔 1200m, 31°15′N, 109°56′E), 采集人魏美才, 2007. VII. 3 (中南林业科技大学昆虫模式标本室)。副模: 1♀, 陕西安康火地塘 (海拔 1539m), 采集人李涛, 2010. VII. 11; 1♀, 湖北神农架阴峪河 (海拔 2100m, 31°34.005′N, 110°20.370′E), 采集人魏美才、牛耕耘, 2011. VII. 21 (中南林业科技大学昆虫模式标本室)。

(834) *Macrophya breviclypea* Chen et Wei, 2002 缩唇钩瓣叶蜂

文献信息　陈明利. 2002. 中国钩瓣叶蜂属系统分类研究. 长沙: 中南林学院硕士学位论文, 46-48.

标本信息　正模: ♂, 湖北神农架, 采集人不详, 1985. V. 30 (中南林学院昆虫资源研究所模式标本室)。

(835) *Macrophya cheni* Li, Liu et Wei, 2014

文献信息　Li ZJ, Liu MM, Wei MC. 2014. Four new species of *sanguinolenta*-group of the genus *Macrophya* (Hymenoptera: Tenthredinidae) from China. Zoological Systematics, 39: 520-533.

标本信息　正模: ♀, 湖北神农架红花朵 (海拔 1200m, 31°15′N, 109°56′E), 采集人钟义海, 2007. VII. 3 (中南林业科技大学昆虫标本馆)。副模: 1♀, 贵州金顶梵净山, 采集人陈学新, 1983. VII. 13 (中南林业科技大学昆虫标本馆)。

(836) *Macrophya curvatisaeta* **Wei et Li, 2010** 弯毛钩瓣叶蜂

文献信息 Zhao F, Li ZJ, Wei MC. 2010. Two new species of *Macrophya* Dahlbom (Hymenoptera, Tenthredinidae) from China with a key to species of the *imitator* group. Japanese Journal of Systematic Entomology, 16: 265-272.

标本信息 正模: ♀, 湖北神农架千家坪 (海拔 1789m, 31°24.356′N, 110°24.023′E), 采集人焦墾, 2009. Ⅶ. 4 (中南林业科技大学昆虫标本馆)。副模: 36♀♀, 湖北神农架摇篮沟 (海拔 1430m, 31°29.104′N, 110°22.878′E), 采集人赵赴、焦墾, 2009. Ⅶ. 13~Ⅶ. 29; 15♀♀3♂, 湖北神农架千家坪 (海拔 1789m, 31°24.356′N, 110°24.023′E), 采集人焦墾, 2009. Ⅶ. 3~Ⅶ. 7; 1♀, 湖北神农架板桥 (海拔 1150m, 31°25.326′N, 110°09.667′E), 采集人赵赴, 2009. Ⅵ. 13; 1♀, 湖北神农架板桥 (海拔 1150m, 31°25.326′N, 110°09.667′E), 采集人赵赴, 2008. Ⅴ. 30; 1♀3♂, 湖北神农架 (海拔 1250m, 31°26.265′N, 110°22.935′ E), 采集人赵赴, 2008. Ⅵ. 4; 1♀, 湖北神农架阴峪河 (海拔 2046m, 31°29.821′N, 110°18.799′E), 采集人赵赴, 2008. Ⅶ. 29; 2♀♀, 甘肃小陇山东岔林场 (海拔 1180m, 34°18′59″N, 106°34′22″E), 采集人Tang MJ, 2009. Ⅵ. 11; 1♀, 宁夏六盘山 (海拔 2050m, 35°36.687′N, 106°16.103′E), 采集人刘飞, 2008. Ⅵ. 26; 1♀, 陕西镇安 (海拔 1300~1600m), 采集人朱巽, 2005. Ⅶ. 10 (中南林业科技大学昆虫标本馆)。

(837) *Macrophya erythrotibialis* **Li, 2013** 纤跗钩瓣叶蜂

文献信息 李泽建. 2013. 钩瓣叶蜂属 *Macrophya* Dahlbom 系统学研究. 长沙: 中南林业科技大学博士学位论文, 315-317.

标本信息 正模: ♀, 湖北神农架红花朵 (海拔 1200m, 31°15′N, 109°56′E), 采集人钟义海,

2007. Ⅶ. 3 (中南林业科技大学昆虫模式标本室)。副模: 1♀, 贵州梵净山金顶, 采集人陈学新, 1983. Ⅶ. 13 (中南林业科技大学昆虫模式标本室)。

(838) *Macrophya flavocornis* **Li, 2013** 黄角钩瓣叶蜂

文献信息 李泽建. 2013. 钩瓣叶蜂属 *Macrophya* Dahlbom 系统学研究. 长沙: 中南林业科技大学博士学位论文, 155-157.

标本信息 正模: ♀, 湖北神农架阴峪河 (海拔 2100m, 31°34.005′N, 110°20.370′E), 采集人魏美才、牛耕耘, 2011. Ⅶ. 21 (中南林业科技大学昆虫模式标本室)。副模: 1♂, 湖北神农架鸭子口 (海拔 1920m, 31°30.104′N, 110°20.986′E), 采集人魏美才、牛耕耘, 2011. Ⅶ. 21; 1♀, 湖北神农架温水林场 (海拔 1700~2000m), 采集人丁伟, 2003. Ⅶ. 18; 1♀, 湖北神农架温水林场 (海拔 1700~2000m), 采集人王文凯, 2003. Ⅶ. 16; 1♀, 湖北五峰县后河, 采集人万涛, 2002. Ⅶ. 19 (中南林业科技大学昆虫模式标本室)。

(839) *Macrophya glabrifrons* **Li, 2013** 光额钩瓣叶蜂

文献信息 李泽建. 2013. 钩瓣叶蜂属 *Macrophya* Dahlbom 系统学研究. 长沙: 中南林业科技大学博士学位论文, 239-240.

标本信息 正模: ♂, 湖北神农架鸭子口 (海拔 1920m, 31°34.104′N, 110°20.986′E), 采集人李泽建, 2011. Ⅴ. 26 (中南林业科技大学昆虫模式标本室)。副模: 1♂, 湖北神农架摇篮沟 (海拔 1360m, 31°30′N, 110°23′E), 采集人 Shinohara A, 2010. Ⅴ. 19 (中南林业科技大学昆虫模式标本室)。

(840) *Macrophya jiaozhaoae* **Wei et Zhao, 2010** 焦氏钩瓣叶蜂

文献信息 Zhao F, Li ZJ, Wei MC. 2010. Two new species of *Macrophya* Dahlbom

(Hymenoptera, Tenthredinidae) from China with a key to species of the *imitator* group. Japanese Journal of Systematic Entomology, 16: 265-272.

标本信息 正模: ♀, 湖北神农架千家坪 (海拔 1789m, 31°24.356′N, 110°24.023′E), 采集人焦塱, 2009. Ⅶ. 4 (中南林业科技大学昆虫标本馆). 副模: 17♀♀7♂♂, 湖北神农架红花朵 (海拔 1200m, 31°15′N, 110°56′E), 采集人魏美才、钟义海、肖炜和聂梅, 2007. Ⅶ. 3; 2♂♂, 湖北神农架大龙潭 (海拔 2200m), 采集人钟义海, 2002. Ⅵ. 30; 1♂, 湖北神农架大龙潭 (海拔 2114m, 31°29.450′N, 110°18.489′E), 采集人赵赴, 2008. Ⅶ. 9; 4♀♀3♂♂, 湖北神农架漳宝河 (海拔 1156m, 31°26.765′N, 110°24.570′E), 采集人赵赴、焦塱, 2009. Ⅵ. 13; 28♀♀, 湖北神农架摇篮沟 (海拔 1430m, 31°29.104′N, 110°22.878′E), 采集人赵赴、焦塱, 2009. Ⅶ. 13~Ⅶ. 26; 31♀♀1♂, 湖北神农架千家坪 (海拔 1789m, 31°24.356′N, 110°24.023′E), 采集人焦塱, 2009. Ⅶ. 3~Ⅶ. 7; 8♀♀, 湖北神农架彩旗镇 (海拔 1981m, 31°30.254′N, 110°26.048′E), 采集人赵赴、焦塱, 2009. Ⅶ. 16~Ⅶ. 21; 2♀♀, 湖北神农架鸭子口 (海拔 1241m, 31°31.633′N, 110°20.275′E), 采集人赵赴, 2008. Ⅷ. 2; 5♀♀, 湖北神农架香溪源 (海拔 1386m, 31°28.329′N, 110°22.679′E), 采集人赵赴, 2008. Ⅶ. 11; 3♀♀, 湖北神农架 (海拔 2100m), 采集人周虎、姜吉刚, 2003. Ⅶ. 21; 1♀, 湖北神农架 (海拔 1900m), 采集人周虎, 2003. Ⅶ. 25; 1♀, 湖北神农架 (海拔 1950m), 采集人周虎, 2003. Ⅶ. 24; 2♀♀, 湖北神农架 (海拔 2800m), 采集人姜吉刚, 2003. Ⅶ. 22; 2♀♀, 湖北神农架金猴岭 (海拔 2500m), 采集人钟义海, 2002. Ⅵ. 28 (中南林业科技大学昆虫标本馆).

(841) *Macrophya megapunctata* Li, 2013 大刻钩瓣叶蜂

文献信息 李泽建. 2013. 钩瓣叶蜂属 *Macrophya* Dahlbom 系统学研究. 长沙: 中南林业科技大学博士学位论文, 230-231.

标本信息 正模: ♀, 湖北神农架小寨 (海拔 905m, 31°34.119′N, 110°08.342′E), 采集人赵赴, 2008. Ⅴ. 24 (中南林业科技大学昆虫模式标本室). 副模: 3♀♀1♂, 贵州贵阳花溪, 采集人汪廉敏, 1993. Ⅹ. 7; 3♀♀, 贵州赤水, 采集人汪廉敏, 1994; 1♀, 鄂五峰县仁和坪 (海拔 600m), 采集人陈乾, 2011. Ⅶ. 10 (长江大学昆虫标本馆); 2♀♀, 四川青城山祖师殿 (海拔 1116m, 30°54.28′N, 103°33.28′E), 采集人朱朝阳、姜吉刚, 2011. Ⅵ. 23 (除标注的标本外, 其余副模的模式标本均保存在中南林业科技大学昆虫模式标本室).

(842) *Macrophya mui* Chen et Wei, 2002 木氏钩瓣叶蜂

文献信息 陈明利. 2002. 中国钩瓣叶蜂属系统分类研究. 长沙: 中南林学院硕士学位论文, 135-136.

标本信息 正模: ♀, 湖北神农架红坪, 采集人穆强, 1977. Ⅵ. 29 (中南林学院昆虫资源研究所昆虫模式标本室).

(843) *Macrophya nigrobasitarsalina* Li, 2013 黑跗钩瓣叶蜂

文献信息 李泽建. 2013. 钩瓣叶蜂属 *Macrophya* Dahlbom 系统学研究. 长沙: 中南林业科技大学博士学位论文, 283-284.

标本信息 正模: ♂, 湖北神农架太子垭 (海拔 2600m, 31°27.129′N, 110°11.551′E), 采集人魏美才、牛耕耘, 2011. Ⅶ. 20 (中南林业科技大学昆虫模式标本室).

(844) *Macrophya pseudoannulitibia* Li, 2013 寡齿钩瓣叶蜂

文献信息 李泽建. 2013. 钩瓣叶蜂属 *Macrophya* Dahlbom 系统学研究. 长沙: 中南林业科技大学博士学位论文, 289-292.

标本信息 正模: ♀, 湖北神农架大龙潭 (海拔 2312m, 31°29.112′N, 110°16.231′E), 采集人赵赴, 2008. VII. 31 (中南林业科技大学昆虫模式标本室). 副模: 1♀, 河南栾川县, 采集人不详, 1996. VII. 13; 35♀♀2♂♂, 河南嵩县白云山 (海拔 1500m), 采集人钟义海, 2001. V. 31; 1♀1♂, 河南嵩县白云山 (海拔 1500m), 采集人盛茂领, 1999. V. 20; 1♀4♂♂, 河南嵩县白云山 (海拔 1800m), 采集人钟义海, 2001. VI. 2; 4♀♀1♂, 河南栾川县龙塔湾 (海拔 1800m), 采集人钟义海, 2001. VI. 5; 1♀, 河南嵩县白云山 (海拔 1500m), 采集人梁晏雯, 2003. VII. 18; 1♀, 河南宝天曼保护站 (海拔 1300m, 33°30.136′N, 111°56.829′E), 采集人杨青, 2006. VI. 23; 1♀, 河南宝天曼曼顶 (海拔 1854m, 33°30.136′N, 111°56.829′E), 采集人钟义海, 2006. VI. 25; 1♀, 河南栾川县龙峪湾 (海拔 1600m), 采集人贺应科, 2003. VII. 29; 1♀, 四川九寨沟 (海拔 2500m), 采集人魏美才, 2001. VIII. 16; 1♂, 辽宁大兴沟 (海拔 470m), 采集人盛茂领, 2005. VI. 17; 1♂, 甘肃清水县小陇山 (海拔 1900m), 采集人肖炜, 2005. V. 30; 2♂♂, 甘肃清水县小陇山 (海拔 1360m), 采集人盛茂领, 2005. V. 30; 1♀, 甘肃清水县小陇山滩歌林场卧牛山 (海拔 2200~2250m, 34°29.225′N, 104°47.463′E), 采集人马海燕, 2009. VII. 2; 1♀, 湖北神农架大龙潭 (海拔 2200m), 采集人钟义海, 2002. VI. 10; 1♀, 湖北神农架鸭子口 (海拔 1241m, 31°31.633′N, 110°20.275′E), 采集人赵赴, 2008. VII. 19; 3♀♀, 湖北神农架大龙潭 (海拔 2110m, 31°29.495′N, 110°18.513′E), 采集人赵赴, 2009. VII. 1; 1♀, 湖北神农架 (海拔 1900m), 采集人姜吉刚, 2003. VII. 21; 2♀♀, 湖北神农架红花朵 (海拔 1200m, 31°15′N, 109°56′E), 采集人魏美才、钟义海、肖炜, 2007. VII. 3; 1♀, 湖北神农架板壁岩 (海拔 2500m), 采集人钟义海, 2002. IV. 29; 1♀, 云南香格里拉小中甸 (海拔 3000m), 采集人肖炜, 2004. VII. 18; 4♀♀13♂♂, 湖北神农架, 采集人盛茂领, 2010. VII. 5~VII. 15; 2♀♀, 湖北神农架, 采集人盛茂领, 2010. VIII. 2; 22♂♂, 湖北神农架, 采集人盛茂领, 2010. VI. 7; 3♀♀, 宁夏六盘山苏台 (海拔 2133m, 35°26.764′N, 106°11.867′E), 采集人刘飞, 2008. VII. 6; 1♀, 宁夏六盘山二龙河 (海拔 1945m, 35°23.380′N, 106°20.701′E), 采集人刘飞, 2008. VII. 6; 1♀2♂♂, 甘肃临夏太子山刁祈林场 (海拔 2500m, 35°14.202′N, 103°25.314′E), 采集人李泽建、王晓华, 2010. VII. 10; 1♀, 湖北神农架鬼头湾 (海拔 2150m, 31°28.439′N, 110°08.872′E), 采集人李泽建, 2011. V. 25~V. 28; 1♀, 湖北神农架太子垭 (海拔 2600m, 31°27.129′N, 110°11.551′E), 采集人魏美才、牛耕耘, 2011. VII. 20; 1♀, 陕西秦岭太白山开天关 (海拔 2000m, 34°00′N, 107°51′E), 采集人 Shinohara A, 2005. VI. 1; 1♀, 采集地点和采集人同上, 2006. VI. 6; 1♀, 采集地点和采集人同上, 2007. VI. 10; 1♀, 采集地点和采集人同上, 2004. V. 31~VI. 2; 1♂1♀, 采集地点和采集人同上, 2004. VI. 5~VI. 7; 2♀♀, 甘肃临夏太子山刁祈林场 (海拔 2505m, 35°14.202′N, 103°25.313′E), 采集人辛恒, 2010. VII. 10; 1♀, 陕西岚皋县大巴山 (海拔 2370m, 32°02.27′N, 108°50.35′E), 采集人魏美才、牛耕耘, 2012. VII. 6; 1♀, 陕西岚皋县大巴山 (海拔 2370m, 32°02.27′N, 108°50.35′E), 采集人李泽楷、刘萌萌, 2012. VII. 6; 1♀, 湖北神农架阴峪河, 采集人陈晓光, 2011. VI. 20; 1♀, 湖北神农架阴峪河, 采集人李源泰, 2011. VI. 20 (中南林业科技大学昆虫模式标本室).

(845) *Macrophya pseudofemorata* Li, Wang et Wei, 2014

文献信息 Li ZJ, Lei Z, Wang JF, et al. 2014. Three new species of *sanguinolenta*-group of the genus *Macrophya* (Hymenoptera: Tenthredinidae) from China. Zoological Systematics, 39: 297-308.

标本信息 正模: ♀, 湖北神农架鬼头湾 (海拔 2150m, 31°28′N, 110°08′E), 采集人李泽建, 2011. V. 25~V. 28 (中南林业科技大学昆虫标本馆). 副模: 1♂, 采集地点和采集人同正模, 2012. V. 19 (中南林业科技大学昆虫标本馆).

(846) *Macrophya pseudoformasana* Li, 2013 黑股钩瓣叶蜂

文献信息 李泽建. 2013. 钩瓣叶蜂属 *Macrophya* Dahlbom 系统学研究. 长沙: 中南林业科技大学博士学位论文, 174-175.

标本信息 正模: ♀, 湖北秭归县茅坪 (海拔 60m), 采集人杨星科, 1994. V. 28; 1♀, 湖北神农架老君山 (海拔 945m, 31°26.113′N, 110°33.784′E), 采集人赵赴, 2008. V. 17 (中南林业科技大学昆虫模式标本室).

(847) *Macrophya pseudoliufeii* Li, 2013 伪刘氏钩瓣叶蜂

文献信息 李泽建. 2013. 钩瓣叶蜂属 *Macrophya* Dahlbom 系统学研究. 长沙: 中南林业科技大学博士学位论文, 292-293.

标本信息 正模: ♀, 湖北神农架阴峪河 (海拔 2100m, 31°34.005′N, 110°20.370′E), 采集人魏美才、牛耕耘, 2011. Ⅶ. 21 (中南林业科技大学昆虫模式标本室). 副模: 2♀♀, 重庆南川金佛山南坡原始森林 (海拔 2100m, 29°00.21′N, 107°11.11′E), 采集人李泽建、刘萌萌, 2012. Ⅶ. 2 (中南林业科技大学昆虫模式标本室).

(848) *Macrophya pseudomalaisei* Li, 2013 伪玛氏钩瓣叶蜂

文献信息 李泽建. 2013. 钩瓣叶蜂属 *Macrophya* Dahlbom 系统学研究. 长沙: 中南林业科技大学博士学位论文, 244-246.

标本信息 正模: ♀, 湖北神农架鸭子口 (海拔 1920m, 31°30.104′N, 110°20.986′E), 采集人李泽建, 2011. V. 24 (中南林业科技大学昆虫模式标本室). 副模: 11♂♂, 采集地点和采集人同正模, 2011. V. 26; 2♂♂, 湖北神农架阴峪河 (海拔 2100m, 31°34′N, 110°20′E), 采集人 Shinohara A, 2010. V. 23 (中南林业科技大学昆虫模式标本室).

(849) *Macrophya shennongjiana* Wei et Zhao, 2011 神农钩瓣叶蜂

文献信息 赵赴, 魏美才. 2011. 神农架钩瓣叶蜂属二新种 (膜翅目: 叶蜂科). 动物分类学报, 36: 264-267.

标本信息 正模: ♀, 湖北神农架关凤 (31.7°N, 110.6°E), 采集人茅晓渊, 1985. Ⅷ. 6 (中南林业科技大学昆虫模式标本室).

(850) *Macrophya spinoserrula* Li, 2013 刺刃钩瓣叶蜂

文献信息 李泽建. 2013. 钩瓣叶蜂属 *Macrophya* Dahlbom 系统学研究. 长沙: 中南林业科技大学博士学位论文, 296-298.

标本信息 正模: ♀, 湖北神农架鬼头湾 (海拔 2150m, 31°28.439′N, 110°08.872′E), 采集人李泽建, 2010. V. 25 (中南林业科技大学昆虫模式标本室). 副模: 4♀♀2♂♂, 采集地点和采集人同正模, 2010. V. 24、V. 25; 7♀♀3♂♂, 采集地点和采集人同正模, 2011. V. 19; 4♀♀, 采集地点和采集人同正模, 2010. V. 25~V. 28; 1♀, 湖北神农架鬼头湾 (海拔 2150m, 31°28.439′N, 110°08.872′E), 采集人 Shinohara A, 2010. V. 24; 1♂, 湖北神农架大龙潭 (海拔 2312m, 31°29.112′N, 110°16.231′E), 采集人黄俊浩、杨露菁, 2012. V. 19; 1♂, 湖北神农架大龙潭 (海拔 2312m, 31°29.112′N, 110°16.231′E), 采集人李泽建, 2012. V. 21; 1♂, 采集地点和采集人同正模, 2012. V. 19 (中南林业科技大学昆虫模式标本室).

(851) *Macrophya tattakonoides* Wei, 1998 刻盾宽腹叶蜂

文献信息 魏美才, 聂海燕. 1998. 河南伏牛

山宽腹叶蜂属新种记述 (膜翅目: 叶蜂科) //
申效诚, 时振亚. 河南昆虫分类区系研究. 第
二卷. 伏牛山区昆虫 (一). 北京: 中国农业
科技出版社: 152-153.

标本信息 正模: ♂, 河南嵩县, 采集人魏美
才, 1996. Ⅶ. 17 (中南林学院昆虫标本室). 副
模: 1♀, 湖北神农架, 采集人茅晓峰, 1985. Ⅵ.
29 (中南林学院昆虫标本室).

(852) *Macrophya wui* Wei et Zhao, 2010 武氏钩瓣叶蜂

文献信息 赵赴, 李泽建, 魏美才. 2010. 中
国钩瓣叶蜂属二新种 (膜翅目: 叶蜂科). 昆
虫分类学报, 32 (增刊): 81-87.

标本信息 正模: ♀, 甘肃徽县麻沿林场, 采
集人李琳娜, 2007. Ⅵ. 5 (中南林业科技大学
昆虫模式标本室). 副模: 2♀♀, 同正模; 1♀,
湖北神农架坪堑干沟 (海拔 1604m,
31°27.793′N, 110°07.836′E), 采集人赵赴,
2008. Ⅵ. 11; 1♀, 陕西太白县青峰峡 (海拔
1473m, 34°02.619′N, 109°26.421′E), 采集人
蒋晓宇, 2008. Ⅶ. 3; 1♀, 陕西留坝县营盘乡
(海拔 1390m, 33°37.269′N, 106°49.388′E),
采集人朱巽, 2007. Ⅴ. 21; 1♀, 陕西留坝县
大坝沟 (海拔 1320m, 33°40.196′N,
106°49.210′E), 采集人朱巽, 2007. Ⅴ. 20;
1♀, 甘肃天水秦州娘娘坝大河 (海拔 1790m,
34°08.316′N, 105°46.276′E), 采集人武星煜,
2009. Ⅶ. 6 (中南林业科技大学昆虫模式标
本室).

(853) *Macrophya yichangensis* Li, 2014 宜昌钩瓣叶蜂

文献信息 Li ZJ, Liu MM, Wei MC. 2014.
Four new species of *sanguinolenta*-group
of the genus *Macrophya* (Hymenoptera:
Tenthredinidae) from China. Zoological
Systematics, 39: 520-533.

标本信息 正模: ♀, 湖北神农架鬼头湾 (海
拔 2150m, 31°28′N, 110°09′E), 采集人李泽建,

2011. Ⅴ. 25~Ⅴ. 28 (中南林业科技大学昆虫
模式标本室). 副模: 1♂, 同正模; 1♀, 湖北神
农架鸭子口 (海拔 1920m, 31°30′N, 110°21′E),
采集人李泽建, 2010. Ⅴ. 26; 1♀, 湖北神农架
鸭子口 (海拔 1920m, 30′N, 110°21′E), 采集
人李泽建, 2011. Ⅴ. 20; 1♂, 湖北神农架小龙
潭 (海拔 2200m, 31°29′N, 110°18′E), 采集人
李泽建, 2011. Ⅴ. 24 (中南林业科技大学昆虫
模式标本室).

(854) *Macrophya zhaofui* Wei et Li, 2010 白缘钩瓣叶蜂

文献信息 赵赴. 2010. 湖北神农架叶蜂亚科
区系地理初步研究. 长沙: 中南林业科技大
学硕士学位论文, 79-82.

标本信息 正模: ♀, 湖北神农架摇篮沟 (海
拔 1430m, 31°29.104′N, 110°22.878′E), 采集
人焦喾, 2009. Ⅶ. 19 (中南林业科技大学昆虫
系统与进化生物学实验室). 副模: 35♀♀, 湖
北神农架摇篮沟 (海拔 1430m, 31°29.104′N,
110°22.878′E), 采集人赵赴、焦喾, 2009. Ⅶ.
13~Ⅶ. 29; 15♀♀1♂, 湖北神农架千家坪 (海
拔 1789m, 31°24.356′N, 110°24.023′E), 采集
人赵赴、焦喾, 2009. Ⅶ. 3~Ⅶ. 7; 5♀♀, 湖北
神农架漳宝河 (海拔 1156m, 31°26.765′N,
110°24.570′E), 采集人赵赴, 2009. Ⅵ. 12、Ⅵ.
13; 1♀, 湖北神农架板桥 (海拔 1150m,
31°25.326′N, 110°09.667′E), 采集人赵赴,
2009. Ⅵ. 16; 1♀1♂, 湖北神农架植物园 (海
拔 1250m, 31°26.265′N, 110°22.935′E), 采集
人赵赴, 2008. Ⅵ. 4; 1♀, 湖北神农架板桥
(海拔 1250m, 31°25.544′N, 110°09.667′E), 采
集人赵赴, 2008. Ⅴ. 30; 1♀, 湖北神农架阴峪
河 (海拔 2046m, 31°29.821′N, 110°18.799′E),
采集人赵赴, 2008. Ⅶ. 29; 2♀♀, 甘肃小陇山
东岔林场桃花沟 (海拔 1180m, 34°18′59.3″N,
106°34′22.6″E), 采集人唐铭军, 2009. Ⅵ. 11
(中南林业科技大学昆虫系统与进化生物学
实验室).

(855) *Macrophya huangi* Li et Wei, 2014 黄氏钩瓣叶蜂

文献信息 Li ZJ, Lei Z, Wang JF, et al. 2014. Three new species of *sanguinolenta*-group of the genus *Macrophya* (Hymenoptera: Tenthredinidae) from China. Zoological Systematics, 39: 297-308.

标本信息 正模: ♀, 湖南张家界, 采集人不详, 1986. VII (中南林业科技大学昆虫模式标本室)。副模: 1♂, 湖北兴山县龙门河 (海拔1300m), 采集人姚建, 1994. V. 11 (中南林业科技大学昆虫模式标本室)。

(856) *Macrophya liui* Wei et Niu, 2010 刘氏钩瓣叶蜂

文献信息 赵赴. 2010. 湖北神农架叶蜂亚科区系地理初步研究. 长沙: 中南林业大学硕士学位论文, 78-79.

标本信息 正模: ♀, 河南嵩县白云山 (海拔1300~1400m), 采集人刘卫星, 2004. VII. 13 (中南林业科技大学昆虫系统与进化生物学实验室)。副模: 2♀♀, 河南嵩县白云山 (海拔1500~1600m), 采集人刘卫星, 2004. VII. 17、VII. 18; 1♀, 湖北神农架红花朵 (海拔1200m, 31°15′N, 109°56′E), 采集人钟义海, 2007. VII. 3 (中南林业科技大学昆虫系统与进化生物学实验室)。

(857) *Macrophya longipetiolata* Wei et Zhong, 2013 长柄钩瓣叶蜂

文献信息 李泽建, 钟义海, 魏美才. 2013. 中国钩瓣叶蜂属 *Macrophya sanguinolenta* 种团两新种 (膜翅目: 叶蜂科). 动物分类学报, 38: 124-129.

标本信息 正模: ♀, 重庆南川金佛山南坡原始森林 (海拔2010m, 29°N, 107°11′E), 采集人魏美才、牛耕耘, 2012. VII. 2 (中南林业科技大学昆虫模式标本室)。副模: 1♂, 吉林长白山 (海拔 1300m), 采集人魏美才、聂海燕, 1999. VII. 2; 1♀, 河北小五台山唐家场 (海拔

1227m, 39°58′N, 115°04′E), 采集人王晓华, 2009. VI. 25; 4♀♀, 湖北神农架红花朵 (海拔1200m, 31°15′N, 109°56′E), 采集人魏美才、肖炜、牛耕耘, 2007. VII. 3; 1♀, 河南栾川县龙峪湾 (海拔 1800m), 采集人魏美才, 2001. VI. 5 (中南林业科技大学昆虫模式标本室)。

(858) *Macrophya pseudohistrio* Wei, 2010 山纹钩瓣叶蜂

文献信息 赵赴. 2010. 湖北神农架叶蜂亚科区系地理初步研究. 长沙: 中南林业大学硕士学位论文, 73-74.

标本信息 正模: ♀, 甘肃徽县麻沿林场, 采集人李琳娜, 2007. VI. 5 (中南林业科技大学昆虫系统与进化生物学实验室)。副模: 2♀♀, 同正模; 1♀, 湖北神农架坪堑干沟 (海拔1604m, 31°27.793′N, 110°07.836′E), 采集人赵赴, 2008. VI. 11; 1♀, 陕西太白县青峰峡 (海拔 1473m, 34°02.619′N, 109°26.421′E), 采集人蒋晓宇, 2008. VII. 3; 1♀, 陕西留坝县营盘乡 (海拔1390m, 33°37.269′N, 106°49.388′E), 采集人朱巽, 2007. V. 21; 1♀, 陕西留坝县大坝沟 (海拔1320m, 33°40.196′N, 106°49.210′E), 采集人朱巽, 2007. V. 20; 1♀, 甘肃天水秦州娘娘坝大河 (海拔 1790m, 34°08.316′N, 105°46.276′E), 采集人武星煜, 2009. VII. 6 (中南林业科技大学昆虫系统与进化生物学实验室)。

(859) *Monophadnus sinicus* Wei, 1997 中华短角叶蜂

文献信息 魏美才. 1997. 膜翅目: 叶蜂科 (II) //杨星科. 长江三峡库区昆虫. 下册. 重庆: 重庆出版社: 1599.

标本信息 正模: ♀, 河北小五台山 (海拔1200m), 采集人王春光, 1964. VIII. 10 (中国科学院动物研究所昆虫标本馆)。副模: 4♀♀, 采集时间和地点同正模, 采集人韩寅恒、李炳谦; 1♀, 河北蔚县白乐, 采集人韩寅恒, 1964. VIII. 4; 2♂♂, 北京居庸关, 采集人王书永, 1961. VII. 5; 1♂, 北京八达岭, 采集人不详, 1962. VI.

29; 1♂, 北京三堡, 采集人廖素柏, 1964. Ⅶ.
20; 3♀♀3♂♂, 内蒙古兴安岭, 采集人刘强,
1987. Ⅷ. 16 (中南林学院); 3♀♀, 广西桂林,
采集人不详, 1952. Ⅴ. 15; 1♀2♂♂, 广西阳朔
县, 采集人王书永, 1963. Ⅵ. 20; 2♂♂, 山西
大同 (海拔 1000m), 采集人陈家林、龙庆成,
1962. Ⅷ. 15; 2♂♂, 山西太谷县, 采集人不详,
1953. Ⅶ. 2; 1♀, 黑龙江富锦, 采集人不详,
1973. Ⅴ. 16; 1♀, 黑龙江哈尔滨, 1955. Ⅶ. 13;
2♀♀, 吉林, 采集人 Volkoff M, 1937. Ⅷ. 17;
2♀♀, 河北小五台山杨家坪, 采集人 Piel O,
1931. Ⅶ. 10; 1♀, 甘肃张掖 (海拔 1450m),
采集人张毅然, 1957. Ⅶ. 27; 20♀♀7♂♂, 安徽
宝华山, 采集人不详, 1942. Ⅶ; 1♀, 山东青岛,
采集人和采集时间不详; 10♀♀5♂♂, 浙江,
采集人 Piel O, 1931. Ⅶ; 12♀♀8♂♂, 江苏陈
墓镇, 采集人 Piel O, 1923; 1♀, 四川巫山县
梨子坪 (海拔 1850m), 采集人姚建, 1994. Ⅴ.
19 (除标注的标本外, 其余副模的模式标本均
保存在中国科学院动物研究所昆虫标本馆)。

(860) *Neostromboceros nigrifemoratus* Wei, 1997 黑股侧齿叶蜂

文献信息 魏美才. 1997. 膜翅目: 叶蜂科
(Ⅱ) //杨星科. 长江三峡库区昆虫. 下册. 重
庆: 重庆出版社: 1574.

标本信息 正模: ♀, 四川峨眉山, 采集人王
宗元, 1957. Ⅴ. 7 (中国科学院动物研究所昆
虫标本馆)。副模: 3♀♀, 四川峨眉山 (海拔
800~1000m), 采集人王宗元、黄克仁、朱复
兴, 1957. Ⅳ. 21、Ⅳ. 22; 1♀, 湖北兴山县小河
口, 采集人姚建, 1993. Ⅵ. 22; 1♂, 云南西双
版纳 (海拔 1050~1080m), 采集人王书永,
1958. Ⅴ. 29; 1♀, 四川万县王二包 (海拔
1200m), 采集人陈小琳, 1993. Ⅶ. 14 (中国科
学院动物研究所昆虫标本馆)。

(861) *Nesoselandria acuminiserra* Wei, 1997 尖鞘平缝叶蜂

文献信息 魏美才. 1997. 膜翅目: 叶蜂科

(Ⅱ) //杨星科. 长江三峡库区昆虫. 下册. 重
庆: 重庆出版社: 1565-1566.

标本信息 正模: ♀, 四川峨眉山, 采集人不
详, 1957. Ⅴ. 8 (中南林学院)。副模: 3♀♀, 四
川峨眉山, 采集人黄克仁、卢佑才, 1957. Ⅳ.
7、Ⅳ. 8; 1♀, 四川峨眉山, 采集人郑乐怡、程
汉华, 1957. Ⅳ (中南林学院); 1♀, 四川万县
王二包 (海拔 1200m), 采集人李法圣, 1994.
Ⅸ. 29; 1♂, 湖北神农架香溪源 (海拔 1300m),
采集人章有为, 1994. Ⅴ. 5 (中国科学院动物
研究所昆虫标本馆)。

(862) *Nesoselandria circularis* Wei, 1997 环胫平缝叶蜂

文献信息 魏美才. 1997. 膜翅目: 叶蜂科
(Ⅱ) //杨星科. 长江三峡库区昆虫. 下册. 重
庆: 重庆出版社: 1566.

标本信息 正模:♀, 云南景洪, 采集人周静
若、王素梅 (西北农业大学)。副模: 1♀, 四川
巫山县梨子坪 (海拔 1870m), 采集人姚建,
1994. Ⅴ. 19 (中国科学院动物研究所昆虫标
本馆)。

(863) *Nesoselandria coriacea* Wei, 1997 革纹平缝叶蜂

文献信息 魏美才. 1997. 膜翅目: 叶蜂科
(Ⅱ) //杨星科. 长江三峡库区昆虫. 下册. 重
庆: 重庆出版社: 1566-1567.

标本信息 正模: ♀, 云南丽江, 采集人郑
乐怡, 1979. Ⅶ. 12 (中南林学院)。副模: 2♀♀,
云南西双版纳, 采集人蒲富基, 1958. Ⅶ. 6;
1♀, 云南芒市 (海拔 1000m), 采集人黄天
荣, 1956. Ⅶ. 26; 1♀, 云南西双版纳 (海拔
650m), 采集人郑乐怡, 1958. Ⅷ. 1; 1♀, 云
南景东自治县 (海拔 1170m), 采集人克雷
让诺夫斯基, 1956. Ⅵ. 30; 1♀, 四川巫山
县梨子坪 (海拔 1870m), 采集人黄润质,
1993. Ⅶ. 4 (中国科学院动物研究所昆虫
标本馆)。

(864) *Nesoselandria sinica* Wei, 1997 中华平缝叶蜂

文献信息 魏美才. 1997. 膜翅目: 叶蜂科 (Ⅱ) //杨星科. 长江三峡库区昆虫. 下册. 重庆: 重庆出版社: 1567.

标本信息 正模: ♀, 四川峨眉山, 采集人黄克仁, 1957. Ⅳ. 4 (中国科学院动物研究所昆虫标本馆). 副模: 17♀♀3♂♂, 四川峨眉山, 采集人黄克仁、王宗元、朱复兴和卢佑才, 1957. Ⅳ. 5; 1♀1♂, 湖北兴山县龙门河 (海拔 1400m), 采集人宋士美、姚建, 1994. Ⅸ. 6~Ⅸ. 12 (中国科学院动物研究所昆虫标本馆).

(865) *Nestromboceros tenuicornis* Wei, 1997 细角侧齿叶蜂

文献信息 魏美才. 1997. 膜翅目: 叶蜂科 (Ⅱ) //杨星科. 长江三峡库区昆虫. 下册. 重庆: 重庆出版社: 1575.

标本信息 正模:♀, 四川峨眉山 (海拔 1800~2000m), 采集人朱复兴, 1957. Ⅶ. 11 (中国科学院动物研究所昆虫标本馆). 副模: 16♀♀4♂♂, 四川峨眉山, 采集人黄克仁、王宗元、朱复兴和卢佑才, 1957. Ⅶ. 8; 1♀, 浙江天目山 (海拔 1200m), 采集人陈泰鲁, 1964. Ⅵ. 8; 1♀, 四川巫山县梨子坪 (海拔 1850m), 采集人姚建, 1993. Ⅶ. 4; 2♂♂, 四川万县王二包 (海拔 1200m), 采集人李文柱、姚建, 1994. Ⅴ. 27; 3♀♀2♂♂, 湖北兴山县龙门河 (海拔 1350m), 采集人姚建、杨星科、章有为, 1994. Ⅸ. 13 (中国科学院动物研究所昆虫标本馆).

(866) *Nesoselandria yangi* Wei, 1997 杨氏平缝叶蜂

文献信息 魏美才. 1997. 膜翅目: 叶蜂科 (Ⅱ) //杨星科. 长江三峡库区昆虫. 下册. 重庆: 重庆出版社: 1567-1568.

标本信息 正模: ♀, 湖北神农架, 采集人不详, 1983. Ⅶ. 5 (中南林学院). 副模: 1♂, 湖北神农架香溪源 (海拔 1300m), 采集人章有为,

1994. Ⅴ. 5 (中国科学院动物研究所昆虫标本馆).

(867) *Pachyprotasis acuminicaudata* Wei et Zhong, 2002 尖尾方颜叶蜂

文献信息 钟义海. 2002. 中国方颜叶蜂属系统分类研究. 长沙: 中南林学院硕士学位论文, 113-114.

标本信息 正模: ♀, 湖北神农架 (海拔 1700m), 采集人何俊华, 1982. Ⅷ. 26 (中南林学院昆虫资源研究所昆虫模式标本室).

(868) *Pachyprotasis albiorbitis* Zhong, 2010 白眶方颜叶蜂

文献信息 钟义海. 2010. 中国方颜叶蜂属系统分类研究. 长沙: 中南林业科技大学博士学位论文, 291-293.

标本信息 正模: ♀, 四川泸定县海螺沟 (海拔 2100~2300m), 采集人刘卫星, 2003. Ⅶ. 15 (中南林业科技大学昆虫资源研究所昆虫模式标本室). 副模: 1♀, 陕西嘉陵江源头 (海拔 1617m), 采集人朱巽, 2007. Ⅶ. 14; 1♀, 四川泸定县海螺沟 (海拔 2600~2700m), 采集人刘卫星, 2003. Ⅶ. 17; 2♀1♂, 四川泸定县海螺沟 (海拔 2900m), 采集人钟义海, 2003. Ⅵ. 30; 1♀, 四川峨眉山雷洞坪 (海拔 2400m), 采集人魏美才, 2006. Ⅶ. 26; 25♀♀12♂♂, 四川峨眉山雷洞坪 (海拔 2400m), 采集人张少冰、钟义海、刘飞, 2007. Ⅶ. 11、Ⅶ. 12; 2♀♀, 四川峨眉山雷洞坪 (海拔 2458m), 采集人王德明, 2008. Ⅶ. 28、Ⅶ. 29; 2♀♀, 四川泸定县海螺沟 (海拔 2600~3100m), 采集人肖炜、刘卫星, 2003. Ⅶ. 17、Ⅶ. 18; 12♂♂, 四川峨眉山雷洞坪 (海拔 2045m), 采集人钟义海、张少冰, 2007. Ⅵ. 12; 1♂, 四川峨眉山雷洞坪 (海拔 1500m), 采集人刘飞, 2007. Ⅵ. 12; 1♂, 四川峨眉山雷洞坪 (海拔 2350m), 采集人肖炜, 2009. Ⅶ. 3; 12♀♀1♂, 四川峨眉山雷洞坪 (海拔 2350m), 采集人肖炜、李泽建, 2009. Ⅶ. 5~Ⅶ. 7; 1♂, 四川峨眉山洗象池 (海拔

2350m), 采集人钟义海, 2006. Ⅶ. 2; 5♂, 四川峨眉山金顶 (海拔 3077m), 采集人张少冰、钟义海, 2007. Ⅵ. 13; 1♂, 四川峨眉山金顶 (海拔 2900m), 采集人牛耕耘, 2009. Ⅶ. 7; 2♀♀, 四川峨眉山雷洞坪 (海拔 2350m), 采集人李泽建, 2009. Ⅶ. 7; 1♀, 云南大理苍山 (海拔 2926m), 采集人李泽建, 2009. Ⅵ. 4; 1♀, 西藏墨脱县拉格 (海拔 3300m), 采集人魏美才, 2003. Ⅶ. 9; 1♀, 湖北神农架鬼头湾 (海拔 2150m), 采集人李泽建, 2010. Ⅴ. 25; 1♀, 湖北神农架小龙潭 (海拔 1800m), 采集人魏美才, 2007. Ⅶ. 3; 2♀♀2♂♂, 宁夏六盘山苏台 (海拔 2133m), 采集人刘飞, 2008. Ⅵ. 28; 1♀, 宁夏六盘山和尚铺 (海拔 1945m), 采集人刘飞, 2008. Ⅵ. 21; 1♀, 宁夏六盘山挂马沟 (海拔 1945m), 采集人刘飞, 2008. Ⅶ. 7; 2♀♀3♂♂, 宁夏六盘山峰台 (海拔 1945m), 采集人刘飞, 2008. Ⅵ. 24 (中南林业科技大学昆虫资源研究所昆虫模式标本室).

(869) *Pachyprotasis altantennata* **Zhong et Wei, 2010** 异角方颜叶蜂

文献信息　Zhong YH, Wei MC. 2010. The *Pachyprotasis formosana* group (Hymenoptera, Tenthredinidae) in China: identification and new species. Zootaxa, 2523: 27-49.

标本信息　正模: ♀, 湖北兴山县龙门河 (海拔 1300m, 32°65′N, 110°08′E), 采集人不详, 1994. Ⅴ. 11 (中南林业科技大学昆虫标本馆).

(870) *Pachyprotasis maculoannulata* **Zhong et Wei, 2010**

文献信息　Zhong YH, Wei MC. 2010. The *Pachyprotasis formosana* group (Hymenoptera, Tenthredinidae) in China: identification and new species. Zootaxa, 2523: 27-49.

标本信息　正模: ♀, 湖北神农架金猴岭 (海拔 2500m, 31°07′N, 110°06′E), 采集人钟义海, 2002. Ⅵ. 28 (中南林业科技大学昆虫标本馆).

(871) *Pachyprotasis bandpleuris* **Zhong, 2010** 条斑侧方颜叶蜂

文献信息　钟义海. 2010. 中国方颜叶蜂属系统分类研究. 长沙: 中南林业科技大学博士学位论文, 388-390.

标本信息　正模: ♀, 湖北神农架大龙潭 (海拔 2200m), 采集人钟义海, 2002. Ⅵ. 30 (中南林业科技大学昆虫资源研究所昆虫模式标本室). 副模: 1♀, 湖北神农架小龙潭 (海拔 1800m), 采集人钟义海, 2007. Ⅶ. 4; 1♀, 湖北神农架板壁岩 (海拔 2600m), 采集人钟义海, 2002. Ⅵ. 26; 1♀, 湖北神农架板桥 (海拔 1250m), 采集人赵赴, 2008. Ⅴ. 30; 1♀, 四川天泉喇叭河 (海拔 1900~2200m), 采集人刘卫星, 2003. Ⅶ. 13; 1♀, 四川泸定县海螺沟 (海拔 2200~2600m), 采集人刘卫星, 2003. Ⅶ. 17; 3♀♀3♂♂, 四川泸定县海螺沟 (海拔 2200m), 采集人钟义海、魏美才, 2009. Ⅵ. 3; 1♂, 四川康定麦巴村 (海拔 3525m), 采集人李泽建, 2009. Ⅶ. 1; 1♀2♂♂, 四川峨眉山雷洞坪 (海拔 2350m), 采集人魏美才、牛耕耘, 2009. Ⅶ. 7; 1♂, 四川峨眉山雷洞坪 (海拔 2045m), 采集人钟义海, 2007. Ⅵ. 12; 1♀, 甘肃清水县小陇山 (海拔 1360m), 采集人盛茂领, 2005. Ⅴ. 30; 1♀, 宁夏六盘山龙潭 (海拔 1945m), 采集人刘飞, 2008. Ⅶ. 4; 2♀♀, 宁夏六盘山苏台 (海拔 2133m), 采集人刘飞, 2008. Ⅵ. 27; 1♀, 西藏派镇直白村 (海拔 2900m), 采集人魏美才, 2009. Ⅵ. 14; 1♀, 青海囊谦县加桑卡 (海拔 3722m), 采集人牛耕耘, 2009. Ⅵ. 25; 1♂, 西藏米林县工布 (海拔 2948m), 采集人牛耕耘, 2009. Ⅵ. 13; 1♀, 西藏墨脱县 52K (海拔 3272m), 采集人魏美才, 2009. Ⅵ. 17 (中南林业科技大学昆虫资源研究所昆虫模式标本室).

(872) *Pachyprotasis brevicornis* **Wei et Zhong, 2002** 短角方颜叶蜂

文献信息　魏美才, 钟义海. 2002. 河南西部方颜叶蜂属九新种 (膜翅目: 叶蜂科) //申效

诚, 赵永谦. 河南昆虫分类区系研究. 第五卷. 太行山及桐柏山区昆虫. 北京: 中国农业科学技术出版社: 227-228.

标本信息 正模: ♀, 河南嵩县白云山 (海拔 1500m), 采集人钟义海, 2001. V. 31 (中南林学院昆虫模式标本室)。副模: 1♀, 湖北神农架, 采集人郑乐怡, 1977. V. 28; 2♀♀18♂♂, 河南嵩县白云山 (海拔 1500~1800m), 采集人钟义海, 2001. V. 31~VI. 2; 1♀, 河南卢氏县大块地 (海拔 1700m), 采集人钟义海, 2001. VII. 21; 6♂♂, 河南栾川县龙峪湾 (海拔 1800m), 采集人钟义海, 2001. VI. 5 (中南林学院昆虫模式标本室)。

(873) *Pachyprotasis hunanensis* Zhong, 2010 湖南方颜叶蜂

文献信息 钟义海. 2010. 中国方颜叶蜂属系统分类研究. 长沙: 中南林业科技大学博士学位论文, 241-243.

标本信息 正模: ♀, 湖南桑植县八大公山, 采集人邓铁军, 2000. V. 1 (中南林业科技大学昆虫资源研究所昆虫模式标本室)。副模: 1♀, 采集地点和采集时间同正模, 采集人魏美才; 1♀, 湖南石门县壶瓶山, 采集人陈明利, 2000. IV. 30; 1♀3♂♂, 湖南绥宁县黄桑 (海拔 600~900m), 采集人肖炜、林杨, 2005. IV. 21、IV. 22; 1♀, 湖南永州舜皇山 (海拔 800~1000m), 采集人魏美才, 2004. IV. 27; 1♀, 湖北神农架板壁岩 (海拔 2500m), 采集人钟义海, 2002. IV. 29; 1♀, 湖北神农架鹿子沟 (海拔 1756m), 采集人赵赴, 2008. V. 30; 1♀, 陕西终南山 (海拔 1292m), 采集人朱巽, 2006. V. 28 (中南林业科技大学昆虫资源研究所昆虫模式标本室)。

(874) *Pachyprotasis leucotrochantera* Zhong, 2010 白转方颜叶蜂

文献信息 钟义海. 2010. 中国方颜叶蜂属系统分类研究. 长沙: 中南林业科技大学博士学位论文, 252-254.

标本信息 正模: ♀, 湖南永州舜皇山 (海拔 900~1200m), 采集人刘卫星, 2004. IV. 28 (中南林业科技大学昆虫资源研究所昆虫模式标本室)。副模: 1♀, 湖南云山县云峰阁 (海拔 1170m), 采集人王晓华, 2010. IV. 18; 1♀, 湖北兴山县 (海拔 1300m), 采集人不详, 1994. V. 12; 2♀♀, 湖北神农架千家坪 (海拔 1530m), 采集人李泽建, 2010. V. 22 (中南林业科技大学昆虫资源研究所昆虫模式标本室)。

(875) *Pachyprotasis liupanensis* Zhong, 2010 六盘方颜叶蜂

文献信息 钟义海. 2010. 中国方颜叶蜂属系统分类研究. 长沙: 中南林业科技大学博士学位论文, 248-250.

标本信息 正模: ♀, 宁夏六盘山, 采集人林, 1995. VI. 15 (中南林业科技大学昆虫资源研究所昆虫模式标本室)。副模: 1♂, 宁夏六盘山和尚铺 (海拔 1945m), 采集人刘飞, 2008. VI. 21; 1♀, 陕西留坝县大坝沟 (海拔 1320m), 采集人朱巽, 2007. V. 20; 2♀♀, 湖北神农架大龙潭 (海拔 2200m), 采集人钟义海, 2002. VI. 30; 1♀, 湖北神农架千家坪 (海拔 1789m), 采集人焦塈, 2009. VII. 7; 1♀, 甘肃秦州藉源汤家山, 采集人辛恒, 2006. VII. 3; 1♀, 甘肃徽县麻沿林场, 采集人武星煜, 2007. VI. 5 (中南林业科技大学昆虫资源研究所昆虫模式标本室)。

(876) *Pachyprotasis longipetiolata* Zhong, 2010 长柄方颜叶蜂

文献信息 钟义海. 2010. 中国方颜叶蜂属系统分类研究. 长沙: 中南林业科技大学博士学位论文, 215-217.

标本信息 正模: ♀, 湖南石门县壶瓶山江坪 (海拔 1200~1600m), 采集人姜洋, 2004. VI. 9 (中南林业科技大学昆虫资源研究所昆虫模式标本室)。副模: 1♀, 浙江西天目山, 采集人胡海军, 1990. VI. 2; 1♀, 湖南石门县壶瓶山

(海拔 1300m)，采集人姜洋，2003. V. 31; 2♀，湖南石门县壶瓶山 (海拔 900~1400m)，采集人姜洋，2003. VI. 1; 3♀♀，湖南石门县壶瓶山江坪 (海拔 1200~1600m)，采集人周虎，2003. V. 9; 3♀♀，湖南幕阜山云腾山庄 (海拔 1100m)，采集人张媛、刘飞，2008. V. 20~V. 22; 4♀♀，湖南幕阜山天门寺 (海拔 1350m)，采集人钟义海、张媛，2008. VI. 20~VI. 22; 3♀♀，湖南幕阜山一峰尖 (海拔 1604m)，采集人张媛，2008. V. 22; 2♀♀，湖南幕阜山云腾山庄 (海拔 1100m)，采集人张媛，2008. IV. 23; 1♀，湖南幕阜山沟里 (海拔 860m)，采集人李泽建，2008. IV. 24; 1♂，湖南大围山栗木桥 (海拔 980m)，采集人李泽建，2010. V. 2; 3♀，湖北神农架千家坪 (海拔 1789m)，采集人焦塱、赵赴，2009. VII. 3~VII. 7; 4♀♀，湖北神农架板桥 (海拔 1250m)，采集人赵赴，2008. V. 30; 1♀，湖北神农架板桥 (海拔 1150m)，采集人赵赴，2009. VI. 16; 1♀，湖北神农架彩旗保护站 (海拔 1981m)，采集人赵赴，2009. VII. 21; 1♀，湖北神农架漳宝河 (海拔 1156m)，采集人赵赴，2009. VI. 13; 1♂，湖北神农架金猴岭 (海拔 2212m)，采集人赵赴，2009. VII. 21; 1♀，湖北神农架老君山 (海拔 841m)，采集人焦塱，2008. V. 16; 1♀，云南腾冲桥镇 (海拔 2196m)，采集人魏美才，2009. VII. 1; 3♀♀，湖北神农架摇篮沟 (海拔 1430m)，采集人焦塱、赵赴，2009. VII. 19~VII. 29; 1♀，湖北神农架美人沟 (海拔 1164m)，采集人赵赴，2009. VI. 16; 1♀，湖北利川水杉坝，采集人李传仁，2000. VIII. 25; 1♀，四川洪雅县瓦屋山 (海拔 1920m)，采集人魏美才，2009. VII. 5; 1♀1♂，四川峨眉山雷洞坪 (海拔 2350m)，采集人钟义海、李泽建，2009. VII. 6、VII. 7; 1♀，云南丽江玉龙雪山 (海拔 2945m)，采集人魏美才，2009. VI. 6 (中南林业科技大学昆虫资源研究所昆虫模式标本室)。

(877) *Pachyprotasis longlineata* Zhong, 2010 长纹方颜叶蜂

文献信息 钟义海. 2010. 中国方颜叶蜂属系

统分类研究. 长沙: 中南林业科技大学博士学位论文，423-424.

标本信息 正模：♀，河南济源黄楝树 (海拔 1700m)，采集人钟义海，2000. VI. 7 (中南林业科技大学昆虫资源研究所昆虫模式标本室)。副模：1♀，同正模；2♀♀，河南嵩县白云山 (海拔 1300~1500m)，采集人钟义海，2001. VI. 3~VI. 5; 2♀♀，甘肃康县梅园沟 (海拔 980m)，采集人朱巽，2009. VII. 13; 1♀，甘肃天水太阳山 (海拔 1560m)，采集人朱巽，2009. VII. 7; 1♀，陕西留坝县桑园林场 (海拔 1250m)，采集人蒋晓宁，2007. V. 18; 1♀，山西五老峰月坪梁 (海拔 1739m)，采集人费汉榄，2008. VII. 3; 4♀♀，湖北神农架千家坪 (海拔 1789m)，采集人赵赴、焦塱，2009. VII. 4、VII. 7; 2♀♀，湖北神农架板桥 (海拔 1250m)，采集人焦塱，2008. V. 30; 1♀，湖北神农架摇篮沟 (海拔 1430m)，采集人赵赴，2009. VII. 19; 2♀♀，湖北神农架老君山 (海拔 841~945m)，采集人赵赴、焦塱，2008. V. 16、V. 17; 1♀，湖北神农架香溪源 (海拔 1386m)，采集人赵赴，2008. VII. 11; 1♀，湖北神农架千家坪 (海拔 1530m)，采集人李泽建，2010. V. 22; 1♀，湖北神农架红坪镇 (海拔 1867m)，采集人赵赴，2009. VII. 16; 1♀，湖北神农架坪堑干沟 (海拔 1046m)，采集人焦塱，2008. VI. 12; 4♀♀，湖北神农架小寨 (海拔 905m)，采集人赵赴、焦塱，2008. V. 24; 4♀♀，湖北神农架小寨溪边 (海拔 940m)，采集人赵赴、焦塱，2008. V. 25; 4♀♀，湖北神农架摇篮沟 (海拔 1360m)，采集人李泽建，2010. V. 19~V. 21; 4♀♀，湖北神农架漳宝河 (海拔 1156m)，采集人赵赴，2009. VI. 12、VI. 13; 2♀♀，湖北神农架美人沟 (海拔 1164m)，采集人赵赴，2009. VI. 17 (中南林业科技大学昆虫资源研究所昆虫模式标本室)。

(878) *Pachyprotasis megaclypeata* Zhong, 2010 大唇基方颜叶蜂

文献信息 钟义海. 2010. 中国方颜叶蜂属系

统分类研究. 长沙: 中南林业科技大学博士学位论文, 398-399.

标本信息 正模: ♂, 湖南炎陵县桃源洞 (海拔 900~1000m), 采集人魏美才, 1999. Ⅳ. 24 (中南林业科技大学昆虫资源研究所昆虫模式标本室). 副模: 2♂♂, 湖南炎陵县桃源洞 (海拔 900~1000m), 采集人黄磊、邓铁军, 1999. Ⅳ. 24; 3♂♂, 湖北神农架漳宝河, 采集人赵赳, 2009. Ⅶ. 12、Ⅶ. 13 (中南林业科技大学昆虫资源研究所昆虫模式标本室).

(879) *Pachyprotasis nitiscutellis* Zhong, 2010 光盾方颜叶蜂

文献信息 钟义海. 2010. 中国方颜叶蜂属系统分类研究. 长沙: 中南林业科技大学博士学位论文. 285-286.

标本信息 正模: ♀, 湖北神农架板壁岩 (海拔 2500m), 采集人钟义海, 2002. Ⅵ. 29 (中南林业科技大学昆虫资源研究所昆虫模式标本室). 副模: 1♀, 湖北神农架小龙潭 (海拔 1800m), 采集人肖炜, 2007. Ⅶ. 4; 1♂, 宁夏六盘山二龙河 (海拔 1945m), 采集人刘飞, 2008. Ⅶ. 6 (中南林业科技大学昆虫资源研究所昆虫模式标本室).

(880) *Pachyprotasis parasubcoreaceus* Zhong, 2010 拟近革方颜叶蜂

文献信息 钟义海. 2010. 中国方颜叶蜂属系统分类研究. 长沙: 中南林业科技大学博士学位论文, 387-388.

标本信息 正模: ♂, 湖南桑植县八大公山, 采集人魏美才, 2000. Ⅴ. 1 (中南林业科技大学昆虫资源研究所昆虫模式标本室). 副模: 1♂, 湖南桑植县八大公山, 采集人游章强, 2000. Ⅳ. 30; 1♂, 湖南衡山半山亭 (海拔 700m), 采集人刘卫星, 2004. Ⅳ. 9; 8♂♂, 湖南云山云峰阁 (海拔 1170m), 采集人王晓华、刘艳霞, 2010. Ⅳ. 11~Ⅳ. 16; 3♂♂, 湖北神农架鬼头湾 (海拔 2150m), 采集人李泽建, 2010. Ⅴ. 24、Ⅴ. 25 (中南林业科技大学昆虫资源研究所昆虫模式标本室).

(881) *Pachyprotasis shennongjiai* Zhong et Wei, 2012

文献信息 Zhong YH, Wei MC. 2012. A review of the *Pachyprotasis pallidistigma* species group (Hymenoptera: Tenthredinidae) from China, with descriptions of three new species. Zootaxa, 3242: 1-38.

标本信息 正模: ♀, 湖北神农架 (海拔 2100m, 110°22′E, 31°36′N), 采集人姜吉刚, 2003. Ⅶ. 20 (中南林业科技大学昆虫标本馆). 副模: 4♀♀, 湖北神农架 (海拔 2100~2200m, 110°22′E, 31°36′N), 采集人周虎、姜吉刚, 2003. Ⅶ. 21~Ⅶ. 23 (中南林业科技大学昆虫标本馆).

(882) *Pachyprotasis spinalabria* Zhong et Wei, 2010 针唇方颜叶蜂

文献信息 Zhong YH, Wei MC. 2010. The *Pachyprotasis indica* group (Hymenoptera: Tenthredinidae) in China with descriptions of eight new species. Zootaxa, 2670: 1-30.

标本信息 正模: ♀, 湖北神农架 (海拔 3200m, 31°43′N, 110°43′E), 采集人肖炜, 2004. Ⅶ. 5 (中南林业科技大学昆虫标本馆).

(883) *Pachyprotasis spuralis* Zhong, 2010 长距方颜叶蜂

文献信息 钟义海. 2010. 中国方颜叶蜂属系统分类研究. 长沙: 中南林业科技大学博士学位论文, 254-255.

标本信息 正模: ♀, 云南中甸县 (海拔 3400m), 采集人卜文俊, 1996. Ⅵ. 11 (中南林业科技大学昆虫资源研究所昆虫模式标本室). 副模: 1♀, 湖北神农架摇篮沟 (海拔 1360m), 采集人李泽建, 2010. Ⅴ. 19; 1♀, 陕西留坝县大坝沟 (海拔 1320m), 采集人朱巽, 2007. Ⅴ. 20; 9♀♀, 陕西留坝县大坝沟 (海拔 1320m), 采集人朱巽, 2007. Ⅴ. 20; 1♀, 湖北神农架大龙潭 (海拔 2200m), 采集人钟义海, 2002. Ⅵ. 30; 1♀, 四川泸定县海螺沟 (海拔 2200~2600m), 采集人肖炜, 2002. Ⅶ. 7; 3♀♀,

四川峨眉山雷洞坪 (海拔 2400m)，采集人钟义海、周虎，2006. Ⅶ. 2; 2♀, 四川峨眉山洗象池 (海拔 2000m)，采集人钟义海、周虎，2006. Ⅶ. 2; 1♀, 四川峨眉山雷洞坪 (海拔 2405m)，采集人刘飞，2007. Ⅵ. 12; 1♀, 四川峨眉山金顶 (海拔 3077m)，采集人张少冰，2007. Ⅶ. 13; 3♀♀, 四川峨眉山雷洞坪 (海拔 2350m)，采集人肖炜、李泽建，2009. Ⅶ. 5; 1♀, 四川泸定县海螺沟 (海拔 2200m)，采集人李泽建，2009. Ⅶ. 3; 1♀, 西藏墨脱县汗密 (海拔 2180m)，采集人李泽建，2009. Ⅵ. 16; 2♀♀, 西藏墨脱县 60K (海拔 2937m)，采集人魏美才，2009. Ⅵ. 18 (中南林业科技大学昆虫资源研究所昆虫模式标本室)。

(884) *Protemphytus genatus* Wei, 1997 短颊原曲叶蜂

文献信息 魏美才. 1997. 膜翅目: 叶蜂科 (Ⅱ) //杨星科. 长江三峡库区昆虫. 下册. 重庆: 重庆出版社: 1581.

标本信息 正模: ♀, 湖南石门县, 采集人刘志伟, 1992. Ⅵ (中南林学院)。副模: 2♀♀4♂♂, 同正模; 1♀, 湖北兴山县龙门河, 采集人杨星科, 1994. Ⅴ. 8 (中国科学院动物研究所昆虫标本馆)。

(885) *Sainia bella* Wei, 1997 丽塞叶蜂

文献信息 魏美才. 1997. 膜翅目: 叶蜂科 (Ⅱ)//杨星科. 长江三峡库区昆虫. 下册. 重庆: 重庆出版社: 1583.

标本信息 正模: ♀, 云南思茅, 采集人朱增浩 (中南林学院), 1957. Ⅴ. 23 (中国科学院动物研究所昆虫标本馆)。副模: 1♀, 四川巫山县梨子坪 (海拔 1850m)，采集人姚建, 1993. Ⅶ. 4; 2♂♂, 四川万县王二包 (海拔 1200m)，采集人姚建, 1994. Ⅴ. 7 (中国科学院动物研究所昆虫标本馆)。

(886) *Senoclidea sinica* Wei, 1997 中华角瓣叶蜂

文献信息 魏美才. 1997. 膜翅目: 叶蜂科

(Ⅱ)//杨星科. 长江三峡库区昆虫. 下册. 重庆: 重庆出版社: 1598-1599.

标本信息 正模: ♀, 浙江天目山, 采集人马骏超, 1938. Ⅴ. 29 (中国科学院动物研究所昆虫标本馆)。副模: 2♂♂, 同正模; 3♀♀3♂♂, 浙江舟山, 采集人 Piel O, 1931. Ⅳ. 5; 1♂, 浙江杭州, 采集人不详, 1935. Ⅳ. 2; 1♂, 浙江天目山, 采集人 Piel O, 1921. Ⅴ. 24; 1♀, 四川峨眉山, 采集人朱复兴, 1957. Ⅳ. 23; 1♀, 湖北兴山县龙门河 (海拔 1350m)，采集人李文柱, 1993. Ⅵ. 16; 1♀, 江西湖口县, 1960. Ⅳ. 7; 1♂, 山东崂山, 1987. Ⅵ. 14, 采集人刘玉升 (山东农业大学) (标注的标本外，其余副模的模式标本均保存在中国科学院动物研究所昆虫标本馆)。

(887) *Siobla acutitheca* Niu et Wei, 2010 尖鞘侧跗叶蜂

文献信息 牛耕耘, 魏美才. 2010. 中国侧跗叶蜂属五新种 (膜翅目: 叶蜂科). 动物分类学报, 35: 911-921.

标本信息 正模: ♀, 河南嵩县白云山 (海拔 1300m)，采集人钟义海, 2001. Ⅵ. 4 (中南林业科技大学昆虫资源研究所昆虫模式标本室)。副模: 1♂1♀, 湖北神农架板壁岩 (海拔 2500m)，采集人钟义海, 2002. Ⅵ. 29; 3♀♀, 湖北神农架小龙潭 (海拔 1800m, 31°15′N, 109°56′E)，采集人肖炜、钟义海, 2007. Ⅶ. 4; 3♀♀, 四川天全县喇叭河 (海拔 1900~2200m)，采集人刘卫星、肖炜, 2003. Ⅶ. 12、Ⅶ. 13; 1♀, 四川泸定县海螺沟 (海拔 2100~2300m)，采集人刘卫星, 2003. Ⅶ. 15; 1♀, 四川泸定县海螺沟 (海拔 2200~2600m)，采集人肖炜, 2003. Ⅶ. 17; 2♀♀, 四川峨眉山雷洞坪 (海拔 2400m, 29°32′N, 103°19′E)，采集人周虎、钟义海, 2006. Ⅶ. 2; 1♂, 四川峨眉山金顶 (海拔 3076m, 29°31′N, 127°20′E)，采集人魏美才, 2006. Ⅶ. 27; 1♀, 河南嵩县, 采集人魏美才, 1996. Ⅶ. 19; 1♀, 河南内乡县宝天曼, 采集人肖炜, 1998. Ⅶ. 12; 1♂, 河南卢氏县洪

河林场 (海拔 1100m), 采集人魏美才, 2000. V. 29; 1♀, 河南嵩县白云山 (海拔 1300m), 采集人钟义海, 2001. VI. 4; 1♀, 陕西终南山 (海拔 1555m, 33°59′N, 108°58′E), 采集人杨青, 2006. V. 27; 11♀♀13♂♂, 山西龙泉镇密林峡谷 (海拔 1500m, 36°58′N, 113°24′E), 采集人费汉榄、王晓华, 2008. VI. 24 (中南林业科技大学昆虫资源研究所昆虫模式标本室)。

(888) _Siobla curvata_ Niu et Wei, 2008 弯毛侧跗叶蜂

文献信息 牛耕耘, 肖炜, 魏美才. 2012. 中国陕西侧跗叶蜂属七新种及分种检索表 (膜翅目: 叶蜂科). 昆虫分类学报, 34: 399-422.

标本信息 正模: ♀, 湖北神农架小龙潭 (海拔 1800m), 采集人魏美才, 2007. VII. 4 (中南林业科技大学昆虫标本馆)。副模: 1♀2♂♂, 湖北神农架板壁岩 (海拔 2500m), 采集人钟义海, 2002. VI. 29; 1♀1♂, 湖北神农架金猴岭 (海拔 2500m), 采集人钟义海, 2002. VI. 28; 1♀, 湖南石门县壶瓶山 (海拔 1700m), 采集人姜洋, 2003. VI. 3; 1♀, 湖北神农架大龙潭 (海拔 2200m), 采集人钟义海, 2002. VI. 30; 3♀♀, 陕西长安县鸡窝子 (海拔 1765m), 采集人朱巽、Jiang XY, 2008. VI. 27; 1♀, 宁夏六盘山和尚堡, 采集人刘飞, 2008. VI. 2; 1♀, 湖北神农架大龙潭 (海拔 2114m), 采集人赵赴, 2008. VII. 9; 1♂, 湖北神农架鬼头湾 (海拔 2150m), 采集人李泽建, 2010. V. 24、V. 25; 1♂, 甘肃小陇山麦积林场 (海拔 1620m), 采集人 Zheng JJ, 2009. V. 31 (中南林业科技大学昆虫标本馆)。

(889) _Siobla jiangi_ Niu et Wei, 2012 江氏侧跗叶蜂

文献信息 牛耕耘. 2012. 世界侧跗叶蜂属系统分类研究. 长沙: 中南林业科技大学博士学位论文, 150-152.

标本信息 正模: ♀, 湖北神农架摇篮沟 (海拔 1430m, 31°29.104′N, 110°22.878′E), 采集人赵赴, 2009. VII. 13 (中南林业科技大学)。副模: 2♂♂, 同正模; 3♂♂, 湖北神农架阴峪河 (海拔 2046m, 31°29.821′N, 110°18.799′E), 采集人赵赴, 2008. VII. 29; 11♂♂, 湖北神农架千家坪 (海拔 1789m, 31°24.356′N, 110°24.023′E), 采集人赵赴, 2009. VII. 4; 10♂♂, 湖北神农架漳宝河 (海拔 1156m, 31°26.765′N, 110°24.570′E), 采集人赵赴, 2009. VI. 12; 1♀, 湖北神农架, 采集人茅晓渊, 1985. VI. 24 (中南林业科技大学)。

(890) _Siobla listoni_ Niu et Wei, 2012 李氏侧跗叶蜂

文献信息 牛耕耘, 肖炜, 魏美才. 2012. 中国陕西侧跗叶蜂属七新种及分种检索表 (膜翅目: 叶蜂科). 昆虫分类学报, 34: 399-422.

标本信息 正模: ♀, 云南贡山黑洼地 (海拔 2100m, 27.80°N, 98.59°E), 采集人钟义海, 2009. VI. 12 (中南林业科技大学昆虫标本馆)。副模: 1♀, 云南梅里雪山 (海拔 2700m, 28.425°N, 98.425°E), 采集人钟义海, 2009. VI. 20; 2♀♀, 陕西周至县, 采集人 Wang PX, 2009. VI. 9; 1♀, 陕西秦岭太白山开天关 (海拔 2000m, 34.00°N, 107.51°E), 采集人 Shinohara A, 2007. VI. 4; 1♂, 湖北神农架鬼头湾 (海拔 2150m, 31°28′N, 110°09′E), 采集人 Shinohara A, 2010. V. 25 (中南林业科技大学昆虫标本馆); 1♀, 湖北贡山 (海拔 2100m), 采集人 Blank M、Liston AD、Taeger A (sdei), 2009. VI. 10 (德国沙根堡昆虫研究所); 1♀, 湖北神农架摇篮沟 (海拔 1360m, 31°30′N, 110°23′E), 采集人 Shinohara A, 2010. V. 19 (日本东京国立博物馆); 1♀, 陕西秦岭太白山开天关 (海拔 2700m), 采集人 Shinohara A, 2007. VI. 7 (日本东京国立博物馆); 2♂♂, 陕西秦岭太白山开天关 (海拔 2000m, 34.00°N, 107.51°E), 采集人 Shinohara A, 2007. VI. 4 (日本东京国立博物馆) (除标注的标本外, 其

余副模的模式标本均保存在中南林业科技大学昆虫标本馆)。

(891) *Siobla nigrolateralis* Wei et Niu, 2010 侧带侧跗叶蜂

文献信息 牛耕耘, 魏美才. 2010. 中国侧跗叶蜂属五新种 (膜翅目: 叶蜂科). 动物分类学报, 35: 911-921.

标本信息 正模: ♀, 湖北神农架大龙潭 (海拔 2200m), 采集人钟义海, 2002. Ⅵ. 30 (中南林业科技大学昆虫模式标本室)。副模: 1♀, 四川峨眉山接引殿, 采集人不详, 1957. Ⅶ. 12 (中南林业科技大学昆虫模式标本室)。

(892) *Siobla pseudoplesia* Niu et Wei, 2012 柔刃侧跗叶蜂

文献信息 牛耕耘, 肖炜, 魏美才. 2012. 中国陕西侧跗叶蜂属七新种及分种检索表 (膜翅目: 叶蜂科). 昆虫分类学报, 34: 399-422.

标本信息 正模: ♀, 湖北神农架板壁岩 (海拔 2500m), 采集人钟义海, 2002. Ⅵ. 29 (中南林业科技大学昆虫博物馆)。副模: 1♂, 湖北神农架板壁岩 (海拔 2500m), 采集人钟义海, 2002. Ⅵ. 29; 3♀♀, 四川天全县喇叭河 (海拔 1900~2200m), 采集人刘卫星、肖炜, 2003. Ⅶ. 12、Ⅶ. 13; 1♀, 四川泸定县海螺沟 (海拔 2100~2300m), 采集人刘卫星, 2003. Ⅶ. 15; 1♀, 四川泸定县海螺沟 (海拔 2200~2600m), 采集人肖炜, 2003. Ⅶ. 17; 3♀♀, 湖北神农架小龙潭(海拔 1800m, 31°15′N, 109°59′E), 采集人肖炜、钟义海, 2007. Ⅶ. 4; 2♀♀, 四川峨眉山雷洞坪 (海拔 2400m, 29°32.476′N, 103°19.890′E), 采集人周虎、钟义海, 2006. Ⅶ. 2; 1♂, 四川峨眉山金顶 (海拔 3076m, 29°31.369′N, 127°20.188′E), 采集人魏美才, 2006. Ⅶ. 19; 1♀, 河南嵩县, 采集人魏美才, 1996. Ⅶ. 19; 1♀, 河南内乡县宝天曼, 采集人肖炜, 1998. Ⅶ. 12; 1♂, 四川卢氏县淇河林场 (海拔 1100m), 采集人魏美才, 2000. Ⅴ. 29; 1♀, 陕西终南山 (海拔 1555m, 33°59.506′N,

108°58.356′E), 采集人杨青, 2006. Ⅴ. 27; 11♀♀13♂♂, 浙江龙泉密林峡谷 (海拔 1500m, 36°58.684′N, 113°24.677′E), 采集人 Fei HL、Wang XH; 1♀, 宁夏六盘山二龙河, 采集人刘飞, 2008. Ⅶ. 5; 2♀♀2♂♂, 湖北神农架鬼头湾 (海拔 2150m, 31°28′N, 110°09′E), 采集人 Shinohara A, 2011. Ⅴ. 25; 1♀, 陕西秦岭太白山开天关 (海拔 2000m, 34°N, 107°51′E), 采集人 Shinohara A, 2007. Ⅵ. 4 (日本东京国立博物馆) (除标注的标本外, 其余副模的模式标本均保存在中南林业科技大学昆虫博物馆)。

(893) *Siobla qinba* Niu et Wei, 2012 秦巴侧跗叶蜂

文献信息 牛耕耘, 肖炜, 魏美才. 2012. 中国陕西侧跗叶蜂属七新种及分种检索表 (膜翅目: 叶蜂科). 昆虫分类学报, 34: 399-422.

标本信息 正模: ♀, 湖北神农架大龙潭 (海拔 2200m), 采集人钟义海, 2002. Ⅵ. 30 (中南林业科技大学昆虫标本馆)。副模: 1♀4♂♂, 同正模; 3♀♀10♂♂, 湖北神农架板壁岩 (海拔 2500m), 采集人钟义海, 2002. Ⅵ. 29; 3♀♀10♂♂, 湖北神农架小龙潭 (海拔 1800m, 31°15′N, 109°56′E), 采集人魏美才、肖炜、钟义海和聂梅, 2007. Ⅶ. 4; 1♀4♂♂, 湖北神农架大龙潭 (海拔 2114m, 31°29.495′N, 110°18.513′E), 采集人赵赴, 2008. Ⅶ. 9; 5♀♀115♂♂, 湖北神农架大龙潭 (海拔 2110m, 31°29.495′N, 110°18.513′E), 采集人赵赴, 焦塱, 2009. Ⅶ. 1; 4♂♂, 陕西长安鸡窝子村 (海拔 1765m, 33°51.319′N, 108°49.193′E), 采集人朱巽、Jiang XU, 2008. Ⅵ. 27; 4♂♂, 陕西嘉陵江源头 (海拔 1570m, 34°13.177′N, 106°59.026′E), 采集人朱巽、Jiang XU, 2007. Ⅴ. 26; 4♂♂, 湖北神农架, 采集人 Sheng ML, 2010. Ⅶ. 25; 5♂♂, 陕西安康平河梁, 采集人李涛, 2010. Ⅶ. 11 (中南林业科技大学昆虫标本馆)。

(894) *Siobla shennongjiana* Niu et Wei, 2012 神农侧跗叶蜂

文献信息 Niu GY, Wei MC, Taeger A. 2012. Revision of the *Siobla metallica* group (Hymenoptera: Tenthredinidae). Zootaxa, 3196: 1-49.

标本信息 正模: ♀, 湖北神农架大龙潭 (海拔 2180m, 31°29.691′N, 110°17.772′E), 采集人李泽建、刘瑶, 2011. Ⅶ. 19 (中南林业科技大学昆虫标本馆). 副模: 1♀, 同正模; 1♀, 采集地点和采集时间同正模, 采集人魏美才、牛耕耘; 1♀, 湖北神农架阴峪河 (海拔 2100m, 31°34.005′N, 110°20.370′E), 采集人魏美才、牛耕耘, 2011. Ⅶ. 21; 1♂, 湖北神农架金猴岭 (海拔 2500m, 31°28.588′N, 110°18.117′E), 采集人钟义海, 2002. Ⅵ. 28 (中南林业科技大学昆虫标本馆).

(895) *Siobla tenuitheca* Wei et Niu, 2008 狭鞘侧跗叶蜂

文献信息 牛耕耘. 2008. 侧跗叶蜂属系统分类研究. 长沙: 中南林业科技大学硕士学位论文, 208-210.

标本信息 2♀♀, 湖北神农架板壁岩 (海拔 2500m), 采集人钟义海, 2002. Ⅵ. 29; 1♀, 湖北神农架大龙潭 (海拔 2200m), 采集人钟义海, 2002. Ⅵ. 30 (中南林业科技大学昆虫系统与进化生物学实验室).

(896) *Siobla tuberculatana* Wei, 2002 高突侧跗叶蜂

文献信息 魏美才, 聂海燕. 2002. 河南省侧跗叶蜂属新种和新亚种 (膜翅目: 叶蜂科) // 申效诚, 赵永谦. 河南昆虫分类区系研究. 第五卷. 太行山及桐柏山区昆虫. 北京: 中国农业科学技术出版社: 122-123.

标本信息 正模: ♀, 河南卢氏县大块地 (海拔 1700m), 采集人钟义海, 2001. Ⅶ. 20、Ⅶ. 21 (中南林学院昆虫标本室). 副模: 6♀♀12♂♂, 同正模; 1♂, 河南嵩县白云山 (海拔 1800m), 采集人钟义海, 2001. Ⅶ. 24; 1♀, 湖北神农架, 采集人不详, 1981. Ⅶ (中南林学院昆虫标本室).

(897) *Siobla vulgaria* Niu et Wei, 2012 狭颊侧跗叶蜂

文献信息 牛耕耘, 肖炜, 魏美才. 2012. 中国陕西侧跗叶蜂属七新种及分种检索表 (膜翅目: 叶蜂科). 昆虫分类学报, 34: 399-422.

标本信息 正模: ♀, 陕西嘉陵江源头 (海拔 1570m, 34°13.177′N, 106°59.026′E), 采集人朱巽, 2007. Ⅴ. 26 (中南林业科技大学昆虫博物馆). 副模: 2♀♀20♂♂, 黑龙江丰林五营 (海拔 400~600m), 采集人肖炜, 2002. Ⅵ. 26~Ⅵ. 30; 4♂, 吉林长白山 (海拔 1300m), 采集人魏美才、聂海燕, 1999. Ⅶ. 2; 1♂, 吉林长白山 (海拔 1100m), 采集人卜文俊, 1986. Ⅶ. 3; 1♂, 吉林长白山 (海拔 1100m), 采集人卜文俊, 1987. Ⅶ. 7; 2♀♀7♂♂, 甘肃白水江上丹堡 (海拔 1300~1600m), 采集人杨青、朱巽, 2005. Ⅵ. 30; 1♀, 甘肃秦州娘娘坝大河, 采集人 Yang YL, 2006. Ⅶ. 28; 3♂♂, 甘肃清水县小陇山 (海拔 1409m, 34°16.275′N, 106°08.201′E), 采集人牛耕耘、魏美才、钟义海, 2007. Ⅶ. 7; 1♀10♂♂, 甘肃林校实验林场榆林沟 (海拔 1660m, 34°20.286′N, 106°00.591′E), 采集人 Xin H, 2009. Ⅷ. 4; 2♂♂, 甘肃秦州娘娘坝大河 (海拔 1790m, 34°08.316′N, 105°46.276′E), 采集人朱巽, 2009. Ⅶ. 6; 1♀, 甘肃党川林场 (海拔 1580~1680m, 34°22.298′N, 106°07.423′E), 采集人 Heng X, 2009. Ⅷ. 4; 1♀1♂, 甘肃小陇山麦积林场太阳山 (海拔 1620m, 34°25′11.0″N, 105°46′30.1″E), 采集人 Xin H, 2009. Ⅴ. 31; 2♀♀1♂, 甘肃林校实验林场 (海拔 1600m, 34°20.286′N, 106°00.591′E), 采集人 Xin H、Yang YL, 2009. Ⅶ. 9; 1♂, 甘肃观音林场 (海拔 1330m, 34°12.623′N, 106°00.742′E), 采集人 Yang YL, 2008. Ⅶ. 10; 2♂, 甘肃清水县小陇

山林场植物园（海拔 1580m，34°20.783′N，106°00.605′E），采集人 Yang YL、杜予州，2009. Ⅶ. 27；6♀♀19♂♂，陕西太白山（海拔 1600~1800m），采集人 Yang Q、朱巽，2005. Ⅶ. 7；1♀10♂♂，陕西商洛镇安县（海拔 1300~1600m），采集人 Yang Q、朱巽，2005. Ⅶ. 10；4♀♀，陕西华山（海拔 1300~1600m），采集人 Yang Q、朱巽，2005. Ⅶ. 12；5♀♀2♂♂，陕西周至县厚畛子（海拔 1309m，33°50.507′N，107°49.694′E），采集人 Jiang XY、朱巽，2006. Ⅶ. 7；1♀3♂♂，陕西镇坪县（海拔 1200m），采集人 Yu HL，2003. Ⅶ. 6；16♀♀32♂♂，陕西嘉陵江源头（海拔 1570m，34°13.177′N，106°59.026′E），采集人 Jiang XY、朱巽，2007. Ⅴ. 26；7♂♂，陕西太白山（海拔 1580m，34°07.430′N，107°53.505′E），采集人 Jiang XY、朱巽，2007. Ⅶ. 12；2♀♀2♂♂，陕西长安鸡窝子村（海拔 1765m，33°51.319′N，108°49.193′E），采集人 Jiang XY、朱巽，2008. Ⅵ. 27；1♂，陕西太白山大殿（海拔 2300m），采集人不详，1982. Ⅵ. 30；22♂♂，河南嵩县，采集人魏美才、Wen J，1997. Ⅶ. 17；7♀♀38♂♂，河南内乡县宝天曼，采集人陈学新、魏美才、肖炜，1998. Ⅶ. 13~Ⅶ. 17；3♀♀，河南卢氏县大块地（海拔 1700m），采集人钟义海，2001. Ⅶ. 21；6♀♀1♂，河南嵩县白云山（海拔 1600m），采集人姜吉刚，2002. Ⅶ. 19；15♀♀34♂♂，河南嵩县白云山（海拔 1600m），采集人 Liang MW、He YK，2003. Ⅶ. 19~Ⅶ. 26；16♀♀23♂♂，南嵩县白云山（海拔 1500~1600m），采集人刘卫星、Zhang SB，2004. Ⅶ. 17、Ⅶ. 18；1♀9♂♂，河南嵩县天池山（海报 1300~1400m），采集人刘卫星、Zhang SB，2004. Ⅶ. 13；5♀♀15♂♂，河南栾川县龙峪湾（海拔 1600~1800m），采集人刘卫星、Zhang SB，2004. Ⅶ. 21；5♀♀3♂♂，河南内乡县宝天曼，采集人刘卫星、Zhang SB，2004. Ⅶ. 24；2♀♀6♂♂，湖北神农架大龙潭（海拔 2200m），采集人钟义海，2002. Ⅵ. 30；2♀♀，湖北神农架（海拔 2800m），采集人姜吉刚、周虎，2003.

Ⅶ. 2；2♀♀16♂♂，湖北神农架小龙潭（海拔 1800m，31°15′N，109°56′E），采集人牛耕耘、魏美才、肖炜、聂梅和钟义海，2007. Ⅶ. 4；14♀♀47♂♂，湖北神农架红花朵（海拔 1200m，31°15′N，109°56′E），采集人牛耕耘、魏美才、肖炜、聂梅和钟义海，2007. Ⅶ. 3；1♀，湖北神农架神农溪（海拔 2233m，31°28.430′N，110°18.000′E），采集人赵赴，2008. Ⅶ. 10；2♀♀，湖北神农架鸭子口（海拔 1241m，31°31.633′N，110°27.275′E），采集人赵赴，2008. Ⅶ. 19；2♂♂，湖北神农架大龙潭（海拔 2114m，31°29.450′N，110°48.489′E），采集人赵赴，2008. Ⅶ. 29；7♂♂，湖北神农架大龙潭（海拔 2110m，31°29.495′N，110°18.513′E），采集人赵赴、焦塑，2009. Ⅶ. 1；1♂，湖北神农架红坪（海拔 1867m，31°40.056′N，110°25.223′E），采集人赵赴，2009. Ⅶ. 16、Ⅶ. 17；1♂，四川青城山后山白云寺（海拔 1600m，309°56.033′N，103°28.428′E），采集人周虎，2006. Ⅵ. 29；5♂♂，四川泸定县鸭子沟（海拔 2120m，29°41.358′N，102°04.015′E），采集人魏美才，2009. Ⅶ. 2；7♂♂，陕西安康平河梁（海拔 2050m），采集人 Li T，2010. Ⅶ. 11；2♂♂，湖北神农架，采集人 Sheng ML，2010. Ⅶ. 25；1♂，陕西秦岭太白山开天关（海拔 2000m，34°00′N，107°51′E），采集人 Shinohara A，2006. Ⅵ. 8（日本东京国立博物馆）（除标注的标本外，其余副模的模式标本均保存在中南林业科技大学昆虫博物馆）。

(898) *Stethomostus vulgaris* Wei, 1997 普通直脉叶蜂

文献信息 魏美才. 1997. 膜翅目：叶蜂科（Ⅱ）//杨星科. 长江三峡库区昆虫. 下册. 重庆：重庆出版社：1597-1598.

标本信息 正模：♀，福建崇安（海拔 740m），采集人左永，1960. Ⅵ. 4（中国科学院动物研究所昆虫标本馆）。副模：7♀♀6♂♂，采集地点和采集时间同正模，采集人左永、张毅然；1♀，福建梅花山，采集人卜文俊、吕楠，1993. Ⅴ. 6

(南开大学)；10♀♀10♂♂，四川峨眉山，采集人卢佑才、王宗元等，1957. V；1♀，广西阳朔县，采集人不详，1938. VI. 5；1♀，贵州雷公山 (海拔 1350m)，采集人陈萍萍，1987. VIII. 15 (南开大学)；1♀，四川巫山县梨子坪 (海拔 1870m)，采集人姚建，1993. VII. 4；1♀，四川万县龙驹 (海拔 400m)，采集人陈军，1994. IX. 27 (除标注的标本外，其余副模的模式标本均保存在中国科学院动物研究所昆虫标本馆)。

(899) *Taxonus ferrugatus* Wei, 1997 锈色元叶蜂

文献信息 魏美才. 1997. 西北农业大学昆虫博物馆馆藏叶蜂新种记述Ⅰ (膜翅目：叶蜂科). 昆虫分类学报, 19 (增刊): 17-24.

标本信息 正模：♀，湖北神农架 (海拔 1660m)，采集人韩寅恒，1981. VII. 18 (中国科学院动物研究所)。副模：1♂，陕西太白山蒿坪寺，采集人袁锋，1981. V. 21 (西北农业大学昆虫博物馆)。

(900) *Taxonus takeuchii* Wei, 1997 竹内元叶蜂

文献信息 魏美才. 1997. 膜翅目：叶蜂科 (Ⅱ) //杨星科. 长江三峡库区昆虫. 下册. 重庆：重庆出版社: 1591-1592.

标本信息 正模：♀，福建建阳黄坑，采集人张毅然、蒲富基, 1960. V. 6、V. 16 (中国科学院动物研究所昆虫标本馆)。副模：3♀♀1♂，同正模；3♀♀，浙江天目山，采集人 Piel O, 1937. VI. 1；1♀，浙江莫干山，采集人不详，1935. VI. 10；1♀，湖北兴山县龙门河 (海拔 1350m)，采集人姚建，1993. VI. 15 (中国科学院动物研究所昆虫标本馆)。

(901) *Taxonus linealinus* Wei et Huang, 2003 黑缝元叶蜂

文献信息 黄宁廷. 2003. 中国元叶蜂属系统分类研究. 长沙：中南林学院硕士学位论文, 68.

标本信息 正模：♀，四川巫山县梨子坪，采集人不详，1993. VII. 3 (中南林学院昆虫资源研究所昆虫模式标本室)。

(902) *Tenthredo chenghanhuai* Wei, 2002 程氏斑黄叶蜂

文献信息 魏美才. 2002. 申效诚先生等采集的河南叶蜂新类群 (膜翅目：叶蜂科) //申效诚, 赵永谦. 河南昆虫分类区系研究. 第五卷. 太行山及桐柏山区昆虫. 北京：中国农业科学技术出版社: 194-195.

标本信息 正模：♀，湖北咸丰坪坝营 (海拔 1500m)，采集人邓铁军，1999. VII. 21 (中南林学院昆虫模式标本室)。副模：2♂♂，同正模；1♀，河南内乡县宝天曼 (海拔 1800m)，采集人申效诚、任应党，1998. VII. 12；1♀，四川峨眉山九老洞，采集人郑乐怡、程汉华，1957. VII. 7；1♀，湖北神农架 (海拔 1200m)，采集人刘祖尧、郑建中，1983. VIII. 25；1♂，湖南浏阳天平山，采集人童新旺，1981. VI. 20 (中南林学院昆虫模式标本室)。

(903) *Tenthredo ferruginiella* Wei, 2002 黑唇白端叶蜂

文献信息 魏美才, 聂海燕. 2002. 河南叶蜂属白端组三新种 (膜翅目：叶蜂科) //申效诚, 赵永谦. 河南昆虫分类区系研究. 第五卷. 太行山及桐柏山区昆虫. 北京：中国农业科学技术出版社: 150-151.

标本信息 正模：♀，河南济源黄楝树 (海拔 1700m)，采集人魏美才，2000. VI. 7 (中南林学院昆虫标本室)。副模：1♂，河南卢氏县大块地 (海拔 1400m)，采集人钟义海，2000. V. 29；1♂，青海互助自治县北山，采集人不详，1974. VI. 12；1♀，湖北神农架，采集人金根桃、刘祖尧，1983. VII. 18；1♀，四川巫山县梨子坪，采集人李文柱，1994. V. 19 (中国科学院动物研究所) (除标注的标本外，其余副模的模式标本均保存在中南林学院昆虫

标本室)。

(904) *Tenthredo latidentella* Wei et Zhao, 2010 宽齿平绿叶蜂

文献信息 赵赴, 牛耕耘, 魏美才. 2010. 中国叶蜂属二新种 (膜翅目: 叶蜂科). 动物分类学报, 35: 460-465.

标本信息 正模: ♀, 陕西长安鸡窝子村 (海拔 2077m, 33°49′N, 108°49′E), 采集人 Jiang XY, 2008. Ⅵ. 28 (中南林业科技大学昆虫模式标本室)。副模: 1♀3♂♂, 采集地点和采集时间同正模, 采集人 Jiang XY、Zhang SB; 4♀♀3♂♂, 陕西长安鸡窝子村 (海拔 1765m, 33°51′N, 108°49′E), 采集人 Zhang SB、Jiang XY, 2008. Ⅵ. 27; 1♀, 陕西太白县青峰峡 (海拔 1473m, 34°02′N, 109°26′E), 采集人 Jiang XY, 2008. Ⅶ. 3; 47♀♀9♂♂, 陕西嘉陵江 (海拔 1617m, 34°13′N, 106°59′E), 采集人 朱巽、Jiang XY, 2007. Ⅶ. 14; 1♀, 甘肃理县陶萍林场, 采集人 Heng XN, 2007. Ⅵ. 27; 3♀♀2♂♂, 甘肃清水县小陇山 (海拔 2200~2250m, 34°29′N, 104°47′E), 采集人 XN H、Fan H、Pei JL、Ma HY 和 Wu XY, 2009. Ⅶ. 2; 14♀♀16♂♂, 湖北神农架大龙潭 (海拔 2110m, 31°29′N, 110°18′E), 采集人赵赴、焦塑; 3♀♀5♂♂, 湖北神农架猴子石 (海拔 2604m, 31°27′N, 110°11′E), 采集人赵赴、焦塑, 2009. Ⅶ. 28; 15♀♀12♂♂, 湖北神农架金猴岭 (海拔 2212m, 31°28′N, 110°18′E), 采集人赵赴, 2008. Ⅶ. 8; 12♀♀7♂♂, 湖北神农架大龙潭 (海拔 2114m, 31°29′N, 110°18′E), 采集人赵赴, 2008. Ⅶ. 9; 8♀♀8♂♂, 湖北神农架神农溪 (海拔 2233m, 31°28′N, 110°18′E), 采集人赵赴, 2008. Ⅶ. 10; 7♀♀2♂♂, 湖北神农架鸭子口 (海拔 1241m, 31°31′N, 110°20′E), 采集人赵赴, 2008. Ⅶ. 19; 8♀♀2♂♂, 湖北神农架阴峪河 (海拔 2046m, 31°29′N, 110°18′E), 采集人赵赴, 2008. Ⅶ. 29; 29♀♀22♂♂, 湖北神农架大龙潭 (海拔 2312m, 31°29′N,

110°16′E), 采集人赵赴, 2008. Ⅶ. 31~Ⅷ. 1; 2♀♀15♂♂, 湖北神农架鸭子口 (海拔 1787m, 31°31′N, 110°20′E), 采集人赵赴, 2008. Ⅷ. 2、Ⅷ. 3; 1♀2♂♂, 湖北神农架小龙潭 (海拔 2100m), 采集人钟义海, 2002. Ⅵ. 26; 3♀♀4♂♂, 湖北神农架金猴岭 (海拔 2500m), 采集人钟义海, 2002. Ⅵ. 28; 3♀♀, 湖北神农架板壁岩 (海拔 2500m), 采集人钟义海, 2002. Ⅵ. 29; 10♀♀5♂♂, 湖北神农架小龙潭 (海拔 1800m, 31°15′N, 119°56′E), 采集人魏美才、肖炜、牛耕耘、钟义海和聂梅, 2007. Ⅶ. 4; 46♀♀15♂♂, 湖北神农架红花朵 (海拔 1200m, 31°15′N, 119°56′E), 采集人魏美才、肖炜、牛耕耘、钟义海和聂梅, 2007. Ⅶ. 3; 52♀♀52♂♂, 湖北神农架 (海拔 2100m), 采集人姜吉刚、周虎, 2003. Ⅶ. 20、Ⅶ. 21; 19♀♀10♂♂, 湖北神农架 (海拔 2800m), 采集人姜吉刚、周虎, 2003. Ⅶ. 22; 1♂, 湖北神农架 (海拔 2200m), 采集人姜吉刚, 2003. Ⅶ. 23; 39♀♀31♂♂, 湖北神农架 (海拔 1950m), 采集人姜吉刚、周虎, 2003. Ⅶ. 24 (中南林业科技大学昆虫模式标本室)。

(905) *Tenthredo lunani* Wei et Niu, 2011 吕氏横斑叶蜂

文献信息 牛耕耘, 魏美才. 2011. 中国叶蜂属 (膜翅目: 叶蜂科) 三新种. 动物分类学报, 33: 514-519.

标本信息 正模: ♀, 陕西宁陕县 (海拔 1600m), 采集人吕楠, 1994. Ⅵ. 16 (中南林业科技大学昆虫模式标本室)。副模: 1♂, 河南嵩县白云山 (海拔 1650m, 34°2′N, 112°E), 采集人姜吉刚, 2002. Ⅶ. 19; 1♀, 湖北武当山, 1984. Ⅷ; 1♀, 湖北神农架松柏镇, 采集人茅晓渊, 1986. Ⅵ. 21 (中南林业科技大学昆虫模式标本室)。

(906) *Tenthredo megadentella* Wei et Xiao, 2011 大齿平斑叶蜂

文献信息 肖炜. 2011. 东亚地区叶蜂属 *Tenthredo*

genitalis 和 *T. sinensis* 种团系统分类研究. 长沙: 中南林业科技大学硕士学位论文, 62-64.

标本信息 正模: ♀, 湖北神农架 (海拔 1430m, 31°29′N, 110°22′E), 采集人赵赴, 2009. Ⅶ. 19 (中南林业科技大学昆虫系统与进化生物学昆虫标本室). 副模: 3♂♂, 湖北神农架 (海拔 1789m, 31°24′N, 110°24′E), 采集人赵赴, 2009. Ⅶ. 3; 湖北神农架 (海拔 1156m, 31°26′N, 110°24′E), 采集人赵赴, 2009. Ⅵ. 12; 湖北神农架 (海拔 1789m, 31°24′N, 110°24′E), 采集人焦翠, 2009. Ⅶ. 7 (中南林业科技大学昆虫系统与进化生物学昆虫标本室).

(907) *Tenthredo yingdangi* Wei, 2002 方顶黑突叶蜂

文献信息 魏美才. 2002. 申效诚先生等采集的河南叶蜂新类群 (膜翅目: 叶蜂科) // 申效诚, 赵永谦. 河南昆虫分类区系研究. 第五卷. 太行山及桐柏山区昆虫. 北京: 中国农业科学技术出版社: 195-196.

标本信息 正模: ♀, 河南卢氏县大块地 (海拔 1700m), 采集人钟义海, 2001. Ⅶ. 20 (中南林学院昆虫模式标本室). 副模: 3♀♀, 同正模; 1♀, 河南嵩县白云山 (海拔 1300m),

采集人申效诚、任应党、李玉英, 1997. Ⅷ. 15; 1♀, 湖北神农架 (海拔 1700m), 采集人金根桃、刘祖尧, 1983. Ⅷ. 15 (中南林学院昆虫模式标本室).

181. 长尾小蜂科 Torymidae

(908) *Torymus rugivertex* Lin, 2005 皱顶长尾小蜂

文献信息 林祥海. 2005. 中国长尾小蜂科常见属分类研究. 杭州: 浙江大学硕士学位论文, 46-48.

标本信息 正模: ♀, 湖北神农架 (26.91°N, 102.86°E), 采集人杜予州, 1997. Ⅶ. 19 (浙江大学农业与生物技术学院应用昆虫研究所). 副模: 2♀♀, 湖北神农架, 采集人杜予州, 1997. Ⅶ. 19; 1♀, 内蒙古正镶白旗院内, 采集人郭元朝, 1999. Ⅷ. 13; 1♀, 陕西周至县厚畛子, 采集人马云, 1998. Ⅵ. 2; 1♀, 陕西秦岭天台山, 采集人何俊华, 1999. Ⅸ. 3; 1♀, 陕西秦岭天台山, 采集人马云、杜予州, 1998. Ⅵ. 8; 1♀, 陕西秦岭天台山, 采集人马云, 1998. Ⅵ. 8; 1♀, 陕西宁陕县火地塘板桥沟, 采集人马云, 1998. Ⅵ. 5; 1♀, 陕西佛坪县三关庙, 采集人邢连喜, 1996. Ⅵ. 3 (浙江大学农业与生物技术学院应用昆虫研究所).

索脊动物门 Chordata

七 硬骨鱼纲 Osteichthyes

(二十八) 鲈形目 Perciformes

182. 虾虎鱼科 Gobiidae

(909) *Rhinogobius shennongensis* Yang et Xie, 1983 神农吻鰕虎鱼

文献信息 杨干荣, 谢从新. 1983. 神农架鱼类一新种. 动物学研究, 4: 71-74.

李帆, 钟俊生. 2007. 浙江吻虾虎鱼属一新种 (鲈形目: 虾虎鱼科). 动物学研究, 28: 539-544.

Chen IS, Miller PJ, Fang LS. 1998. A new species of freshwater goby from Lanyu (Orchid Island), Taiwan. Ichthyological Exploration of Freshwaters, 9: 255-261.

Chen IS, Wu HL, Shao KT. 1999. A new species of *Rhinogobius* (Teleostei: Gobiidae) from Fujian Province, China. Ichthyological Research, 46: 171-178.

标本信息 正模: ♂, 湖北神农架阳日湾 (关门河), 采集人杨干荣、谢从新, 1981. Ⅶ、Ⅷ (华中农学院水产系). 副模: 2♀♀, 同正模。

分类讨论 杨干荣和谢从新1983年依据采自神农架阳日湾的标本命名该物种为神农栉鰕虎 (*Ctenogobius shennongensis* Yang et Xie, 1983)。实际上, 栉鰕虎鱼属 (*Ctenogobius*) 在早期的文献中多被作为吻虾虎鱼属 (*Rhinogobius*) 的异名, 目前已确定栉鰕虎鱼属仅分布于西大西洋及东太平洋沿岸的大陆水系 (Chen et al., 1998), 过去记载于我国的栉鰕虎鱼属种类实际上应归为吻虾虎鱼属 (Chen et al., 1999; 李帆和钟俊生, 2007)。

(二十九) 鲤形目 Cypriniformes

183. 爬鳅科 Balitoridae

(910) *Paraprotomyzon lungkowensis* Xie, Yang et Gong, 1984 龙口似原吸鳅

文献信息 谢从新, 杨干荣, 龚立新. 1984. 湖北省的平鳍鳅科鱼类包括一新种和一新亚种的描述. 华中农学院学报, 3: 62-64.

标本信息 模式标本: 9, 性别不详, 湖北神农架林区新华公社龙口河, 采集人和采集时间不详 (华中农学院水产系鱼类标本室和中国科学院水生生物研究所鱼类标本室)。

184. 鲤科 Cyprinidae

(911) *Atrilinea macrolepis* Song et Fang, 1987 大鳞黑线鳘

文献信息 陕西省动物研究所, 中国科学院水生生物研究所, 兰州大学生物系. 1987. 秦岭鱼类志. 北京: 科学出版社: 59-60.

标本信息 正模: 1, 性别不详, 陕西镇坪县 (堵河上游, 属汉水水系), 采集人不详, 1979 (陕西省动物研究所)。

八 两栖纲 Amphibia

(三十) 无尾目 Anura

185. 角蟾科 Megophryidae

(912) *Megophrys wushanensis* Ye et Fei, 1995 巫山角蟾

文献信息 叶昌媛, 费梁. 1995. 我国小型角蟾的分类研究及其新种（新亚种）的描述. 两栖爬行动物学研究, 4-5: 72-81.

费梁, 胡淑琴, 黄永昭. 2009. 中国动物志, 两栖纲, 中卷, 无尾目, 角蟾属. 北京: 科学出版社: 451-455.

费梁, 叶昌媛, 江建平. 2012. 中国两栖动物及其分布彩色图鉴, 角蟾属. 成都: 四川科学技术出版社: 244.

蒋志刚, 江建平, 王跃招, 等. 2016. 中国脊椎动物红色名录. 生物多样性, 24: 500-551.

Chen JM, Zhou WW, Poyarkov Jr NA, et al. 2017. A novel multilocus phylogenetic estimation reveals unrecognized diversity in Asian horned toads, genus *Megophrys* sensu lato (Anura: Megophryidae). Molecular Phylogenetics and Evolution, 106: 28-43.

Dubois A, Ohler A. 1998. A new species of *Leptobrachium* (Vibrissaphora) from northern Vietnam, with a review of the taxonomy of the genus *Leptobrachium* (Pelobatidae, Megophyinae). Dumerilia, Paris, 4: 1-32.

Frost DR. 2017. Amphibia Species of the World: an Online Reference. Version 6.0 (December 15, 2017). Electronic Database accessible at http://research.amnh.org/herpetology/amphibia/index. html. American Museum of Natural History, New York, USA.

Li C, Wang YZ. 2008. Taxonomic review of *Megophrys* and *Xenophrys*, and a proposal for Chinese species (Megophryidae, Anura). Acta Zootaxon, Sinica, 33: 104-106.

Mahony S, Foley NM, Biju SD, et al. 2017. Evolutionary history of the Asian Horned Frogs (Megophryinae): integrative approaches to timetree dating in the absence of a fossil record. Molecular Biology and Evolution, 34: 744-771.

Pyron RA, Wiens JJ. 2011. A large-scale phylogeny of Amphibia including over 2800 species, and a revised classification of extant frogs, salamanders, and caecilians. Molecular Phylogenetics and Evolution, 61: 543-583.

标本信息 正模: ♂, 四川巫山县庙堂乡 (海拔 1200m, 31°27′N, 110°56′E), 采集人杨抚华, 1957. Ⅵ. 23 (中国科学院成都生物研究所)。配模: ♀, 四川巫山县庙堂乡 (海拔 945m), 采集人叶昌媛、费梁, 1957. Ⅵ. 22 (中国科学院成都生物研究所)。副模: 15♂♂, 各期蝌蚪和变态期幼体, 四川巫山县庙堂和当阳乡 (海拔 1158~1206m), 采集人叶昌媛、费梁, 1957. Ⅵ. 14~Ⅵ. 23 (中国科学院成都生物研究所)。

分类讨论 巫山角蟾的属级归类问题存在一定争议。该物种发表时, 被归为角蟾属 (*Megophrys*) (叶昌媛和费梁, 1995), 但部分研究认为应归为异角蟾属 (*Xenophrys*) (Li and Wang, 2008; Pyron and Wiens, 2011; Chen et al., 2017)。可是关于异角蟾属的有效性及其与角蟾属的关系受到较多质疑与争论, 很多研究都支持异角蟾属与角蟾属的关系并没有构成属级间断性性状用于相互区别、前者是后者亚属的观点 (Dubois and Ohler, 1998; 费梁等, 2009a; Mahony et al., 2017)。

世界两栖动物数据库和中国两栖类网站将该物种列为异角蟾属, 拉丁学名为 *Xenophrys wushanensis* Ye et Fei, 1995。而《世界两栖动物种》(Frost, 2017)、《中国两栖动物及其分布彩色图鉴》(费梁等, 2012)和《中国脊椎动物红色名录》(蒋志刚等, 2016)均将该物种列为巫山角蟾 *Megophrys wushanensis* Ye et Fei, 1995。

综上, 由于这些研究均未涉及这两个属所有物种的形态学和分子生物学研究, 该分类厘定的形态学和系统发育学证据尚不充分。因此我们暂采取保守的办法, 保留原分类地位不变, 待将来深入研究寻求充分证据后再做定论。

(913) *Megophrys baolongensis* Ye, Fei et Xie, 2007 抱龙角蟾

文献信息 叶昌媛, 费梁, 谢锋. 2007. 我国角蟾科 (Megophryidae)一新种——抱龙角蟾 (两栖纲: 无尾目) //计翔. 两栖爬行动物学研究. 第十一辑. 南京: 东南大学出版社: 38-41.

费梁, 胡淑琴, 黄永昭. 2009. 中国动物志, 两栖纲, 中卷, 无尾目, 角蟾属. 北京: 科学出版社: 412-416.

费梁, 叶昌媛, 江建平. 2012. 中国两栖动物及其分布彩色图鉴, 角蟾属. 成都: 四川科学技术出版社: 209.

蒋志刚, 江建平, 王跃招, 等. 2016. 中国脊椎动物红色名录. 生物多样性, 24: 500-551.

Chen JM, Zhou WW, Poyarkov Jr NA, et al. 2017. A novel multilocus phylogenetic estimation reveals unrecognized diversity in Asian horned toads, genus *Megophrys* sensu lato (Anura: Megophryidae). Molecular Phylogenetics and Evolution, 106: 28-43.

Dubois A, Ohler A. 1998. A new species of *Leptobrachium* (Vibrissaphora) from northern Vietnam, with a review of the taxonomy of the genus *Leptobrachium* (Pelobatidae, Megophyinae). Dumerilia, Paris, 4: 1-32.

Frost DR. 2017. Amphibia Species of the World: an Online Reference. Version 6.0 (December 15, 2017). Electronic Database accessible at http://research. amnh.org/herpetology/amphibia/index. html. American Museum of Natural History, New York, USA.

Li C, Wang YZ. 2008. Taxonomic review of Megophrys and Xenophrys, and a proposal for Chinese species (Megophryidae, Anura). Acta Zootaxon, Sinica, 33: 104-106.

Mahony S, Foley NM, Biju SD, et al. 2017. Evolutionary history of the Asian Horned Frogs (Megophryinae): integrative approaches to timetree dating in the absence of a fossil record. Molecular Biology and Evolution, 34: 744-771.

Pyron RA, Wiens JJ. 2011. A large-scale phylogeny of Amphibia including over 2,800 species, and a revised classification of extant frogs, salamanders, and caecilians. Molecular Phylogenetics and Evolution, 61: 543-583.

标本信息 正模: ♂, 重庆市巫山县抱龙 (海拔 793m), 采集人杨抚华、王宜生, 1957. Ⅶ. 18 (中国科学院成都生物研究所). 副模: 4♂♂, 蝌蚪 10 尾, 同正模。

分类讨论 与巫山角蟾类似, 抱龙角蟾的属级归类问题存在一定争议。该物种发表时, 被归为角蟾属 (*Megophrys*) (叶昌媛和费梁, 1995), 但部分研究认为应归为异角蟾属 (*Xenophrys*) (Li and Wang, 2008; Pyron and Wiens, 2011; Chen et al., 2017)。可是关于异角蟾属的有效性及其与角蟾属的关系受到较多质疑与争论, 很多研究都支持异角蟾属与角蟾属的关系并没有构成属级间断性性状用于相互区别、前者是后者亚属的观点 (Dubois and Ohler, 1998; 费梁等, 2009a; Mahony et al., 2017)。

世界两栖动物数据库和中国两栖类网站将该物种列为异角蟾属, 拉丁学名为 *Xenophrys baolongensis* Ye, Fei et Xie, 2007。而《世界两栖动物物种》(Frost, 2017)、《中国两栖动物及其分布彩色图鉴》(费梁等, 2012a)和《中国脊椎动物红色名录》(蒋志刚等, 2016) 均将该物种列为抱龙角蟾 *Megophrys baolongensis* Ye, Fei et Xie, 2007。

综上, 由于这些研究均未涉及这两个属所有物种的形态学和分子生物学研究, 该分类厘定的形态学和系统发育学证据尚不充分。因此我们暂采取保守的办法, 保留原分类地位不变, 待将来深入研究寻求充分证据后再做定论。

186. 蛙科 Ranidae

(914) *Feirana quadranus* Liu, Hu et Yang, 1960 隆肛蛙

文献信息 刘承钊, 胡淑琴, 杨抚华. 1960. 四川巫山两栖类初步调查报告. 动物学报, 12: 278-292.

费梁, 叶昌媛, 黄永昭, 等. 2005. 中国两栖动物检索及图解. 成都: 四川科学技术出版社: 266-267.

费梁, 胡淑琴, 叶昌媛, 等. 2009. 中国动物志, 两栖纲, 下卷, 无尾目, 隆肛蛙属. 北京: 科学出版社: 1430-1437.

费梁, 叶昌媛, 江建平. 2012. 中国两栖动物及其分布彩色图鉴, 隆肛蛙属. 成都: 四川科学技术出版社: 476.

蒋志刚, 江建平, 王跃招, 等. 2016. 中国脊椎动物红色名录. 生物多样性, 24: 500-551.

Che J, Zhou WW, Hu JS, et al. 2010. Spiny frogs (Paini) illuminate the history of the Himalayan region and Southeast Asia. Proceedings of the National Academy of Sciences of the United States of America, 107: 13765-13770.

Frost DR. 2017. Amphibia Species of the World: an Online Reference. Version 6.0 (December 15, 2017). Electronic Database accessible at http://research.amnh.org/herpetology/amphibia/index.html. American Museum of Natural History, New York, USA.

Huang MY, Duan RY, Ji X. 2014. The tadpole of the Swelled Vent Frog *Feirana quadranus* (Anura: Ranidae): Oral, chondrocranial and hyobranchial morphology. Zootaxa, 3779: 497-500.

标本信息　正模: ♂, 四川巫山县官阳火石沟 (海拔 1463m), 采集人朱承瑄, 1957. V. 30 (中国科学院成都生物研究所).

分类讨论　隆肛蛙的属级归类问题长期存在争议。在原始发表文献中, 该物种被归为蛙属 (*Rana*) (刘承钊等, 1960)。费梁等 (2005) 将其列入新提升的隆肛蛙属 (*Feirana*)。进一步进行分子系统学研究认为隆肛蛙与倭蛙属 (*Nanorana*) 关系较近, 应归为该属 (Che et al., 2010), 但这并没有得到广泛的采纳 (费梁等, 2012b; Huang et al., 2014)。

世界两栖动物数据库、中国两栖类网站和《世界两栖动物物种》(Frost, 2017) 将该物种列为倭蛙属, 拉丁学名为 *Nanorana quadranus* Liu, Hu et Yang, 1960。而《中国两栖动物及其分布彩色图鉴》(费梁等, 2012)和《中国脊椎动物红色名录》(蒋志刚等, 2016) 均将该物种列为隆肛蛙属, 拉丁学名为 *Feirana quadranus* Liu, Hu et Yang, 1960。

考虑到上述研究均未涉及这几个属所有物种的形态学和分子生物学研究, 该分类厘定的形态学和系统发育学证据尚不充分。因此我们暂采取保守的办法, 保留《中国动物志》上的分类地位不变 (费梁等, 2009), 待将来深入研究寻求充分证据后再做定论。

(三十一) 有尾目 Urodela

187. 小鲵科 Hynobiinae

(915) *Liua shihi* Liu, 1950 巫山巴鲵

文献信息　Liu CC. 1950. Amphibias of western China. Fieldiana. Zoology Memoires, 2: 1-397.

费梁, 叶昌媛, 江建平. 2012. 中国两栖动物及其分布彩色图鉴, 角蟾属. 成都: 四川科学技术出版社: 244.

费梁, 叶昌媛. 1983. 小鲵科的分类探讨, 包括一新属. 两栖爬行动物学报, 2: 31-37.

黄永昭, 费梁, 叶昌媛. 1992. 关于巴鲵属 *Liua* 分类问题的探讨. 两栖爬行动物学研究, 1-2: 52-57.

蒋志刚, 江建平, 王跃招, 等. 2016. 中国脊椎动物红色名录. 生物多样性, 24: 500-551.

刘承钊, 胡淑琴, 杨抚华. 1960. 四川巫山两栖类初步调查报告. 动物学报, 12: 278-292.

叶昌媛, 费梁, 胡淑琴. 1993. 中国珍稀及经济两栖动物, 北鲵属. 成都: 四川科学技术出版社: 51-53.

赵尔宓, 胡其雄. 1983. 中国西部小鲵科的分类与演化, 兼记一新属. 两栖爬行动物学报, 2: 29-35.

赵尔宓. 1984. 巴鲵属的模式种的命名应予订正. 两栖爬行动物学报, 3: 40.

Frost DR. 2017. Amphibia Species of the World: an Online Reference. Version 6.0 (December 15, 2017). Electronic Database accessible at http://research.amnh.org/herpetology/amphibia/index. html. American Museum of Natural History, New York, USA.

Pyron RA, Wiens JJ. 2011. A large-scale

phylogeny of Amphibia including over 2800 species, and a revised classification of extant frogs, salamanders, and caecilians. Molecular Phylogenetics and Evolution, 61: 543-583.

Risch JP, Thorn R. 1982. Notes sur *Ranodon shihi* (Liu, 1950) (Amphibia, Caudata, Hynobiidae). Bulletin de la Société d'Histoire Naturelle de Toulouse, 117: 171-174.

Weisrock DW, Macey JR, Matsui M, et al. 2013. Molecular phylogenetic reconstruction of the endemic Asian salamander family Hynobiidae (Amphibia, Caudata). Zootaxa, 3626: 77-93.

Zeng XM, Fu JZ, Chen LP, et al. 2006. Cryptic species and systematics of the hynobiid salamanders of the *Liua-Pseudohynobius* complex: molecular and phylogenetic perspectives. Biochemical Systematics and Ecology, 34: 467-477.

Zhang P, Chen YQ, Zhou H, et al. 2006. Phylogeny, evolution, and biogeography of Asiatic salamanders (Hynobiidae). Proceedings of the National Academy of Sciences of the United States of America, 103: 7360-7365.

标本信息　正模: ♀, 四川巫溪县鸡心岭 (海拔 1890m, 31.7333°N, 109.4833°E) (美国芝加哥菲尔德博物馆两栖爬行动物分馆)。

分类讨论　该物种的归属一直争议比较大。Liu 1950 年依据采自重庆巫溪县鸡心岭的标本发表该物种, 并将其划分到小鲵属 (*Hynobius*) 中, 定名为 *Hynobius shihi* Liu, 1950。此后, 刘承钊等 1960 年依据四川巫山县 (现属重庆市) 的标本又发表另一新种巫山北鲵 (*Ranodon wushanensis* Liu, Hu et Yang, 1960), 并将其归入北鲵属 (*Ranodon*), 并在文中注明前者是后者"较小标本"。Risch 等 1982 年认为两物种实际为同一物种, *Ranodon wushanensis* Liu, Hu et Yang, 1960 是 *Hynobius shihi* Liu, 1950 的次订同物异名, 并将该物种归入北鲵属, 物种名为 *Ranodon shihi* Liu, 1950。

赵尔宓和胡其雄 1983 年对巫山北鲵 (*Ranodon wushanensis* Liu, Hu et Yang, 1960), 北鲵属中的新疆北鲵 (*Ranodon sibiricus* Kessler, 1866) 及山溪鲵属 (*Batrachuperus*) 物种进行了形态比对, 认为巫山北鲵与北鲵属及山溪鲵属的差异较大, 因此将巫山北鲵从北鲵属中划出, 建立新属巴鲵属 (*Liua*), 同时改巫山北鲵种名为巫山巴鲵 (*Liua wushanensis* Liu, Hu et Yang, 1960)。根据 Risch 等 1982 年论述, 赵尔宓 1984 年将巫山巴鲵拉丁学名改为 *Liua shihi* Liu, 1950。

尽管对巴鲵属的有效性, 部分学者持否定意见 (费梁和叶昌媛 1983; 黄永昭等 1992; 叶昌媛等, 1993; 费梁等, 2006, 2012a), 但近年来的分子系统学研究支持了巴鲵属。Zeng 等 (2006) 建立在线粒体基因 CYTB 片段上的研究表明, 巴鲵属包括巫山巴鲵和秦巴巴鲵, 与拟小鲵属为最近姐妹群关系, 而与北鲵属物种在系统演化树上相隔较远, 从而支持了巫山巴鲵从北鲵属中划分出来, 建立巴鲵属 (赵尔宓和胡其雄, 1983)。Zhang 等 (2006) 的线粒体基因组学研究结果显示, 巫山巴鲵和秦巴巴鲵聚在一起, 而与北鲵属遗传距离较远, 也支持了巫山巴鲵应从北鲵属中划分出来。Pyron 和 Wiens (2011)、Weisrock (2013) 对已发表的小鲵科的分子数据重新整合分析, 也得到了类似结果。

世界两栖动物数据库、《世界两栖动物物种》(Frost 2017)、中国两栖类网站和《中国脊椎动物红色名录》(蒋志刚等, 2016) 均将该物种列为巫山巴鲵 (*Liua shihi* Liu, 1950)。

补充说明　未查找到原始文献, 模式标本信息参考中国两栖类网站和《中国动物志•两栖纲》(上卷)。由于参考资料中未提及标本的采集人与采集时间, 故本书不再叙述。

附录 Ⅰ 无效模式标本物种名录

缓步动物门 Tardigrada

一 真缓步纲 Eutardigrada

(一) 并爪目 Parachela

1. 大生熊虫科 Macrobiotidae

(1) *Macrobiotus shennongensis* Yang, 1999 神农大生熊虫

文献信息 杨潼. 1999. 中国真缓步纲三新种及六新记录种记述 (近爪目: 大生熊虫科: 高生熊虫科). 动物分类学报, 24: 444-453.
杨潼. 2007. 中国神农架国家森林公园苔藓中的缓步动物. 动物分类学报, 32: 186-189.
杨潼. 2015. 无脊椎动物, 缓步动物门, 大生熊虫属//杨潼. 中国动物志. 第五十卷. 北京: 科学出版社: 126-128.

标本信息 正模: 1, 性别不详, 神农架林区, 采集人杨潼, 1995 (中国科学院水生生物研究所)。副模: 1, 性别不详, 同正模。

分类讨论 杨潼先生依据1995年在神农架林区土壤内采集到的标本命名该物种, 但在其后续2005年的调查中又采集到该标本, 重新鉴定为锦葵大生熊虫 (*Macrobiotus hibiscus* Barros, 1942) (杨潼, 2007)。因此, 杨潼认为神农大生熊虫 (*Macrobiotus shennongensis* Yang, 1999) 与锦葵大生熊虫 (*Macrobiotus hibiscus* Barros, 1942) 同物异名 (杨潼, 2015)。故依据发表的时间优先原则, 以神农架标本发表的种名不成立。

节肢动物门 Arthropoda

二 蛛形纲 Arachnida

(二) 蜱螨目 Acarina

2. 植绥螨科 Phytoseiidae

(2) *Phytoseius (Dubininellus) silvaticus* Wu et Li, 1984 森林植绥螨

文献信息 吴伟南, 李兆权. 1984. 中国南方植绥螨属三新种 (蜱螨目: 植绥螨科). 昆虫学报, 27: 457-461.
忻介六, 梁来荣, 柯励生. 1982. 云贵植绥螨属二新种 (蜱螨亚纲: 植绥螨科). 动物学研究, 3(增刊): 57-60.
Wu WN. 1997. A review of taxonomic studies of the genus *Phytoseius* (Acari: Phytoseiidae) from China. Systematic and Applied Acarology, 2: 149-160.
Wu WN, Liang LR, Fang XD, et al. 2010. Phytoseiidae (Acari: Mesostigmata) of China: a review of progress, with a checklist. Progress in Chinese Acarology. Zoosymposia, 4: 288-315.

标本信息 正模: ♀, 湖北神农架酒壶坪, 采集人不详, 1981. Ⅷ. 23 (广东省昆虫研究所)。配模: ♂, 同正模。副模: 4♀♀1♂, 同正模; 2♀♀, 湖北神农架松柏镇, 采集人不详, 1981. Ⅷ. 15 (广东省昆虫研究所)。

分类讨论 吴伟南和李兆权1984年依据神农架的标本将该物种命名为森林植绥螨 [*Phytoseius (Dubininellus) silvaticus* Wu et Li, 1984]。进一步研究表明, 该物种与忻介六等

1982 年依据贵州标本命名的花溪植绥螨 (*Phytoseius huaxiensis* Xi et Ke, 1982) 同物异名 (忻介六等, 1982; Wu, 1997; Wu et al., 2010)。故依据发表的时间优先原则, 以神农架标本发表的种名不成立。

(三) 蜘蛛目 Araneae

3. 园蛛科 Araneidae

(3) *Eriophora migra* Zhu et Song, 1994 流浪转刺蛛

文献信息 朱明生, 宋大祥, 张永强, 等. 1994. 我国园蛛科蜘蛛的新种和新记录. 河北师范大学学报, (增刊): 25-55.
尹长民, 王家福, 朱明生, 等. 1997. 中国动物志, 无脊椎动物, 第十卷, 蛛形纲, 蜘蛛目, 园蛛科, 转刺蛛属. 北京: 科学出版社: 289-230.
Bösenberg W, Strand E. 1906. Japanische Spinnen. Abhandlungen herausgeben von der Senckenbergischen Naturforschenden Gesellschaft, 30: 93-422.
Tanikawa A. 2000. Japanese spiders of the genus *Eriophora* (Araneae: Araneidae). Acta Arachnologica, 49: 17-28.
标本信息 正模: ♂, 湖北巴东县 (31°00′N, 110°08′E), 采集人朱明生、宋大祥, 1989. V. 22 (标本存放地不详)。副模: 1♂, 同正模。
分类讨论 朱明生等 1994 年依据神农架的标本将该物种命名为流浪转刺蛛 (*Eriophora migra* Zhu et Song, 1994)。进一步研究表明, 该物种与 *Aranea sagana* Bosenberg et Strand, 1906 同物异名 (Bosenberg et al., 1906; 尹长民等, 1997; Tanikawa, 2000)。故依据发表的时间优先原则, 以神农架标本发表的种名不成立。

(4) *Eriophora flava* Zhu et Song, 1994 黄转刺蛛

文献信息 朱明生, 宋大祥, 张永强, 等.

1994. 我国园蛛科蜘蛛的新种和新记录. 河北师范大学学报, (增刊): 25-55.
尹长民, 王家福, 朱明生, 等. 1997. 中国动物志, 无脊椎动物, 第十卷, 蛛形纲, 蜘蛛目, 园蛛科, 转刺蛛属. 北京: 科学出版社: 288-289.
Saito S. 1934. A supplementary note on spiders from southern Saghalien, with descriptions of three new species. Transactions of the Sapporo Natural History Society, 13: 326-340.
Tanikawa A. 2000. Japanese spiders of the genus *Eriophora* (Araneae: Araneidae). Acta Arachnologica, 49: 17-28.
标本信息 正模: ♂, 海南尖峰岭 (18°07′N, 108°08′E), 采集人朱明生, 1989. XII. 12 (标本存放地不详)。副模: 2♂♂, 湖北巴东县 (30°00′N, 110°18′E), 采集人朱明生、宋大祥, 1989. V. 22 (标本存放地不详)。
分类讨论 朱明生等 1984 年依据神农架的标本将该物种命名为黄转刺蛛 (*Eriophora flava* Zhu et Song 1994)。进一步研究表明, 该物种与 *Eriophora sachalinensis* Saito, 1934 同物异名 (Saito, 1934; 尹长民等, 1997; Tanikawa, 2000)。故依据发表的时间优先原则, 以神农架标本发表的种名不成立。

4. 皿蛛科 Linyphiidae

(5) *Gnathonarium phragmigerum* Gao et Zhu, 1988 中隔额角蛛

文献信息 高久春, 朱传典. 1988. 神农架林区额角蛛属一新种 (蜘蛛目: 皿蛛科). 动物分类学报, 13: 350-352.
Schenkel E. 1963. Ostasiatische Spinnen aus dem Muséum d'Histoire naturelle de Pairs. Mémories du Muséum national d'Histoire naturelle, Paris (A, Zoologie), 25: 1-481.
Tu L, Li S. 2004. A review of the *Gnathonarium* species (Araneae: Linyphiidae). Revue Suisse de Zoologie, 111: 851-864.
标本信息 正模: ♀, 湖北神农架阳日 (海拔510m), 采集人不详, 1986. VI. 12 (白求恩医

科大学生物学教研室)。配模:♂,同正模。副模: 25♀♀17♂♂,同正模;2♀♀,湖北神农架红花坪 (海拔 800m),采集人不详,1986. VI. 17; 5♀♀,湖北神农架酒壶林场 (海拔 1620m),采集人不详,1986. VI. 21; 2♀♀,湖北神农架阳日 (海拔 510m),采集人不详,1986. VII. 22; 4♀♀1♂,湖北神农架红花坪,采集人不详,1986. VII. 26; 3♀♀1♂,湖北神农架木鱼坪 (海拔 1180m),采集人不详,1986. VII. 28 (白求恩医科大学生物学教研室)。

分类讨论 高久春和朱传典1988年依据神农架的标本将该物种命名为中隔额角蛛 (*Gnathonarium phragmigerum* Gao et Zhu, 1988)。进一步研究表明,该物种与 *Gnathonarium cambridgei* Schenkel, 1963 同物异名 (Schenkel, 1963; Tu and Li, 2004)。故依据发表的时间优先原则,以神农架标本发表的种名不成立。

三 昆虫纲 Insecta

(四) 啮虫目 Psocoptera

5. 啮虫科 Psocidae

(6) *Pentablaste obconica* Li, 2002 钳五蓓啮

文献信息 李法圣. 2002. 中国啮目志, 下册, 蓓啮族, 五蓓啮属. 北京: 科学出版社: 1373-1374.

Liu LX, Yoshizawa K, Li FS, et al. 2012. A review of the genus Neopsocopsis (Psocodea, "Psocoptera", Psocidae), with one new species from China. ZooKeys, 203: 27.

Yoshizawa K. 2010. Ststematic revision of the Japanese species of the subfamily Amphigerontiinae (Psocodea: 'Psocoptera': Psocidae). Insecta matsumurana. Series entomology. New Series, 66: 11-36.

标本信息 正模:♂,山西文水关帝山 (海拔 1700~2500m),采集人李法圣,1981. VIII. 2 (标本存放地不详)。副模: 1♂1♀,同正模; 4♂♂2♀♀,山西文水关帝山 (海拔 1700~2500m),采集人杨集昆、李法圣,1981. VIII. 2、VIII. 3、VIII. 5; 2♂♂,山西五台山南山寺 (海拔 1580m),采集人李法圣,1981. VIII. 23; 1♂,山西介休薛公岭 (海拔 1700m),采集人李法圣,1981. VIII. 5; 1♂,山西浑源县恒山 (海拔 2000m),采集人杨集昆,1981. VIII. 9; 1♂,甘肃卓尼县阿吉娜 (海拔 2700m),采集人李法圣,1980. VIII. 14; 4♂♂,甘肃卓尼县录巴寺 (海拔 1700m),采集人杨集昆,1980. VIII. 15; 1♂,宁夏泾源县六盘山 (海拔 1942m),采集人杨集昆,1980. VII. 15; 2♂♂2♀♀,北京香山,采集人杨集昆、李法圣,1962. V. 12、VI. 18; 3♂♂,浙江杭州,采集人杨集昆,1974. X. 13; 2♂♂,湖北武当山,采集人杨集昆,1984. VII. 3; 1♀,湖北神农架林区 (海拔 1700m),采集人杨集昆,1984. VI. 19; 1♂,湖南慈利县索溪峪 (海拔 600m),采集人李法圣,1985. X. 13 (标本存放地不详)。

分类讨论 李法圣2002年依据采集的标本将该物种命名为钳五蓓啮 (*Pentablaste obconica* Li, 2002)。但 Yoshizawa 在 2010 年进一步研究表明,*Pentablaste* 应归到 *Neopspcopsis*,再进一步研究表明,该物种与 *Neopsocopsis hirticornis* Reuter, 1893 同物异名 (Liu et al., 2012)。故依据发表的时间优先原则,前一种名不成立。

(五) 广翅目 Megaloptera

6. 齿蛉科 Corydalidae

(7) *Neochauliodes fraternus* McLachlan, 1869 碎斑鱼蛉

文献信息 杨定, 杨集昆. 1993. 贵州茂兰的广翅目昆虫 (广翅目: 齿蛉科). 昆虫分类学报, 15: 246-248.

Letardi A, Hayashi F, Liu XY. 2012. Notes on some dobsonflies and fishflies (Megaloptera:

Corydalidae) from northern Vietnam. Entomotaxonomia, 34: 641-650.

Liu XY, Yang D. 2005. Notes on the genus *Neochauliodes* Weele (Megaloptera: Corydalidae) from Henan, China. Entomological Science, 8: 293-300.

McLachlan R. 1869. *Chauliodes* and its allies with notes and descriptions. The Annals and Magazine of Natural History, 4: 35-46.

标本信息 正模：♂，贵州都匀，采集人不详，1979. Ⅵ. 6 (北京农业大学昆虫标本室)。配模：♀，贵州茂兰板寨，采集人不详，1990. Ⅴ. 15 (北京农业大学昆虫标本室)。副模：1♂，陕西秦岭旬阳坝，采集人不详，1980. Ⅶ. 17；1♀，陕西镇安县，采集人周启珍、王俐，1981. Ⅷ. 16；1♂，陕西镇巴县，采集人李法圣，1985. Ⅶ. 19；2♂♂，云南镇雄县 (海拔 1200~1550m)，采集人郑家华，1980. Ⅶ. 24~Ⅷ. 3；2♂♂，甘肃康县两河 (海拔 800m)，采集人杨春华，1980. Ⅶ. 30；3♂♂，湖北神农架松柏镇 (海拔 700~800m)，采集人杨集昆、王心丽，1984. Ⅵ. 25~Ⅵ. 26 (北京农业大学昆虫标本室)。

分类讨论 杨定和杨集昆1993年依据采集的标本将该物种命名为碎斑鱼蛉 (*Neochauliodes discretus* Yang et Yang, 1993)。进一步研究表明，该物种与污翅斑鱼蛉 (*Neochauliodes fraternus* McLachlan, 1869) 和 *Chauliodes fraternus* McLachlan, 1869 同物异名 (Letardi et al., 2012; McLachlan, 1969)。此外，刘晓月和杨定 2005 年依据采集标本鉴定一新种 *Neochauliodes parasparsus* Liu et Yang, 2005，也与该物种同物异名。故依据发表的时间优先原则，碎斑鱼蛉 (*Neochauliodes discretus* Yang et Yang, 1993) 的物种名称不能成立。

7. 花萤科 Cantharidae

(8) *Athemus* (s. str.) *maculithorax* Wang et Yang, 1992 斑胸异花萤

文献信息 王苏舰，杨集昆. 1992. 鞘翅目：花萤科//黄复生. 西南武陵山地区昆虫. 北京：科学出版社：264-265.

Fairmaire L. 1891. Coléoptères de l'intérieur de la Chine. (7ème partie). Bulletin ou Comptes Rendus des Séances de la Société Entomologique de Belgique 35: clxxxvii- ccxxiii.

Yang YX, Koprtz A, Yang XK. 2013. Taxonomic and nomenclatural notes on the genera *Themus* Motschulsky and *Lycocerus* Gorham (Coleoptera, Cantharidae). ZooKeys, 340: 1-19.

标本信息 正模：♂，湖北武当山 (海拔 1000m)，采集人王心丽，1984. Ⅴ. 29 (北京农业大学或中国科学院动物研究所)。配模：♀，四川青城山，采集人李法圣，1978. Ⅴ. 10 (北京农业大学或中国科学院动物研究所)。副模：1♂，湖北巴东县铁厂 (海拔 1500~1700m)，采集人马文珍，1989. Ⅴ. 21 (北京农业大学或中国科学院动物研究所)。

分类谈论 王苏舰和杨集昆1992年依据采集标本命名该物种为斑胸异花萤 [*Athemus* (s. str.) *maculithorax* Wang et Yang, 1992]。进一步研究表明，该物种与 *Lycocerus asperipennis* Fairmaire, 1891 同物异名 (Fairmaire, 1891; Yang et al., 2013)。故依据发表的时间优先原则，该种名称应为后者。

(六) 膜翅目 Hymenoptera

8. 茧蜂科 Braconidae

(9) *Microchelonus glabrifrons* Chen et Ji, 2003 光额小甲腹茧蜂

文献信息 陈家骅，季清娥. 2003. 中国甲腹茧蜂，膜翅目，茧蜂科，小甲腹茧蜂属. 福州：福建科学技术出版社：133-134.

张红英. 2008. 中国甲腹茧蜂属分类研究. 杭州：浙江大学博士学位论文，130-131.

Zhang HY, Shi MS, He JH, et al. 2008. New species and records the subgenus *Microchelonus* Szépligeti (Braconidae: Cheloninae) from

China. Section Zoology, 63: 107-112.

标本信息 正模: ♀, 湖北神农架木鱼坪, 采集人杨建全, 2000. Ⅷ. 24 (福建农林大学益虫研究室). 副模: 1♀, 吉林长白山东岗, 采集人杨建全, 1989. Ⅶ. 24; 2♀♀, 吉林长白山快大茂, 采集人杨建全, 1989. Ⅷ. 2、Ⅷ. 3; 1♀, 吉林长白山快大茂, 采集人周小华, 1989. IX. 3; 5♀♀4♂♂, 湖北神农架木鱼坪, 采集人季清娥、杨建全、宋东宝和黄居昌, 2000. Ⅷ. 24、Ⅷ. 25; 4♀♀5♂♂, 湖北神农红花坪, 采集人季清娥、石全秀、杨建全, 2000. Ⅷ. 24、Ⅷ. 26、Ⅷ. 27 (福建农林大学益虫研究室).

分类讨论 陈家骅和季清娥2003年依据采集的标本将该物种命名为光额甲腹茧蜂 (*Microchelonus glabrifrons* Chen et Ji, 2003), 进一步研究表明, 该物种与华丽小甲腹茧蜂 [*Chelonus (Microchelonus) elegantulus* Tobias, 1986] [Zhang et al., 2008; 张红英, 2008] 同物异名。故依据发表的时间优先原则, 以神农架标本命名的种名不成立。

(10) *Sigalphus nigripes* He et Chen, 1993 黑足屏腹茧蜂

文献信息 何俊华, 陈学新. 1993. 中国屏腹茧蜂属二新种记述 (膜翅目: 茧蜂科: 屏腹茧蜂亚科). 昆虫学报, 36: 90-93.

何俊华, 陈学新. 1994. 中国屏腹茧蜂属订正附二新种记述 (膜翅目: 茧蜂科: 屏腹茧蜂亚科). 浙江农业大学学报, 20: 441-448.

标本信息 正模: ♀, 湖北江陵县, 采集人何俊华, 1982. IX. 2 (浙江农业大学). 配模: ♂, 浙江嵊县, 采集人何俊华, 1963. Ⅹ. 24 (浙江农业大学). 副模: 1♀, 湖北神农架木鱼坪, 采集人茅晓渊, 1983. Ⅶ. 3; 1♂, 湖南岳阳, 采集人王彬森, 1975. XI; 1♂, 江西, 江西省农业厅, 1958; 3♀, 福建沙县, 采集人赵修复、许建飞, 1973. IV. 1、1976. Ⅶ. 30、1978. IV. 19 (福建农学院); 1♀, 贵州贵阳, 采集人宋学沛, 1982. Ⅶ (除标注的标本外, 其余副模的标本均保存在浙江农业大学).

分类讨论 何俊华和陈学新1993年依据采集的标本将该物种命名为黑足屏腹茧蜂 (*Sigalphus nigripes* He et Chen, 1993)。进一步研究表明, 该物种与湖南节甲茧蜂 (*Sigalphus hunanus* You et Tong, 1991) 同物异名 (何俊华和陈学新, 1994)。故依据发表的时间优先原则, 以神农架标本发表的种名不成立。

9. 叶蜂科 Tenthredinidae

(11) *Formosempria metallica* Wei, 2003 紫腹平额叶蜂

文献信息 魏美才, 聂海燕. 2003. 叶蜂总科: 蔺叶蜂科//黄邦侃. 2003. 福建昆虫志. 第七卷. 福州: 福建科学技术出版社: 136-137.
Smith DR, Pratt PD, Makinson J. 2014. Studies on the Asian sawflies of *Formosemprisa* Takeuchi (Hymenoptera, Tenthredinidae), with notes on the suitability of *F. varipes* Takeuchi as a biological control agent for skunk vine, *Paederia foetida* L. (Rubiaceae) in Floria. Journal of Hymenoptera Research, 39: 1-15.

标本信息 正模: ♀, 湖北咸丰县马河坝, 采集人邓铁军, 1999. Ⅶ. 25 (标本保存地不详)。副模: 1♀, 福建将乐县, 采集人龚新春, 1985. Ⅹ. 10; 1♀, 浙江天目山, 采集人不详, 1953. IX. 21; 1♀, 浙江天目山, 采集人马骏超, 1936. Ⅴ. 24; 1♀, 浙江杭州, 采集人徐启强, 1990. Ⅵ. 5; 1♀, 浙江杭州虎跑, 采集人周新余, 1990. Ⅵ. 2; 1♀, 浙江杭州, 采集人陈学新, 1992. Ⅵ. 3; 1♂, 浙江杭州, 采集人马云, 1992. Ⅵ. 5; 1♂, 湖北神农架, 采集人何俊华, 1983. Ⅷ. 25 (标本保存地不详)。

分类讨论 魏美才和聂海燕2003年依据采集的标本将该物种命名为紫腹平额叶蜂 (*Formosempria metallica* Wei, 2003)。进一步研究表明, 该物种与 *Formosempria varipes* Takeuchi, 1929 同物异名 (Smith et al., 2014)。故依据发表时间优先原则, 以神农架标本发表的种名不成立。

索脊动物门 Chordata

四 硬骨鱼纲 Osteichthyes

(七) 鲤形目 Cypriniformes

10. 鳅科 Cobitidae

(12) *Nemachilus yangriensis* **Yang, Xie, Xiong, Gong et Yan, 1983 阳日条鳅**

文献信息 杨干荣, 谢从新, 熊邦喜, 等. 1983. 神农架鱼类资源及其发展渔业途径. 淡水渔业, (1): 27-30.
蒋志刚, 江建平, 王跃招, 等. 2016. 中国脊椎动物红色名录. 生物多样性, 24: 500-551.
标本信息 原始文献无该物种的具体信息。
分类讨论 除了该物种的原始发表文献外, 我们未在其他文献上检索到该物种, 世界鱼类数据库和《中国脊椎动物红色名录》(蒋志刚等, 2016) 也均未列出该物种。因此, 我们认为该物种的有效性值得商榷, 故本书暂未将其列入模式物种名录。

(13) *Nemachilus xingshanensis* **Yang et Xie, 1983 兴山条鳅**

文献信息 杨干荣, 谢从新. 1983. 长江上游鳅类一新种. 动物分类学报, 8: 314-316.
陈宜瑜, 陈毅峰, 陈景星. 1998. 条鳅亚科: 高原鳅属//陈宜瑜. 横断山区鱼类. 北京: 科学出版社: 78-79.
陕西省动物研究所, 中国科学院水生生物研究所, 兰州大学生物系. 1987. 秦岭鱼类志. 北京: 科学出版社: 23-24.
武云飞, 吴翠珍. 1992. 青藏高原鱼类, 高原鳅亚属. 成都: 四川科学技术出版社: 189-190.
朱松泉. 1989. 中国条鳅志, 高原鳅属, 高原鳅亚属. 南京: 江苏科学技术出版社: 108-110.
标本信息 正模: 1, 性别不详, 湖北兴山县香溪源, 采集人不详, 1981. Ⅷ (华中农学院水产系)。
分类讨论 杨干荣和谢从新1983年依据采集的标本将该物种名为兴山条鳅 (*Nemachilus xingshanensis* Yang et Xie, 1983)。进一步研究表明 (陕西省动物研究所等, 1987; 朱松泉, 1989; 武云飞和吴翠珍, 1992; 陈宜瑜等, 1998), 该物种与贝 (勃) 氏高原鳅 (*Trilophysa bleekeri* Sauvage et Dabry, 1874) 同物异名。

(14) *Gobiobotia erythrobarbus* **Yang, Xie, Xiong, Gong et Yan, 1983 红须鳅鮀**

文献信息 杨干荣, 谢从新, 熊邦喜, 等. 1983. 神农架鱼类资源及其发展渔业途径. 淡水渔业, (1): 27-30.
蒋志刚, 江建平, 王跃招, 等. 2016. 中国脊椎动物红色名录. 生物多样性, 24: 500-551.
标本信息 原始文献无该物种的具体信息。
分类讨论 除了该物种发表的原始文献外, 我们未在其他文献上检索到该物种, 世界鱼类数据库和《中国脊椎动物红色名录》(蒋志刚等, 2016) 也均未列出该物种。因此, 我们认为该物种的有效性值得商榷, 故本书暂未将其列入模式物种名录。

附录Ⅱ 神农架动物模式标本名录与分布

物种编号	中文名	拉丁学名	行政单元										
			神农架林区	兴山县	巴东县	巫山县	巫溪县	竹溪县	竹山县	房县	保康县	秭归县	镇坪县
1		*Doryphoribius barbarae*	●▲										
2	金猴等高熊虫	*Isohypsibius jinhouensis*	●										
3		*Sphaeropauropus rotatilis*	●										
4		*Woolastookia megaseta*	●▲										●▲
5	竹蜡皮瘿螨	*Apodiptacus bambus*	●▲										
6	柿畸瘿螨	*Abacarus diospyris*	●▲										
7	湖北瘤瘿螨	*Aceria hupehensis*								●●▲			
8	长毛刺皮瘿螨	*Aculops longispinosus*	●●▲										●▲
9	木通上三脊瘿螨	*Calepitrimerus akebis*	●▲										
10	蒿异背瘿螨	*Heterotergum artemisiae*	●▲										
11	珍珠梅叶刺瘿螨	*Phyllocoptes sorbariae*	●●▲										
12	大巴山纤恙螨	*Austrophthiracarus longisetosus*	●▲										
13		*Leptotrombidium (Leptotrombidium) dabashanense*	●▲										
14	山区赫刺螨	*Hirstionyssus montanus*											▲
15	鼯鼠真厉螨	*Eulaelaps petauristae*	●▲										
16	后凹血革螨	*Haemogamasus postsimuatus*	●										
17	三峡血革螨	*Haemogamasus sanxiaensis*	●▲										

续表

物种编号	中文名	拉丁学名	行政单元										
			神农架林区	兴山县	巴东县	巫山县	巫溪县	竹溪县	竹山县	房县	保康县	秭归县	镇坪县
18	拟巴阴厉螨	*Androlaelaps subpavlovskii*	•▲										
19	峡江广厉螨	*Cosmolaelaps xiajiangensis*	•▲										
20	柳氏华厉螨	*Simolaelaps liui*	•▲										
21	神农架巨螯螨	*Macrocheles shennongjiaensis*	•▲										
22	神农架钝革螨	*Amblygamasus shennongjiaensis*	•										
23	拟普通钝真绥螨	*Euseius subplebeius*	•■▲										
24	光滑植绥螨	*Phytoseius (Dubininellus) nudus*	•▲										
25	神农架植绥螨	*Phytoseius (Dubininellus) shennongjiaensis*	•▲										
26	颈盲走螨	*Typhlodromus (Anthoseius) cervix*	•										
27	神农架枝厉螨	*Dendrolaelaps shennongjiaensis*	•■▲										
28	象牙隙蛛	*Cicurina eburnata*	•▲										
29	索状隙蛛	*Coelotes chordoformis*	•										
30	内齿隙蛛	*Coelotes indentatus*	•										
31	板龙隙蛛	*Draconarius tabulatus*								•▲			
32	神农拟隙蛛	*Paracoelotes shennong*	•▲										
33	象牙形扁桃蛛	*Tonsilla eburniformis*	•										
34	多环隙蛛	*Coelotes multannulatus*	•▲										
35	足齿隙蛛	*Coelotes pedodentalis*	•										
36	痕迹隙蛛	*Coelotes vestigialis*	•▲										
37	距形隙蛛	*Draconarius calcariformis*	•■▲										
38	蛇溪龙隙蛛	*Draconarius colubrinus*	•▲										

续表

物种编号	中文名	拉丁学名	神农架林区	兴山县	巴东县	巫山县	巫溪县	竹溪县	竹山县	房县	保康县	秭归县	镇坪县
39	拟武当龙隙蛛	*Draconarius parawudangensis*	●▲										
40	新平拟隙蛛	*Pireneitega xinping*	●▲										
41	近丽胎拉蛛	*Taira subdecorata*	●▲										
42	文峰三窝蛛	*Trilacuna wenfeng*				●▲							
43	针毛园蛛	*Araneus acusisetus*			●								
44	耳状园蛛	*Araneus auriculatus*			●■▲								
45	巴东园蛛	*Araneus badongensis*			●▲								
46	小环园蛛	*Araneus circellus*			●								
47	蛇园蛛	*Araneus colubrinus*			●								
48	八齿园蛛	*Araneus octodentalis*			●								
49	咸丰园蛛	*Araneus xianfengensis*			▲								
50	湖北曲腹蛛	*Cyrtarachne hubeiensis*			●								
51	曲管巢蛛	*Clubiona flexa*	●■▲										
52	脊管巢蛛	*Clubiona lirata*	●▲										
53	膨大吻额蛛	*Aprifrontalia afflata*	●■▲										
54	粒突皱胸蛛	*Asperthorax granularis*	●▲										
55	穿孔瘤胸蛛	*Gongylidioides foratus*	●■▲										
56	裂缝瘤胸蛛	*Gongylidioides rimatus*	●■▲										
57	舟齿闪腹蛛	*Hypselistes acuidens*	●■▲										
58	月弇斑皿蛛	*Indophantes halonatus*	●■▲							▲			
59	梭形额突蛛	*Mecopisthes rhomboidalis*	●▲										
60	镰螯隙蛛	*Meioneta falcata*	●■▲										

物种编号	中文名	拉丁学名	行政单元										
			神农架林区	兴山县	巴东县	巫山县	巫溪县	竹溪县	竹山县	房县	保康县	秭归县	镇坪县
61	沼泽珠檐蛛	Meioneta palustri	●▲										
62	鹰喙盖蛛	Neriene aquilirostralis	●■▲										
63	丽带盖蛛	Neriene calozonata	●▲										
64	华斑盖蛛	Neriene decormaculata	●■▲										
65	山地珍蛛	Nippononeta alpina	●■▲										
66	毛丘瘤胸蛛	Oedothorax collinus	●■▲										
67	二叶矜蛛	Parameioneta bilobata	●■▲										
68	垂耳斑皿蛛	Tenuiphantes ancatus	●▲										
69	垂耳斑皿蛛	Raveniola spirula	●▲										
70		Sinopoda angulata	●										
71	神农架中遁蛛	Sinopoda shennonga	●										
72	尹氏冲绳蛛	Okileucauge yinae	●▲										
73	凤振粗螯蛛	Pachygnatha fengzhen	▲							●			
74	湖北缨毛蛛	Chilobrachys hubei			●▲								
75	中华圆腹蛛	Dipoena sinica	●		●■								
76	长腹丘腹蛛	Episinus longabdomenus	●		●								
77	白眼球蛛	Theridion albioculum	●■▲										
78	杂色球蛛	Theridion poecilum	●■										
79	王氏球蛛	Theridion wangi	●										
80	咸丰球蛛	Theridion xianfengensis			▲								
81	徐氏球蛛	Theridion xui			●■								

续表

物种编号	中文名	拉丁学名	神农架林区	兴山县	巴东县	巫山县	巫溪县	竹溪县	竹山县	房县	保康县	秭归县	镇坪县
82	巴东微蟹蛛	*Lysiteles badongensis*			■								
83	膨胀微蟹蛛	*Lysiteles inflatus*			●▲								
84	枝叉花蛛	*Misumenops forcatus*			●								
85	北拟高雄盲蛛	*Paritakaoia borealisa*	▲							▲			
86	湖北盲虮	*Kenyentulus hubeinicus*	●										
87	神农架盲虮	*Kenyentulus shenmongjiensis*	●										
88	兴山盲虮	*Kenyentulus xingshanensis*	●										
89		*Homidia ziguiensis*										●	
90		*Folsomia hubeiensis*										●▲	
91	神农蜓	*Aeshna shenmong*	●▲										
92	异色头蜓	*Cephalaeschna discolor*	●▲									●	
93	马蒂头蜓	*Cephalaeschna mattii*	▲										
94	独行头蜓	*Cephalaeschna solitaria*	●▲										
95	神农架金光伪蜓	*Somatochlora shenmong*	●▲										
96	神农架华春蜓	*Sinogomphus shenmongjianus*	●■▲										
97	双刺诺䘌	*Rhopalopsole apicispina*	●■▲										
98	红坪诺䘌	*Rhopalopsole hongpingana*	●										
99		*Rhopalopsole memorabilis*	●▲										
100	中华诺䘌	*Rhopalopsole sinensis*	■										
101	双膜倍叉䙑	*Amphinemura bitunicata*	●■▲										
102	弯齿倍叉䙑	*Amphinemura curvidentata*	▲										
103	大斑新䙑	*Neoperla latamaculata*	▲										

物种编号	中文名	拉丁学名	行政单元										
			神农架林区	兴山县	巴东县	巫山县	巫溪县	竹溪县	竹山县	房县	保康县	郧归县	镇坪县
104	太白新積	*Neoperla taibaina*	▲										
105	弧边螳	*Jacobsonina arca*										●▲	
106	近舌唇网螱	*Reticulitermes subligulosus*		●▲									
107	兴山网螱	*Reticulitermes xingshanensis*		●▲									
108	巴山奇象白蚁	*Mironasutitermes bashanensis*											●▲
109	兴山奇象螱	*Mironasutitermes xingshanensis*		●▲									
110	宽中域雏蝗	*Chorthippus amplimedius*	▲										
111	神农架雏蝗	*Chorthippus shennongjiaensis*	●										
112	湖北牧草蝗	*Omocestus hubeiensis*	●										
113	巴东卵翅蝗	*Caryanda badongensis*			●■▲								
114	兴山小蹦蝗	*Pedopodisma xingshanensis*	●▲	●▲									
115	糙股小蹦蝗	*Pedopodisma rutifemoralis*	●■▲										
116	钝齿比蝗	*Pielomastax obtusidentata*	●▲										
117	神农架比蝗	*Pielomastax shennongjiaensis*	●■▲										
118	细尾比蝗	*Pielomastax tenuicerca*	●■▲										
119	角板纤畸螽	*Leptoteratura triura*		●									
120	齿尾鼓鸣螽	*Bulbistridulous dentatus*	●										
121	刺条螽	*Ducetia spina*	●▲	▲									
122	无刺神农蚤	*Chinensis inermis*	●■		●	▲							
123	尖叶素木蚤	*Shirakisotima acuminata*			●								
124	尖翅小蹦蝗	*Pedopodisma epacroptera*	●■▲										

续表

物种编号	中文名	拉丁学名	行政单元										
			神农架林区	兴山县	巴东县	巫山县	巫溪县	竹溪县	竹山县	房县	保康县	秭归县	镇坪县
125	神农架小蹦蝗	*Pedopodisma shennongjiaensis*	●■▲										
126	拟裸灶螽	*Diestrammena (Gymnaeta) semicrenata*	●▲										
127	长叶疾灶螽	*Diestrammena (Tachycines) longivalvula*	▲										
128	武当山微翅蚱	*Ahulatettix wudangshanensis*	▲	▲									
129	神农架台蚱	*Formosatettix shennongjiaensis*	●■										
130	湖北台蚱	*Formosatettix hubeiensis*	●▲										
131	宽顶蚱	*Tetrix lativertex*	●▲										
132	神农架蚱	*Tetrix shennongjiaensis*	●										
133	短尾优剑螽	*Euxiphidiopsis brevicerca*	●										
134	腹锥小异蟏	*Micadina conifera*		●									
135	双带短肛蟏	*Baculum bifasciatum*				●							
136	巫山短肛蟏	*Baculum wushanense*				●							
137	兴山短肛蟏	*Baculum xingshanense*		●									
138	旋瑛波重嚙	*Ancylopsocus fortuosus*		●									
139	无尾通重嚙	*Diamphipsocus acaudatus*		●									
140	月形通重嚙	*Diamphipsocus fulvus*		●▲									
141	黄头通重嚙	*Diamphipsocus xanthocephalus*											
142	长江剌重嚙	*Stimulopalpus changjiangicus*		●▲									
143	拟剌重嚙	*Stimulopalpus mimeticus*		▲									
144	红带双嚙	*Amphipsocus erythroanatus*		●									
145	红腹双嚙	*Amphipsocus frontirutilus*		●▲									
146	锐尖华双嚙	*Siniamphipsocus acutus*	●▲										

续表

物种编号	中文名	拉丁学名	行政单元										
			神农架林区	兴山县	巴东县	巫山县	巫溪县	竹溪县	竹山县	房县	保康县	秭归县	镇坪县
147	鲜黄华双啮	*Siniamphipsocus aureus*				●▲							
148	黄额华双啮	*Siniamphipsocus flavifrontus*	●										
149	阔唇华双啮	*Siniamphipsocus platyocheilus*		●									
150	扬子江华双啮	*Siniamphipsocus yangzijiangensis*		●									
151	疱角红单啮	*Caecilius carneangularis*		●									
152	双角单啮	*Caecilius dicornis*		●		●▲							
153	湖北单啮	*Caecilius hubeiensis*											
154	神农架单啮	*Caecilius shennongjiaicus*	●▲										
155	污带单啮	*Caecilius sordidus*		●▲		▲							
156	黄翅单啮	*Valenzuela chrysopterus*		●									
157	端黑单啮	*Valenzuela cuspidatus*		●									
158	无斑单啮	*Valenzuela estriatus*		●									
159	褐脉单啮	*Valenzuela fuligineneurus*		●▲									
160	细条单啮	*Valenzuela gracilentus*		●▲		▲							
161	中斑单啮	*Valenzuela medimacularis*		●									
162	大叉单啮	*Valenzuela megalodichotomus*		●▲									
163	水杉单啮	*Valenzuela metasequoiae*		●▲									
164	褐翅单啮	*Valenzuela phaeopterus*		●▲									
165	密刺单啮	*Valenzuela pycnacanthus*		●▲									
166	细带单啮	*Valenzuela striolatus*		▲									
167	三角单啮	*Valenzuela trigomus*		●▲									

续表

物种编号	拉丁学名	中文名	神农架林区	兴山县	巴东县	巫山县	巫溪县	竹溪县	竹山县	房县	保康县	秭归县	镇坪县
168	*Valenzuela wui*	吴氏单嚙		▲									
169	*Valenzuela wuxiaensis*	巫峡单嚙		▲		●▲							
170	*Enderleinella paulivabvacea*	小瓣安嚙				●▲							
171	*Enderleinella pyriformis*	梨瓣安嚙		●▲		▲							
172	*Enderleinella yangi*	杨氏安嚙		●									
173	*Dasydemella stipitiformis*	枝荚离嚙		●									
174	*Ectopsocopsis crassiuncatus*	粗钩缢外嚙				●							
175	*Ectopsocus isodentus*	等齿外嚙		●									
176	*Trichoelipsocus brachypterus*	短翅毛沼嚙				●							
177	*Trichoelipsocus sanxianicus*	三峡毛沼嚙		●▲		●▲							
178	*Metahemipsocus tenuatus*	细茎后半嚙		●▲									
179	*Lachesilla intrans*	凹头分嚙		●▲									
180	*Lichenomima harpeodes*	钩茎苔鼠嚙	●▲										
181	*Lichenomima orbiculata*	圆痣苔鼠嚙	●▲										
182	*Diplopsocus xilingxiaensis*	西陵峡双笺围嚙	●										
183	*Diplopsocus resupinatus*	笺尾围嚙		●									
184	*Peripsocus caudatus*	笺尾围嚙										●	
185	*Peripsocus disdentus*	展围嚙		●									
186	*Peripsocus exilis*	小笺围嚙				●							
187	*Peripsocus leptorrhizus*	细茎围嚙				●							
188	*Peripsocus tredecimus*	十三齿围嚙		●									
189	*Peripsocus vescus*	瘦叶围嚙				●							

行政单元

续表

物种编号	中文名	拉丁学名	行政单元										
			神农架林区	兴山县	巴东县	巫山县	巫溪县	竹溪县	竹山县	房县	保康县	秭归县	镇坪县
190	秭归茸啮	*Peripsocus ziguiensis*										●	
191	柳杉端茸啮	*Periterminalis cryptomeriae*										●	▲
192	中华美啮	*Philotarsus sinensis*		●▲									
193	圆室异啮	*Heterocaecilius circulicellus*		▲									
194	丽中叉啮	*Mesocaecilius elegans*		●									
195	短突革叉啮	*Scytopsocopsis corniculatus*				●							
196	巫峡革叉啮	*Scytopsocopsis wuxiaensis*				●▲							
197	长突锥胸麻啮	*Conothoracalis longimucronata*		●▲									
198	胛瓣点麻啮	*Loensia excrescens*				●							
199	镰瓣点麻啮	*Loensia falcata*		●									
200	神农瓣啮	*Longivalvus shemmongicus*	●	●									
201	宽室仲啮	*Symbiopsocus latus*	●	●									
202	大眯啮	*Metylophorus megistus*		●▲									
203	黑腹触啮	*Psococerastis nigriventris*		●▲									
204	神农架触啮	*Psococerastis shemmongjiana*	●▲	●▲									
205	柄茎触啮	*Psococerastis stipularis*		●▲									
206	粗茎触啮	*Psococerastis stulticaulis*	▲	●▲									
207	细茎联啮	*Symbiopsocus leptocladus*		●▲									
208	中国带麻啮	*Trichadenotecmum chinense*		●▲								▲	
209	巫峡带麻啮	*Trichadenotecnum wuxiacum*				●							
210	耳瑟玛啮	*Matsumuraiella auriformis*	▲										

续表

物种编号	中文名	拉丁学名	行政单元										
			神农架林区	兴山县	巴东县	巫山县	巫溪县	竹溪县	竹山县	房县	保康县	秭归县	镇坪县
211	斑肘啮	Cubipilis spilipsocia				•							
212	双锥啮	Stenopsocus biconicus	▲										
213	双瘤啮	Stenopsocus biconvexus				•							
214	短头啮	Stenopsocus brevicapitus				•▲							
215	指形啮	Stenopsocus dactylinus				•▲							
216	叶形啮	Stenopsocus foliaceus		•▲		▲							
217	淡色啮	Stenopsocus lacteus				•							
218	长突啮	Stenopsocus longicuspis		•		▲							
219	大顶啮	Stenopsocus maximalis		•▲		•▲							
220	黑头啮	Stenopsocus melanocephalus		•▲		•▲							
221	愚笨啮	Stenopsocus obscurus		•		•							
222	透翅啮	Stenopsocus perspicuus				•							
223	足状啮	Stenopsocus podorphus											
224	神农架啮	Stenopsocus shengnongjiaensis	•▲	•▲		▲							
225	膨突啮	Stenopsocus turgidus		•▲		•▲							
226	巫峡啮	Stenopsocus wuxiaensis		•		•							
227	西陵峡啮	Stenopsocus xilingxianicus		•		•▲							
228	中华滑管蓟马	Liothrips chinensis				•							
229	异山箭滑管蓟马	Liothrips diwasabiae		•		•▲							
230	三峡滑管蓟马	Liothrips sanxiaensis				■							
231	箭竹滑管蓟马	Liothrips sinarundinariae				•■▲							
232	圆巨管蓟马	Megalothrips roundus			•▲								

续表

物种编号	中文名	拉丁学名	神农架林区	兴山县	巴东县	巫山县	巫溪县	竹溪县	竹山县	房县	保康县	秭归县	镇坪县
						行政单元						
233	角翅蓟马	*Ctenothrips cornipennis*				●▲							
234	红坪蓟马	*Ctenothrips hongpingensis*	●										
235	滑背蓟马	*Ctenothrips leionotus*	●▲										
236	神农架裂领针蓟马	*Helionothrips shenmongjiaensis*	●▲										
237	神农架普通蓟马	*Vulgatothrips shenmongjiaensis*	▲			▲							
238	漆刺肩同蝽	*Acanthosoma acutangulata*	●■▲										
239	光腹匙同蝽	*Elasmucha laeviventris*	●■▲										
240	山地原花蝽	*Anthocoris montanus*	▲										
241	白条边木虱	*Craspedolepta leucotaenia*	▲										
242	中华秦沫蝉	*Qinophora sinica*	▲										
243	神农华沫蝉	*Sinophora shenmongjiensis*	●■▲										
244	鄂无脉扁蝽	*Aneurus (Neaneurus) hubeiensis*	●■▲										
245	银脊扁蝽	*Neuroctemus argyraeus*								●■▲			
246	湖北脊扁蝽	*Neuroctemus hubeiensis*								●■			
247	湖北无扁蝽	*Usingerida hubeiensis*	●										
248	刺颊胡扁蝽	*Wuiessa spinosa*	●■▲										
249	中国丽木虱	*Calophya chinensis*		●▲		▲							
250	黑头丽木虱	*Calophya melanocephala*		●▲									
251	光刺带小叶蝉	*Agnesiella (s. str.) polita*		●									
252	弯突片胫杆蝉	*Balala curvata*	●										
253	天宝山长突叶蝉	*Batracomorphus tianbaoensis*								●			

续表

物种编号	中文名	拉丁学名	神农架林区	兴山县	巴东县	巫山县	巫溪县	竹溪县	竹山县	房县	保康县	秭归县	镇坪县
							行政单元						
254	多斑凹大叶蝉	*Bothrogonia multimaculata*			•								
255	条斑凹大叶蝉	*Bothrogonia striata*		•▲									
256	端直长头叶蝉	*Bumizana recta*								•			
257	三斑斜脊叶蝉	*Bundera trimaculata*	•▲							•			
258		*Cyrta spinosa*											
259		*Empoasca (Matsumurasca) biloba*	•▲										
260	褐缘竖角蝉	*Ercticornia brunneimarginata*	•										
261	华中雅小叶蝉	*Eurhadina (Eurhadina) huazhongina*								▲			
262	多刺横脊叶蝉	*Evacanthus multispinosus*	▲										
263	齿茎窦突叶蝉	*Liocratus serriaedeagus*	•										
264	长片单突叶蝉	*Lodiana longilamina*	•										
265		*Omukigallia tumida*	•										
266	冠沟乌叶蝉	*Penthimia coronalfossa*											
267	狼牙小头叶蝉	*Placidus langyanus*	▲							•			
268	刺茎拟带叶蝉	*Scaphomomus splinterus*	▲							•▲			
269	宽颈齿茎叶蝉	*Serrapenisus platymus*								•▲			
270	美丽乌叶蝉	*Penthimia formosa*		•									
271	小球瓣长蝽	*Caridops pseudadmistus*								•■▲			
272	湖北古铜长蝽	*Emphanisis hubeiensis*	•■▲							•■			
273	中国斑长蝽	*Scolopostethus chinensis*	▲							▲			
274	肿股细颈长蝽	*Vertomannu crassus*								▲			
275	神农架松干蚧	*Matsucoccus shennongjiaensis*	•▲										

续表

物种编号	中文名	拉丁学名	行政单元									
			神农架林区	兴山县	巴东县	巫山县	巫溪县	竹山县	房县	保康县	秭归县	镇坪县
276	松柏离垫盲蝽	*Acrotelus coniferus*	●▲									
277	狭长树丽盲蝽	*Arbolygus longustus*	●▲									
278	环胫树丽盲蝽	*Arbolygus tibialis*	▲									
279	横断树丽盲蝽	*Arbolygus difficilis*	▲	▲								
280	筚斑丽盲蝽	*Lygocoris diffusomaculatus*							●■			
281	弯胫丽盲蝽	*Lygus (Apolygus) curvipes*										
282	斑丽盲蝽	*Lygocoris ornatus*	●■▲									
283	神农新丽盲蝽	*Neolygus shenmongensis*	●▲									
284	角斑植盲蝽	*Phytocoris exohataensis*	▲									
285	暗色真蝽	*Pentatoma sordida*	●									
286	邻珀蝽	*Plautia propinqua*			●▲							
287	落叶松喀木虱	*Cacopsylla laricis*		●▲								
288	刺突喀木虱	*Cacopsylla spinata*				●						
289	巫山牛奶子喀木虱	*Cacopsylla wushamelaeagna*				▲						
290	巫峡喀木虱	*Cacopsylla wuxiana*				●						
291	武侯幽木虱	*Euphalerus wuhous*		●▲								
292	卵圆折板网蝽	*Physatocheila oviformis*	●									
293	三峡毛个木虱	*Trichochermes sanxiaensis*				●▲						
294	两色个木虱	*Trioza bicolorata*				●▲						
295	波斑个木虱	*Trioza undulata*		●								
296	兴山娇异蝽	*Urostylis xingshanensis*		●▲		▲						

续表

物种编号	中文名	拉丁学名	行政单元										
			神农架林区	兴山县	巴东县	巫山县	巫溪县	竹溪县	竹山县	房县	保康县	秭归县	镇坪县
297	兴山星齿蛉	*Protohermes xingshanensis*		•▲									
298	神农三阶草蛉	*Chrysopidia shemongana*	•										
299	中华三阶草蛉	*Chrysopidia sinica*	•■▲										
300	杨氏三阶草蛉	*Chrysopidia (Chrysopidia) yangi*	•	•▲									
301	赵氏三阶草蛉	*Chrysopidia zhaoi*	•	•									
302	黄意草蛉	*Italochrysa xanthosoma*	•	•									
303	唇斑纳草蛉	*Navasius vitticlypeus*	•										
304	鄂西昏草蛉	*Tjederina exiana*	•▲							▲			
305	三峡重粉蛉	*Semidalis sanxiana*	•■▲	•■▲									
306	黑体褐蛉	*Hemerobius atrocorpus*	•	•									
307	宽带褐蛉	*Hemerobius vittiformis*	▲	•									
308	勺突广褐蛉	*Megalomus arytaenoideus*		•									
309	细纹脉褐蛉	*Micromus striolatus*	•			•							
310	三峡绿褐蛉	*Notiobiella sanxiana*		•▲									
311	钿颈华脉线蛉	*Sineuronema angusticolla*	•										
312	缺脉丛褐蛉	*Wesmaelius oligophlebius*	•▲	•▲									
313	强亚蚁蛉	*Asialeon validum*	•	▲									
314	小华树蚁蛉	*Dendroleon decorillus*	•										
315	黑角树蚁蛉	*Dendroleon melanocoris*			■								
316	三峡东蚁蛉	*Euroleon sanxiamus*			■▲							•	
317	小白云蚁蛉	*Glenuroides pumilu*										■	
318	神农异溪蛉	*Heterosmylus shemnonganus*	•■▲									▲	

续表

物种编号	中文名	拉丁学名	行政单元										
			神农架林区	兴山县	巴东县	巫山县	巫溪县	竹溪县	竹山县	房县	保康县	秭归县	镇坪县
319	胜利离溪蛉	*Lysmus victus*	●■▲	▲									
320	偶瘤溪蛉	*Osmylus tuberosus*	●■▲	▲									
321		*Riedeliops asiaticus*	▲					▲					
322		*Sawadaeuops (Chinoeuops) hubeiensis*	▲	●									
323		*Sawadaeuops (s. str.) centralchinensis*	●▲										
324		*Coraebus businskyorum*	●										
325		*Lycocerus hubeiensis*	●▲	▲	▲								
326	双孔圆胸花萤	*Prothemus biforatus*		●									
327	多变拟阿距步甲	*Atranodes ficklex*	●▲										
328	炎通缘步甲	*Pterostichus (Circinatus) yan*	●										
329		*Pterostichus (Morphohaptoderus) demellus*	●▲										
330		*Pterostichus (Morphohaptoderus) hubeicus*	●▲										
331		*Pterostichus (Morphohaptoderus) shenmongjianus*	●▲										
332		*Pterostichus (Morphohaptoderus) toledanoi*	●▲										
333		*Trigonognatha hubeica*	●▲										
334		*Symuchus suensoni*	●			▲							
335	神农架瘦天牛	*Distenia shenmongjiaensis*	●										
336	朱红直脊天牛	*Euetrapha cinnabarina*	●■										
337	多点直脊天牛	*Euetrapha stigmosa*	■▲										
338	红腹膜天牛	*Necydalis rufiabdominis*	●										
339	眉斑尼糙天牛	*Neotrachystola superciliata*				●■							

续表

物种编号	中文名	拉丁学名	行政单元										
			神农架林区	兴山县	巴东县	巫山县	巫溪县	竹溪县	竹山县	房县	保康县	秭归县	镇坪县
340	鄂肓花天牛	*Rhondia hubeiensis*	●										
341	皱莫花金龟	*Moseriana rugulosa*	▲	●									
342	黑头阿波萤叶甲	*Aplosonyx nigriceps*			▲								
343	肋鞘圆肩跳甲	*Batophila costipennis*				●■▲							
344		*Chaetocnema (Chaetocnema) cheni*				▲							
345	黑头㖞萤叶甲	*Cneoranidea melanocephala*		●■									
346	舌突窝额萤叶甲	*Fleutiauxia glossophylla*		●		▲							
347	綦刻柱萤叶甲	*Gallerucida asticha*				●▲							
348	拟黑盾角胫叶甲	*Gonioctena (Brachyphytodecta) andrzeji*	●▲										
349	沃氏角胫叶甲	*Gonioctena (Gonioctena) warchalowskii*	●▲			▲							
350	弧缘隆胸跳甲	*Griva curvata*		●	●▲								
351	凹腹丝跳甲	*Herpera abdominalis*				▲							
352	红坪日萤叶甲	*Japonitata hongpingana*	●										
353	花股丝萤叶甲	*Pseudespera femoralis*	●■▲										
354	神农架丝萤叶甲	*Pseudespera shemongiana*	●■▲										
355	黑头宽缘萤叶甲	*Pseudosepharia nigriceps*	■▲							●			
356	皱胸长缩跳甲	*Trachyaphthona rugicollis*	●■▲	●■▲	▲								
357	糙胸瘦跳甲	*Stenoluperus puncticollis*				■▲							
358	凸背圆胸叶甲	*Taipinus convexus*	●▲										
359	矛斑突角瓢虫	*Asemiadalia spiculimaculata*	●■▲			●							
360	黑头裸陇胸瓢虫	*Clitostethus nigrifrons*	●▲			●							
361	神农架食植瓢虫	*Epilachna shenmongiiaensis*	●▲										

223

续表

物种编号	中文名	拉丁学名	行政单元										
			神农架林区	兴山县	巴东县	巫山县	巫溪县	竹溪县	竹山县	房县	保康县	秭归县	镇坪县
362		*Epilachna max*	▲										
363	双线弯叶毛瓢虫	*Nephus (Geminosipho) bilinearis*		▲									
364	巫山弯叶毛瓢虫	*Nephus (Geminosipho) wushanus*				●							
365	秭归弯叶毛瓢虫	*Nephus (Geminosipho) ziguiensis*										●■▲	
366	双瓣方瓢虫	*Pseudoscymnus bivalvis*		●									
367	密毛小瓢虫	*Scymnus (Pullus) hirsutus*		●									
368	箭叶小瓢虫	*Scymnus (Pullus) ancontophyllus*	●▲										
369		*Scymnus (Pullus) cibagouensis*	▲			▲							
370		*Scymnus (Pullus) eminulus*	▲										
371		*Scymnus (Pullus) inclinatus*	▲										
372	套矛毛瓢虫	*Scymnus (Pullus) thecacontus*	●										
373		*Scymnus (Pullus) wudangensis*	▲										
374	松突食螨瓢虫	*Stethorus (Allostethorus) convexus*		▲		▲							
375	黄鹍毛瘤胸甲	*Pedrillia flavipes*				●							
376		*Eumyllocerus longisetus*		●▲									
377	方茎方头甲	*Cybocephalus endroudyi*	●										
378	矩形方头甲	*Cybocephalus tetragonius*	■										
379		*Dascillus acutus*	▲										
380		*Dascillus largus*	▲	●▲									
381		*Gnathodicrus jaroslavi*	●▲										
382	兴山瘤盾叩甲	*Gnathodicrus xingshanensis*	▲	●									

续表

物种编号	中文名	拉丁学名	行政单元										
			神农架林区	兴山县	巴东县	巫山县	巫溪县	竹溪县	竹山县	房县	保康县	秭归县	镇坪县
383		*Zorochros hubeiensis*											
384	秭归长节牙甲	*Laccobius (Macrolaccobius) ziguiensis*			●▲								
385	细眼角伪叶甲	*Cerogria (Macrolaccobius) ommalata*		●▲								●▲	
386	黑膝绿伪叶甲	*Chlorophila melagena*		●				▲					
387	罗氏锯尸小粪甲	*Ptomaphaginus huoi*	●										
388	神农锯尸小粪甲	*Ptomaphaginus shennongensis*	▲	●									
389	长角橐鳃金龟	*Sophrops longiflabellum*	●■▲										
390	宽扁单爪蚊	*Hoplia platyca*	●▲										
391	淡黄蜜鳃金龟	*Melichrus flavescens*				●▲							
392	多角异丽金龟	*Aspidobyctiscus (Chinobyctisecus) mirabilis*	▲										
393	皱唇异丽金龟	*Anomala rugichpea*	▲	▲									
394	不等蛢蜋	*Copris inaequabilis*	▲	●■▲									
395		*Neoserica (s. l.) shennongiiaensis*	●▲										
396	阿基嚙蛢蜋	*Onthophagus (Indachorius) platypus*		●									
397	椭头嚙蛢蜋	*Onthophagus (Serrophorus) oblongus*		●▲									
398	金猴岭曲胫隐翅虫	*Amphichroum jinhoulingense*	●▲										
399	小龙潭曲胫隐翅虫	*Amphichroum xiaolongtanense*	●▲										
400		*Bolitogyrus metallicus*	●										
401		*Dianous cabvicollis*	●▲										
402		*Domene (Macromene) cultrata*	▲										
403	大黑佳隐翅虫	*Gabrius oberti*	●▲										▲
404	金猴岭盗隐翅虫	*Lesteva jinghoulingensis*	●										

续表

物种编号	中文名	拉丁学名	神农架林区	兴山县	巴东县	巫山县	巫溪县	竹溪县	竹山县	房县	保康县	秭归县	镇坪县
			行政单元										
405	木鱼盗隐翅虫	*Lesteva muyuica*	●										
406		*Lobrathium rutilum*	●										
407	异茎覃隐翅虫	*Lordithon (Lordithon) atiopenis*	▲										
408	李氏覃隐翅虫	*Lordithon (Lordithon) lii*	●										
409	壮覃隐翅虫	*Lordithon (Bolitobus) robustus*	▲										
410	神农架覃隐翅虫	*Lordithon (Bolitobus) shennongjiaensis*	●▲										
411	分叉沟胸隐翅虫	*Megarthrus dikroos*	●▲										
412	金猴岭沟胸隐翅虫	*Megarthrus jinhoulingensis*	●▲										
413	湖北四齿隐翅虫	*Nazeris hubeiensis*	●										
414	林氏四齿隐翅虫	*Nazeris lini*	●										
415	神农架普拉隐翅虫	*Platydracus shennongjiaensis*	●										
416	直角齿隐翅虫	*Plastus (Sinumandibulus) recticornis*	●▲										
417		*Quedius (Microsaurus) medius*	●▲										
418		*Quedius (Raphirus) herbicola*	●										
419		*Quedius (Raphirus) hubeiensis*	●										
420	神农架肩隐翅虫	*Quedius (Raphirus) shennongjiaensis*	●▲										
421		*Stenus (Hypostenus) cuneatus*	●▲										
422		*Stenus (Hypostenus) trifurcatus*	●▲										
423	黄胸圆胸隐翅虫	*Tachinus (Tachinus) andoi*	●▲										
424	东洋圆胸隐翅虫	*Tachinus (Tachinus) parasibiricus*	▲										
425		*Zyras (Zyras) nigricornis*	▲										▲

续表

物种编号	中文名	拉丁学名	行政单元										
			神农架林区	兴山县	巴东县	巫山县	巫溪县	竹溪县	竹山县	房县	保康县	秭归县	镇坪县
426	大巴山莱甲	Zyras (Zyras) rufoterminalis	●▲										
427	湖北莱甲	Laena dabashanica	●▲										
428	红翅树甲	Laena hubeica	●▲										
429	长角蚊蝎蛉	Strongylium erythroelytrae	▲										
430	具毛蚊蝎蛉	Bittacus longantennatus			▲								
431	指形蝎蛉	Bittacus setigerus	●▲		●								
432	无剌蝎蛉	Panorpa digitiformis	●▲										
433	枝状剌褐蛉	Panorpa nonspinata	●▲										
434	指形华蝎蛉	Panorpa ramispina			●								
435	膨尾地种蝇	Sinopanorpa digitiformis	●▲										
436	虎爪地种蝇	Delia podagricicauda				●							
437	青叶华草花蝇	Delia unguitigris				●▲							
438		Sinophorbia tergiprotuberans				●							
439	长跗毛蚊	Bibio dolichotarsus		●■▲		●							
440	膨跗毛蚊	Bibio emphysetarsus				●							
441	棘腿毛蚊	Bibio femoraspinatus	●										
442	巫峡毛蚊	Bibio wuxiamus				●■▲							
443	兴山毛蚊	Bibio xingshamus		●									
444	乌叉毛蚊	Penthetria picea				●▲							
445	鄂稹毛蚊	Plecia mandibuliformis	●■▲										
446	钩突姬蜂虻	Systropus ancistrus		●									
447	兴山姬蜂虻	Systropus xingshamus		●									

续表

物种编号	中文名	拉丁学名	行政单元										
			神农架林区	兴山县	巴东县	巫山县	巫溪县	竹溪县	竹山县	房县	保康县	秭归县	镇坪县
448	湖北鄃蜂虻	*Systropus hubeianus*	●										
449	茅氏鄃蜂虻	*Systropus maoi*	●										
450	黑角鄃蜂虻	*Systropus melanocerus*	●■										
451	神农架鄃蜂虻	*Systropus shennonganus*	●										
452	三角端突霉蚊	*Epidiplosis triangularis*	●										
453	神农架卵甲蝇	*Oocelyphus shennongjianus*	●▲										
454		*Cryptotendipes nodus*	▲										
455		*Centorisoma mediconvexum*	▲										
456	四川宽头秆蝇	*Platycephala sichuanensis*				●							
457	南方芒角臭虻	*Dialysis meridionalis*				●							
458	中华雅长毛长足虻	*Ahypophyllus sinensis*	●■▲	▲									
459	湖北雅长足虻	*Amblypsilopus hubeiensis*			●								
460	湖北淮白长足虻	*Aphalacrosoma hubeiense*	●										
461		*Chrysotimus dalongensis*	●▲										
462		*Chrysotimus hubeiensis*	●▲										
463	神农架黄鬃长足虻	*Chrysotimus shennongjianus*	●										
464	湖北赛长足虻	*Hercostomus (Hercostomus) hubeiensis*	●▲										
465		*Nepalomyia shennongjiaensis*	●▲										
466		*Amiota albidipuncta*	●										
467		*Amiota (Amiota) aristata*	●▲										
468		*Amiota brunneifemoralis*	●										

续表

物种编号	拉丁学名	中文名	神农架林区	兴山县	巴东县	巫山县	巫溪县	竹溪县	竹山县	房县	保康县	秭归县	镇坪县
469	*Amiota flavipes*		●										
470	*Amiota (Amiota) macai*		●▲										
471	*Amiota (Amiota) magniflava*		●▲										
472	*Amiota setitibia*		●▲										
473	*Amiota shennongi*		●▲										
474	*Amiota (Amiota) watabei*		●										
475	*Lordiphosa pilosella*	毛突拱背果蝇	●▲										
476	*Chelipoda lyneborgi*	林氏鬃螳舞虻	●										
477	*Chelipoda shennongana*	神农鬃螳舞虻	●■▲										
478	*Chelipoda xanthocephala*	黄头鬃螳舞虻	●										
479	*Empis (Coptophlebia) apiciseta*	端鬃缺脉舞虻	●▲										
480	*Empis (Coptophlebia) basiflava*	基黄缺脉舞虻	●▲										
481	*Empis (Coptophlebia) digitata*	指突缺脉舞虻	●▲										
482	*Empis (Coptophlebia) pallipilosa*	白毛缺脉舞虻	●										
483	*Empis (Coptophlebia) postica*	后鬃缺脉舞虻	●										
484	*Empis (Empis) hubeiensis*	湖北舞虻		●■▲									
485	*Empis (Planempis) prolongata*		●										
486	*Empis (Planempis) shennongana*		●▲										
487	*Hilara acuticercus*	须尖喜舞虻	●▲										
488	*Hilara basiprojecta*	基突喜舞虻	●▲										
489	*Hilara bispina*	双刺喜舞虻	●										
490	*Hilara brevifurcata*	短叉喜舞虻	●										

续表

物种编号	中文名	拉丁学名	行政单元										
			神农架林区	兴山县	巴东县	巫山县	巫溪县	竹溪县	竹山县	房县	保康县	秭归县	镇坪县
491	短角喜舞虻	*Hilara brevis*	●										
492	弯须喜舞虻	*Hilara curvata*	●▲										
493	弯茎喜舞虻	*Hilara curviphallus*	●▲										
494	大龙潭喜舞虻	*Hilara dalongtana*	●										
495	齿突喜舞虻	*Hilara dentata*	●	●									
496	指突喜舞虻	*Hilara digitiformis*	●▲										
497	平突喜舞虻	*Hilara flata*	●▲										
498	湖北喜舞虻	*Hilara hubeiensis*	●	●									
499	长角喜舞虻	*Hilara longa*	●										
500	长须喜舞虻	*Hilara longicercus*	●▲										
501	长鬃喜舞虻	*Hilara longiseta*	●▲										
502	钝突喜舞虻	*Hilara obtusa*	●▲										
503	刺突喜舞虻	*Hilara spina*	●▲	●									
504	角突喜舞虻	*Hilara triangulata*	●▲										
505	双膝驼舞虻	*Hybos bigeniculatus*	●■										
506	凹缘驼舞虻	*Hybos concavus*	●										
507		*Hybos guanmenshanus*	●										
508		*Hybos latus*	●										
509	细腿驼舞虻	*Hybos minutus*	●	●									
510	神农驼舞虻	*Hybos shennongensis*	●■▲	●									
511	湖北平须舞虻	*Platypalpus hubeiensis*	●	●									

续表

物种编号	中文名	拉丁学名	行政单元										
			神农架林区	兴山县	巴东县	巫山县	巫溪县	竹溪县	竹山县	房县	保康县	秭归县	镇坪县
512		*Platypalpus brevis*	●										
513		*Platypalpus didymus*	●										
514	基黄猎舞虻	*Rhamphomyia (Rhamphomyia) flavella*	●										
515	内突猎舞虻	*Rhamphomyia (Rhamphomyia) projecta*	●▲										
516	神农华喙舞虻	*Sinohilara shennongana*	●▲										
517	黑腿显肩舞虻	*Tachypeza nigra*		●									
518		*Minettia (Frendelia) longifurcata*	●▲										
519		*Minettia (Minettiella) clavata*	●▲										
520		*Minettia (Minettiella) plurifurcata*	●										
521		*Minettia (Minettiella) spinosa*	●▲										
522		*Minettia (Plesiominettia) flavoscutellata*	●▲										
523		*Metalimnobia (Metalimnobia) impubis*	▲										
524	中华前刺胃蝇	*Protexara sinica*	●										
525	神武旋刺胃蝇	*Texara shenwuana*	▲										
526	眼斑纹额叶蝇	*Desmometopa maculosusa*	▲										
527	瘤突真叶蝇	*Phyllomyza gangliiformisa*	▲										
528	舌形真叶蝇	*Phyllomyza glossophyllusa*	▲										
529	长江秽蝇	*Coenosia changjianga*	●	▲									
530	黄跗秽蝇	*Coenosia flaviambulans*	●			●							
531	黄笔秽蝇	*Coenosia flavipenicillata*	▲	●▲									
532	神农秽蝇	*Coenosia shennonga*	●▲	▲									
533	暗黄厕蝇	*Fannia flavifuscinata*		●									

续表

物种编号	中文名	拉丁学名	行政单元										
			神农架林区	兴山县	巴东县	巫山县	巫溪县	竹溪县	竹山县	房县	保康县	秭归县	镇坪县
534	双圆蝇	*Mydaea bideserta*	●										
535	肖钏妙蝇	*Myospila subtenax*	●										
536	拟金鬃蝇	*Phaonia mimoaureola*	▲										
537	三峡包菌蚊	*Boletina sanxiana*				●							
538	神农黄菌蚊	*Mycomya shennongana*	●										
539	大新菌蚊	*Neoempheria magna*	●■										
540	川地禾蝇	*Geomyza chuana*				▲							
541	花翅前毛广口蝇	*Prosthiochaeta pictipennis*		●									
542	环腹长角圣蝇	*Loxocera (Loxocera) anulata*	●										
543	湖北金鹬虻	*Chrysopilus hubeiensis*	●										
544	永富金鹬虻	*Chrysopilus nagatomii*	●■▲										
545	端黑金鹬虻	*Chrysopilus apicimaculatus*	●										
546	端黄鹬虻	*Rhagio apiciflavus*	●										
547	神农鹬虻	*Rhagio shennongamus*	●										
548	尖刺代强眼蕈蚊	*Diversicratyna muricata*	▲●										
549	神农异眼蕈蚊	*Peyerimhoffia shennongjiana*	●										
550	六刺伪轭眼蕈蚊	*Pseudozygoneura hexacantha*	▲										
551	四刺伪轭眼蕈蚊	*Pseudozygoneura quadridentata*	●										
552	粗刺伪轭眼蕈蚊	*Pseudozygoneura robustispina*	▲										
553	膨尾窄眼蕈蚊	*Spathobdella inflata*	●										
554	神农架窄眼蕈蚊	*Spathobdella shennongjiana*	●										

续表

物种编号	中文名	拉丁学名	行政单元										
			神农架林区	兴山县	巴东县	巫山县	巫溪县	竹溪县	竹山县	房县	保康县	秭归县	镇坪县
555	岗端蚋	Simulium (Simulium) dentastylum	●										
556	红坪蚋	Simulium (Simulium) hongpingense	●▲										
557	小龙潭蚋	Simulium (Simulium) xiaolongtanense	●▲										
558	彩旗距水虻	Allognosta caiqiana	●										
559	大龙潭距水虻	Allognosta dalongtana	●										
560	神农柱角水虻	Beris shennongana	●▲										
561	刺突柱角水虻	Beris spinosa	▲										
562	褐尾拟木蚋蝇	Temnostoma ravicauda	●										
563	长芒虻	Tabanus longistylus	▲										
564	神农架虻	Tabanus shennongjiaensis	▲										
565	黄斑狭颊寄蝇	Carcelia flavimaculata			▲				●▲				
566	孔氏偶栉大蚊	Dictenidia knutsoni	●										
567	黄肩偶栉大蚊	Dictenidia partialis	●▲										
568	拟黄肩偶栉大蚊	Dictenidia subpartialis	●										
569		Macgregoromyia flatusa	●										
570	膝突短柄大蚊	Nephrotoma geniculata	●■▲										
571	湖北奇栉大蚊	Tanyptera hubeiensis	●▲										
572	神农奇栉大蚊	Tanyptera shennongana	●▲										
573	宽突尖大蚊	Tipula (Acutipula) buboda	●										
574	角冠尖大蚊	Tipula (Acutipula) cranicornuta	●■▲										
575	湖北尖大蚊	Tipula (Acutipula) hubeiana	●■▲										
576	神农华大蚊	Tipula (Sinotipula) shennongana	●■▲										

续表

物种编号	中文名	拉丁学名	神农架林区	兴山县	巴东县	巫山县	巫溪县	竹溪县	竹山县	房县	保康县	秭归县	镇坪县
							行政单元						
577	蒋氏蜇大蚊	*Tipula (Vestiplex) jiangi*	•■▲										
578	中黄蜇大蚊	*Tipula (Vestiplex) medioflava*	•										
579	黄头蜇大蚊	*Tipula (Vestiplex) xanthocephala*	•■▲										
580	兴山斐大蚊	*Tipula (Vestiplex) xingshana*		•■▲									
581		*Acidiostigma montana*	▲	▲									
582	神峡墨实蝇	*Cyaforma shenonica*	•▲										
583		*Trypeta xingshana*		•▲									
584	吴氏角叶蚤	*Ceratophyllus wui*	•■▲										
585	木鱼大锥蚤	*Macrostylophora muyuensis*	•■▲										
586	鄂西栉眼蚤	*Ctenophthalmus (Sinoctenophthalmus) exiensis*	•■▲										
587	马氏古蚤	*Palaeopsylla mai*	•										
588	巫山古蚤	*Palaeopsylla wushanensis*	•■▲										
589	双凹纤蚤	*Rhadinopsylla (Actenophthalmus) biconcava*			•■▲								
590	绒鼠纤蚤	*Rhadinopsylla (Actenophthalmus) eothenomus*	▲										
591	鄂西狭臀蚤	*Stenischia exiensis*	•■▲										
592		*Nycteridopsylla quadrispina*			•								
593	李氏茸足蚤	*Genusibia liae*	•■▲										
594	巴山盲鼠蚤	*Typhlomyopsyllus bashanensis*	•■▲										
595	巫峡盲鼠蚤	*Typhlomyopsyllus wuxiaensis*			•▲								
596	王氏鬃蚤	*Chaetopsylla (Chaetopsylla) wangi*	•										
597	马氏鬃蚤	*Chaetopsylla (Chaetopsylla) malimingi*	•										

续表

物种编号	中文名	拉丁学名	行政单元										
			神农架林区	兴山县	巴东县	巫山县	巫溪县	竹溪县	竹山县	房县	保康县	秭归县	镇坪县
598	三角径石蛾	*Ecnomus triangularis*			●								
599	三指茎突鳞石蛾	*Dinarthrum tridigitum*	●▲	●									
600	小穗埃沼石蛾	*Apatamia spiculata*	●▲										
601	四刺蠕形等翅石蛾	*Wormaldia quadriphylla*		●▲									
602	离雪苔蛾	*Cyana abiens*	▲										
603	前痣土苔蛾	*Asiapistosia stigma*	▲										
604	灰红美苔蛾	*Miltochrista griseinufa*	●▲	▲									
605	全轴美苔蛾	*Barsine longstriga*	▲										
606	宽条华苔蛾	*Agylla latifascia*	●■▲									●■	
607	锯角华苔蛾	*Agylla serrata*	●▲	●									
608	黑端艳苔蛾	*Asura nigrilineata*	●▲	●								●■	
609	波纹钩盏蛾	*Mustilia undulosa*	●▲										
610	神农如钩歪蛾	*Mustilizans shennongi*	●▲										
611	中华隐尖蛾	*Ashibusa sinensis*	▲										
612	大颚优苔蟆	*Eudonia magna*	▲										
613	环刺小苔蟆	*Micraglossa annulispinata*	▲										▲
614	双小苔蟆	*Micraglossa didyma*	▲									▲	
615		*Paratalanta annulata*											
616	钩苔蟆	*Scoparia uncinata*	▲										
617	五线绢钩蛾	*Anzatella pentesticha*	▲										
618	黄线单钩蛾	*Betalbara safra*	●■▲										
619	依粉晶钩蛾	*Deroca akolosa*	●										

续表

物种编号	中文名	拉丁学名	行政单元										
			神农架林区	兴山县	巴东县	巫山县	巫溪县	竹溪县	竹山县	房县	保康县	秭归县	镇坪县
620	灰线钩蛾	*Nordstroemia fusca*	●■▲										
621	雪线钩蛾	*Nordstroemia niva*	●▲										
622	锚山钩蛾	*Oreta ancora*	●▲										
623	三刺金钩蛾	*Oreta trispinuligera*	●▲										
624	鹿角标麦蛾	*Dichomeris cervicornuta*	●▲										
625	丰异异尺蛾	*Agnibesa pleopictaria*	▲			▲							
626		*Biston mediolata*	▲	●▲	▲								
627		*Jankowskia obtusangula*	▲										
628		*Pachyodes novata*	▲	▲									
629	奇纬尺蛾	*Venusia paradoxa*	●										
630	红鳞蛾	*Phassus miniatus*	●										
631	四纹带手蝶	*Lobocla quadripunctata*	●										
632	白纹祝蛾	*Merocrates albistria*	▲	●									
633	线焰剌蛾	*Iragoides lineofusca*	▲	▲									
634	线铃剌蛾	*Kitanola linea*	▲										
635	针铃剌蛾	*Kitanola spina*	●										
636	断带绿剌蛾	*Latoia mutifascia*	▲										
637	波带绿剌蛾	*Parasa undulata*	●■▲										
638	黑带白夜蛾	*Chasminodes nigrifascia*	●■▲										
639	小斑明夜蛾	*Sphragifera mioplaga*	●▲										
640	拟宽掌舟蛾	*Phalera schintlmeisteri*		▲									

续表

物种编号	中文名	拉丁学名	神农架林区	兴山县	巴东县	巫山县	巫溪县	竹溪县	竹山县	房县	保康县	秭归县	镇坪县
641	糊胸舟蛾	*Syntypistis ambigua*		●▲									
642		*Pseudacrobasis dilatata*	▲										
643		*Coleothrix longicosta*	▲	▲								▲	
644		*Matratinea trilineata*	▲										
645	三角褐小卷蛾	*Antichlidas trigonia*	●										
646	黄色弧翅卷蛾	*Croesia lutescentis*	●										
647	鄂圆点小卷蛾	*Eudemis lucina*		▲									
648	三叉木蛾	*Odites tribula*	●										
649	叉脊野蚜蜂	*Aphidius biocarinatus*	●▲										
650	黑野蚜蜂	*Aphidius niger*	●▲										
651	松柏近单刺野蚜蜂	*Parabioxys songbaiensis*	●										
652	木鱼野外蚜蜂	*Praon muyuensis*	●										
653		*Pristaulacus centralis*							●				
654	黄胸颊蚜蜂	*Ademon xuthus*	▲										
655	湖北窄径茧蜂	*Agathis hubeiensis*	●■▲										
656	神农架窄径茧蜂	*Agathis shennongjiacus*	●▲										
657	细窄反颚茧蜂	*Alloea artus*	●▲										
658	蒋氏阿蝇态茧蜂	*Amyosoma jiangi*	▲										
659	细足绿茧蜂	*Apameles gracilipes*	▲										
660	新月绿茧蜂	*Apameles lunata*	▲										
661	黄角绿茧蜂	*Apameles raviantenna*	●▲									●	
662	硕爪绿茧蜂	*Apameles unguifortis*	●										

237

续表

物种编号	中文名	拉丁学名	神农架林区	兴山县	巴东县	巫山县	巫溪县	竹溪县	竹山县	房县	保康县	秭归县	镇坪县
663	直纹茧蜂	*Apanteles verticalis*	●▲										
664	湖北弓脉茧蜂	*Arcaleiodes hubeiensis*		●▲									
665	祝氏革腹茧蜂	*Ascogaster chui*	●▲										
666	皱纹革腹茧蜂	*Ascogater retis*	▲										
667	宽沟潜蝇茧蜂	*Aulacocentrum confusum*	▲						▲	▲			
668	沟腹闭腔茧蜂	*Bassus canaliculatus*	●●▲										
669	周氏下腔茧蜂	*Therophilus choui*	▲										
670	长鞘下腔茧蜂	*Therophilus tanycoleosus*	▲										
671	宽沟潜蝇茧蜂	*Biosteres pavitia*	●										
672	凹纹茧蜂	*Bracon auraria*	●										
673	短尾茧蜂	*Bracon breviskerkos*	▲										
674	刻点茧蜂	*Bracon punctifsoma*	▲										
675	锯痕茧蜂	*Bracon serrulatus*	●										
676	粗脊腰茧蜂	*Centistidea immitis*	●										
677	红胸悦茧蜂	*Charmon rufithorax*	●	▲									
678	光额甲腹茧蜂	*Chelonus gladius*	●										
679	阔凹甲腹茧蜂	*Chelonus gryoexcavatus*	▲										
680	毛斑甲腹茧蜂	*Chelonus hirmaculutus*	●										
681	长脊甲腹茧蜂	*Chelonus longistriatus*	●▲										
682	神农甲腹茧蜂	*Chelonus shennongensis*	●▲										
683	长爵甲腹茧蜂	*Chelonus longitarsumis*	●▲										

续表

物种编号	中文名	拉丁学名	行政单元										
			神农架林区	兴山县	巴东县	巫山县	巫溪县	竹溪县	竹山县	房县	保康县	秭归县	镇坪县
684	具柄甲腹茧蜂	*Chelomus petilusi*	●										
685	喙甲腹茧蜂	*Chelonus rostrornis*	●										
686	红黄甲腹茧蜂	*Chelonus ruflava*	●▲										
687	扁股拱脊茧蜂	*Apanteles (Choeras) compressifemur*	▲										
688	红坪长喙茧蜂	*Cremnops hongpingensis*	●▲										
689	黄腹横缝茧蜂	*Diachasma incterotomus*	●										
690	横皱斧茧蜂	*Dolabraulax transcaperatus*	▲										
691	稀长颏茧蜂	*Dolichogenidea spanis*	▲										
692	短脉潜蝇茧蜂	*Euopius brevinervius*	●										
693	密毛潜蝇茧蜂	*Euopius concretus*	▲										
694	光腹潜蝇茧蜂	*Euopius enodis*	▲										
695	细腹纹潜蝇茧蜂	*Euopius ictericus*	▲										
696	革纹潜蝇茧蜂	*Euopius rugivultus*	●										
697	网皱潜蝇茧蜂	*Euopius sculpturatum*	●										
698	匙胸费氏茧蜂	*Fopius mystrium*	●										
699	长刺刻茧蜂	*Glyptapanteles longistigma*	●▲										
700	长脉潜蝇茧蜂	*Gnaptodon prolixnervius*	●▲										
701	长鞘潜蝇茧蜂	*Gnaptodon tanycoleosus*	●										
702	中华断脉茧蜂	*Heterospilus chinensis*	▲										
703	潜柄长体茧蜂	*Macrocentrus fossilipetiolatus*							●				
704	光侧长体茧蜂	*Macrocentrus glabripleuralis*	●▲										
705	光区长体茧蜂	*Macrocentrus laevigatus*	●										

续表

物种编号	中文名	拉丁学名	行政单元										
			神农架林区	兴山县	巴东县	巫山县	巫溪县	竹溪县	竹山县	房县	保康县	秭归县	镇坪县
706	长痣长体茧蜂	*Macrocentrus longistigmus*	●										
707	东洋长体茧蜂	*Macrocentrus oriantalis*					●						
708	中华长体茧蜂	*Macrocentrus sinensis*	●										
709	兴山长体茧蜂	*Macrocentrus xingshanensis*		●									
710	奥氏悬茧蜂	*Meteorus austini*	▲										
711	短脸悬茧蜂	*Meteorus brevifacierus*	▲										
712	窄缝悬茧蜂	*Meteorus collectus*	■										
713	显异悬茧蜂	*Meteorus dialeptosus*	▲										
714	红花悬茧蜂	*Meteorus honghuaensis*	●										
715	湖北悬茧蜂	*Meteorus hubeiensis*	●■▲										
716	长距悬茧蜂	*Meteorus longidiastemus*	▲										
717	马氏悬茧蜂	*Meteorus marshi*	▲										
718	细柄悬茧蜂	*Meteorus petilus*	●▲										
719	刻点悬茧蜂	*Meteorus punctatus*	▲										
720	皱额悬茧蜂	*Meteorus rugifrontatus*	●▲										
721	中华悬茧蜂	*Meteorus sinicus*	●										
722	夹色小甲腹茧蜂	*Chelonus (Microchelonus) alternator*	●										
723	赤足小甲腹茧蜂	*Chelonus (Microchelonus) chryspedes*	●										
724	湖北小甲腹茧蜂	*Chelonus (Microchelonus) hubeiensis*	●▲										
725	黑须小甲腹茧蜂	*Chelonus (Microchelonus) nigripalpis*	●▲										
726	神农架小腹茧蜂	*Microgaster shennongjiaensis*	●▲										

续表

物种编号	中文名	拉丁学名	神农架林区	兴山县	巴东县	巫山县	巫溪县	竹溪县	竹山县	房县	保康县	秭归县	镇坪县
			行政单元										
727	长距小腹茧蜂	Microgaster longicalcar								•▲			
728	两色侧沟茧蜂	Microplitis bicoloratus	▲										
729	毛脸侧沟茧蜂	Microplitis hirtifacialis	•▲										
730	大颚潜蝇茧蜂	Opius (Allotypus) tractus	▲										
731	后叉潜蝇茧蜂	Opius (Allophlebus) postumus	▲										
732	横纹潜蝇茧蜂	Opius (Apodesmia) isabella	▲										
733	多纹潜蝇茧蜂	Opius (Apodesmia) sylvia	•										
734	显脊潜蝇茧蜂	Opius (Aulonotus) multiarculatum	•▲										
735	浅凹潜蝇茧蜂	Opius (Cryptonastes) arrhostia	▲										
736	沟齿潜蝇茧蜂	Opius (Crytognathopius) rubida	•▲										
737	端沟潜蝇茧蜂	Opius (Gastrosema) abortivus	•▲										
738	短侧沟潜蝇茧蜂	Opius (Gastrosema) improcerus	•▲										
739	短段潜蝇茧蜂	Opius (Gastrosema) truncus	▲										
740	短沟潜蝇茧蜂	Opius (Hoenirus) dichrocera	▲										
741	腹盾潜蝇茧蜂	Opius (Hoenirus) cheleutos	▲										
742	双色潜蝇茧蜂	Opius (Lissosema) ambiguus	▲										
743	全沟潜蝇茧蜂	Opius (Nosopoea) completetus	•										
744	长眼潜蝇茧蜂	Opius (Nosopoea) louiseae	•▲										
745	毛潜蝇茧蜂	Opius (Odontopoea) claudos	•▲										
746	少毛潜蝇茧蜂	Opius (Odontopoea) sparsa	▲										
747	短室潜蝇茧蜂	Opius (Odontopoea) tobes	•▲										

续表

物种编号	中文名	拉丁学名	行政单元										
			神农架林区	兴山县	巴东县	巫山县	巫溪县	竹溪县	竹山县	房县	保康县	秭归县	镇坪县
748	宽唇潜蝇茧蜂	Psyttoma latilabris	●▲										
749	水滴潜蝇茧蜂	Opius (Opiognathus) aquacaducus	●▲										
750	细点潜蝇茧蜂	Opius (Opiognathus) punctus	●										
751	长凹潜蝇茧蜂	Opius (Opiostomus) longicornia	●▲										
752	闭室潜蝇茧蜂	Opius (Opiothorax) clusilis	●										
753	具室潜蝇茧蜂	Opius (Opius) coillum	▲										
754	黄色潜蝇茧蜂	Opius (Opius) flavus	▲										
755	长角潜蝇茧蜂	Opius (Pendopius) longicorne	●▲										
756	盾齿潜蝇茧蜂	Opius (Pendopius) tabularis	●										
757	短鞘潜蝇茧蜂	Opius (Phlebosema) osculas	▲										
758	沟伸反颚茧蜂	Phaenocarpa diffusus	●										
759	宽齿反颚茧蜂	Phaenocarpa vitata	●▲										
760	念珠鱼腹茧蜂	Phanerotoma moniliatus	▲										
761	窄沟鱼腹茧蜂	Phanerotoma sulcus	●▲										
762	长脊合腹茧蜂	Phanerotomella longus	▲										
763	长脉端毛茧蜂	Rasivalva longivena	●▲										
764	白鞭条背茧蜂	Rhaconotus albiflagellus	▲										
765	双沟条背茧蜂	Rhaconotus bisulcus	●▲										
766	中华条背茧蜂	Rhaconotus chinensis	▲										
767	红腹条背茧蜂	Rhaconotus rufiventris	●▲										
768	脊颜全盾茧蜂	Schizoprymmus carinifacialis	●										
769	红花柄腹茧蜂	Spathius honghuaensis	●										

续表

物种编号	中文名	拉丁学名	神农架林区	兴山县	巴东县	巫山县	巫溪县	竹溪县	竹山县	房县	保康县	秭归县	镇坪县
								行政单元					
770	神农蛳腹茧蜂	*Spathius shemmongensis*	●										
771	长鞘蛳腹茧蜂	*Spathius tanycoleosus*	●										
772	长脊合茧蜂	*Syntomernus longicarinattus*	▲										
773	浓毛反颚茧蜂	*Tanycarpa concretus*	●										
774	光盾反颚茧蜂	*Tanycarpa gladius*	●										
775	粗皱反颚茧蜂	*Tanycarpa scabrator*	●										
776	圆突拱腹茧蜂	*Tanycarpa gymnonotum*	●▲										
777	圆突拱腹茧蜂	*Testudobracon gibbosa*	▲										
778		*Triraphis rectus*	●										
779	宽鄂潜蝇茧蜂	*Utetes pratense*	●										
780	红胸简茎蜂	*Jamus rufithorax*	●										
781	杜氏常足鳌蜂	*Aphelopus dui*	●										
782	缺沟常足鳌蜂	*Aphelopus exnotaulices*	●										
783	拟变色淡脉隧蜂	*Lasioglossum (Evylaeus) subversicolum*	▲										
784	变色淡脉隧蜂	*Lasioglossum (Evylaeus) versicolum*	●										
785	何氏细颚姬蜂	*Enicospilus hei*						■		●			
786	湖北细颚姬蜂	*Enicospilus hubeiensis*						●					
787	黑切顶姬蜂	*Dyspetes nigricans*	●										
788		*Mastrus nigrus*	●▲										
789	翔氏潜水蜂	*Agriotypus zhengi*								●			
790	巫山阿格姬蜂	*Agrypon wushanensis*				●◀							
791	兴山阿格姬蜂	*Agrypon xingshanensis*		●									

续表

物种编号	中文名	拉丁学名	行政单元										
			神农架林区	兴山县	巴东县	巫山县	巫溪县	竹溪县	竹山县	房县	保康县	秭归县	镇坪县
792	锚斑短脉姬蜂	*Brachynervus anchorimaculus*	▲										
793	神农架短食姬蜂	*Brachyzapus shennongjiaensis*	●										
794	细小细颚姬蜂	*Enicospilus pusillus*										●	
795	拟湖北细颚姬蜂	*Enicospilus subhubeiensis*										●	
796	三峡瘦角姬蜂	*Ischnoceros sanxiaensis*		●									
797	神农架瘤脉姬蜂	*Neurogenia shennongjiaensis*	●■▲	●									
798	异派姬蜂	*Paraperithous allokotos*		●									
799	湖北污翅姬蜂	*Spilopteron hubeiensis*		●									
800	壮污翅姬蜂	*Spilopteron stremus*				●							
801	雅长恙姬蜂	*Sychnostigma elegana*		●									
802	闪毛眼姬蜂	*Trichomma spatia*				●							
803	神农毛眼姬蜂	*Trichomma shennongica*	●	●									
804	损角齿姬蜂	*Xorides (Cyanoxorides) amissiantennes*		●									
805	无齿辅齿姬蜂	*Yamatarotes undentalis*	●										
806	黄盾野姬蜂	*Yezoceryx flaviscutellum*		●									
807	无区大食姬蜂	*Zabrachypus nomareaeidos*		●									
808	黑柄多印姬蜂	*Zatypota nigriscape*	●▲										
809	皱胸光胸细蜂	*Phaenoserphus rugosipronotum*	●▲										
810	中华细蜂	*Proctotrupes sinensis*	▲										
811	廖氏连褶金小蜂	*Halticopterella liaoi*		●									
812	廖氏连褶金小蜂	*Crossocerus (Ablepharipus) sulcatus*	▲										

续表

物种编号	拉丁学名	中文名	行政单元										
			神农架林区	兴山县	巴东县	巫山县	巫溪县	竹溪县	竹山县	房县	保康县	秭归县	镇坪县
813	*Crossocerus (Blepharipus) carinicollaris*		●▲										
814	*Megischus aplicatus*	无褶大腿冠蜂	●										
815	*Alphostromboceros albipes*	白足长室叶蜂	▲			▲							
816	*Alphostromboceros nigrocalcus*	黑距长室叶蜂	▲										
817	*Aneugmenus cenchrus*	圆膜凹鄂叶蜂	▲	▲		▲							
818	*Apareophora stenotheca*	狭鞘阿叶蜂				●▲							
819	*Apethymus xanthotibialis*	黄胫秋叶蜂		▲									
820	*Busarbidea nigriventris*	黑腹脉稍叶蛾		▲									
821	*Clypea sinica*	中华唇叶蜂		▲		▲							
822	*Conaspidia indistincta*	淡斑盾叶蜂	●▲										
823	*Dolerus poecilomallosis*	丽毛麦叶蜂	▲	▲		▲							
824	*Edenticornia tibialis*	淡胫拟齿角叶蜂		▲		▲							
825	*Euforsius punctatus*	刻胸佛叶蜂	▲	▲									
826	*Eutomostethus centralius*	华中真片叶蜂				▲							
827	*Thrinax goniata*	角突窗胸叶蜂				▲							
828	*Hoplocampa shennongjiana*	神农安叶蜂	●										
829	*Lagidina nigrocollis*	黑肩隐斑叶蜂	▲	▲									
830	*Linomorpha flavicornis*	黄角丽叶蜂				▲							
831	*Loderus apicalis*	端白凹眼叶蜂	●										
832	*Siobla jiangi*	江氏钩瓣叶蜂	●▲										
833	*Macrophya brevicinctata*	小环钩瓣叶蜂	●▲										
834	*Macrophya brevichpea*	缩唇钩瓣叶蜂	●										

神农架动物模式标本名录

续表

物种编号	中文名	拉丁学名	神农架林区	兴山县	巴东县	巫山县	巫溪县	竹溪县	竹山县	房县	保康县	秭归县	镇坪县
835		*Macrophya cheni*	●										
836	弯毛钩瓣叶蜂	*Macrophya curvatisaeta*	●▲										
837	纤跗钩瓣叶蜂	*Macrophya erythrotibialis*	●										
838	黄角钩瓣叶蜂	*Macrophya flavocornis*	●▲										
839	光额钩瓣叶蜂	*Macrophya glabrifrons*	●▲										
840	焦氏钩瓣叶蜂	*Macrophya jiaozhaoae*	●▲										
841	大刻钩瓣叶蜂	*Macrophya megapunctata*	●										
842	木氏钩瓣叶蜂	*Macrophya mui*	●										
843	黑跗钩瓣叶蜂	*Macrophya nigrobasitarsalina*	●▲										
844	寡齿钩瓣叶蜂	*Macrophya pseudoannulitibia*	●▲										
845	拟股钩瓣叶蜂	*Macrophya pseudofemorata*	●										
846	黑股钩瓣叶蜂	*Macrophya pseudoformasana*	●									●	
847	伪刘氏钩瓣叶蜂	*Macrophya pseudoliufeii*	●▲										
848	伪玛氏钩瓣叶蜂	*Macrophya pseudomalaisei*	●										
849	神农钩瓣叶蜂	*Macrophya shennongjiana*	●▲										
850	剌刃钩瓣叶蜂	*Macrophya spinoserrula*	▲										
851	刻盾宽腹钩瓣叶蜂	*Macrophya tattakonoides*	▲										
852	武氏钩瓣叶蜂	*Macrophya wui*	●▲										
853	宜昌钩瓣叶蜂	*Macrophya yichangensis*	●▲										
854	白缘钩瓣叶蜂	*Macrophya zhaofui*	●										
855	黄氏钩瓣叶蜂	*Macrophya huangi*		▲									

246

续表

物种编号	中文名	拉丁学名	神农架林区	兴山县	巴东县	巫山县	巫溪县	竹溪县	竹山县	房县	保康县	秭归县	镇坪县
856	刘氏钩瓣叶蜂	*Macrophya liui*	▲										
857	长柄钩瓣叶蜂	*Macrophya longipetiolata*	▲										
858	山纹钩瓣叶蜂	*Macrophya pseudohistrio*	▲										
859	中华短角叶蜂*	*Monophadnus sinicus*				▲							
860	黑股侧齿叶蜂	*Neostromboceros nigrifemoratus*	▲	▲									
861	尖鞘平缝叶蜂	*Nesoselandria acuminiserra*	▲										
862	环胫平缝叶蜂	*Nesoselandria circularis*				▲							
863	革纹平缝叶蜂	*Nesoselandria coriacea*				▲							
864	中华平缝叶蜂	*Nesoselandria sinica*		▲									
865	细角侧齿叶蜂	*Nestromboceros temuicornis*		▲		▲							
866	杨氏平缝叶蜂	*Nesoselandria yangi*	●▲										
867	尖尾方颜叶蜂	*Pachyprotasis acuminicaudata*	●										
868	白眶方颜叶蜂	*Pachyprotasis albiorbitis*	▲										
869	异角方颜叶蜂	*Pachyprotasis altantennata*		●									
870	异转方颜叶蜂	*Pachyprotasis maculoannulata*	●										
871	条斑侧方颜叶蜂	*Pachyprotasis bandpleuris*	●▲										
872	短角方颜叶蜂	*Pachyprotasis brevicornis*	▲										
873	湖南方颜叶蜂	*Pachyprotasis hunanensis*	▲										
874	白转方颜叶蜂	*Pachyprotasis leucotrochantera*	▲	▲									
875	六盘方颜叶蜂	*Pachyprotasis liupanensis*	▲										
876	长柄方颜叶蜂	*Pachyprotasis longipetiolata*	▲										

续表

物种编号	中文名	拉丁学名	行政单元										
			神农架林区	兴山县	巴东县	巫山县	巫溪县	竹溪县	竹山县	房县	保康县	秭归县	镇坪县
877	长纹方颜叶蜂	*Pachyprotasis longilineata*	▲										
878	大唇基方颜叶蜂	*Pachyprotasis megaclypeata*	▲										
879	光盾方颜叶蜂	*Pachyprotasis nitiscutellis*	●▲										
880	拟近革方颜叶蜂	*Pachyprotasis parasubcoreaceus*	▲										
881	神农方颜叶蜂	*Pachyprotasis shennongjiai*	●▲										
882	针唇方颜叶蜂	*Pachyprotasis spinilabria*	●										
883	长距方颜叶蜂	*Pachyprotasis spuralis*	▲										
884	短颊原曲叶蜂	*Protemphytus genatus*		▲									
885	丽萆叶蜂	*Sainia bella*				▲							
886	中华角臀叶蜂	*Senoclidea sinica*		▲									
887	尖鞘侧齿叶蜂	*Siobla acutitheca*	▲										
888	弯毛侧齿叶蜂	*Siobla curvatea*	●▲										
889	江氏侧齿叶蜂	*Siobla jiangi*	●▲										
890	李氏侧齿叶蜂	*Siobla listoni*	●										
891	侧带侧齿叶蜂	*Siobla nigrolateralis*	●▲										
892	柔刀侧齿叶蜂	*Siobla pseudoplesia*	●▲										
893	秦巴侧齿叶蜂	*Siobla qinba*	●▲										
894	神农侧齿叶蜂	*Siobla shennongjiana*	●▲										
895	狭鞘侧齿叶蜂	*Siobla temuitheca*	●										
896	高突侧齿叶蜂	*Siobla tuberculatana*	▲										
897	狭颊侧齿叶蜂	*Siobla vulgaria*	▲										▲

续表

物种编号	中文名	拉丁学名	行政单元										
			神农架林区	兴山县	巴东县	巫山县	巫溪县	竹溪县	竹山县	房县	保康县	秭归县	镇坪县
898	普通直脉叶蜂	*Stethomostus vulgaris*				▲							
899	锈色元叶蜂	*Taxonus ferrugatus*	●										
900	竹内元叶蜂	*Taxonus takeuchii*		▲									
901	黑缝元叶蜂	*Taxonus linealimus*				●							
902	程氏褐黄叶蜂	*Tenthredo chenghanhuai*	▲										
903	黑唇白端叶蜂	*Tenthredo ferruginiella*	▲			▲							
904	宽齿平缘叶蜂	*Tenthredo latidentella*	▲										
905	吕氏横斑叶蜂	*Tenthredo lunani*	▲										
906	大齿平头叶蜂	*Tenthredo megadentella*	●▲										
907	方顶突叶蜂	*Tenthredo yingdangi*	▲										
908	皱顶长尾小蜂	*Torymus rugivertex*	●▲										
909	神农吻鰕虎鱼	*Rhinogobius shennongensis*	●▲										
910	龙口似原吸鳅	*Paraprotomyzon lungkowensis*	●										
911	大鳞黑线鳘	*Atrilinea macrolepis*											●
912	巫山角蟾	*Megophrys wushanensis*				■▲							
913	抱龙角蟾	*Megophrys baolongensis*				●▲							
914	隆肛蛙	*Feirana quadramus*				●							
915	巫山巴鲵	*Liua shihi*					●						

注：●代表正模；■代表副模；▲代表配模；*原始文献未指定模式标本类型，由于采集地点仅在神农架，故将模式产地神农架计为正模产地。

参 考 文 献

白明, 崔俊芝, 胡佳耀, 等. 2014. 中国昆虫模式标本名录 (第 3 卷). 北京: 中国林业出版社.

蔡荣权. 1983. 我国绿刺蛾属的研究及新种记述 (鳞翅目: 刺蛾科). 昆虫学报, 26: 437-448.

曹成全, 陈申芝, 童超. 2013. 四川峨眉山昆虫模式标本名录. 乐山师范学院学报, 28: 38-45.

常岩林, 芦荣胜, 石福明. 2003. 条螽属一新种记述及尖翅条螽雌性描述 (直翅目: 露螽科). 动物分类学报, 28: 493-495.

常岩林, 郑哲民. 1997. 鼓鸣螽属一新种及染色体核型研究 (直翅目: 螽斯总科). 昆虫分类学报, 19: 10-12.

陈汉彬, 罗洪斌, 杨明. 2006. 湖北省神农架蚋类记要并记述二新种 (双翅目: 蚋科). 动物分类学报, 31: 874-879.

陈家骅. 2006. 中国动物志, 昆虫纲, 第四十六卷, 膜翅目, 茧蜂科, 窄径茧蜂亚科. 北京: 科学出版社.

陈家骅, 季清娥. 2003. 中国甲腹茧蜂 (膜翅目: 茧蜂科). 福州: 福建科学技术出版社.

陈家骅, 石全秀. 2001. 中国蚜茧蜂 (膜翅目: 蚜茧蜂科) 福州: 福建科学技术出版社.

陈家骅, 石全秀. 2004. 中国矛茧蜂 (膜翅目: 茧蜂科). 福州: 福建科学技术出版社.

陈家骅, 宋东宝. 2004. 中国小腹茧蜂 (膜翅目: 茧蜂科). 福州: 福建科学技术出版社.

陈家骅, 翁瑞泉. 2005. 中国潜蝇茧蜂 (膜翅目: 茧蜂科). 福州: 福建科学技术出版社.

陈家骅, 伍志山. 1944. 中国反颚茧蜂族 (膜翅目: 茧蜂科: 反颚茧蜂亚科). 北京: 中国农业出版社.

陈家骅, 伍志山. 2005. 中国悬茧蜂 (膜翅目: 茧蜂科). 福建: 福建科学技术出版社.

陈家骅, 杨建全. 2006. 中国小茧蜂 (膜翅目: 茧蜂科). 福州: 福建科学技术出版社.

陈家贤, 纪树立, 吴厚永. 1994. 纤蚤属一新种记述 (蚤目: 多毛蚤科). 动物分类学报, 9: 82-84.

陈建, 朱传典. 1988. 神农架林区盖蛛属一新种 (蜘蛛目: 皿蛛科). 动物分类学报, 13: 346-349.

陈建, 朱传典. 1989. 湖北省盖蛛属二新种 (蜘蛛目: 皿蛛科). 动物分类学报, 14: 160-165.

陈明利. 2002. 中国钩瓣叶蜂属系统分类研究. 长沙: 中南林学院硕士学位论文.

陈世骧, 王书永, 姜胜巧. 1985. 华西萤叶甲之一新属 (鞘翅目: 叶甲科). 动物学报, 31: 372-376.

陈树椿. 1991. 湖北神农架膜天牛属一新种 (鞘翅目: 天牛科). 昆虫学报, 34: 344-345.

陈树椿, 何允恒. 1997. 目: 蟏科, 蟏异科//杨星科. 长江三峡库区昆虫. 上册. 重庆: 重庆出版社.

陈小钰. 1985. 钩蛾科二新种记述. 昆虫分类学报, 7: 277-280.

陈学新, 何俊华, 马云. 1996. 中国悦茧蜂属记述 (膜翅目: 茧蜂科: 悦茧蜂亚科). 昆虫分类学报, 18: 59-64.

陈一心. 1986. 夜蛾科新种记述. 昆虫学报, 29: 211-213.

陈宜瑜. 1998. 横断山区鱼类. 北京: 科学出版社.

崔俊芝, 白明, 范仁俊, 等. 2009. 中国昆虫模式标本名录 (第 2 卷). 北京: 中国林业出版社.

崔俊芝, 白明, 吴鸿, 等. 2007. 中国昆虫模式标本名录 (第 1 卷). 北京: 中国林业出版社.

党凯. 2014. 中国负板类网蝽 (*Cysteochila*-group) 及冠网蝽属 (*Stephanitis* Stål) 分类修订 (半翅目: 网蝽科). 天津: 南开大学博士学位论文.

杜予州, Sivec I. 2015. 昆虫纲: 襀翅目//杨星科. 秦岭西段及甘南地区昆虫. 北京: 科学出版社.

范德滋. 1992.中国常见蝇类检索表. 第 2 版. 北京: 科学出版社.

范建国, Andreas P, Ebmer W. 1992. 中国胫淡脉隧蜂亚属九新种 (膜翅目: 蜜蜂总科: 隧蜂科). 昆虫学报, 35: 234-240.

范骁凌, 王敏. 2004. 带弄蝶属研究 (鳞翅目: 弄蝶科). 动物分类学报, 29: 523-526.

方承莱. 1986. 华苔蛾属新种记述 (鳞翅目: 灯蛾科: 苔蛾亚科). 动物学集刊, 4: 180-182.

方承莱. 1991. 中国美苔蛾属的研究 (鳞翅目: 灯蛾科, 苔蛾亚科). 动物学集刊, 8: 383-397.

方承莱. 1992. 中国雪苔蛾属的研究 (鳞翅目: 灯蛾科, 苔蛾亚科). 动物学集刊, 9: 253-266.

方承莱. 2000. 中国动物志, 昆虫纲, 第十九卷, 鳞翅目, 灯蛾科. 北京: 科学出版社.

费梁, 胡淑琴, 黄永昭. 2009a. 中国动物志, 两栖纲, 中卷, 无尾目. 北京: 科学出版社.

费梁, 胡淑琴, 叶昌媛, 等. 2009b. 中国动物志, 两栖纲, 下卷, 无尾目. 北京: 科学出版社.

费梁, 叶昌媛, 黄永昭, 等. 2005. 中国两栖动物检索及图解. 成都: 四川科学技术出版社.

费梁, 叶昌媛. 1983. 小鲵科的分类探讨, 包括一新属. 两栖爬行动物学报, 2: 31-37.

费梁, 叶昌媛, 江建平. 2012. 中国两栖动物及其分布彩色图鉴. 成都: 四川科学技术出版社.

高久春, 沙玉华, 朱传典. 1989. 神农架林区闪腹蛛属一新种 (蜘蛛目: 皿蛛科). 动物分类学报, 14: 424-426.

高久春, 朱传典. 1988. 神农架林区额角蛛属一新种 (蜘蛛目: 皿蛛科). 动物分类学报, 13: 350-352.

高久春, 朱传典. 1989. 我国皿蛛科一新纪录属及一新种 (蜘蛛目: 皿蛛科). 白求恩医科大学学报, 15: 246-247.

高久春, 朱传典, 高元奇. 1993. 中国微蛛亚科二新纪录属和二新种 (蜘蛛目: 皿蛛科, 微蛛亚科). 白求恩医科大学学报, 19: 40-42.

顾耕, 张治良. 1995. 鳃金龟科两属属征修订及 3 新种记述 (鞘翅目: 金龟总科). 华东昆虫学报, 4: 4-10.

郭付振, 曹少杰, 冯纪年. 2010. 中国一新纪录属和一新种记述 (缨翅目: 管蓟马科). 动物分类学报, 35: 733-735.

何继龙, 储西平. 1995. 中国拟木蚜蝇属二新种及一新纪录种 (双翅目: 食蚜蝇科). 动物学研究, 16: 11-16.

何俊华. 1985. 中国畸脉姬蜂属三新种记述 (膜翅目: 姬蜂科). 动物分类学报, 10: 316-320.

何俊华, 陈学新. 1991. 湖北省潜水蜂一新种 (膜翅目: 潜水蜂科). 动物分类学报, 16: 211-213.

何俊华, 陈学新. 1993. 中国屏腹茧蜂属二新种记述 (膜翅目: 茧蜂科, 屏腹茧蜂亚科). 昆虫学报, 36: 90-93.

何俊华, 陈学新. 1994. 中国短脉姬蜂属纪要及三新种描述 (膜翅目: 姬蜂科). 动物分类学报, 19: 90-96.

何俊华, 陈学新. 1994. 中国屏腹茧蜂属订正附二新种记述 (膜翅目: 茧蜂科: 屏腹茧蜂亚科). 浙江农业大学学报, 20: 441-448.

何俊华, 陈学新, 马云. 2000. 中国动物志, 昆虫纲, 第十八卷, 膜翅目, 茧蜂科 (一). 北京: 科学出版社.

何俊华, 万兴生. 1987. 切顶姬蜂属五新种记述 (膜翅目: 姬蜂科). 动物分类学报, 12: 87-92.

何俊华, 许再福. 2002. 中国动物志, 昆虫纲, 第二十九卷, 膜翅目, 螯蜂科. 北京: 科学出版社.

何俊华, 许再福. 2010. 光胸细蜂属四新种记述 (膜翅目: 细蜂科). 昆虫分类学报, 32: 219-230.

贺志强. 2003. 中国铲头叶蝉亚科分类研究. 杨凌: 西北农林科技大学硕士学位论文.

胡佳耀. 2006. 中国四齿隐翅虫属分类研究 (鞘翅目: 隐翅虫科: 毒隐翅虫亚科). 上海: 上海师范大学硕士学位论文.

黄邦侃. 2003. 福建昆虫志. 第七卷. 福州: 福建科学技术出版社.

黄春梅. 1988. 小蹦蝗属二新种 (直翅目: 斑腿蝗亚科). 昆虫学报, 31: 73-76.

黄复生. 1992. 西南武陵山地区昆虫. 北京: 科学出版社.

黄敏. 2003. 中国小叶蝉族分类研究 (同翅目: 叶蝉科: 小叶蝉亚科). 杨凌:西北农林科技大学博士学位论文.

黄宁廷. 2003. 中国元叶蜂属系统分类研究. 长沙: 中南林学院硕士学位论文.

黄蓬英. 2005. 中国长翅目昆虫系统分类研究. 杨凌: 西北农林科技大学博士学位论文.

黄永昭, 费梁, 叶昌媛. 1992. 关于巴鲵属 *Liua* 分类问题的探讨. 两栖爬行动物学研究, 1-2: 52-57.

黄重安. 1990. 陕西赫刺螨属初记 (蜱螨亚纲: 赫刺螨科). 动物分类学报, 15: 305-312.

计翔. 2007. 两栖爬行动物学研究, 第十一辑. 南京: 东南大学出版社.

季清娥, 陈家骅. 2002. 中国革腹茧蜂属 *Ascogaster* 一新种 (膜翅目: 茧蜂科: 甲腹茧蜂亚科). 华东昆虫学报, 11: 6-9.

姜胜巧. 1989. 中国日萤叶甲属四新种 (鞘翅目: 叶甲科, 萤叶甲亚科). 昆虫学报, 32: 221-225.

姜胜巧. 1990. 宽缘萤叶甲属一新种 (鞘翅目: 叶甲科). 昆虫学报, 33: 455-456.

蒋志刚, 江建平, 王跃招, 等. 2016. 中国脊椎动物红色名录. 生物多样性, 24: 500-551.

经希立. 1986. 突角瓢虫属二新种记述 (鞘翅目: 瓢虫科). 动物分类学报, 11: 205-208.

匡海源. 1995. 中国经济昆虫志, 第四十四册, 蜱螨亚科, 瘿螨总纲 (一), 瘤瘿螨属. 北京: 科学出版社.

匡海源, 洪晓月. 1989. 中国叶刺瘿螨亚科三新种记述 (真螨目: 瘿螨科). 南京农业大学学报, 12: 46-49.

李法圣. 1989. 陕西啮虫十八新种 (啮目: 狭啮科, 啮科). 昆虫分类学报, 11: 31-59.

李法圣. 2002. 中国蚤目志, 上册. 北京: 科学出版社.

李法圣. 2002. 中国蚤目志, 下册. 北京: 科学出版社.

李帆, 钟俊生. 2007. 浙江吻虾虎鱼属一新种 (鲈形目: 虾虎鱼科). 动物学研究, 28: 539-544.

李铨, 冷坚. 1987. 前寒武纪地质研究: 神农架上前寒武系. 天津: 天津科学技术出版社.

李枢强, 朱传典. 1989. 神农架林区斑皿蛛属一新种 (蜘蛛目: 皿蛛科). 白求恩医科大学学报, 15: 38-39.

李枢强, 朱传典. 1995. 神农架林区皿蛛科五新种记述 (蛛形纲: 蜘蛛目). 动物分类学报, 20: 39-48.

李卫春. 2010. 中国苔螟亚科和草螟亚科系统学研究 (鳞翅目: 螟蛾总科, 草螟科). 天津: 南开大学博士学位论文.

李晓明, 刘国卿. 2010. 中国叶盲蝽族新种、新异名及新组合记述 (半翅目, 盲蝽科). 动物分类学报, 35: 719-724.

李新巾. 2005. 中国盗隐翅虫属分类研究 (鞘翅目: 隐翅虫科: 四眼隐翅虫亚科). 上海: 上海师范大学硕士学位论文.

李艳磊, 杨星科, 王心丽. 2008. 中国意草蛉属二新种 (脉翅目, 草蛉科, 草蛉亚科). 动物分类学报, 33: 376-379.

李泽建. 2013. 钩瓣叶蜂属 *Macrophya* Dahlbom 系统学研究. 长沙: 中南林业科技大学博士学位论文.

李泽建, 钟义海, 魏美才. 2013. 中国钩瓣叶蜂属 *Macrophya sanguinolenta* 种团两新种 (膜翅目, 叶蜂科). 动物分类学报, 38: 124-129.

李竹, 崔维娜, 杨定. 2010. 湖北神农架喜舞虻属五新种 (双翅目: 舞虻科). 动物分类学报, 35: 745-749.

李竹, 罗春梅, 杨定. 2009. 湖北柱角水虻属二种记述 (双翅目: 水虻科). 昆虫分类学报, 31: 129-131.

李竹, 张婷婷, 杨定. 2009. 中国柱角水虻十一新种 (双翅目: 水虻科). 昆虫分类学报, 31: 206-220.

李竹, 张婷婷, 杨定. 2011. 中国距水虻属四新种 (双翅目: 水虻科). 动物分类学报, 36: 273-277.

李子忠, 汪廉敏. 2005. 中国拟带叶蝉属分类研究 (半翅目: 叶蝉科: 殃叶蝉亚科). 昆虫分类学报, 27: 187-194.

李子忠, 汪廉敏, 杨玲环. 2002. 斜脊叶蝉属系统分类研究 (同翅目: 叶蝉科: 横脊叶蝉亚科). 动物分类学报, 27: 548-555.

连伟光. 2007. 中国盲蛛目强肢亚目的分类研究 (蛛形纲: 盲蛛目). 保定: 河北大学硕士学位论文.

廖芳均, 魏美才, 黄宁廷. 2007. 中国平背叶蜂亚科两新种 (膜翅目: 叶蜂科). 动物分类学报, 32: 724-727.

廖明尧. 2012. 神农架自然保护区志. 武汉: 湖北科学技术出版社.

廖明尧. 2015. 神农架地区自然资源综合调查报告. 北京: 中国林业出版社.

林平. 1989. 陕西异丽金龟属新种记述 (鞘翅目: 丽金龟科). 昆虫分类学报, 11: 83-90.

林祥海. 2005. 中国长尾小蜂科常见属分类研究. 杭州: 浙江大学硕士学位论文.

刘承钊, 胡淑琴, 杨抚华. 1960. 四川巫山两栖类初步调查报告. 动物学报, 12: 278-292.

刘经贤. 2009. 中国瘤姬蜂亚科分类研究. 杭州: 浙江大学博士学位论文.

刘井元. 1997. 中国鬃蚤属一新种记述 (蚤目: 蠕形蚤科). 昆虫学报, 40: 82-85.

刘井元. 2010. 湖北长江三峡地区盲鼠蚤属一新种及其与该属已知种类的鉴别 (蚤目: 细蚤科), 动物分类学报, 35: 655-660.

刘井元. 2012. 湖北长江三峡地区鬃蚤属一新种记述 (蚤目: 蠕形蚤科). 动物分类学报, 37: 837-840.

刘井元, 陈尚全. 2005. 湖北西北部神农架古蚤属一新种 (蚤目: 栉眼蚤科). 动物分类学报, 30: 194-198.

刘井元, 胡翠华, 马立名. 2001. 蜱螨亚纲二新种及一新亚种 (蜱螨亚纲: 恙螨科, 血革螨科). 动物分类学报, 26: 306-312.

刘井元, 马立名. 1998. 鄂西北神农架真厉螨属一新种 (蜱螨亚纲: 血革螨科). 动物分类学报, 23: 21-24.

刘井元, 马立名. 2002. 血革螨属一新种记述及对鼯鼠真厉螨雌性形态原始描述的更正 (蜱螨亚纲: 血革螨科). 昆虫学报, 45 (增刊): 118-120.

刘井元, 马立名, 丁百宝. 2000. 中国厉螨科二新种记述 (蜱螨亚纲: 革螨股). 动物分类学报, 25: 380-383.

刘井元, 王敦清. 1994. 大锥蚤属一新种记述(蚤目: 角叶蚤科). 动物分类学报, 19: 238-242.

刘井元, 王敦清. 1994. 古蚤属一新种记述 (蚤目: 多毛蚤科). 动物分类学报, 19: 367-369.

刘井元, 王敦清. 1995. 盲鼠蚤属一新种记述 (蚤目: 细蚤科). 动物分类学报, 20: 243-245.

刘井元, 王敦清. 1997. 湖北神农架华厉螨属一新种 (蜱螨亚纲: 厉螨科). 动物分类学报, 22: 143-146.

刘启飞, 李竹, 杨定. 2010. 湖北神农架喜舞虻属六新种 (双翅目: 舞虻科). 昆虫分类学报, 32 (增刊): 61-70.

刘启飞, 李竹, 杨定. 2010. 湖北喜舞虻属新种记述 (双翅目: 舞虻科). 昆虫分类学报, 32: 195-200.

刘强, 郑乐怡. 1994. 珀蝽属中国种类记述 (半翅目: 蝽科). 昆虫分类学报, 16: 235-248.

刘胜利. 1979. 鄂西神农架的同蝽 (半翅目: 同蝽科). 昆虫分类学报, 1: 55-59.

刘胜利. 1980. 中国短喙扁蝽亚科新种记述 (半翅目: 扁蝽科). 动物分类学报, 5: 175-184.

刘胜利. 1981. 中国扁蝽科的新种(半翅目: 异翅亚目). 昆虫学报, 24: 184-187.

刘婷. 2016. 中国实叶蜂亚科系统分类研究. 长沙: 中南林业大学硕士学位论文.

刘宪伟, 金杏宝. 1997. 直翅目: 螽斯总科: 露螽科, 拟叶螽科, 蛩螽科, 草螽科//杨星科. 长江三峡库区昆虫. 上册. 重庆: 重庆出版社: 145-171.

刘晓艳, 李竹, 杨定. 2010. 湖北神农架缺脉舞虻亚属五新种 (双翅目, 舞虻科). 动物分类学报, 35: 736-741.

刘友樵, 白九维. 1982. 中国尾小卷蛾亚族三新种 (鳞翅目: 卷蛾科). 昆虫分类学报, 4: 167-171.

刘友樵, 白九维. 1987. 中国弧翅卷蛾属研究及新种记述 (鳞翅目: 卷蛾科). 昆虫学报, 30: 313-322.

刘祖尧. 1989. 中国华春蜓属新种记述 (蜻蜓目: 春蜓科). 昆虫学报, 32: 459-461.

吕楠, 郑乐怡. 1998. 中国树丽盲蝽属分类研究 (半翅目: 盲蝽科). 昆虫分类学报, 20: 79-96.

吕楠, 郑乐怡. 2001. 丽盲蝽属(丽盲蝽亚属) 中国种类修订 (半翅目: 盲蝽科: 盲蝽亚科). 动物分类学报, 26: 121-153.

吕松宇. 2016. 我国重庆及邻近地区三窝蛛属蜘蛛分类研究 (蜘蛛目: 卵形蛛科). 沈阳: 沈阳师范大学硕士学位论文.

罗彤. 1998. 中国科学院动物研究所兽类标本馆藏模式标本名录. 动物分类学报, 23: 333-335.

马立名, 刘井元. 1998. 鄂西北钝革螨属一新种 (蜱螨亚纲: 寄螨科). 动物分类学报, 23: 267-269.

马立名, 刘井元. 2003. 巨螯螨属二新种记述 (蜱螨亚纲, 革螨股, 巨螯螨科). 动物分类学报, 28: 657-661.

马立名, 刘井元, 叶瑞玉. 2003. 枝厉螨属 (胭螨科) 和黑面螨属 (黑面螨科)各一新种 (蜱螨亚纲: 中气门亚目). 动物分类学报, 28: 252-255.

马沛勤, 张文霞. 2009. 拱背果蝇属二新种记述 (双翅目: 果蝇科). 动物分类学报, 34: 616-619.

马文珍. 1990. 中国莫花金龟属新种记述 (鞘翅目: 金龟总科). 动物分类学报, 15: 343-349.

马晓丽, 朱传典. 1990. 中国瘤胸蛛属二新种 (蜘蛛目: 皿蛛科: 微蛛亚科). 动物分类学报, 15: 431-435.

马晓丽, 朱传典. 1991. 中国瘤胸蛛属一新种 (蜘蛛目: 皿蛛科: 微蛛亚科). 动物分类学报, 16: 27-29.

马晓丽, 朱传典. 1991. 中国吻额蛛属一新种 (蜘蛛目: 皿蛛科: 微蛛亚科). 动物分类学报, 16: 169-171.

墨铁路, 刘涛. 2000. 端突瘿蚊属一新种记述 (双翅目: 瘿蚊科). 昆虫分类学报, 22: 122-124.

牛耕耘. 2008. 侧跗叶蜂属系统分类研究. 长沙: 中南林业科技大学硕士学位论文.

牛耕耘. 2012. 世界侧跗叶蜂属系统分类研究. 长沙: 中南林业科技大学博士学位论文.

牛耕耘, 魏美才. 2010. 中国侧跗叶蜂属五新种 (膜翅目: 叶蜂科). 动物分类学报, 35: 911-921.

牛耕耘, 魏美才. 2011. 中国叶蜂属 (膜翅目: 叶蜂科) 三新种. 动物分类学报, 33: 514-519.

牛耕耘, 肖炜, 魏美才. 2012. 中国陕西侧跗叶蜂属七新种及分种检索表 (膜翅目: 叶蜂科). 昆虫分类学报, 34: 399-422.

平正明, 徐月莉, 李耀华, 等. 1992. 湖北省等翅目四新种. 白蚁科技, 9: 1-7.

蒲富基, 金根桃. 1991. 中国直脊天牛属的系统分类研究 (鞘翅目: 天牛科) 中国科学院动物研究所系统进化动物学重点实验室. 系统进化动物学论文集. 第一集. 北京: 中国科学技术出版社.

蒲富基. 1985. 瘦天牛属三新种 (鞘翅目: 天牛科). 动物学类学报, 10: 427-430.

蒲富基. 1986. 湖北神农架直脊天牛属一新种 (鞘翅目: 天牛科). 动物分类学报, 11: 201-202.

齐楠. 2009. 中国佳隐翅虫属分类研究 (鞘翅目: 隐翅虫科: 隐翅虫亚科). 上海: 上海师范大学硕士学位论文.

任顺祥, 庞雄飞. 1993. 湖北小毛瓢虫属二新种记述 (鞘翅目: 瓢虫科). 华南农业大学学报, 14: 6-9.

陕西省动物研究所, 中国科学院水生生物研究所, 兰州大学生物系. 1987. 秦岭鱼类志. 北京: 科学出版社.

申效诚, 裴海潮. 1999. 河南昆虫分类区系研究, 第四卷, 伏牛山南坡及大别山区昆虫. 北京: 中国农业科技出版社.

申效诚, 时振亚. 1998. 河南昆虫分类区系研究, 第二卷, 伏牛山区昆虫 (一). 北京: 中国农业科技出版社.

申效诚, 张润志, 任应党. 2008. 昆虫分类与分布. 北京: 中国农业科学技术出版社.

申效诚, 赵永谦. 2002. 河南昆虫分类区系研究, 第五卷, 太行山及桐柏山区昆虫. 北京: 中国农业科学技术出版社.

沈林, 张雅林. 1995. 片胫杆蝉属二新种 (同翅目: 叶蝉科: 杆叶蝉亚科). 昆虫分类学报, 17: 271-275.

沈山佳. 2008. 中国沟胸隐翅虫属分类研究 (鞘翅目: 隐翅虫科: 原隐翅虫亚科). 上海: 上海师范大学硕士学位论文.

施凯. 2013. 中国眼蕈蚊科 8 属分类及系统发育研究 (双翅目: 眼蕈蚊科). 临安: 浙江农林大学硕士学位论文.

宋大祥, 赵敬钊. 1988. 我国捕鸟蛛科一新种记述. 湖北大学学报 (自然科学版), 1: 4-5.

宋大祥, 朱明生. 1992. 我国西南武陵山区园蛛科 (蜘蛛目) 新种记述. 湖北大学学报 (自然科学版), 14: 167-173.

宋东宝, 游兰韶. 2008. 侧沟茧蜂一新种 (膜翅目: 茧蜂科: 小腹茧蜂亚科). 湖南农业大学学报 (自然科学版), 34: 226-228.

孙强. 2004. 中国乌叶蝉亚科系统分类研究 (半翅目: 叶蝉科). 杨凌: 西北农林科技大学博士学位论文.

汤玉清. 1990. 中国细颚姬蜂属志, 膜翅目, 姬蜂科, 瘦姬蜂亚科. 重庆: 重庆出版社.

唐璞. 2013. 中国窄径茧蜂亚科分类研究. 杭州: 浙江大学博士学位论文.

田明义. 1995. 中国方头甲属—新种记述 (鞘翅目: 方头甲科). 华南农业大学学报, 16: 42-43.

童晓立, 张维球. 1992. 中国梳蓟马属一新种记述 (缨翅目: 蓟马科). 华南农业大大学学报, 13: 48-51.

汪兴鉴. 1989. 刺脉实蝇族一新属三新种 (双翅目: 实蝇科). 动物分类学报, 14: 358-363.

汪兴鉴, 陈小琳. 2002. 中国前毛广口蝇属分类研究及三新种记述 (双翅目: 广口蝇科). 昆虫学报, 45: 656-661.

王敦清, 刘井元. 1993. 栉眼蚤属一新种记述 (蚤目: 多毛蚤科). 动物分类学报, 18: 490-492.

土敦清, 刘井元. 1995. 茸足蚤属一新种记述 (蚤目: 细蚤科). 动物分类学报, 20: 112-115.

王敦清, 刘井元. 1995. 狭臀蚤属一新种记述 (蚤目: 多毛蚤科). 动物分类学报, 20: 363-365.

王敦清, 刘井元. 1996. 湖北神农架角叶蚤属一新种记述 (蚤目: 角叶蚤科). 昆虫学报, 39: 90-93.

王敦清, 刘井元. 1996. 湖北神农架纤蚤一新种 (蚤目: 多毛蚤科). 动物分类学报, 21: 371-373.

王瀚强. 2015. 中国蛩螽亚科系统分类研究 (直翅目: 蛩螽科). 上海: 华东师范大学博士学位论文.

王家福. 1994. 中国南方漏斗蛛三新种 (蜘蛛目: 漏斗蛛科). 动物分类学报, 19: 286-292.

王家福, 尹长民. 1992. 我国南方漏斗蛛科一新属和三新种 (蜘蛛目: 漏斗蛛科). 湖南师范大学自然科学学报, 15: 263-272.

王绍能, 潘冬, 文忠华, 等. 2011. 广西猫儿山自然保护区昆虫模式标本名录. 广西师范大学学报 (自然科学版), 29: 122-131.

王淑芳. 1985. 中国毛眼姬蜂属记述 (姬蜂科: 肿跗姬蜂亚科). 动物分类学报, 10: 86-94.

王淑芳. 1986. 中国辅齿姬蜂属纪要 (膜翅目: 姬蜂科, 犁姬蜂亚科). 昆虫学报, 29: 214-217.

王文凯, 蒋书楠. 1994. 中国花天牛亚科新种及新记录 (鞘翅目: 天牛科). 昆虫分类学报, 16: 192-196.

王新辉. 2016. 中国南方洞穴步甲部分族的分类研究. 广州: 华南农业大学硕士学位论文.

王裕文. 1995. 湖北神农架比蜢属一新种 (直翅目: 蜢总科). 动物分类学报, 20: 204-206.

王裕文. 1995. 湖北省卵翅蝗属二新种 (直翅目: 斑腿蝗科). 动物分类学报, 20: 81-85.

王裕文, 李晓东. 1994. 湖北省牧草蝗属一新种 (直翅目: 蝗总科). 华东昆虫学报, 3: 11-13.

王裕文, 李晓东. 1996. 湖北神农架蝗虫一新种 (直翅目: 斑腿蝗科). 昆虫分类学报, 39, 8-10.

王裕文, 刘宪伟. 1996. 中国素木螽属的新种记述 (直翅目: 螽斯总科: 露螽科). 山东大学学报 (自然科学版), 31: 336-340.

王裕文, 郑哲民. 1997. 湖北省微翅蚱属一新种 (直翅目: 蚱总科). 动物分类学报, 22: 57-59.

王志杰. 2007. 中国叉襀科的分类研究 (襀翅目: 叉襀总科). 扬州: 扬州大学硕士学位论文.

王宗庆, 蒋红云, 车艳丽. 2009. 中国毡蠊属二新种和一纪录种记述 (蜚蠊目, 姬蠊科). 动物分类学报, 34: 751-756.

魏琮. 2004. 世界秃头叶蝉亚科系统学研究 (半翅目: 头喙亚目: 叶蝉科). 杨凌: 西北农林科技大学博士学位论文.

魏美才. 1997. 西北农业大学昆虫博物馆馆藏叶蜂新种记述 I (膜翅目: 叶蜂科). 昆虫分类学报, 19 (增刊): 17-24.

魏美才, 聂海燕. 1997. 中国茎蜂科分类研究 IV. 简脉茎蜂属四新种附中国茎蜂科种属名录 (膜翅目: 茎蜂科). 昆虫分类学报, 19: 146-152.

魏美才, 聂海燕. 2007. 中国盾叶蜂属研究附世界已知种检索表 (膜翅目: 叶蜂科), 昆虫分类学报, 19 (增刊): 95-117.

翁瑞泉. 2001. 中国潜蝇茧蜂亚科分类 (膜翅目: 茧蜂科). 福州: 福建农林大学博士学位论文.

吴鸿. 1995. 华东百山祖昆虫. 北京: 中国林业出版社.

吴鸿, 杨集昆. 1993. 中国新菌蚊属四新种 (双翅目: 菌蚊科). 动物分类学报, 18: 373-378.

吴琼. 2005. 中国蝇茧蜂亚科分类及系统发育研究. 杭州: 浙江大学硕士学位论文.

吴琼, 陈学新, 何俊华. 2005. 中国费氏茧蜂属新种和新记录种记述 (膜翅目: 茧蜂科, 蝇茧蜂亚科). 昆虫分类学报, 27: 140-148.

吴伟南, 李兆权. 1984. 湖北神农架植绥螨科三新种 (蜱螨目: 植绥螨科). 动物分类学报, 9: 44-48.

吴伟南, 李兆权. 1984. 中国南方植绥螨属三新种 (蜱螨目: 植绥螨科). 昆虫学报, 27: 457-461.

吴伟南, 欧剑峰, 黄静玲. 2009. 中国动物志, 无脊椎动物, 第四十七卷, 蛛形纲, 蜱螨亚纲, 植绥螨科, 真绥螨属. 北京: 科学出版社.

伍志山, 陈家骅, 黄居昌. 2000. 脊腰茧蜂属一新种及一新纪录种记述 (膜翅目: 茧蜂科). 中国昆虫科学, 7: 113-116.

武春生, 方承莱. 2008. 铃刺蛾属在中国的首次发现及七新种记述 (鳞翅目: 刺蛾科). 昆虫学报, 51: 861-867.

武春生, 方承莱. 2008. 中国奕刺蛾属与焰刺蛾属分类研究 (鳞翅目: 刺蛾科). 昆虫学报, 51: 753-760.

武云飞, 吴翠珍. 1992. 青藏高原鱼类. 成都: 四川科学技术出版社.

席玉强. 2015. 中国叶蝇科系统分类研究 (双翅目). 北京: 中国农业大学博士学位论文.

夏凯龄, 刘宪伟. 1989. 中国蟋总科五新种记述 (直翅目: 蟋总科). 昆虫分类学报, 11: 253-258.

萧采瑜, 任树芝, 郑乐怡, 等. 1981. 中国蝽类昆虫鉴定手册. 第二册. 北京: 科学出版社.

肖炜. 2011. 东亚地区叶蜂属 Tenthredo genitalis 和 T. sinensis 种团系统分类研究. 长沙: 中南林业科技大学硕士学位论文.

肖晖, 黄大卫. 1997. 连褶金小蜂属分类研究 (膜翅目: 小蜂总科: 金小蜂科). 动物分类学报, 22: 403-409.

谢从新, 杨干荣, 龚立新. 1984. 湖北省的平鳍鳅科鱼类包括一新种和一新亚种的描述. 华中农学院学报, 3: 62-64.

谢满超. 2011. 陕西秦巴山区瘿螨总科区系研究 (蜱螨亚纲: 前气门目). 保定: 河北大学博士学位论文.

谢宗强, 申国珍, 等. 2018. 神农架自然遗产的价值及其保护管理. 北京: 科学出版社.

谢宗强, 申国珍, 周友兵, 等. 2017. 神农架世界自然遗产地的全球突出普遍价值及其保护. 生物多样性, 25: 490-497.

忻介六, 梁来荣, 柯励生. 1982. 云贵植绥螨属二新种 (蜱螨亚纲: 植绥螨科). 动物学研究, 3 (增刊): 57-60.

徐湘, 李枢强. 2007. 中国隙蛛亚科蜘蛛一新种 (蜘蛛目, 暗蛛科). 动物分类学报, 32: 756-757.

徐阳. 1992. 科学研究中模式标本档案的管理. 档案学通讯, (5): 37-41.

许红兵, 郑乐怡. 2001. 中国植盲蝽属四新种记述 (半翅目: 盲蝽科). 动物分类学报, 26: 257-265.

许荣满, 倪涛, 许先典. 1984. 湖北虻属二新种记述 (双翅目: 虻科). 武汉医学院学报, (3): 164-166.

许旺. 2009. 中国普拉隐翅虫属分类研究 (鞘翅目: 隐翅虫科: 隐翅虫亚科). 上海: 上海师范大学硕士学位论文.

许维岸, 何俊华. 2003. 侧沟茧蜂属二新种记述 (膜翅目: 茧蜂科). 动物分类学报, 28: 724-728.

许维岸, 何俊华. 2003. 中国小腹茧蜂属二新种记述 (膜翅目, 茧蜂科: 小腹茧蜂亚科). 动物分类学报, 28: 525-529.

许维岸, 何俊华, 李淑君. 2001. 小腹茧蜂属一新种和一新记录种 (膜翅目:茧蜂科: 小腹茧蜂亚科). 山东农业大学学报 (自然科学版), 32: 143-146.

薛大勇, 朱弘复. 1999. 中国动物志, 昆虫纲, 第十五卷, 鳞翅目, 尺蛾科花尺蛾亚科. 北京: 科学出版社.

薛万琦, 赵建铭. 1996. 中国蝇类. 上册. 沈阳: 辽宁科学技术出版社.

薛万琦, 赵建铭. 1996. 中国蝇类. 下册. 沈阳: 辽宁科学技术出版社.

闫成进. 2013. 中国臂茧蜂亚科及长茧蜂亚科分类研究. 杭州: 浙江大学博士学位论文.

杨定, 杨集昆. 1989. 中国偶栉大蚊属四新种 (双翅目: 大蚊科). 北京农业大学学报, 15: 69-73.

杨定, 杨集昆. 1990. 中国鬃螳舞虻属八新种 (双翅目: 舞虻科). 动物分类学报, 15: 483-488.

杨定, 杨集昆. 1991. 湖北襀翅目新种及新纪录. 湖北大学学报 (自然科学版), 13: 369-372.

杨定, 杨集昆. 1991. 四川大蚊属三新种 (双翅目: 大蚊科). 西北农业大学学报, 13: 252-254.

杨定, 杨集昆. 1993. 贵州茂兰的广翅目昆虫 (广翅目: 齿蛉科). 昆虫分类学报, 15: 246-248.

杨定, 杨集昆. 1993. 贵州省襀翅目昆虫之三 (襀翅目: 襀科、卷襀科). 昆虫分类学报, 15: 235-238.

杨定, 杨集昆. 1999. 湖北大蚊属二新种 (双翅目: 大蚊科). 中国农业大学学报, 4 (增刊): 63-64.

杨干荣, 谢从新. 1983. 长江上游鳅类一新种. 动物分类学报, 8: 314-316.

杨干荣, 谢从新. 1983. 神农架鱼类一新种. 动物学研究, 4: 71-74.

杨干荣, 谢从新, 熊邦喜, 等. 1983a. 神农架鱼类. 内部资料.

杨干荣, 谢从新, 熊邦喜, 等. 1983b. 神农架鱼类资源及其发展渔业途径. 淡水渔业, (1): 27-30.

杨集昆. 1997. 模式标本中宜尽量指定配模. 动物分类学报, 22: 441.

杨集昆, 罗科. 1988. 湖北湖南的毛蚊五新种记述 (双翅目: 毛蚊科). 湖北大学学报 (自然科学版), 10: 7-12.

杨集昆, 茅晓渊. 1995. 神农架蚕蛾科 (鳞翅目)二新种. 湖北大学学报(自然科学版), 17: 427-431.

杨集昆, 王象贤. 1990. 湖北省的草蛉区系 (脉翅目: 草蛉科). 湖北大学学报 (自然科学版), 12: 154-163.

杨集昆, 吴鸿. 1989. 湖北省的菌蚊记三新种 (双翅目: 菌蚊科). 湖北大学学报 (自然科学版), 11: 61-64.

杨集昆, 杨定. 1987. 湖北省短柄大蚊属新种及新记录 (双翅目: 大蚊科). 华中农业大学学报, 6: 130-137.

杨集昆, 杨定. 1988. 中国奇栉大蚊属六新种 (双翅目: 大蚊科). 湖北大学学报 (自然科学版), 10: 70-74.

杨集昆, 杨定. 1991. 湖北省的驼舞虻及新种记述 (双翅目: 舞虻科). 湖北大学学报 (自然科学版), 13: 1-8.

杨集昆, 杨定. 1991. 湖北省鹬虻科 5 新种 (双翅目: 短角亚目). 湖北大学学报 (自然科学版), 13: 273-277.

杨集昆, 杨定. 1992. 湖北省大蚊新纪录属种及 5 新种 (双翅目: 大蚊科). 湖北大学学报 (自然科学版), 14: 263-269.

杨金英, 杨定. 2014. 卵甲蝇属一新种记述 (双翅目: 甲蝇科). 昆虫分类学报, 36: 55-60.

杨晋宇, 宋大祥, 朱明生. 2003. 中国管巢蛛属三新种及一雄性新发现 (蜘蛛目: 管巢蛛科). 蛛形学报, 12: 6-13.

杨玲环. 2001. 中国横脊叶蝉系统分类. 杨凌: 西北农林科技大学博士学位论文.

杨明, 陈汉彬, 罗洪斌. 2009. 湖北神农架自然保护区一新特蚋种 (双翅目: 蚋科). 动物分类学报, 34: 454-456.

杨平澜, 吕昌仁, 詹仲才. 1986. 神农架松干蚧新种 (蚧总科: 珠蚧科). 昆虫学研究集刊, 6: 195-198.

杨潼. 1999. 中国真缓步纲三新种及六新纪录种记述 (近爪目: 大生熊虫科, 高生熊虫科). 动物分类学报, 24: 444-453.

杨潼. 2007. 中国神农架国家森林公园苔藓中的缓步动物. 动物分类学报, 32: 186-189.

杨潼. 2015. 中国动物志, 第五十卷. 北京: 科学出版社.

杨星科. 1995. 萤叶甲亚科研究 I. 阿波萤叶甲属的补充描记及二新种记述 (鞘翅目: 叶甲科). 动物分类学报, 20: 90-94.

杨星科. 1997. 长江三峡库区昆虫. 上册. 重庆: 重庆出版社.

杨星科. 1997. 长江三峡库区昆虫. 下册. 重庆: 重庆出版社.

杨星科. 2015. 秦岭西段及甘南地区昆虫. 北京: 科学出版社.

杨星科, 孙洪国, 江国妹. 1991. 中国科学院动物研究所昆虫标本馆藏模式标本名录. 北京: 农业出版社.

叶昌媛, 费梁. 1995. 我国小型角蟾的分类研究及其新种 (新亚种) 的描述. 两栖爬行动物学研究, 4-5: 72-81.

叶昌媛, 费梁, 胡淑琴. 1993. 中国珍稀及经济两栖动物. 成都: 四川科学技术出版社.

尹长民, 王家福, 朱明生, 等. 1997. 中国动物志, 无脊椎动物, 第十卷, 蛛形纲, 蜘蛛目, 园蛛科. 北京: 科学出版社.

尹长民, 赵敬钊. 1994. 中国园蛛科五新种 (蛛形纲: 蜘蛛目). 蛛形学报, 3: 1-7.

尹文英. 1987. 湖北神农架原尾虫初查及三新种一新记录的记录. 昆虫分类学报, 9: 77-84.

印象初, 叶保华, 印展. 2014. 中国台湾蹦蝗属三新种及种检索表 (直翅目,蝗总科, 斑腿蝗科, 秃蝗亚科). 昆虫学报, 57: 721-728.

余慧, 刘启飞, 杨定. 2010. 中国猎舞虻亚属二新种 (双翅目, 舞虻科). 动物分类学报, 35: 475-477.

虞国跃. 1995. 方头甲科二新种记述 (鞘翅目). 昆虫分类学报, 17: 31-34.

虞国跃. 1996. 中国食螨瓢虫名录及一新种记述 (鞘翅目: 瓢虫科). 昆虫分类学报, 18: 32-36.

袁锋, 田润刚, 徐秋园. 1997. 中国角蝉科一新属四新种(同翅目). 昆虫分类学报, 19: 185-190.

苑彩霞. 2005. 中国树甲族分类研究 (鞘翅目: 拟步甲科). 保定: 河北大学硕士学位论文.

曾虹. 1986. 单爪鳃蜣属四新种记述 (鞘翅目: 鳃角金龟科). 昆虫分类学报, 8: 271-275.

张爱环, 李后魂. 2004. 褐小卷蛾属分类研究及一新种记述 (鳞翅目: 卷蛾科: 新小卷蛾亚科). 昆虫分类学报, 26: 193-196.

张斌. 2006. 中国片角叶蝉亚科分类及系统发育研究. 贵阳: 贵州大学硕士学位论文.

张丰. 2010. 中国芒疾灶螽属分类研究 (直翅目: 驼螽科: 灶螽亚科). 上海: 上海师范大学硕士学位论文.

张古忍, 陈建. 1993. 中国管巢蛛属一新种 (蜘蛛目: 管巢蛛科). 动物分类学报, 18: 306-308.

张桂玲. 2003. 中国蓟马科分类研究. 杨凌: 西北农林科技大学硕士学位论文.

张红英. 2008. 中国甲腹茧蜂属分类研究. 杭州: 浙江大学博士学位论文.

张莉莉. 2005. 中国长足虻亚科系统分类研究 (双翅目: 长足虻科). 北京: 中国农业大学博士学位论文.

张莉莉, 杨定. 2005. 长足虻亚科系统发育研究及三新属记述 (双翅目: 长足虻科). 动物分类学报, 30: 180-190.

张荣祖. 2011. 中国动物地理. 北京: 科学出版社.

张蕊. 2007. 中国异纺蛛科和狒蛛科的分类研究 (蜘蛛目: 原蛛下目). 保定: 河北大学硕士学位论文.

张新民. 2008. 中国叶蝉亚科分类研究 (半翅目: 叶蝉科). 杨凌: 西北农林科技大学硕士学位论文.

张雅林. 1994. 中国离脉叶蝉分类 (同翅目: 叶蝉科). 郑州: 河南科学技术出版社.

张雅林. 2000. 昆虫分类区系研究. 北京: 中国农业出版社.

张艳. 2004. 中国圆胸隐翅虫属分类研究 (鞘翅目: 隐翅虫科: 尖腹隐翅虫亚科). 上海: 上海师范大学硕士学位论文.

张英俊. 1993. 陕西南部的白蚁及象白蚁亚科一新种. 西北大学学报, 23: 266-272.

张志升. 2006. 中国漏斗蛛科和暗蛛科的系统学研究 (蛛形纲: 蜘蛛目). 保定: 河北大学博士学位论文.

张志升, 朱明生, 宋大祥. 2002. 湖北神农架隙蛛亚科 (蜘蛛目: 暗蛛科) 三新种. 保定师范专科学校学报, 15: 52-55.

张志升, 朱明生, 孙丽娜, 等. 2006. 神农架隙蛛属 *Coelotes* 两新种 (蜘蛛目: 暗蛛科: 隙蛛亚科). 大理学院学报, 5: 1-3.

赵尔宓. 1984. 巴鲵属的模式种的命名应予订正. 两栖爬行动物学报, 3: 40.

赵尔宓. 1990. 从水到陆-刘承钊教授诞辰九十周年纪念文集. 北京: 中国林业出版社.

赵尔宓, 胡其雄. 1983. 中国西部小鲵科的分类与演化, 兼记一新属. 两栖爬行动物学报, 2: 29-35.

赵赴. 2010. 湖北神农架叶蜂亚科区系地理初步研究. 长沙: 中南林业大学硕士学位论文.

赵赴, 李泽建, 魏美才. 2010. 中国钩瓣叶蜂属二新种 (膜翅目: 叶蜂科). 昆虫分类学报, 32 (增刊): 81-87.

赵赴, 牛耕耘, 魏美才. 2010. 中国叶蜂属二新种 (膜翅目: 叶蜂科). 动物分类学报, 35: 460-465.

赵赴, 魏美才. 2011. 神农架钩瓣叶蜂属二新种 (膜翅目: 叶蜂科). 动物分类学报, 36: 264-267.

赵旸. 2016. 中国脉翅目褐蛉科的系统分类研究. 北京: 中国农业大学博士学位论文.

赵志中, 何培元. 1997. 神农架第四纪冰期与环境. 北京: 地质出版社.

甄卉. 2010. 中国棕麦蛾属和阳麦蛾属系统学研究 (鳞翅目: 麦蛾科: 棕麦蛾亚科). 天津: 南开大学博士学位论文.

郑乐怡. 1984. 原花蝽属新种及中国新纪录 (半翅目: 花蝽科). 动物分类学报, 9: 62-68.

郑乐怡, 刘国卿. 1987. 蝽科新属及盾蝽科中国新纪录 (半翅目). 动物分类学报, 12: 286-296.

郑乐怡, 吕楠, 刘国卿, 等. 2004. 中国动物志, 昆虫纲, 第三十三卷, 半翅目, 盲蝽科, 盲蝽亚科, 丽盲蝽属. 北京: 科学出版社.

郑乐怡, 汪兴鉴. 1982. 丽盲蝽属的新种 (半翅目: 盲蝽科). 昆虫分类学报, 5: 47-59.

郑乐怡, 汪兴鉴. 1983. 中国丽盲蝽属 Apolygus 亚属新种及新纪录 (半翅目: 盲蝽科). 动物分类学报, 8: 422-429.

郑哲民. 1997. 中国比蜢属二新种记述 (直翅目: 蜢总科). 昆虫分类学报, 19: 13-16.

郑哲民, 李恺. 1996. 鄂陕地区雏蝗属二新种 (直翅目: 网翅蝗科). 湖北大学学报 (自然科学版), 18: 313-316.

郑哲民, 李恺, 魏朝明. 2002. 神农架地区蚱科三新种记述 (直翅目: 蚱总科). 昆虫学报, 45: 644-647.

钟妙. 2010. 中国四眼隐翅虫属、长跗隐翅虫属和曲胫隐翅虫属分类研究 (鞘翅目: 隐翅虫科, 四眼隐翅虫亚科). 上海: 上海师范大学硕士学位论文.

钟义海. 2002. 中国方颜叶蜂属系统分类研究. 长沙: 中南林学院硕士学位论文.

钟义海. 2010. 中国方颜叶蜂属系统分类研究. 长沙: 中南林业科技大学博士学位论文.

钟玉林, 郑哲民. 2004. 湖北省斑腿蝗科 (直翅目) 新属和新种. 动物分类学报, 29: 96-100.

周丹, 李彦, 杨定. 2010. 中国舞虻科一新属一新种 (双翅目: 舞虻总科). 动物分类学报, 35: 478-480.

周青春. 2015. 神农架地区陆生脊椎动物资源. 北京: 中国林业出版社.

周尧, 梁爱萍. 1987. 尖胸沫蝉科一新属新种 (同翅目: 沫蝉总科). 昆虫分类学报, 9: 29-32.

周尧, 袁峰, 梁爱萍. 1986. 华沫蝉属的分类及其系统发育 (同翅目: 尖胸沫蝉科). 昆虫分类学报, 8: 97-115.

朱弘复, 王林瑶. 1985. 蛀干蝙蝠蛾 (鳞翅目: 蝙蝠蛾科). 昆虫学报, 28: 293-301.

朱弘复, 王林瑶. 1987. 中国钩蛾亚科 (鳞翅目: 钩蛾科) 卑钩蛾属 Betalbara Matsumura, 1927; 镰钩蛾属 Drepana Schrank, 1802; 枯叶钩蛾属 Canucha Walker, 1866. 动物学集刊, 5: 73-88.

朱弘复, 王林瑶. 1987. 中国钩蛾亚科续报 (鳞翅目: 钩蛾科) Ⅰ. Albara; Ⅱ. Auzatella; Ⅲ. Paralbara; Ⅳ. Strepsigonia; Ⅴ. Deroca; Ⅵ. Cilix; Ⅶ. Pseudalbara. 动物学集刊, 5: 105-122.

朱弘复, 王林瑶. 1987. 中国山钩蛾亚科分类及地理分布 (鳞翅目: 钩蛾科). 昆虫学报, 30: 291-307.

朱弘复, 王林瑶. 1988. 中国钩蛾亚科线钩蛾属 (鳞翅目: 钩蛾科). 昆虫学报, 31: 309-316.

朱洪源, 陶金宝, 徐伦勋, 等. 1992. 湖北郧西范家坪早石炭世四射珊瑚. 古生物学报, 31: 63-84.

朱靖文. 2006. 中国毛须隐翅虫属和蕈隐翅虫属分类研究 (鞘翅目: 隐翅虫科: 尖腹隐翅虫亚科). 上海: 上海师范大学硕士学位论文.

朱礼龙. 2006. 中国肩隐翅虫属分类研究 (鞘翅目: 隐翅虫科: 隐翅虫亚科). 上海: 上海师范大学硕士学位论文.

朱明生. 1992. 我国圆腹蛛属四种记述 (蜘蛛目: 球蛛科). 河北教育学院学报 (自然科学版), 3: 108-111.

朱明生. 1998. 中国动物志, 无脊椎动物, 第十三卷, 蛛形纲, 蜘蛛目, 球蛛科. 北京: 科学出版社.

朱明生, 宋大祥. 1992. 中国球蛛四新种记述 (蜘蛛目: 球蛛科). 四川动物, 11: 4-6.

朱明生, 宋大祥, 张俊霞. 2003. 中国动物志, 无脊椎动物, 第三十五卷, 蛛形纲, 蜘蛛目, 肖蛸科, 冲绳蛛属. 北京: 科学出版社.

朱明生, 宋大祥, 张永强, 等. 1994. 我国园蛛科蜘蛛的新种和新纪录. 河北师范大学学报, (增刊): 25-55.

朱松泉. 1989. 中国条鳅志. 南京: 江苏科学技术出版社.

朱兆泉, 宋朝枢. 1999. 神农架自然保护区科学考察集. 北京: 中国林业出版社.

邹环光, 郑乐怡. 1980. 中国古铜长蝽属记述 (半翅目: 长蝽科). 动物分类学报, 5: 404-408.

Assing V. 2016. A revision of *Zyras* Stephens sensu strictu of China, Taiwan, and Hong Kong, with records and (re-) descriptions of some species from other regions (Coleoptera: Staphylinidae: Aleocharinae: Lomechusini). Stuttgarter Beiträge zur Naturkunde A, Neue Serie, 9: 87-175.

Bao MD, Bai ZS, Tu LH. 2017. On a desmitracheate "micronetine" *Nippononeta alpina* (Li & Zhu, 1993), comb. n. (Araneae, Linyphiidae). ZooKeys, 645: 133-146.

Beasley CW, Miller WR. 2012. Additional Tardigrada from Hubei Province, China, with the description of *Doryphoribius barbarae* sp. nov. (Eutardigrada: Parachela: Hypsibiidae). Zootaxa, 3170: 55-63.

Blank SM. 2002. Taxonomic notes on Strongylogasterini (Hymenoptera: Tenthredinidae). Proceedings Entomological Society of Washington, 104: 692-701.

Bösenberg W, Strand E. 1906. Japanische Spinnen. Abhandlungen herausgeben von der Senckenbergischen Naturforschenden Gesellschaft, 30: 93-422.

Cai LJ, Huang PY, Hua BZ. 2008. *Sinopanorpa*, a new genus of Panorpidae (Mecoptera) from the Oriental China with descriptions of two new species. Zootaxa, 1941: 43-54.

Cai YP, Zhao ZY, Zhou HZ. 2015. Taxonomy of the genus *Bolitogyrus* Chevrolat (Coleoptera: Staphylinidae: Staphylinini: Quediina) from China with description of seven new species. Zootaxa, 3955: 451-486.

Cai YP, Zhao ZY, Zhou HZ. 2015. Taxonomy of the *Quedius mukuensis* group (Coleoptera: Staphylinidae: Staphylinini: Quediina) with descriptions of four new species from China, Zootaxa, 4013: 1-26.

Cai YP, Zhou HZ. 2015. Taxonomy of the subgenus *Quedius* (*Raphirus*) Stephens (Coleoptera: Staphylinidae: Staphylinini: Quediina) with descriptions of four new species from China. Zootaxa, 3990: 151-196.

Che J, Zhou WW, Hu JS, et al. 2010. Spiny frogs (Paini) illuminate the history of the Himalayan region and Southeast Asia. Procee-dings of the National Academy of Sciences of the United States of America, 107: 13765-13770.

Chen HW, Toda MJ. 2001. A revision of the Asian and European species in the subgenus *Amiota* Loew (Diptera: Drosophilidae) and the establishment of species-groups based on phylogenetic analysis. Journal of Natural History, 35: 1517-1563.

Chen HY, Turrisi GF, Xu ZF. 2016. A revision of the Chinese Aulacidae (Hymenoptera, Evanioidea). ZooKeys, 587: 77-124.

Chen IS, Miller PJ, Fang LS. 1998. A new species of freshwater goby from Lanyu (Orchid Island), Taiwan. Ichthyological Exploration of Freshwaters, 9: 255-261.

Chen IS, Wu HL, Shao KT. 1999. A new species of *Rhinogobius* (Teleostei: Gobiidae) from Fujian Province, China. Ichthyological Research, 46: 171-178.

Chen J, Tan JL, Hua BZ. 2013. Review of the Chinese *Bittacus* (Mecoptera: Bittacidae) with descriptions of three new species. Journal of Natural History, 47: 1463-1480.

Chen JM, Zhou WW, Poyarkov Jr NA, et al. 2017. A novel multilocus phylogenetic estimation reveals unrecognized diversity in Asian horned toads, genus *Megophrys* sensu lato (Anura: Megophryidae). Molecular Phylogenetics and Evolution, 106: 28-43.

Chen X, He J. 1997. Revision of the subfamily Rogadinae (Hymenoptera: Braconidae) from China. Zoologische Verhandelingen, 308: 1-187.

Chen XS, Huo LZ, Wang XM, et al. 2015. The subgenus *Pullus* of *Scymnus* from China (Coleoptera, Coccinellidae). Part I: The *Hingstoni* and *Subvillosus*groups. Annales Zoologici, 65: 187-237.

Chen XS, Huo LZ, Wang XM, et al. 2015. The subgenus *Pullus* of *Scymnus* from China (Coleoptera, Coccinellidae). Part II: The *Impexus* group. Annales Zoologici, 65: 295-408.

Ding YF, Huang C, Chen JX. 2006. A new species group in the genus *Folsomia* (Coleoptera: Isotomidae), with a new species from the Three Gorges Region, China. Entomological News, 117: 553-558.

Du YL, Song SM, Wu CS. 2007. A review on *Addyme-Calguia-Coleothrix* genera complex (Lepidoptera: Pyralidae: Phycitinae), with one new species from China. Transaction of the American Entomological Society, 133: 143-153.

Dubatolov VV, Kishida Y, Wang M. 2012. New records of lichen-moths from the Nanling Mts., Guangdong, South China, with descriptions of new genera and species (Lepidoptera, Arctiidae: Lithosiinae). Tina, 22: 25-52.

Dubois A, Ohler A. 1998. A new species of *Leptobrachium* (Vibrissaphora) from northern Vietnam, with a review of the taxonomy of the genus *Leptobrachium* (Pelobatidae, Megophyinae). Dumerilia, Paris, 4: 1-32.

Facchini S, Sciaky R. 2003. Five new species of Pterostichinae from Hubei (China) (Coleoptera: Carabidae). Koleopterologische Rundschau, 73: 7-17.

Fairmaire L. 1891. Coléoptères de l'intérieur de la Chine. (7ème partie). Bulletin ou Comptes Rendus des Séances de la Société Entomologique de Belgique 35: clxxxvii- ccxxiii.

Feldmann B, Peng Z, Li LZ. 2014. On the *Domene* species of China, with descriptions of four new species (Coleoptera, Staphylinidae). ZooKeys, 456: 109-138.

Frost DR. 2017. Amphibia Species of the World: an Online Reference. Version 6.0 (December 15, 2017). Electronic Database accessible at http://research.amnh.org/herpetology/amphibia/index.html. American Museum of Natural History, New York, USA.

Ge SQ, Daccordi M, Beutel RG, et al. 2011. Revision of the chrysomeline genera *Potaninia*,

Suinzona and *Taipinus* (Coleoptera) from eastern Asia, with a biogeographic scenario for the Hengduan mountain region in southwestern China. Systematic Entomology, 36: 644-671.

Ge SQ, Daccordi M, Yang XK. 2007. Two new species of the genus *Gonioctena* Chevrolat from China (Coleoptera: Chrysomelidae: Chrysomelinae). Genus, 18: 579-587.

Gorochov AV, Liu CX, Kang L. 2005. Studies on the tribe Meconematini (Orthoptera: Tettigoniidae: Meconematinae) from China. Oriental Insects, 39: 63-88.

Gorochov AV, Rampini M, Di Russo C. 2006. New species of the genus *Diestrammena* (Orthoptera: Rhaphidophoridae: Aemodogryllinae) from caves of China. Russian Entomological Journal, 15: 355-360.

Han HX, Xue DY. 2008. A taxonomic review of *Pachyodes* Guenée, 1858, with descriptions of two new species (Lepidoptera: Geometridae, Geometrinae). Zootaxa, 1759: 51-68.

Han K, Zhang RZ, Park YG. 2005. On the genus *Eumyllocerus* Sharp (Coleoptera: Curculionidae: Entiminae) with description of two new species from China. Insect Science, 12: 217-223.

He J, van Achterberg C. 1994. A revision of the genus *Aulacocentrum* Brues (Hymenoptera: Braconidae: Macrocentrinae) from China. Zoologische Mededelingen, Leiden, 68: 159-171.

Heiss E. 1998. *Aneurus* (*Neaneurus*) *shaanxianus*spec. nova from China (Heteroptera: Aradidac). Biologiezentrum Linz, 30: 837-842.

Hong CD, van Achterberg C, Xu ZF. 2010. A new species of *Megischus* Brullé (Hymenoptera, Stephanidae) from China, with a key to the Chinese species. ZooKeys, 69: 59-64.

Hong XY, Kuang HY. 2009. Three new genera and seven new species of the subfamily Phyllocoptinae (Acari: Eriophyidae) from China. International Journal of Acarology, 15: 145-152.

Huang JH, Shi K, Li ZJ, et al. 2015. Review of the genus *Pseudozygoneura* Steffan (Diptera, Sciaridae) from China. Entomological News, 125: 77-95.

Huang MY, Duan RY, Ji X. 2014. The tadpole of the Swelled Vent Frog *Feirana quadranus* (Anura: Ranidae): Oral, chondrocranial and hyobranchial morphology. Zootaxa, 3779: 497-500.

Huo S, Zhang JH, Yang D. 2010. Two new species of *Hybos* from Hubei, China (Diptera: Empididae). Transactions of the American Entomological Society, 136: 251-254.

Huo S, Zhang JH, Yang D. 2010. Two new species of *Platypalpus* from Oriental China (Dipera: Empidida). Transactions of the American Entomological Society, 136: 259-262.

Jäger P, Gao JC, Fei R. 2002. Sparassidae in China 2. Species from the collection in Changchun (Arachnida: Araneae). Acta Arachnologica, 51: 23-31.

Peng XJ, Yin CM, Kim JP. 1996. One species of the genus *Heteropoda* and a description of the female *Heteropoda minschana* Schenkel, 1936 (Araneae: Heteropodidae). Korean Arachnol, 12: 57-61.

Jäger P, Yin CM. 2001. Sparassidae in China 1. Revised list of known species with new transfers, new sunonymies and type designations (Arachnida: Araneae). Acta Arachnologica, 50: 123-134.

Jia SB, Chen JX, Christiansen K. 2003. A new collembolan species of the genus *Homidia* (Collembola: Entomobryidae) from Hubei, China. Journal of the Kansas Entomological Society, 76: 610-615.

Jiang N, Xue DY, Han HX. 2010. A review of *Jankowskia* Oberthür, 1884, with descriptions of four new species (Lepidoptera: Geometridae, Ennominae). Zootaxa, 2559: 1-16.

Jiang N, Xue DY, Han HX. 2011. A review of *Biston* Leach, 1815 (Lepidoptera, Geometridae, Ennominae) from China, with description of one new species. ZooKeys, 139: 45-96.

Jin ZY, Ślipiński A, Pang H. 2013. Genera of Dascillinae (Coleoptera: Dascillidae) with a review of the Asian species of *Dascillus* Latreille, *Petalon* Schonherr and *Sinocaulus* Fairmaire. Annales Zoologici (Warszawa), 63: 551-652.

Kerzhner IM, Schuh RT. 2001. Corrections to the catalog "Plant bugs of the world" by Randall T. Schuh (Heteroptera: Miridae). Journal of the New York Entomological Society, 109: 263-299.

Legalov AA, Liu N. 2005. New leaf-rolling weevils (Coleoptera: Rhynchitidae, Attelabidae) from China. Baltic Journal of Coleopterology, 5: 99-132.

Letardi A, Hayashi F, Liu XY. 2012. Notes on some dobsonflies and fishflies (Megaloptera: Corydalidae) from northern Vietnam. Entomotaxonomia, 34: 641-650.

Li C, Wang YZ. 2008. Taxonomic review of *Megophrys* and *Xenophrys*, and a proposal for Chinese species (Megophryidae, Anura). Acta Zootaxon, 33: 104-106.

Li FS, Mockford EL. 1993. A description and notes on *Diplopsocus*, gen. nov. and twenty-one new species from China (Psocoptera: Peripsocidae). Oriental Insects, 27: 55-91.

Li H, Dai RH, Li ZZ. 2016. The leafhopper genus *Onukigallia* Ishihara, 1955 with descriptions of two new species from southern China (Hemiptera, Cicadellidae, Megophthalminae, Agalliini). ZooKeys, 622: 85-93.

Li Q, Wu YR. 2006. The subgenus *Blepharipus* from southwestern China with descriptions of two new species (Hymenoptera: Crabronidae). Journal of the Kansas Entomological Society, 79: 288-295.

Li Q, Yang LF. 2003. Two new species of the subgenus *Ablepharipus* Perkins (Hymenoptera: Sphecidae: *Crossocerus*) with a reference key to the species from China. Journal of the New York Entomological Society, 111: 145-150.

Li SQ, Zonstein S. 2015. Eight new species of the spider genera *Raveniola* and *Sinopesa* from China and Vietnam (Araneae, Nemesiidae). ZooKeys, 519: 1-32.

Li XY, Solodovinikov A, Zhou HZ. 2013. Four new species of the genus *Lobrathium* Mulsant & Rey (Coleoptera: Staphylinidae: Paederinae) from China. Zootaxa, 3635: 569-578.

Li XY, van Achterberg C, Tan JC. 2012. *Psyttoma* gen. n. (Hymenoptera, Braconidae, Opiinae) from Shandong and Hubei (China), with a key to the species. Journal of Hymenoptera Research, 29: 73-81.

Li ZJ, Lei Z, Wang JF, et al. 2014. Three new species of *sanguinolenta*-group of the genus *Macrophya* (Hymenoptera: Tenthredinidae) from China. Zoological Systematics, 39: 297-308.

Li ZJ, Liu MM, Wei MC. 2014. Four new species of *sanguinolenta*-group of the genus *Macrophya* (Hymenoptera: Tenthredinidae) from China. Zoological Systematics, 39: 520-533.

Lindroth CH. 1956. A revision of the genus *Synuchus* Gyllenhal (Coleoptera: Carabidae) in the widest sense, with notes on *Pristosia* Motschulsky (*Eudalathus* Bates) and *Calathus* Bonelli. Royal Entomological Society, 108: 485-574.

Liu CC. 1950. Amphibias of western China. Fieldiana. Zoology Memoires, 2: 1-397.

Liu D, Chen J. 2014. Descriptions of two new species of *Austrophthiracarus* Balogh et Mahunka, a newly recorded genus of ptyctimous mites from China (Acari: Oribatida: Phthiracaridae). Annales Zoologici, 64: 267-272.

Liu D, Zhang ZQ. 2016. Review of the genus *Austrophthiracarus* (Acari, Oribatida, Phthiracaridae) with a description of a new species from Australia, a key to known species of the Australian Region and a world checklist. International Journal of Acarology, 42: 41-55.

Liu LX, Yoshizawa K, Li FS, et al. 2012. A review of the genus *Neopsocopsis* (Psocodea,

"Psocoptera", Psocidae), with one new species from China. ZooKeys, 203: 27.

Liu MM, Li ZJ, Shang J, et al. 2016. Three new species of *annulitibia*-group of the genus *Macrophya* Dahlbom (Hymenoptera: Tenthredinidae) in Mts. Qinling from China. Zoological Systematics, 41: 216-226.

Liu QF, Yang D. 2011. Three new species of the genus *Macgregoromyia* Alexander, with a key to world species (Diptera, Tipulidae). Zootaxa, 2802: 41-50.

Liu XY, Yang D. 2005. Notes on the genus *Neochauliodes* Weele (Megaloptera: Corydalidae) from Henan, China. Entomological Science, 8: 293-300.

Liu XY, Yang D. 2005. Revision of the *Protohermes changningensis* species group from China (Megaloptera: Corydalidae: Corydalinae). Aquatic Insects, 27: 167-178.

Liu XY, Yang D. 2014. Five new species of *Centorisoma* Becker from China, with an updated key to world species (Diptera, Chloropidae). Zootaxa, 3821: 101-115.

Lu L, Wu HY. 2003. A new species and a new record of *Nycteridopsylla* Oudemans, 1906 (Siphonaptera: Ischnopsyllidae) from China. Systematic Parasitology, 56: 57-61.

Mahony S, Foley NM, Biju SD, et al. 2017. Evolutionary history of the Asian horned frogs (Megophryinae): integrative approaches to timetree dating in the absence of a fossil record. Molecular Biology and Evolution, 34: 744-771.

Mao M, Yang D. 2010. Species of the genus *Metalimnobia* Matsumura from China (Diptera: Limoniidae). Zootaxa, 2344: 1-16.

McLachlan R. 1869. *Chauliodes* and its allies with notes and descriptions. The Annals and Magazine of Natural History, 4: 35-46.

Mockford EL. 1999. A classification of the Psocopteran Famliy Caeciliusidae (Caeciliidae Auct.). Transactions of the American Entomological Society, 125: 325-417.

Niedbała W, Starý J. 2015a. Three new species of the family Phthiracaridae (Acari, Oribatida) from Bolivia. Zootaxa, 3918: 128-140.

Niedbała W, Starý J. 2015b. Two new species of the superfamily Phthiracaroidea (Acari, Oribatida) from the Seychelles and the USA with notes on other ptyctimous mites from diverse countries. Acta Zoologica Academiae Scientiarum Hungaricae, 61: 87-118.

Niu GY, Wei MC, Taeger A. 2012. Revision of the *Siobla metallica* group (Hymenoptera: Tenthredinidae). Zootaxa, 3196: 1-49.

Ovtchinnikov SV. 1999. On the supraspecific systematics of the subfamily Coelotinae (Araneae, Amaurobiidae) in the former USSR fauna. TETHYS Entomological Research, 1: 63-80.

Özdikmen H. 2009. Sustitute names for two preoccupied genera (Orthoptera: Acrididae and Tettigoniidae). Munis Entomology & Zoology, 4: 606-607.

Pang H, Ślipiński A, Wu YP, et al. 2012. Contribution to the knowledge of Chinese *Epilachna* Chevrolat with descriptions of new species (Coleoptera: Coccinellidae: Epilachnini). Zootaxa, 3420: 1-37.

Puthz V. 2016. Übersicht über die Arten der Gattung *Dianous* Leach group II (Coleoptera, Staphylinidae) 347. Beitrag zur Kenntnis der Steninen. Linzer Biologische Beitraege, 48: 705-778.

Pyron RA, Wiens JJ. 2011. A large-scale phylogeny of Amphibia including over 2800 species, and a revised classification of extant frogs, salamanders, and caecilians. Molecular Phylogenetics and Evolution, 61: 543-583.

Qian YH, Li HL, Du YZ. 2014. A study of Leuctridae (Insecta: Plecoptera) from Shennongjia, Hubei

Province, China. Florida Entomologist, 97: 605-610.

Qin DZ, Zhang YL. 2008. The leafhopper subgenus *Empoasca* (*Matsumurasca*) from China (Hemiptera: Cicadellidae: Typhlocybinae: Empoascini), with descriptions of three new species. Zootaxa, 1817: 18-26.

Ren YD, Li HH. 2016. Review of *Pseudacrobasis* Roesler, 1975 from China (Lepidoptera, Pyralidae, Phycitinae). ZooKeys, 615: 143-152.

Risch JP, Thorn R. 1982. Notes sur *Ranodon shihi* (Liu, 1950) (Amphibia, Caudata, Hynobiidae). Bulletin de la Société d'Histoire Naturelle de Toulouse, 117: 171-174.

Ruan YY, Konstantinov AS, Ge SQ, et al. 2014. Revision of the *Chaetocnema picipes* species-group (Coleoptera, Chrysomelidae, Galerucinae, Alticini) in China, with descriptions of three new species. ZooKeys, 387: 11-32.

Saito S. 1934. A supplementary note on spiders from southern Saghalien, with descriptions of three new species. Transactions of the Sapporo Natural History Society, 13: 326-340.

Schawaller W. 2001. The genus *Laena* Latreille (Coleoptera: Tenebrionidae) in China, with descriptions of 47 new species. Stuttgarter Beiträge zur Naturkunde, Serie A (Biologie), 632: 1-62.

Schawaller W. 2008. The genus *Laena* Latreille (Coleoptera: Tenebrionidae) in China (part 2), with descriptions of 30 new species and a new identification key. Stuttgarter Beiträge zur Naturkunde A, Neue Serie, 1: 387-411.

Scheller U. 2014. New records of Pauropoda (Myriapoda) with descriptions of new taxa. Zootaxa, 3866: 301-332.

Schenkel E. 1963. Ostasiatische Spinnen aus dem Muséum d'Histoire naturelle de Pairs. Mémories du Muséum national d'Histoire naturelle, Paris (A, Zoologie), 25: 1-481.

Schimmel R, Tarnawski D. 2006. The species of the genus *Gnathodicrus* FLEUTIAUX, 1934 (Insecta: Coleoptera: Elateridae). Genus, 17: 511-536.

Schimmel R, Tarnawski D. 2012. New and little known species of the genus *Zorochros* Thomson 1859 (Coleoptera: Elateridae) from Palaearctic and Oriental Region. Annales de la Société Entomologique de France, 48: 347-362.

Schintlmeister A, Fang CL. 2001. New and less known Notodontidae from mainland China (Lepidoptera, Notodontidae). Neue Entomologische Nachrichten, 50: 1-141.

Shao ZF, Li T, Jiang JJ, et al. 2014. Molecular phylogenetic analysis of the *Amiota taurusata* species group within the Chinese species, with descriptions of two new species. Journal of Insect Science, 14: 1-13.

Sheng ML, Zeng XF. 2010. Species of the genus *Mastrus* Förster (Hymenoptera, Ichneumonidae) of China with descriptions of two new species parasitizing sawflies (Hymenoptera). ZooKeys, 57: 63-73.

Shi FM, Li H, Mao SL, et al. 2014. Two new species of the genus *Euxiphidiopsis* Gorochov, 1993 (Orthoptera: Meconematinae) from China. Zootaxa, 3827: 387-391.

Shi HL, Liang HB. 2015. The genus *Pterostichus* in China II: the subgenus *Circinatus* Sciaky, a species revision and phylogeny (Carabidae, Pterostichini). ZooKeys, 536: 1-92.

Shi K, Huang JH, Zhang SJ, et al. 2014. Taxonomy of the genus *Peyerimhoffia* Kieffer from Mainland China, with a description of seven new species (Diptera, Sciaridae). ZooKeys, 382: 67-83.

Shi L, Gaimari SD, Yang D. 2015. Five new species of subgenus *Plesiominettia* (Diptera, Lauxaniidae, *Minettia*) in southern China, with a key to known species. ZooKeys, 520: 61-86.

Shi L, Yang D. 2014. Five new species of *Minettia* (Minettiella) (Diptera, Lauxaniidae) from China. ZooKeys, 449: 81-103.

Shi L, Yang D. 2014. Three new species of subgenus *Frendelia* (Diptera: Lauxaniidae: *Minettia*) in Southern China, with a key to known species worldwide. Florida Entomologist, 97: 1511-1528.

Sivec I, Harper PP, Shimizu T. 2008. Contribution to the study of the Oriental genus *Rhopalopsole* (Plecoptera: Leuctridae). Prirodoslovni Muzej Slovenije, Scopolia, 64: 1-122.

Smetana A. 2002. Contributions to the knowledge of the Quediina (Coleoptera, Staphylinidae, Staphylinini) of China. Part 21. Genus *Quedius* Stephens, 1829. Subgenus *Raphirus* Stephens, 1829. Section 4. Elytra, 30: 119-135.

Smith DR, Prat Makinson J 2014. Studies on the Asian sawflies of *Formosemprisa* Takeuchi (Hymenoptera, Tenthredinidae), with notes on the suitability of *F. varipes* Takeuchi as a biological control agent for skunk vine, *Paederia foetida* L. (Rubiaceae) in Floria. Journal of Hymenoptera Research, 39: 1-15.

Solovyev AV. 2011. New species of the genus *Parasa* (Lepidoptera, Limacodidae) from southeastern Asia. Entomological Review, 91: 96-102.

Song SN, He JH, Chen XX. 2014. The subgenus *Choeras* Mason, 1981 of genus *Apanteles* Focrstcr, 1862 (Hymenoptera, Braconidae, Microgastrinae) from China, with descriptions of eighteen new species. Zootaxa, 3754: 501-554.

Storozhenko S. 1993. To the knowledge of the tribe Melanoplini (Orthoptera, Acrididae: Catantopinae) of the Eastern Palearctica. Articulata, 8: 1-22.

Sureshan PM. 2001. A taxonomic revision of the genus *Halticopterella* (Hymenoptera: Chalcidoidea: Pteromalidae). Oriental Insects, 35: 29-38.

Tang L, Li LZ, Zhao MJ. 2003. *Tachinus andoi*, a new species from Hubei, Central China (Coleoptera: Staphylinidae). The Entomological Review of Japan, 58: 43-46.

Tanikawa A. 2000. Japanese spiders of the genus *Eriophora* (Araneae: Araneidae). Acta Arachnologica, 49: 17-28.

Tu L, Li S. 2004. A review of the *Gnathonarium* species (Araneae: Linyphiidae). Revue Suisse de Zoologie, 111: 851-864.

Tu LH, Li SQ. 2006. A review of *Gongylidioides* spiders (Araneae: Linyphiidae: Erigoninae) from China. Revue Suisse de Zoologie, 113: 51-65.

Tu LH, Saaristo MI, Li SQ. 2006. A review of Chinese micronetine species (Araneae: Linyphiidae). Part Ⅱ: Seven species of ex-*Lepthyphantes*. Animal Biology, 56: 403-421.

van Achterberg C, Long KD. 2010. Revision of the Agathidinae (Hymenoptera, Braconidar) of Vietnam, with the description of forty-two new species and three new genera. ZooKeys, 54: 1-184.

Wang CB, Zhou HZ. 2015. Taxonomy of the genus *Ptomaphaginus* Portevin (Coleoptera: Leiodidae: Cholevinae: Ptomaphagini) from China, with description of eleven new species. Zootaxa, 3941: 301-338.

Wang JJ, Li Z, Yang D. 2010. Two new species of the subgenus *Planempis*, with a key to the species of China (Diptera: Empidoidea: Empididae). Zootaxa, 2453: 42-47.

Wang MQ, Chen HY, Yang D. 2012. Species of the genus *Chrysotimus* Loew from China (Diptera, Dolichopodidae). ZooKeys, 199: 1-12.

Wang MQ, Chen HY, Yang D. 2014. New species of *Nepalomyia henanensis* species group from China (Diptera: Dolichopodidae: Peloropeodinae). Zoological Systematics, 39: 411-416.

Wang XJ. 1996. The fruit flies (Diptera: Tephritidae) of the East Asian Region. Acta Zootaxa, Sinica,

21 (增): 13-15.

Wang XP. 2002. A generic-level revision of the spider subfamily Coelotinae (Araneae, Amaurobiidae). Bulletin of the American Museum of Natural History, 269: 1-150.

Wang XP, Jäger P. 2007. A revision of some spiders of the subfamily Coelotinae F. o. pickardcambridge 1898 from China: transfers. Synonymies. And new species (Arachnida, Araneae, Amaurobiidae). Senckenbergiana biologica, 87: 23-49.

Wei C, Webb MD, Zhang YL. 2008. The identity of the oriental leafhopper genera *Cyrta* Melichar and *Placidus* Distant (Hemiptera: Cicadellidae: Stegelytrinae), with description of a new genus. Zootaxa, 1793: 1-27.

Weisrock DW, Macey JR, Matsui M, et al. 2013. Molecular phylogenetic reconstruction of the endemic Asian salamander family Hynobiidae (Amphibia, Caudata). Zootaxa, 3626: 77-93.

Wu CS, Fang CL. 2004. A review of the genus *Phalera* Hübner in China (Lepidoptera: Notodontidae). Oriental Insects, 38: 109-136.

Wu J, Zhou HZ. 2007. Phylogenetic analysis and reclassification of the genus *Priochirus* Sharp (Coleoptera: Staphylinidae: Osoriinae). Invertebrate Systematics, 21: 73-107.

Wu WN. 1997. A review of taxonomic studies of the genus *Phytoseius* (Acari: Phytoseiidae) from China. Systematic and Applied Acarology, 2: 149-160.

Wu WN, Liang LR, Fang XD, et al. 2010. Phytoseiidae (Acari: Mesostigmata) of China: a review of progress, with a checklist. Progress in Chinese Acarology. Zoosymposia, 4: 288-315.

Xiao YL, Li HH. 2008. The genus *Matratinea* is new to China, with descriptions of two new species (Lepidoptera: Tineidae). Entomological News, 119:207-211.

Xie MC. 2016. Three new species of eriophyoid mites of the tribe Phyllocoptini Nalepa (Eriophyoidea: Eriophyidae) from Shaanxi, China. Zoological Systematics, 41: 158-164.

Xu HX, Ge SQ, Kubáň V, et al. 2013. Two new species of the genus *Coraebus* from China (Coleoptera: Buprestidae: Agrilinae: Coraebini), Acta Entomologica Musei Nationalis Pragae, 53: 687-696.

Xu MF, Gao JJ, Chen HW. 2007. Genus *Amiota* Loew (Diptera: Drosophilidae) from the Qinling mountain system, central China. Entomological Science, 10: 65-71.

Xue WQ, Rong H, Du J. 2014. Descriptions of six new species of *Phaonia* Robineau-Desvoidy (Diptera: Muscidae) from China. Journal of Insect Science, 14: 1-23.

Yan CC, Tang HQ, Wang XH. 2005. A review of the genus *Cryptotendipes* Lenz (Diptera: Chironomidae) from China. Zootaxa, 1086: 1-24.

Yang D, Saigusa T. 2001. New and little known species of Dplichopodidae (Diptera) from China (Ⅷ). Bulletin de' Instituut Royal des Sciences Naturelles de Belgique. Entomologie, 71: 155-164.

Yang D. 1996. New species of Dolichopodinae from China (Ditera, Dolichopodidae). Entomofauna, 17: 317-324.

Yang D. 1998. New and little known species of Dolichopodidae from China (III). Bulletin de' Instituut Royal des Sciences Naturelles de Belgique. Entomologie, 68: 177-183.

Yang YX, Koprtz A, Yang XK. 2013. Taxonomic and nomenclatural notes on the genera *Themus* Motschulsky and *Lycocerus* Gorham (Coleoptera, Cantharidae). ZooKeys, 340: 1-19.

Yang YX, Su JY, Yang XK. 2014. Description of six new species of *Lycocerus* Gorham (Coleoptera, Cantharidae), with taxonomic note and new distribution data of some other species. ZooKeys, 456: 85-107.

Yao JL, Kula RR, Wharton RA, et al. 2015. Four new species of *Tanycarpa* (Hymenoptera,

Braconidae, Alysiinae) from the Palaearctic Region and new records of species from China. Zootaxa, 3957: 169-187.

Yi TC, Jin DC. 2012. Description of two new species of *Woolastookia* Habeeb (Acari: Hydrachnidia, Aturidae) from China. International Journal of Acarology, 38: 236-243.

Yoshizawa K. 2010. Ststematic revision of the Japanese species of the subfamily Amphigerontiinae (Psocodea: 'Psocoptera': Psocidae). Insecta matsumurana. Series entomology. New Series, 66: 11-36.

Zeng XM, Fu JZ, Chen LP, et al. 2006. Cryptic species and systematics of the hynobiid salamanders of the *Liua-Pseudohynobius* complex: molecular and phylogenetic perspectives. Bioche-mical Systematics and Ecology, 34: 467-477.

Zhang DD, Cai YP, Li HH. 2014. Taxonomic review of the genus *Paratalanta* Meyrick, 1890 (Lepidoptera: Crambidae: Pyraustinae) from China, with descriptions of two new species. Zootaxa, 3753: 118-132.

Zhang HM, Cai QH. 2014. *Aeshna shennong* sp. nov. , a new species from Hubei Province, China (Odonata: Anisoptera: Aeshnidae Zootaxa, 3795: 489-493.

Zhang HM, Cai QH, Liao MY. 2013. Three new *Cephalaeschna* species from central China with descriptions of the hitherto unknown sex of related species (Odonata: Aeshnidae). International Journal of Odonatology, 16: 157-176.

Zhang HM, Vogt TE, Cai QH. 2014. *Somatochlora shennong* sp. nov. from Hubei, China (Odonata: Corduliidae). Zootaxa, 3878: 479-484.

Zhang HY, Shi MS, He JH, et al. 2008. New species and records the subgenus *Microchelonus* Szépligeti (Braconidae: Cheloninae) from China. Section Zoology, 63: 107-112.

Zhang P, Chen YQ, Zhou H, et al. 2006. Phylogeny, evolution, and biogeography of Asiatic salamanders (Hynobiidae). Proceedings of the National Academy of Sciences of the United States of America, 103: 7360-7365.

Zhang XQ, Zhao Z, Zheng G, et al. 2016. Nine new species of the spider genus *Pireneitega* Kishida, 1955 (Agelenidae, Coelotinae) from Xinjiang, China. ZooKeys, 601: 49-74.

Zhang ZW, Li HH. 2009. Taxonomic study of the genus *Ashibusa* Matsumura (Lepidoptera, Cosmopterigidae), with description of six new species in China. Deutsche Entomologische Zeitschrift, 56: 335-343.

Zhao CY, Cai WZ, Zhou HZ. 2008. Two new *Stenus* (*Hypostenus*) species from China (Coleoptera: Staphylinidae: Steninae). Zootaxa, 1725: 48-52.

Zhao F, Li ZJ, Wei MC. 2010. Two new species of *Macrophya* Dahlbom (Hymenoptera, Tenthredinidae) from China with a key to species of the imitator group. Japanese Journal of Systematic Entomology, 16: 265-272.

Zhong YH, Wei MC. 2010. The *Pachyprotasis formosana* group (Hymenoptera, Tenthredinidae) in China: identification and new species. Zootaxa, 2523: 27-49.

Zhong YH, Wei MC. 2010. The *Pachyprotasis indica* group (Hymenoptera: Tenthredinidae) in China with descriptions of eight new species. Zootaxa, 2670: 1-30.

Zhong YH, Wei MC. 2012. A review of the *Pachyprotasis pallidistigma* species group (Hymenoptera: Tenthredinidae) from China, with descriptions of three new species. Zootaxa, 3242: 1-38.

中文名索引

拉丁学名索引

L

M